2019 NIAN HENANSHENG
YUMI PINZHONG QUSHI BAOGAO

2019年河南省
玉米品种区试报告

河南省种子站 主编

黄河水利出版社
·郑州·

图书在版编目(CIP)数据

2019年河南省玉米品种区试报告/河南省种子站主编.—郑州:黄河水利出版社,2020.9
ISBN 978-7-5509-2829-9

Ⅰ.①2… Ⅱ.①河… Ⅲ.①玉米-品种试验-试验报告-河南-2019 Ⅳ.①S513.037

中国版本图书馆CIP数据核字(2020)第186585号

审稿编辑:席红兵 13592608739

出 版 社:黄河水利出版社
地址:河南省郑州市顺河路黄委会综合楼14层 邮政编码:450003
发行单位:黄河水利出版社
发行部电话:0371-66026940、66020550、66028024、66022620(传真)
E-mail:hhslcbs@126.com
承印单位:河南新华印刷集团有限公司
开本:787 mm×1 092 mm 1/16
印张:17.5
字数:420千字 印数:1—1 000
版次:2020年9月第1版 印次:2020年9月第1次印刷

定价:98.00元

编辑委员会

前 言

农作物品种试验是品种审定与推广利用的前提和依据，对于促进种植业结构调整、进行农业供给侧结构性改革、优化农产品优势产业布局、推动农业科技创新、促进品种更新换代、加速现代种业发展、保障农业生产用种安全等具有重要意义。玉米是我国种植面积最大的主要农作物，也是河南省种植面积最大的秋作物，积极、认真、科学、公正地开展河南省玉米新品种试验、审定、展示和示范工作，对促进河南省玉米科研成果转化，加快优良品种推广，确保河南省粮食生产安全具有重要意义。

根据《主要农作物品种审定办法》的相关规定，经河南省主要农作物品种审定委员会玉米专业委员会会议研究决定，2019 年河南省组织开展了 12 组别的玉米品种试验（不含委托进行的比较试验），其中区域试验 7 组，生产试验 5 组。区域试验分别为 4500 株/亩密度组 2 组、5000 株/亩密度组 3 组、4500 株/亩机收组 1 组、5500 株/亩机收组 1 组。生产试验分别为 4500 株/亩密度组 2 组、5000 株/亩密度组 1 组、4500 株/亩机收组 1 组、5500 株/亩机收组 1 组。区域试验参试品种共 99 个，试验点次 84 个；生产试验参试品种共 25 个，试验点次 64 个。根据生态区域代表性和承试单位条件，试验点合理分布于全省除信阳市外的 17 个省辖市。

2019 年河南省种子站组织玉米品种试验主持人、河南省主要农作物品种审定委员会玉米专业委员会委员分别在玉米苗期和成熟期开展了试验质量检查和试验田间综合考察活动。收获前组织开展了试点开放日活动，通知参试单位到试点查看参试品种表现情况，在收获期组织专家团对部分试点进行现场测收，测收专家团成员由承试单位试验人员、试点所在地种子管理人员、参试单位代表和河南省主要农作物品种审定委员会玉米专业委员会委员四方共同参加，测试结果由四方签字确认。通过对试点现场测收，有效促进了玉米品种试验质量的进一步提高，试验工作更加开放、更加客观。

为介绍试验情况和系统总结试验工作，我们将河南省玉米品种试验相关总结报告汇编成《2019 年河南省玉米品种区试报告》一书。本书汇编了 2019 年河南省全部组别的玉米品种试验总结报告，包括区域试验报告、生产试验报告、DNA检测报告、抗病鉴定报告、品质检测报告、河南省主要农作物品种审定委员会玉米专业委员会试验考察意见等内容,着重介绍参试品种的丰产性、稳产性、适应性、生育特性、抗性与品质等表现,数据真实、内容丰富,可供玉米科研、育种、教学、种子管理、品种推广及种子企业等有关人士参考。

本书的出版得到了有关领导和专家的大力关心、支持和帮助,该书是各个试验主持单位与主持人、测试单位与测试人员、承试单位与试验人员辛勤劳动的结晶。在此,对长期辛勤工作在河南省玉米品种试验第一线的广大科研人员和多年来关心、支持这项工作的各级领导、专家表示衷心的感谢。

由于时间仓促,疏漏之处在所难免,敬请批评指正。

编辑委员会

2020年8月

目　录

第一章　2019 年河南省玉米新品种区域试验 4500 株/亩密度组总结

第一节　4500 株/亩区域试验总结(A 组)

一、试验目的

鉴定省内外新育成的玉米杂交种的丰产性、稳产性、抗逆性和适应性,为河南省玉米生产试验和国家区域试验推荐参试品种,为玉米品种的审定与推广提供科学依据。

二、参试品种及承试单位

2019 年参试品种共 19 个(不含对照种郑单 958),但征玉一号因特殊原因未参与汇总,各参试品种的名称、编号、年限、供种单位及承试单位见表 1-1。

表 1-1　2019 年河南省玉米区域试验品种及承试单位

<table>
<tr><th>参试品种名称</th><th>编号</th><th>参试年限*</th><th>供种单位(个人)</th><th>承试单位</th></tr>
<tr><td>博金 100</td><td>1</td><td>1</td><td>武威金西北种业有限公司</td><td rowspan="11">核心点:
河南黄泛区地神种业农科所
鹤壁市农业科学院
洛阳农林科学院
郑州圣瑞元农业科技开发有限公司
开封市农林科学研究院
河南农业职业学院

辅助点:
中国农业科学院棉花研究所
河南怀川种业有限责任公司
郑州市农林科学研究所
河南农业大学农学院
南阳市种子技术服务站
西华县农业科学研究所</td></tr>
<tr><td>佳美 168</td><td>2</td><td>1</td><td>河南佳佳乐农业科技有限公司</td></tr>
<tr><td>豫豪 777</td><td>3</td><td>1</td><td>河南环玉种业有限公司</td></tr>
<tr><td>征玉一号</td><td>4</td><td>1</td><td>河南粮征种业有限公司</td></tr>
<tr><td>沃优 218</td><td>5</td><td>1</td><td>长葛鼎研泽田农业科技开发有限公司</td></tr>
<tr><td>科育 662</td><td>6</td><td>1</td><td>河南德合坤元农业科技有限公司</td></tr>
<tr><td>农华 137</td><td>7</td><td>2</td><td>北京金色农华种业科技股份有限公司</td></tr>
<tr><td>郑单 958</td><td>8</td><td>1</td><td>堵纯信</td></tr>
<tr><td>金诺 6024</td><td>9</td><td>2</td><td>河南金诺种业有限公司</td></tr>
<tr><td>梦玉 309</td><td>10</td><td>1</td><td>贺宝梦</td></tr>
<tr><td>恒丰玉 666</td><td>11</td><td>1</td><td>河南新锐恒丰农业科技有限公司</td></tr>
</table>

续表 1-1

参试品种名称	编号	参试年限*	供种单位(个人)	承试单位
MC876	12	1	河南省现代种业农作物研究院	
三北 72(SW258)	13	2+(1)	三北种业有限公司	
伟玉 618	14	1	郑州伟玉良种科技有限公司	
怀玉 68	15	2+(2)	河南怀川种业有限责任公司	
豫单 9966	16	2+(1)	河南农业大学	
景玉 787	17	2	王丹阳	
佳玉 34	18	2	河南佳和种业有限公司	
玉湘 99	19	2	刘渠	
康瑞 108	20	2	郑州康瑞农业科技有限公司	

注:* 括号内数据为机收组参试年限。

三、试验概况

(一)试验设计

参试品种由河南省种子站密码编号,统一密封管理。全省按照统一试验方案,采用完全随机区组排列,三次重复,5 行区,行长 6 m,行距 0.67 m,株距 0.22 m,每行播种 27 穴,每穴留苗一株,种植密度为 4500 株/亩,小区面积为 20 m^2(0.03 亩)。成熟时收中间 3 行计产,面积为 12 m^2(0.018 亩)。试验周围设保护区,重复间留走道 1 m。核心点与辅助点分别按编号统计汇总,用小区产量结果进行方差分析,用 Tukey 法测验品种间差异显著性。

(二)田间管理

根据试验方案要求,各承试单位都固定有专职技术人员负责此项工作,并认真选择试验地块,麦收后及时铁茬播种,在 6 月 5 日至 6 月 15 日期间各试点相继播种完毕,在 9 月 20 日至 10 月 10 日期间相继完成收获。在间定苗、中耕除草、追肥、治虫、灌排水等方面都比较及时认真,大多数试点玉米试验开展顺利,试验质量良好。

(三)专家考察与监收

苗期和收获前由省种子站统一组织相关专家进行核心点现场考察,考察试验种植是否规范、出苗情况以及后期田间病虫害、丰产性等表现,并对部分核心点进行现场监收。

(四)气候特点及其影响

根据 2019 年承试单位提供的鹤壁、安阳、焦作、长葛、漯河、平顶山、洛阳、汝阳、济源、郑州、荥阳、开封、西华、商丘、南阳、驻马店等 22 个县市气象台(站)的资料分析(表 1-2),在玉米生育期的 6~9 月份,平均气温 26.5 ℃,与常年同期 25.01 ℃相比高 1.49 ℃,尤其 6 月上旬、7 月下旬以及 9 月上旬和下旬,温度比常年同期分别高 2.56 ℃、2.95 ℃、1.88 ℃和 2.76 ℃。总降雨量 363.71 mm,比常年同期 449.82 mm 减少 86.11 mm,月平均减少

21.53 mm，在整个玉米生长季节中，雨量偏少且分布不均，6 月上中旬雨量较往年充足，对播种出苗有利，但 7 月降雨较往年偏少 86.08 mm，从 8 月中旬到 9 月上旬旱象严重，各旬降雨分别较常年同期减少 17.5 mm、15.92 mm 和 29.48 mm，尤其 9 月上旬降雨仅有 5.14 mm，如若灌水不及时，对玉米灌浆十分不利。总日照时数 790.4 小时，比常年同期 758.66 小时多 31.74 小时，月平均增加 7.94 小时。主要是 7 月份的日照时数与常年同期相比增加 22.39 小时，其次 8 月和 9 月份日照时数与常年同期相比分别增加 8.26 小时和 8.98 小时，显然在玉米整个生长季节光照比较充足，尤其 7 月光照充足，与同期持续高温少雨相结合，对玉米生长以及穗分化极为不利，敏感品种畸形穗严重。另外，7 月末到 8 月初，个别地方有强风暴雨等恶劣天气，出现倒伏倒折严重，尤其豫南部分区域发生较重；9 月下旬以晴爽天气为主，对后期脱水成熟有利。此外，除洛阳后期茎腐病发生较重外，其它地区病害发生较轻。

表 1-2　2019 年试验期间河南省气象资料统计

时间	平均气温(℃)			降雨量(mm)			日照时数(小时)		
	当年	历年	相差	当年	历年	相差	当年	历年	相差
6月上旬	27.54	24.98	2.56	37.26	22.29	14.97	81.24	70.54	10.7
6月中旬	27.61	26.13	1.48	32.93	19.59	13.34	64.11	72.18	-8.07
6月下旬	27.47	26.43	1.04	29.3	41.58	-12.28	58.29	67.43	-9.14
月计	27.54	25.85	1.69	97.21	83.44	13.77	203.61	211.51	-7.9
7月上旬	27.7	26.81	0.89	11.04	51.39	-40.35	71.74	61.8	9.94
7月中旬	28.13	26.97	1.16	25.6	55.04	-29.44	66.98	58.77	8.21
7月下旬	30.48	27.53	2.95	34.99	54.24	-19.25	73.99	71.39	2.6
月计	28.77	27.1	1.67	73.15	159.23	-86.08	213.5	191.11	22.39
8月上旬	27.62	27.24	0.38	107.38	50.67	56.71	47.3	63.22	-15.92
8月中旬	27.5	25.8	1.7	23.05	40.55	-17.5	79.65	61.78	17.87
8月下旬	26.13	24.5	1.63	19.77	35.69	-15.92	68.2	63.86	4.34
月计	27.08	25.85	1.23	148.43	126.9	21.53	196.16	187.9	8.26
9月上旬	24.76	22.88	1.88	5.14	34.62	-29.48	71.52	56.88	14.64
9月中旬	20.7	21.22	-0.52	35.23	24.83	10.4	20.45	51.14	-30.69
9月下旬	22.34	19.58	2.76	4.54	20.8	-16.26	85.11	60.13	24.98
月计	22.6	21.23	1.37	44.91	80.25	-35.34	177.12	168.14	8.98
6~9月合计	105.99	100.03	5.96	363.71	449.82	-86.11	790.4	758.66	31.74
6~9月合计平均	26.5	25.01	1.49	90.93	112.46	-21.53	197.6	189.66	7.94

注：历年值是指近 30 年的平均值。

总体而言，玉米生长前中期气温明显较常年偏高，降雨明显偏少，且分布不均，若灌溉不及时对玉米生长不利，特别是 7 月以及 8 月中旬到 9 月上旬持续高温少雨，土壤和大气干旱十分严重，视品种特性而异，产量水平受到不同程度的影响。

2019 年收到核心点年终报告 6 份，辅助点 6 份，根据专家组后期现场考察结果，各试点均符合要求并参与汇总。但对于单点产量增幅超过 30%的品种，按 30%增幅进行产量矫正。

四、试验结果及分析

（一）参试两年区域试验品种的产量结果

2017/2018 年留试的 9 个品种已完成两年区域试验程序，2017/2018～2019 年产量结果见表 1-3。

表 1-3　2017/2018～2019 年河南省玉米区域试验品种产量结果

品种名称	编号	2017/2018 年			2019 年			2017/2018～2019 两年平均	
		亩产（kg）	比 CK（±%）	位次	亩产（kg）	比 CK（±%）	位次	亩产（kg）	比 CK（±%）
农华 137	7(17A)	714.72	13.54**	1	755.00	11.46**	1	735.74	12.43
康瑞 108	20(3)	636.67	9.44**	4	741.11	9.46**	4	693.64	9.44
佳玉 34	18(3)	639.44	9.92**	3	722.78	6.71**	9	684.90	8.06
怀玉 68	15(3)	633.33	8.92**	6	720.00	6.33**	10	680.60	7.39
玉湘 99	19(2)	643.89	5.63**	6	732.22	8.1**	6	689.98	7.01
豫单 9966	16(1)	622.22	9.04**	7	711.11	4.97	12	668.60	6.77
三北 72（SW258）	13(1)	623.33	9.26**	6	705.56	4.2	14	666.23	6.39
景玉 787	17(1)	581.67	1.93	15	703.33	3.85	15	645.14	3.02
金诺 6024	9(2)	616.67	1.14	13	700.56	3.41	16	660.44	2.42
郑单 958（17A）	CK	629.49	0	18	677.22	0	18	654.39	0
郑单 958(1)	CK	570.56	0	16	677.22	0	18	626.21	0
郑单 958(2)	CK	609.44	0	14	677.22	0	18	644.80	0
郑单 958(3)	CK	581.67	0	17	677.22	0	18	633.79	0

注：(1)表中仅列出 2017/2018 年、2019 年两年完成区域试验程序的品种。

(2)2017 年 1 组和 2018 年 1、2 组分别汇总 11 个试点，2018 年 3 组汇总 10 个试点，2019 年汇总 12 个试点，两年平均亩产为加权平均。

(3)品种名称后括号内字符为 2017/2018 年参加组别。

（二）2019年区域试验结果分析

1. 联合方差分析

根据6个核心点和6个辅助点小区产量汇总结果进行联合方差分析（表1-4），结果表明：试点间、品种间以及品种与试点间互作差异均达极显著水平，说明参试品种间存在显著基因型差异，不同品种在不同试点的表现也存在着显著差异。

表1-4　2019年河南省玉米品种4500株/亩区域试验A组产量联合方差分析

变异来源	自由度	平方和	均方差	F值	F临界值(0.05)	F临界值(0.01)
地点内区组	24	50.06	2.09		1.74	2.23
地点	11	1457.65	132.51		2.42	3.66
品种	18	179.37	9.97	6.19**	1.95	2.62
品种×地点	198	318.85	1.61	2.57**	1.22	1.33
试验误差	432	270.81	0.63			
总的	683	2276.74				

从多重比较（Tukey法）结果（表1-5）看出，农华137等11个品种产量显著或极显著高于对照，佳美168产量极显著低于对照，其余品种与对照差异均不显著。

表1-5　2019年河南省玉米品种4500株/亩区域试验A组产量多重比较（Tukey法）结果

品种名称	编号	均值	5%水平	1%水平	品种名称	编号	均值	5%水平	1%水平
农华137	7	13.59	a	A	MC876	12	12.91	bcdef	ABCDEF
豫豪777	3	13.47	ab	AB	豫单9966	16	12.80	cdefg	BCDEF
伟玉618	14	13.43	abc	ABC	梦玉309	10	12.75	defg	BCDEF
康瑞108	20	13.34	abcd	ABCD	三北72（SW258）	13	12.70	defg	CDEF
恒丰玉666	11	13.19	abcde	ABCDE	景玉787	17	12.66	efg	DEF
玉湘99	19	13.18	abcde	ABCDE	金诺6024	9	12.61	efg	DEF
博金100	1	13.12	abcdef	ABCDE	科育662	6	12.51	fg	EF
沃优218	5	13.02	abcdef	ABCDE	郑单958	8	12.19	g	F
佳玉34	18	13.01	abcdef	ABCDE	佳美168	2	11.29	h	G
怀玉68	15	12.96	abcdef	ABCDE					

2. 产量表现

将6个核心点与6个辅助点产量结果列于表1-6。从中看出，17个参试品种表现增产，11个品种增产幅度达显著或极显著水平。

表 1-6　2019 年河南省玉米品种 4500 株/亩区域试验 A 组产量结果

品种名称	编号	核心点			辅助点			平均			增产点次	减产点次	平产点次
		亩产（kg）	比 CK（±%）	位次	亩产（kg）	比 CK（±%）	位次	亩产（kg）	比 CK（±%）	位次			
农华 137	7	775.00	11.39	2	735.00	11.56	1	755.00	11.46**	1	12	0	0
豫豪 777	3	780.00	12.09	1	716.67	8.84	5	748.33	10.51**	2	11	1	0
伟玉 618	14	763.89	9.79	4	727.78	10.49	2	746.11	10.12**	3	12	0	0
康瑞 108	20	759.44	9.1	5	723.33	9.86	3	741.11	9.46**	4	12	0	0
恒丰玉 666	11	752.78	8.16	7	713.33	8.34	6	732.78	8.22**	5	10	1	1
玉湘 99	19	756.11	8.62	6	708.33	7.58	7	732.22	8.1**	6	10	2	0
博金 100	1	734.44	5.49	11	723.33	9.83	4	728.89	7.6**	7	10	2	0
沃优 218	5	765.00	9.91	3	681.67	3.49	15	723.33	6.78**	8	10	2	0
佳玉 34	18	748.89	7.61	8	696.67	5.76	9	722.78	6.71**	9	11	1	0
怀玉 68	15	747.22	7.37	9	693.33	5.23	11	720.00	6.33**	10	10	2	0
MC876	12	731.67	5.11	12	703.33	6.82	8	717.22	5.93*	11	9	3	0
豫单 9966	16	736.67	5.81	10	685.56	4.11	13	711.11	4.97	12	11	1	0
梦玉 309	10	723.33	3.94	15	693.33	5.3	10	708.33	4.6	13	11	1	0
三北 72（SW258）	13	726.11	4.3	13	685.56	4.11	12	705.56	4.2	14	10	2	0
景玉 787	17	723.33	3.96	14	683.33	3.74	14	703.33	3.85	15	9	3	0
金诺 6024	9	721.67	3.69	16	679.44	3.12	16	700.56	3.41	16	9	3	0
科育 662	6	721.11	3.58	17	669.44	1.64	17	695.00	2.63	17	6	6	0
郑单 958	8	696.11	0	18	658.89	0	18	677.22	0	18	0	0	12
佳美 168	2	629.44	−9.54	19	624.44	−5.19	19	627.22	−7.43	19	2	10	0

注：平均产量为 6 个核心点与 6 个辅助点的加权平均。

3. 稳定性分析

通过丰产性和稳产性参数分析，结果表明（表 1-7）：农华 137 等 13 个品种表现好；佳美 168 表现较差，其余品种表现较好或一般。

表 1-7　2019 年河南省玉米品种 4500 株/亩区域试验 A 组品种丰产稳定性分析

品种	编号	丰产性参数		稳定性参数			适应地区	综合评价（供参考）
		产量	效应	方差	变异度	回归系数		
农华 137	7	13.59	0.71	0.49	5.13	1.24	E1~E12	很好
豫豪 777	3	13.47	0.59	0.33	4.24	1.26	E1~E12	很好
伟玉 618	14	13.43	0.54	0.18	3.19	1.10	E1~E12	很好
康瑞 108	20	13.34	0.46	0.11	2.50	0.95	E1~E12	很好
恒丰玉 666	11	13.19	0.31	0.45	5.10	1.01	E1~E12	好
玉湘 99	19	13.18	0.30	0.64	6.07	1.12	E1~E12	好
博金 100	1	13.12	0.24	1.28	8.61	0.85	E1~E12	好
沃优 218	5	13.02	0.14	0.59	5.88	1.01	E1~E12	好
佳玉 34	18	13.01	0.13	0.27	4.01	1.04	E1~E12	好
怀玉 68	15	12.96	0.08	0.43	5.05	1.21	E1~E12	好
MC876	12	12.91	0.03	0.62	6.12	1.01	E1~E12	好
豫单 9966	16	12.80	-0.08	0.73	6.67	0.72	E1~E12	好
梦玉 309	10	12.75	-0.13	0.51	5.61	0.93	E1~E12	好
三北 72(SW258)	13	12.70	-0.18	0.20	3.49	0.97	E1~E12	较好
景玉 787	17	12.66	-0.22	0.32	4.45	1.22	E1~E12	较好
金诺 6024	9	12.61	-0.27	0.79	7.03	1.10	E1~E12	较好
科育 662	6	12.51	-0.37	0.45	5.38	0.87	E1~E12	较好
郑单 958	8	12.19	-0.69	0.17	3.38	0.82	E1~E12	一般
佳美 168	2	11.29	-1.59	1.11	9.35	0.56	E1~E12	较差

4. 试验可靠性分析

从表 1-8 结果看出，各个试点的变异系数均在 10%以下，说明这些试点管理比较精细，试验误差较小，整体数据较准确可靠，符合实际，可以汇总。

表 1-8　2019 年各试点试验误差变异系数

试点	洛阳	黄泛区	鹤壁	镇平	开封	中牟	安阳	焦作	西华	郑州	原阳	南阳
CV(%)	8.24	6.21	7.41	6.49	6.13	6.55	7.73	4.88	4.01	6.40	7.54	3.76

5. 各品种产量结果汇总

各品种在不同试点的产量结果列于表 1-9。

表 1-9　2019 年河南省玉米品种 4500 株/亩区域试验 A 组产量结果汇总

试点	品种								
	博金 100			佳美 168			豫豪 777		
	亩产（kg）	比 CK（±%）	位次	亩产（kg）	比 CK（±%）	位次	亩产（kg）	比 CK（±%）	位次
洛阳	727.22	6.68	8	611.67	-10.24	18	806.11	18.32	1
黄泛区	698.33	8.48	6	568.89	-11.62	19	688.89	6.96	7
鹤壁	818.89	-1.12	17	716.67	-13.46	19	982.78	18.72	1
镇平	603.89	-13.76	19	618.33	-11.64	17	729.44	4.23	8
开封	803.33	23.62	2	674.44	3.73	17	776.11	19.40	4
中牟	753.33	12.06	1	587.22	-12.70	19	697.22	3.72	10
核心点平均	734.17	5.49	11	629.54	-9.54	19	780.09	12.09	1
安阳	807.22	23.58	1	624.44	-4.42	18	727.78	11.39	7
焦作	750.00	11.42	2	630.56	-6.30	18	712.22	5.81	6
西华	687.78	1.25	14	747.22	10.03	3	741.67	9.19	4
郑州	698.89	4.69	14	614.44	-7.96	19	770.00	15.34	4
原阳	867.22	14.61	2	632.78	-16.35	19	836.11	10.47	7
南阳	528.89	1.31	11	497.22	-4.76	19	513.33	-1.67	15
辅助点平均	723.33	9.83	4	624.44	-5.19	19	716.85	8.84	5
总平均*	728.89	7.60	7	627.22	-7.43	19	748.33	10.51	2
CV(%)	13.03			10.44			14.58		

试点	品种											
	沃优 218			科育 662			农华 137			郑单 958		
	亩产（kg）	比 CK（±%）	位次	亩产（kg）	比 CK（±%）	位次	亩产（kg）	比 CK（±%）	位次	亩产（kg）	比 CK（±%）	位次
洛阳	777.78	14.16	5	679.44	-0.30	14	791.11	16.09	3	681.67	0.00	13
黄泛区	655.56	1.84	15	681.67	5.84	9	662.22	2.82	13	643.89	0.00	17
鹤壁	896.11	8.25	13	876.11	5.82	14	974.44	17.67	3	827.78	0.00	16
镇平	727.78	3.97	9	735.00	5.03	6	737.22	5.29	5	700.00	0.00	14
开封	810.56	24.70	1	692.22	6.52	15	742.78	14.30	7	650.00	0.00	19
中牟	721.67	7.30	7	660.56	-1.79	15	743.33	10.55	3	672.22	0.00	14
核心点平均	764.91	9.91	3	720.83	3.58	17	775.19	11.39	2	695.93	0.00	18
安阳	713.33	9.16	9	725.00	11.00	8	762.78	16.78	3	653.33	0.00	15

续表 1-9

试点	品种											
	沃优 218			科育 662			农华 137			郑单 958		
	亩产（kg）	比 CK（±%）	位次	亩产（kg）	比 CK（±%）	位次	亩产（kg）	比 CK（±%）	位次	亩产（kg）	比 CK（±%）	位次
焦作	676.67	0.55	14	661.67	−1.65	17	702.78	4.40	9	672.78	0.00	15
西华	754.44	11.07	2	667.78	−1.72	18	695.56	2.40	12	679.44	0.00	17
郑州	653.33	−2.16	18	745.00	11.54	6	797.22	19.41	1	667.78	0.00	17
原阳	778.33	2.84	15	701.11	−7.37	18	906.11	19.73	1	756.67	0.00	17
南阳	513.33	−1.67	15	516.11	−1.10	14	543.89	4.26	7	521.67	0.00	13
辅助点平均	681.57	3.49	15	669.44	1.64	17	734.72	11.56	1	658.61	0.00	18
总平均*	723.33	6.78	8	695.00	2.63	17	755.00	11.46	1	677.22	0.00	18
CV(%)	13.21			11.75			14.62			10.56		

试点	品种											
	金诺 6024			梦玉 309			恒丰玉 666			MC876		
	亩产（kg）	比 CK（±%）	位次	亩产（kg）	比 CK（±%）	位次	亩产（kg）	比 CK（±%）	位次	亩产（kg）	比 CK（±%）	位次
洛阳	608.89	−10.65	19	691.67	1.52	11	782.22	14.76	4	660.00	−3.12	16
黄泛区	662.22	2.85	12	698.89	8.57	5	619.44	−3.83	18	752.78	16.91	2
鹤壁	915.00	10.51	9	853.33	3.04	15	927.22	11.97	7	903.89	9.15	10
镇平	722.22	3.17	10	609.44	−12.96	18	700.00	0.00	14	707.22	1.06	13
开封	739.44	13.76	8	735.00	13.11	9	763.33	17.41	5	748.33	15.13	6
中牟	681.67	1.38	13	751.67	11.79	2	723.89	7.63	6	616.67	−8.32	18
核心点平均	721.57	3.69	16	723.33	3.94	15	752.69	8.16	7	731.48	5.11	12
安阳	613.33	−6.09	19	681.11	4.28	12	776.67	18.85	2	646.67	−1.02	16
焦作	629.44	−6.49	19	692.22	2.86	12	732.22	8.78	3	707.78	5.15	7
西华	690.56	1.66	13	725.56	6.84	6	686.11	1.01	15	725.00	6.73	7
郑州	790.56	18.41	2	705.56	5.66	12	737.22	10.40	8	734.44	9.98	9
原阳	820.00	8.35	10	833.33	10.13	9	797.78	5.43	13	853.89	12.85	4
南阳	531.11	1.81	10	523.33	0.25	12	551.11	5.57	5	553.33	6.03	3
辅助点平均	679.17	3.12	16	693.52	5.30	10	713.52	8.34	6	703.52	6.82	8
总平均*	700.56	3.41	16	708.33	4.60	13	732.78	8.22	5	717.22	5.93	11
CV(%)	15.03			12.41			12.78			13.39		

续表 1-9

试点	品种											
	三北 72(SW258)			伟玉 618			怀玉 68			豫单 9966		
	亩产(kg)	比 CK(±%)	位次	亩产(kg)	比 CK(±%)	位次	亩产(kg)	比 CK(±%)	位次	亩产(kg)	比 CK(±%)	位次
洛阳	675.00	-0.95	15	706.11	3.64	10	716.67	5.19	9	802.22	17.72	2
黄泛区	675.00	4.83	10	682.22	5.95	8	668.33	3.77	11	703.89	9.35	4
鹤壁	898.33	8.52	12	958.89	15.81	5	964.44	16.51	4	817.22	-1.32	18
镇平	742.78	6.08	3	733.33	4.76	7	715.00	2.12	12	742.78	6.08	3
开封	729.44	12.22	11	786.67	21.00	3	717.22	10.34	13	655.00	0.74	18
中牟	634.44	-5.67	17	717.22	6.64	8	701.67	4.38	9	697.22	3.66	11
核心点平均	725.83	4.30	13	764.07	9.79	4	747.22	7.37	9	736.39	5.81	10
安阳	669.44	2.47	13	750.56	14.91	6	663.33	1.56	14	701.11	7.31	11
焦作	686.67	2.06	13	705.00	4.73	8	763.33	13.40	1	713.33	5.97	5
西华	712.22	4.83	10	763.33	12.40	1	663.33	-2.32	19	703.89	3.65	11
郑州	718.33	7.60	10	780.56	16.89	3	751.67	12.56	5	692.78	3.72	15
原阳	785.56	3.84	14	817.78	8.08	11	812.22	7.34	12	768.89	1.64	16
南阳	541.67	3.76	8	548.89	5.15	6	504.44	-3.34	17	533.89	2.31	9
辅助点平均	685.65	4.11	12	727.69	10.49	2	693.06	5.23	11	685.65	4.11	13
总平均*	705.56	4.20	14	746.11	10.12	3	720.00	6.33	10	711.11	4.97	12
CV(%)	12.18			12.84			14.93			10.32		

试点	品种											
	景玉 787			佳玉 34			玉湘 99			康瑞 108		
	亩产(kg)	比 CK(±%)	位次	亩产(kg)	比 CK(±%)	位次	亩产(kg)	比 CK(±%)	位次	亩产(kg)	比 CK(±%)	位次
洛阳	682.78	0.16	12	728.89	6.96	7	659.44	-3.23	17	752.78	10.43	6
黄泛区	656.11	1.93	14	653.33	1.47	16	757.78	17.69	1	712.78	10.67	3
鹤壁	933.89	12.77	6	925.56	11.79	8	978.89	18.23	2	902.22	8.99	11
镇平	720.56	2.91	11	755.56	7.94	2	692.78	-1.06	16	762.78	8.99	1
开封	698.89	7.55	14	692.22	6.52	15	722.78	11.20	12	732.22	12.65	10
中牟	648.89	-3.47	16	737.78	9.75	4	723.89	7.66	5	692.78	3.00	12
核心点平均	723.52	3.96	14	748.89	7.61	8	755.93	8.62	6	759.26	9.10	5
安阳	634.44	-2.86	17	706.11	8.08	10	751.11	14.97	5	755.56	15.62	4

续表 1-9

试点	品种											
	景玉 787			佳玉 34			玉湘 99			康瑞 108		
	亩产(kg)	比 CK(±%)	位次	亩产(kg)	比 CK(±%)	位次	亩产(kg)	比 CK(±%)	位次	亩产(kg)	比 CK(±%)	位次
焦作	696. 67	3. 55	11	662. 78	−1. 49	16	697. 78	3. 69	10	716. 11	6. 41	4
西华	718. 89	5. 81	8	717. 78	5. 67	9	685. 00	0. 82	16	728. 33	7. 25	5
郑州	709. 44	6. 27	11	704. 44	5. 46	13	691. 67	3. 61	16	740. 56	10. 93	7
原阳	840. 56	11. 09	6	835. 56	10. 45	8	861. 67	13. 85	3	843. 33	11. 45	5
南阳	499. 44	−4. 33	18	552. 78	5. 89	4	563. 89	8. 02	1	557. 22	6. 74	2
辅助点平均	683. 24	3. 74	14	696. 57	5. 76	9	708. 52	7. 58	7	723. 52	9. 86	3
总平均*	703. 33	3. 85	15	722. 78	6. 71	9	732. 22	8. 10	6	741. 11	9. 46	4
CV(%)	15. 12			12. 80			14. 21			11. 15		

注：* 各点算术平均。

6. 田间性状调查结果

各品种田间性状调查汇总结果见表 1-10。

表 1-10(1)　2019 年河南省玉米品种 4500 株/亩区域试验 A 组田间性状调查结果

品种	编号	生育期(天)	株高(cm)	穗位高(cm)	倒伏率(%)	倒折率(%)	倒点率*(%)	空秆率(%)	双穗率(%)	茎腐病(%)	小斑病(级)	穗腐病(级)	弯孢菌(级)	瘤黑粉病(%)	锈病(级)
博金 100	1	103	294	124	10. 2	0. 8	25	3. 3	0. 2	4. 1(0~12. 8)	1~3	1~3	1~3	0. 2	1~5
佳美 168	2	102	235	94	3. 1	0	8. 3	0. 5	0. 5	2. 6(0~7)	1~3	1~5	1~5	0. 5	1~7
豫豪 777	3	104	300	114	1	0. 3	0	0. 5	1. 2	2(0~10. 6)	1~3	1~3	1~3	0. 1	1~7
沃优 218	5	103	282	103	1. 3	0. 1	0	1. 1	0. 2	1. 5(0~5. 8)	1~3	1~3	1~3	0. 1	1~5
科育 662	6	102	275	110	0. 1	0. 2	0	0. 9	1. 1	6. 6(0~18. 7)	1~3	1~5	1~5	0. 8	1~3
农华 137	7	103	288	117	1. 9	0. 4	0	0. 5	0. 8	2. 4(0~9. 9)	1~3	1~3	1~3	0. 1	1~5
郑单 958	8	103	256	112	0. 7	0. 4	0	0. 6	1	8. 7(0~32)	1~3	1~3	1~5	0. 3	1~3
金诺 6024	9	102	283	111	1. 5	0. 3	0	0. 5	0. 4	8. 3(0~26. 4)	1~3	1~3	1~5	0. 2	1~3
梦玉 309	10	102	280	107	5. 3	0. 4	25	2. 2	0. 2	7. 4(0~23. 7)	1~3	1~3	1~3	0. 4	1~5
恒丰玉 666	11	103	306	119	2. 5	0. 2	8. 3	0. 4	0. 6	1. 1(0~7. 7)	1~3	1~3	1~3	0. 4	1~7
MC876	12	103	283	105	2. 2	0. 2	0	1. 6	0. 9	3. 4(0~11. 3)	1~3	1~5	1~3	0. 8	1~5
三北 72(SW258)	13	103	244	96	1. 7	0. 2	0	0. 5	0. 4	4. 6(0~15. 6)	1~3	1~3	1~3	0. 1	1~5
伟玉 618	14	103	266	102	0. 3	0	0	0. 7	0. 5	5. 2(0~27. 8)	1~3	1~3	1~5	0. 5	1~3
怀玉 68	15	104	287	114	2. 8	0. 2	8. 3	1. 2	0. 3	4. 1(0~13)	1~3	1~5	1~3	1. 1	1~7

续表 1-10(1)

品种	编号	生育期(天)	株高(cm)	穗位高(cm)	倒伏率(%)	倒折率(%)	倒点率*(%)	空秆率(%)	双穗率(%)	茎腐病(%)	小斑病(级)	穗腐病(级)	弯孢菌(级)	瘤黑粉病(%)	锈病(级)
豫单 9966	16	104	271	101	1.3	0	0	0.5	0.1	2(0~11.6)	1~3	1~3	1~3	0	1~5
景玉 787	17	103	266	116	0.8	0.2	0	0.6	1	5.4(0~41)	1~3	1~3	1~3	0.4	1~5
佳玉 34	18	102	279	117	0.7	0.2	0	0.3	2	8.9(0~26.9)	1~3	1~5	1~3	1	1~5
玉湘 99	19	102	304	121	1.7	0.5	0	1.2	0.3	11.7(0~38.7)	1~3	1~3	1~5	0.2	1~5
康瑞 108	20	103	296	112	1	0.4	0	0.8	0.2	5.6(0~30)	1~3	1~3	1~3	0.8	1~3

注: *倒点率,指倒伏倒折率之和≥15.0%的试验点比例。

表 1-10(2)　2019 年河南省玉米品种 4500 株/亩区域试验 A 组田间性状调查结果

品种	编号	株型	芽鞘色	第一叶形状	叶片颜色	雄穗分枝	雄穗颖片颜色	花药颜色	果穗茎秆角度	花丝颜色	苞叶长短	总叶片数
博金 100	1	半紧	紫色	匙形	绿色	中	浅紫	黄色	23	浅紫	短	18~20
佳美 168	2	紧凑	深紫	圆形	绿色	密	绿色	浅紫	19	粉红	中	17~20
豫豪 777	3	半紧	紫色	圆到匙形	绿色	中	紫色	紫色	27	浅紫	中	18~21
沃优 218	5	半紧	深紫	圆到匙形	绿色	疏		浅紫	22	绿色	长	18~22
科育 662	6	半紧	紫	圆到匙形	绿色	中	紫色	黄色	19	粉色	中	18~21
农华 137	7	半紧	紫	圆到匙形	绿色	中	浅紫	黄色	17	浅紫	短	19~22
郑单 958	8	紧凑	紫	圆到匙形	绿色	密	浅紫	黄色	14	浅紫	长	18~22
金诺 6024	9	紧凑	深紫	圆到匙形	绿色	中	浅紫	紫色	20	浅紫	中	18~21
梦玉 309	10	半紧	浅紫	圆到匙形	绿色	中	紫色	紫色	20	浅紫	中	18~20
恒丰玉 666	11	半紧	紫	圆到匙形	绿色	疏	浅紫	浅紫	25	浅紫	中	18~20
MC876	12	半紧	紫	圆到匙形	绿色	疏	浅紫	黄色	17	浅紫	短	17~20
三北 72(SW258)	13	紧凑	紫	圆到匙形	绿色	中	浅紫	黄色	22	浅紫	长	16~19
伟玉 618	14	半紧	浅紫	圆到匙形	绿色	中	浅紫	浅紫	20	绿色	长	19~22
怀玉 68	15	半紧	紫	圆到匙形	绿色	中	浅紫	黄色	18	浅紫	短	18~20
豫单 9966	16	半紧	紫	圆到匙形	绿色	中	浅紫	黄色	20	绿色	长	19~20
景玉 787	17	半紧	紫	匙形	绿色	中	浅紫	黄色	19	绿色	短	17~20
佳玉 34	18	紧凑	紫	匙形	绿色	中	紫色	黄色	20	绿色	中	16~20
玉湘 99	19	半紧	深紫	圆到匙形	绿色	中	浅紫	紫色	25	浅紫	中	18~20
康瑞 108	20	紧凑	浅紫	圆到匙形	绿色	中	浅紫	浅紫	25	浅紫	中	18~22

7. 室内考种结果

各品种室内考种结果见表 1-11。

表 1-11　2019 年河南省玉米品种 4500 株/亩区域试验 A 组穗部性状室内考种结果

品种	编号	穗长（cm）	穗粗（cm）	穗行数	行粒数	秃尖长（cm）	轴粗（cm）	穗粒重（g）	出籽率（%）	千粒重（g）	穗型	轴色	粒型	粒色	结实性
博金 100	1	17.6	5.1	15.9	33.2	0.9	2.9	185.2	86	355.7	筒	红	半马	黄	中
佳美 168	2	16	4.7	15.8	30.8	0.3	2.9	146.1	86.5	320.3	筒	白	硬	黄	上
豫豪 777	3	18.6	5.1	16	33.1	1.2	3	180	87.4	358.7	筒	白	半马	黄	上
沃优 218	5	17.8	4.9	14.8	34	1.4	2.7	176.5	87.1	357.4	筒	红	半马	黄	上
科育 662	6	18.1	4.6	14.4	37.6	0.9	2.5	165.6	89	322.5	筒	红	半马	黄	上
农华 137	7	17.9	4.9	15.5	36.9	0.9	2.6	179.6	89.2	333.2	筒	红	半马	黄	中
郑单 958	8	17	4.9	14.8	33.7	0.6	2.9	167.9	87.9	331	筒	白	半马	黄	上
金诺 6024	9	18.7	4.8	17.2	35.9	1.5	2.7	172.8	88	297.8	筒	红	半马	黄	中
梦玉 309	10	18	4.7	15.4	34.5	0.9	2.7	173.1	88.1	339.2	筒	红	半马	黄	上
恒丰玉 666	11	17.7	4.8	15.6	32.4	0.8	2.7	181.2	87.8	359.5	筒	红	半马	黄	上
MC876	12	18	4.8	15.6	33	1.3	2.7	165.6	87.2	336.6	筒	红	半马	黄	中
三北 72（SW258）	13	16.6	4.9	17.7	34.7	0.7	2.8	163.7	88.9	289.7	筒	红	半马	黄	中
伟玉 618	14	17.2	5.1	18	32.3	1.4	2.9	177.6	88.3	324	筒	红	半马	黄	中
怀玉 68	15	17.5	4.7	15.7	30.7	1.3	2.6	170.3	86.3	355.7	筒	红	半马	黄	中
豫单 9966	16	16.3	5	17.9	31.3	0.8	2.8	168.8	87.1	320.1	筒	红	半马	黄	上
景玉 787	17	17.5	4.8	16.1	32.3	1.3	2.8	163.3	86.6	313.9	筒	红	半马	黄	中
佳玉 34	18	17.8	4.8	17.3	32.6	1	2.8	164.9	88.5	309.8	筒	红	半马	黄	中
玉湘 99	19	19.2	4.9	15.8	34.5	1.6	2.8	178.4	86.6	346.6	筒	红	半马	黄	中
康瑞 108	20	17.1	4.8	15.9	31.7	0.8	2.6	171.8	88.7	334.7	筒	红	半马	黄	上

8. **抗病性接种鉴定结果**

各品种抗病性接种鉴定结果见表 1-12。

表 1-12　2019 年河南省玉米品种 4500 株/亩区域试验 A 组抗病性接种鉴定结果

品种	编号	接种编码	茎腐病		小斑病		弯孢叶斑病		穗腐病		瘤黑粉病		南方锈病	
			病株率（%）	抗性	病级	抗性	病级	抗性	平均病级	抗性	病株率（%）	抗性	病级	抗性
博金 100	1	59	24	中抗	5	中抗	7	感病	3.7	中抗	3.3	高抗	9	高感
佳美 168	2	63	14.58	中抗	5	中抗	3	抗病	5	中抗	10	抗病	7	感病
豫豪 777	3	94	4	高抗	7	感病	5	中抗	3.1	抗病	0	高抗	7	感病
征玉一号	4	100	33.33	感病	3	抗病	3	抗病	2.5	抗病	3.3	高抗	5	中抗
沃优 218	5	64	8	抗病	3	抗病	7	感病	5.2	中抗	6.7	抗病	9	高感
科育 662	6	58	6.25	抗病	3	抗病	7	感病	1.8	抗病	6.7	抗病	3	抗病
农华 137	7	62	0	高抗	5	中抗	5	中抗	3	抗病	23.3	感病	3	抗病
金诺 6024	9	89	45.83	高感	3	抗病	7	感病	2.1	抗病	0	高抗	3	抗病
梦玉 309	10	90	24	中抗	5	中抗	5	中抗	3.2	抗病	6.7	抗病	9	高感
恒丰玉 666	11	76	8.33	抗病	3	抗病	5	中抗	5.7	感病	0	高抗	7	感病
MC876	12	99	0	高抗	5	中抗	5	中抗	3.4	抗病	3.3	高抗	5	中抗
三北 72（SW285）	13	70	72.92	高感	1	高抗	7	感病	5.6	感病	0	高抗	3	抗病
伟玉 618	14	80	35.42	感病	5	中抗	7	感病	1.6	抗病	3.3	高抗	3	抗病
豫单 9966	16	101	0	高抗	1	高抗	5	中抗	1.6	抗病	3.3	高抗	3	抗病
景玉 787	17	71	12.5	中抗	5	中抗	7	感病	3.1	抗病	3.3	高抗	7	感病
佳玉 34	18	72	43.75	高感	1	高抗	7	感病	1.5	高抗	16.7	中抗	5	中抗
玉湘 99	19	92	80	高感	7	感病	5	中抗	1.5	高抗	3.3	高抗	7	感病
康瑞 108	20	61	0	高抗	1	高抗	5	中抗	3.8	中抗	30	感病	3	抗病

9. 品质分析结果

参试品种籽粒品质分析结果见表 1-13。

表 1-13　2019 年河南省玉米品种 4500 株/亩区域试验 A 组品质分析结果

品种	编号	水分（%）	容重（g/L）	粗蛋白质（%）	粗脂肪（%）	赖氨酸（%）	粗淀粉（%）
博金 100	1	10.8	739	10.1	3.1	0.34	75.52
佳美 168	2	10.4	794	9.93	4.0	0.28	75.97
豫豪 777	3	10.6	750	9.26	3.6	0.30	75.57
沃优 218	5	10.3	782	10.3	3.4	0.30	76.12
科育 662	6	10.5	758	9.85	2.9	0.31	76.01
农华 137	7	10.4	742	9.67	2.8	0.31	76.41
郑单 958	8	9.58	754	9.94	4.3	0.31	73.53
金诺 6024	9	10.0	768	11.2	3.0	0.33	74.60
梦玉 309	10	10.4	768	10.4	3.3	0.34	75.74
恒丰玉 666	11	10.1	813	10.2	3.2	0.32	74.78
MC876	12	10.4	754	9.50	3.1	0.33	75.51
三北 72(SW285)	13	9.96	772	11.3	3.5	0.33	75.96
伟玉 618	14	9.97	764	10.5	3.4	0.30	75.43
怀玉 68	15	9.50	780	11.3	3.0	0.31	75.33
豫单 9966	16	9.83	745	10.4	4.4	0.32	73.99
景玉 787	17	10.6	758	10.6	4.0	0.35	73.77
佳玉 34	18	10.8	765	9.59	3.1	0.30	76.38
玉湘 99	19	10.3	759	10.3	3.0	0.33	76.33
康瑞 108	20	10.1	766	10.8	3.6	0.32	76.26

10. DNA 检测比较结果

DNA 检测同名品种以及疑似品种比较结果见表 1-14。

表 1-14(1)　2019 年 4500 株/亩区域试验 A 组 DNA 检测同名品种比较结果表

序号	待测样品		对照样品			比较位点数	差异位点数	结论
	样品编号	样品名称	样品编号	样品名称	来源			
1	MHN1900012	科育 662	MH1800128	科育 662	2018 年河北区试	40	35	不同

表 1-14(2)　2019 年 4500 株/亩区域试验 A 组 DNA 检测疑似品种比较结果表

序号	待测样品		对照样品			比较位点数	差异位点数	结论
	样品编号	样品名称	样品编号	样品名称	来源			
7	MHN1900062	玉湘 99	BGG6507	金北 516	农业部征集审定品种	40	1	近似

五、品种评述及建议

(一)第二年区域试验品种

1. 农华137

1)产量表现

2017年试验平均亩产714.72 kg,比对照郑单958增产13.54%,居本组试验第1位,与对照相比差异达极显著水平,全省11个试点全部增产,增产点比率为100%,丰产稳产性好。

2019年试验平均亩产755.00 kg,比对照郑单958增产11.46%,居本组试验第1位,与对照相比差异极显著,全省共12个试点全部增产,增产点比率为100%,丰产稳产性好。

综合两年23点次的试验结果(表1-3):该品种平均亩产735.74 kg,比郑单958增产12.43%,增产点数:减产点数=23∶0,增产点比率为100%,丰产稳产性好。

2)特征特性

2017年该品种株型半紧凑,平均株高278 cm,穗位高108 cm;倒伏率0.5%,倒折率0.0%;空秆率0.6%,双穗率0.8%;自然发病情况为:茎腐病1.7%(0.0%~6.9%),小斑病1~3级,穗粒腐病1~3级,弯孢菌病1~3级,瘤黑粉病0.1%,锈病1~3级;粗缩病0.0%,矮花叶病毒病1~3级,玉米螟1~5级;生育期104天,比对照(郑单958)早熟1天,叶片数18~21;穗长18.3 cm,穗粗4.8 cm,穗行数15.0,行粒数37.3,秃尖长0.6 cm;出籽率86.9%,千粒重354.9 g。芽鞘紫色,雄穗分枝数中,花药黄色,穗夹角18度,花丝粉红色,苞叶短;筒型穗,红轴,半马齿型,黄粒,结实性好。从植物学特征和生理学特性看,该品种的种性表现较稳定。

2019年,该品种株型半紧凑,平均株高288 cm,穗位高117 cm;倒伏率1.9%,倒折率0.4%,倒伏倒折率之和≥15.0%的试点比例为0.0% ;空秆率0.5%,双穗率0.8%;自然发病情况为:茎腐病2.4%(0.0%~9.9%),小斑病1~3级,穗粒腐病1~3级,弯孢菌病1~3级,瘤黑粉病0.1%,锈病1~5级;粗缩病0.2%,矮花叶病毒病1~3级,玉米螟1~5级;生育期103天,与对照(郑单958)同熟,叶片数19~22;芽鞘紫色,第一叶圆到匙形,叶片绿色,雄穗分枝数中,花药黄色,穗夹角17度,花丝浅紫色,苞叶短;穗长17.9 cm,穗粗4.9 cm,穗行数15.5,行粒数36.9,秃尖长0.9 cm;出籽率89.2%,千粒重333.2 g。筒型穗,红轴,半马齿型,黄粒,结实性中。

从两年区域试验结果对比看,该品种的遗传性状稳定。

3)抗病性鉴定

据2017河南农业大学植保学院人工接种鉴定汇总报告:该品种高抗镰孢菌茎腐病、瘤黑粉病,抗小斑病、南方锈病;感弯孢霉叶斑病,高感镰孢菌穗腐病。

据2018河南省农科院植保所人工接种鉴定复议结果:该品种中抗镰孢菌茎腐病、小斑病、弯孢霉叶斑病、南方锈病;感瘤黑粉病。

据2019河南农业大学植保学院人工接种鉴定汇总报告:该品种高抗镰孢菌茎腐病,抗镰孢菌穗腐病、南方锈病,中抗小斑病、弯孢霉叶斑病;感瘤黑粉病。

4）品质分析

据2017年农业部农产品质量监督检验测试中心（郑州）对该品种多点套袋果穗的籽粒混合样品品质分析检验报告：容重745 g/L，粗蛋白质11.10%，粗脂肪3.5%，赖氨酸0.36%，粗淀粉75.67%。

据2019年农业部农产品质量监督检验测试中心（郑州）对该品种多点套袋果穗的籽粒混合样品品质分析检验报告：容重742 g/L，粗蛋白质9.67%，粗脂肪2.8%，赖氨酸0.31%，粗淀粉76.41%。

5）试验建议

该品种综合表现优良，虽然2017年接种鉴定高感穗腐病，已建议淘汰，但2018年病害复议合格。建议晋升生产试验。

2. 康瑞108

1）产量表现

2018年试验平均亩产636.67 kg，比对照郑单958增产9.44%，居本组试验第4位，与对照相比差异达极显著水平，全省10个试点9增1减，增产点比率为90.0%，丰产稳产性好。

2019年试验平均亩产741.11 kg，比对照郑单958增产9.46%，居本组试验第4位，与对照相比差异达极显著水平，全省12个试点12增0减，增产点比率为100%，丰产稳产性好。

综合两年22点次的试验结果（表1-3）：该品种平均亩产693.64 kg，比郑单958增产9.44%，增产点数：减产点数=21：1，增产点比率为95.45%，丰产稳产性好。

2）特征特性

2018年该品种株型紧凑，平均株高292 cm，穗位高111 cm；倒伏率1.4%，倒折率0.2%，倒伏倒折率之和≥15.0%的试点比例为0.0%；空秆率0.6%，双穗率0.0%；自然发病情况为：茎腐病1.4%（0.0%~6.8%），小斑病1~3级，穗粒腐病1~5级，弯孢菌病1~3级，瘤黑粉病1.9%，锈病1~7级；粗缩病1.2%，矮花叶病毒病1~3级，玉米螟1~3级；生育期105天，与对照（郑单958）同熟，叶片数19~21；芽鞘浅紫色，雄穗分枝数少，花药黄色，穗夹角21.5度，花丝浅紫色，苞叶长度适中；穗长17.3 cm，穗粗4.7 cm，穗行数16.5，行粒数31.7，秃尖长0.5 cm；出籽率87.5%，千粒重337.1 g。筒型穗，粉轴，半马齿型，黄粒，结实性好。从植物学特征和生理学特性看，该品种的种性表现较稳定。

2019年，该品种株型紧凑，平均株高296 cm，穗位高112 cm；倒伏率1.0%，倒折率0.4%，倒伏倒折率之和≥15.0%的试点比例为0.0%；空秆率0.8%，双穗率0.2%；自然发病情况为：茎腐病5.6%（0.0%~30%），小斑病1~3级，穗粒腐病1~3级，弯孢菌病1~3级，瘤黑粉病0.8%，锈病1~3级；粗缩病0.2%，矮花叶病毒病1~3级，玉米螟1~3级；生育期103天，与对照（郑单958）同熟，叶片数18~22；芽鞘浅紫色，第一叶圆到匙形，叶片绿色，雄穗分枝数中，花药浅紫色，穗夹角25度，花丝浅紫色，苞叶中；穗长17.1 cm，穗粗4.8 cm，穗行数15.9，行粒数31.7，秃尖长0.8 cm；出籽率88.7%，千粒重334.7 g。筒型穗，红轴，半马齿型，黄粒，结实性好。

从两年区域试验结果对比看，该品种的遗传性状较稳定。

3）抗病性鉴定

据2018年河南农业大学植保学院人工接种鉴定汇总报告：该品种高抗镰孢菌茎腐病、小斑病、南方锈病，抗镰孢菌穗腐病，中抗弯孢霉叶斑病；感瘤黑粉病。

据2019年河南农业大学植保学院人工接种鉴定汇总报告：该品种高抗镰孢菌茎腐病、小斑病，抗南方锈病，中抗弯孢霉叶斑病、镰孢菌穗腐病；感瘤黑粉病。

4）品质分析

据2018年农业部农产品质量监督检验测试中心（郑州）对该品种多点套袋果穗的籽粒混合样品品质分析检验报告：容重762 g/L，粗蛋白质11.3%，粗脂肪4.0%，赖氨酸0.37%，粗淀粉72.49%。

据2019年农业部农产品质量监督检验测试中心（郑州）对该品种多点套袋果穗的籽粒混合样品品质分析检验报告：容重766 g/L，粗蛋白质10.8%，粗脂肪3.6%，赖氨酸0.32%，粗淀粉76.26%。

5）试验建议

该品种综合表现较好，2019年区域试验和生产试验交叉进行，若生产试验通过，建议推审。

3. 佳玉34

1）产量表现

2018年试验平均亩产639.44 kg，比对照郑单958增产9.92%，居本组试验第3位，与对照相比差异达极显著水平，全省10个试点全部增产，增产点比率为100%，丰产稳产性好。

2019年试验平均亩产722.78 kg，比对照郑单958增产6.71%，居本组试验第9位，与对照相比差异达极显著水平，全省12个试点11增1减，增产点比率为91.67%，丰产稳产性好。

综合两年22点次的试验结果（表1-3）：该品种平均亩产684.90 kg，比郑单958增产8.06%，增产点数:减产点数=21:1，增产点比率为95.45%，丰产稳产性好。

2）特征特性

2018年，该品种株型紧凑，平均株高283 cm，穗位高119 cm；倒伏率0.6%，倒折率0.5%，倒伏倒折率之和≥15.0%的试点比例为0.0%；空秆率0.8%，双穗率1.8%；自然发病情况为：茎腐病3.5%（0.0%~10.7%），小斑病1~7级，穗粒腐病1~3级，弯孢菌病1~5级，瘤黑粉病1.4%，锈病1~5级；粗缩病0.3%，矮花叶病毒病1~3级，玉米螟1~3级；生育期103天，比对照（郑单958）早熟2天，叶片数18~20；芽鞘紫色，雄穗分枝数密，花药浅紫色，穗夹角20.5度，花丝青色，苞叶长度适中；穗长17.9 cm，穗粗4.6 cm，穗行数17.1，行粒数31.3，秃尖长0.9 cm；出籽率87.5%，千粒重300.3 g。筒型穗，红轴，半马齿型，黄粒，结实性中。从植物学特征和生理学特性看，该品种的种性表现较稳定。

2019年，该品种株型紧凑，平均株高279 cm，穗位高117 cm；倒伏率0.7%，倒折率0.2%，倒伏倒折率之和≥15.0%的试点比例为0.0%；空秆率0.3%，双穗率2.0%；自然发病情况为：茎腐病8.9%（0.0%~26.9%），小斑病1~3级，穗粒腐病1~5级，弯孢菌病1~3级，瘤黑粉病1.0%，锈病1~5级；粗缩病0.1%，矮花叶病毒病1~3级，玉米螟1~5级；生育期 102 天，比对照（郑单 958）早熟 1 天，叶片数 16～20；芽鞘紫色，第一叶匙形，叶片绿色，雄穗分枝数中，花药黄色，穗夹角 20 度，花丝绿色，苞叶中；穗长 17.8 cm，穗粗 4.8 cm，穗行数 17.3，行粒数 32.6，秃尖长 1.0 cm；出籽率 88.5%，千粒重 309.8 g。筒型穗，红轴，半马齿型，黄粒，结实性中。

从两年区域试验结果对比看，该品种的遗传性状较稳定。

3）抗病性鉴定

据 2018 年河南农业大学植保学院人工接种鉴定汇总报告：该品种高抗镰孢菌茎腐病，抗镰孢菌穗腐病、南方锈病，中抗瘤黑粉病；感小斑病，高感弯孢霉叶斑病。

据 2019 年河南农业大学植保学院人工接种鉴定汇总报告：该品种高抗小斑病、镰孢菌穗腐病，中抗瘤黑粉病、南方锈病；高感镰孢菌茎腐病，感弯孢霉叶斑病。

4）品质分析

据 2018 年农业部农产品质量监督检验测试中心（郑州）对该品种多点套袋果穗的籽粒混合样品品质分析检验报告：容重 763 g/L，粗蛋白质 9.5%，粗脂肪 4.5%，赖氨酸 0.32%，粗淀粉 75.16%。

据 2019 年农业部农产品质量监督检验测试中心（郑州）对该品种多点套袋果穗的籽粒混合样品品质分析检验报告：容重 765 g/L，粗蛋白质 9.59%，粗脂肪 3.1%，赖氨酸 0.30%，粗淀粉 76.38%。

5）试验建议

该品种综合表现较好，但接种鉴定高感茎腐病，建议淘汰。

4. 怀玉 68

该品种 2016～2017 年参加机收组试验，但因籽粒含水量和破损率不达标，2018 年转到普通组。

1）产量表现

2016 年该品种平均亩产为 694.90 kg，比对照郑单 958 极显著增产 13.08%，居本组试验第 1 位。与对照郑单 958 相比，全省 12 个试点增产，增产点比率为 100%。

2017 年试验该品种平均亩产为 679.90 kg，比对照郑单 958 极显著增产 7.6%，居本组试验第 4 位。与对照郑单 958 相比，全省 11 个试点全部增产，增产点比率为 100%。

两年机收组试验，平均亩产为 687.70 kg，比对照郑单 958 增产 10.6%。与对照郑单 958 相比，全省 23 个试点全部增产，增产点比率为 100%。

2018 年试验平均亩产 633.33 kg，比对照郑单 958 增产 8.92%，居本组试验第 6 位，与对照相比差异达极显著水平，全省 10 个试点全部增产，增产点比率为 100%，丰产稳产性好。

2019 年试验平均亩产 720.00 kg，比对照郑单 958 增产 6.33%，居本组试验第 10 位，与对照相比差异达极显著水平，全省 12 个试点 10 增 2 减，增产点比率为 83.33%，丰产稳产性好。

综合两年普通组试验结果（表 1-3）：该品种平均亩产 680.60 kg，比郑单 958 增产 7.39%，增产点数∶减产点数＝20∶2，增产点比率为 90.91%，丰产稳产性好。

2)特征特性

2016 年该品种核心点试验收获时籽粒含水量 25.92%，高于对照桥玉 8 号的25.71%，籽粒破损率 4.24%，高于对照桥玉 8 号的 1.85%。2017 年该品种核心点试验收获时籽粒含水量 31.7%，高于对照桥玉 8 号的 29.2%，籽粒破损率 9.6%，高于对照桥玉 8 号的 3.7%。

2016 年试验该品种株型半紧凑，果穗茎秆角度 38.5 度，平均株高 281.9 cm，穗位高 102.9 cm，总叶片数 17.8，雄穗分枝数 6，花药浅紫/绿色，花丝浅紫/红色，倒伏率 3.8%，倒折率 0.7%，空秆率 1.0%，双穗率 1.5%，苞叶长度中。自然发病情况为：穗粒腐病 1~5 级，小斑病 1~3 级，弯孢菌病 1~5 级，瘤黑粉病 1.62%，茎腐病 0.60%，粗缩病 0.0%，矮花叶病毒病 1~3 级，锈病 1~7 级，纹枯病 1~3 级，褐斑病 1~5 级，玉米螟 1~3 级。生育期 102.7 天，较对照郑单 958 早熟 1 天，与对照桥玉 8 号基本相同。穗长 17.7 cm，穗粗 4.8 cm，穗行数 15.7，行粒数 30.8，秃尖长 1.2 cm，出籽率 84.8%，千粒重 334.4 g。果穗圆筒型，红轴，籽粒为半马齿型，黄粒，结实性中上。

2017 年试验该品种株型半紧凑，果穗茎秆角度 27 度，平均株高 279.5 cm，穗位高 109.9 cm，总叶片数 18.3，雄穗分枝数 10，花药绿色，花丝浅紫色，倒伏率 0.7%，倒折率 0.0%，空秆率 1.2%，双穗率 0.6%，苞叶长度 35.3 cm。自然发病情况为：穗粒腐病 1~5 级，小斑病 1~5 级，弯孢菌病 1~3 级，瘤黑粉病 0.7%，茎腐病 3.0%，粗缩病 0.4%，矮花叶病毒病 1~3 级，锈病 1~9 级，纹枯病 1~3 级，褐斑病 1~5 级，玉米螟 1~3 级。生育期 102.6 天，较对照郑单 958 早熟 1.1 天，较对照桥玉 8 号早熟 0.4 天。穗长 18.7 cm，穗粗 4.9 cm，穗行数 15.9，行粒数 31.8，秃尖长 1.6 cm，出籽率 84.4%，千粒重 381.1 g。果穗长筒型，红轴，籽粒为半马齿型，黄粒，结实性中。

2018 年，该品种株型紧凑，平均株高 283 cm，穗位高 109 cm；倒伏率 0.4%，倒折率 1.1%，倒伏倒折率之和≥15.0%的试点比例为 0.0%；空秆率 1.0%，双穗率 0.8%；自然发病情况为：茎腐病 3.11%(0.0%~13.3%)，小斑病 1~5 级，穗粒腐病 1~3 级，弯孢菌病1~5 级，瘤黑粉病 3.8%，锈病 1~5 级；粗缩病 0.3%，矮花叶病毒病 1~3 级，玉米螟 1~3 级；生育期 104 天，比对照(郑单 958)早熟 1 天，叶片数 17~19；芽鞘紫色，雄穗分枝数中，花药浅紫色，穗夹角 34 度，花丝浅紫色，苞叶长短适中；穗长 18.4 cm，穗粗 4.7 cm，穗行数 15.5，行粒数 33.6，秃尖长 1.1 cm；出籽率 85.9%，千粒重 344.1 g。筒型穗，粉轴，半马齿型，黄粒，结实性中。从植物学特征和生理学特性看，该品种的种性表现较稳定。

2019 年，该品种株型半紧凑，平均株高 287 cm，穗位高 114 cm；倒伏率 2.8%，倒折率 0.2%，倒伏倒折率之和≥15.0%的试点比例为 8.3% ；空秆率 1.2%，双穗率 0.3%；自然发病情况为：茎腐病 4.1%(0.0%~13%)，小斑病 1~3 级，穗粒腐病 1~5 级，弯孢菌病 1~3 级，瘤黑粉病 1.1%，锈病 1~7 级；粗缩病 0.3%，矮花叶病毒病 1~3 级，玉米螟 1~3 级；生育期 104 天，比对照(郑单 958)晚熟 1 天，叶片数 18~20；芽鞘紫色，第一叶圆到匙形，叶片绿色，雄穗分枝数中，花药黄色，穗夹角 18 度，花丝浅紫色，苞叶短；穗长 17.5 cm，穗粗 4.7 cm，穗行数 15.7，行粒数 30.7，秃尖长 1.3 cm；出籽率 86.3%，千粒重 355.7 g。筒型穗，红轴，半马齿型，黄粒，结实性中。

从各年区域试验结果对比看，该品种的遗传性状较稳定。

3)抗病性鉴定

根据2016年河南农业大学植保学院人工接种鉴定报告:该品种抗镰孢菌穗腐病,中抗镰孢菌茎腐病、瘤黑粉病,感小斑病、弯孢霉叶斑病,高感南方锈病。

根据2017年河南农业大学植保学院人工接种鉴定报告:该品种高抗弯孢霉叶斑病,中抗镰孢菌茎腐病、小斑病、镰孢菌穗腐病,高感瘤黑粉病、南方锈病。

据2018年河南农业大学植保学院人工接种鉴定汇总报告:该品种抗小斑病,中抗镰孢菌茎腐病、弯孢霉叶斑病、镰孢菌穗腐病;感瘤黑粉病、南方锈病。

4)品质分析

根据2016年农业部农产品质量监督检验测试中心(郑州)对该品种多点套袋果穗的籽粒混合样品品质分析检验结果,该品种粗蛋白质含量11.55%,粗脂肪含量3.70%,粗淀粉含量74.36%,赖氨酸含量0.36%,容重754 g/L。

根据2017年农业部农产品质量监督检验测试中心(郑州)对该品种多点套袋果穗的籽粒混合样品品质分析检验结果,该品种粗蛋白质含量11.5%,粗脂肪含量3.1%,粗淀粉含量75.41%,赖氨酸含量0.34%,容重754 g/L。

据2018年农业部农产品质量监督检验测试中心(郑州)对该品种多点套袋果穗的籽粒混合样品品质分析检验报告:容重771 g/L,粗蛋白质10.8%,粗脂肪3.1%,赖氨酸0.34%,粗淀粉73.52%。

据2019年农业部农产品质量监督检验测试中心(郑州)对该品种多点套袋果穗的籽粒混合样品品质分析检验报告:容重780 g/L,粗蛋白质11.3%,粗脂肪3.0%,赖氨酸0.31%,粗淀粉75.33%。

5)试验建议

该品种综合表现较好,2019年区域试验和生产试验交叉进行,若生产试验达标,建议推审。

5. 玉湘99

1)产量表现

2018年试验平均亩产643.89 kg,比对照郑单958增产5.63%,居本组试验第6位,与对照相比差异达极显著水平,全省11个试点10增1减,增产点比率为90.9%,丰产稳产性较好。

2019年试验平均亩产732.22 kg,比对照郑单958增产8.1%,居本组试验第6位,与对照相比差异达极显著水平,全省12个试点10增2减,增产点比率为83.33%,丰产稳产性好。

综合两年23点次的试验结果(表1-3):该品种平均亩产689.98 kg,比郑单958增产7.01%,增产点数:减产点数=20:3,增产点比率为86.96%,丰产稳产性好。

2)特征特性

2018年,该品种株型紧凑,平均株高298 cm,穗位高109 cm;倒伏率3.6%,倒折率0.6%,倒伏倒折率之和≥15.0%的试点比例为9.1%;空秆率0.8%,双穗率0.3%;自然发病情况为:茎腐病3.6%(0.0%~8.6%),小斑病1~5级,穗粒腐病1~3级,弯孢菌病1~5级,瘤黑粉病0.3%,锈病1~5级;粗缩病0.1%,矮花叶病毒病1~3级,玉米螟1~3级;生育期 102 天,比对照(郑单 958)早熟 1 天,叶片数 18~20;芽鞘深紫色,雄穗分枝数少,花药深紫色,穗夹角 35 度,花丝紫色,苞叶长度适中;穗长 18.7 cm,穗粗 4.7 cm,穗行数 15.5,行粒数 33.1,秃尖长 1.4 cm;出籽率 85.1%,千粒重 346.4 g。筒型穗,粉轴,半马齿型,黄粒,结实性中。从植物学特征和生理学特性看,该品种的种性表现较稳定。

2019 年,该品种株型半紧凑,平均株高 304 cm,穗位高 121 cm;倒伏率 1.7%,倒折率 0.5%,倒伏倒折率之和≥15.0%的试点比例为 0.0%;空秆率 1.2%,双穗率 0.3%;自然发病情况为:茎腐病 11.7%(0.0%~38.7%),小斑病 1~3 级,穗粒腐病 1~3 级,弯孢菌病1~5 级,瘤黑粉病 0.2%,锈病 1~5 级;粗缩病 0.1%,矮花叶病毒病 1~3 级,玉米螟 1~3 级;生育期 102 天,比对照(郑单 958)早熟 1 天,叶片数 18~20;芽鞘深紫色,第一叶圆到匙形,叶片绿色,雄穗分枝数中,花药紫色,穗夹角 25 度,花丝浅紫色,苞叶中;穗长 19.2 cm,穗粗 4.9 cm,穗行数15.8,行粒数 34.5,秃尖长 1.6 cm;出籽率 86.6%,千粒重 346.6 g。筒型穗,红轴,半马齿型,黄粒,结实性中。

从两年区域试验结果对比看,该品种的遗传性状较稳定。

3)抗病性鉴定

据 2018 年河南农业大学植保学院人工接种鉴定汇总报告:该品种抗小斑病、镰孢菌穗腐病、瘤黑粉病,中抗镰孢菌茎腐病、弯孢霉叶斑病、南方锈病。

据 2019 年河南农业大学植保学院人工接种鉴定汇总报告:该品种高抗镰孢菌穗腐病、瘤黑粉病,中抗弯孢霉叶斑病;高感镰孢菌茎腐病,感小斑病、南方锈病。

4)品质分析

据 2018 年农业部农产品质量监督检验测试中心(郑州)对该品种多点套袋果穗的籽粒混合样品品质分析检验报告:容重 765 g/L,粗蛋白质 11.0%,粗脂肪 3.2%,赖氨酸 0.35%,粗淀粉 72.76%。

据 2019 年农业部农产品质量监督检验测试中心(郑州)对该品种多点套袋果穗的籽粒混合样品品质分析检验报告:容重 759 g/L,粗蛋白质 10.3%,粗脂肪 3.0%,赖氨酸 0.33%,粗淀粉 76.33%。

5)试验建议

该品种综合表现较好,但 2018 年 DNA 检测结果与 2017 年国家区域试验东华北中晚熟春玉米组的机玉 28 以及 2017 年国家区域试验黄淮海夏玉米组的金北 516 近似,2019 年 DNA 检测结果与农业部征集品种金北 516 近似;2019 年做 DUS 测试,同时进入生产试验,但接种鉴定与专家组田间考察(洛阳点)均高感茎腐病,建议淘汰。

6. 豫单 9966

该品种 2017 年参加机收组试验,但因籽粒含水量和籽粒破损率不达标,2018 年转普通组。

1)产量表现

2017 年试验平均亩产为 680.6 kg,比对照郑单 958 极显著增产 9.0%,居本组试验第 3 位。与对照郑单 958 相比,全省 8 个试点增产,2 个点减产,增产点比率为 80.0%。

2018 年试验平均亩产 622.22 kg,比对照郑单 958 增产 9.04%,居本组试验第 7 位,与对照相比差异达极显著水平,全省 11 个试点 10 增 1 减,增产点比率为 90.9%,丰产稳产性较好。

2019 年试验平均亩产 711.11 kg，比对照郑单 958 增产 4.97%，居本组试验第 12 位，与对照相比差异不显著，全省 12 个试点 11 增 1 减，增产点比率为 91.67%，丰产稳产性较好。

综合普通组两年 23 点次的试验结果（表 1-3）：该品种平均亩产 668.60 kg，比郑单 958 增产 6.77%，增产点数∶减产点数＝21∶2，增产点比率为 91.3%，丰产稳产性较好。

2）特征特性

2017 年，该品种核心点试验收获时籽粒含水量 31.5%，高于对照桥玉 8 号的 28.7%，籽粒破损率 8.4%，高于对照桥玉 8 号的 3.2%。

2017 年，该品种株型紧凑，果穗茎秆角度 27 度，平均株高 270.5 cm，穗位高 99.0 cm，总叶片数 18.0，雄穗分枝数 8，花药绿色，花丝绿色，倒伏率 0.1%，倒折率 0.2%，空秆率 0.6%，双穗率 0.0%，苞叶长度 31.0 cm。自然发病情况为：穗粒腐病 1～3 级，小斑病 1～3 级，弯孢菌病1～3 级，瘤黑粉病 0.3%，茎腐病 5.9%，粗缩病 0.4%，矮花叶病毒病 1 级，锈病 1～3 级，纹枯病 1～3 级，褐斑病 1～3 级，玉米螟 1～5 级。生育期 102.6 天，较对照郑单 958 早熟 0.6 天，较对照桥玉 8 号晚熟 1.4 天。穗长 16.9 cm，穗粗 4.9 cm，穗行数 17.0，行粒数 31.7，秃尖长 0.9 cm，出籽率 86.5%，千粒重 327.1 g。果穗圆筒型，红轴，籽粒半马齿型，黄粒，结实性中上。

2018 年，该品种株型半紧凑，平均株高 279 cm，穗位高 97 cm；倒伏率 1.1%，倒折率 0.7%，倒伏倒折率之和≥15.0%的试点比例为 0.0%；空秆率 1.1%，双穗率 0.4%；自然发病情况为：茎腐病 1.3%（0.0%～8.6%），小斑病 1～3 级，穗粒腐病 1～3 级，弯孢菌病 1～3 级，瘤黑粉病 0.4%，锈病 1～5 级；粗缩病 0.0%，矮花叶病毒病 1～3 级，玉米螟 1～3 级；生育期 104 天，与对照（郑单 958）同熟，叶片数19～21；芽鞘浅紫色，雄穗分枝数中，花药黄色，穗夹角 31 度，花丝浅紫色，苞叶长；穗长 16.7 cm，穗粗 4.7 cm，穗行数 16.6，行粒数 31.9，秃尖长 0.8 cm；出籽率 84.9%，千粒重 298.9 g。筒型穗，粉轴，半马齿型，黄粒，结实性中。从植物学特征和生理学特性看，该品种的种性表现较稳定。

2019 年，该品种株型半紧凑，平均株高 271 cm，穗位高 101 cm；倒伏率 1.3%，倒折率 0.0%，倒伏倒折率之和≥15.0%的试点比例为 0.0%；空秆率 0.5%，双穗率 0.1%；自然发病情况为：茎腐病 2%（0.0%～11.6%），小斑病 1～3 级，穗粒腐病 1～3 级，弯孢菌病 1～3 级，瘤黑粉病 0.0%，锈病 1～5 级；粗缩病 0.0%，矮花叶病毒病 1～3 级，玉米螟 1～5 级；生育期 104 天，比对照（郑单 958）晚熟 1 天，叶片数 19～20；芽鞘紫色，第一叶圆到匙形，叶片绿色，雄穗分枝数中，花药黄色，穗夹角 20 度，花丝绿色，苞叶长；穗长 16.3 cm，穗粗 5.0 cm，穗行数 17.9，行粒数 31.3，秃尖长 0.8 cm；出籽率 87.1%，千粒重 320.1 g。筒型穗，红轴，半马齿型，黄粒，结实性好。

从各年区域试验结果对比看，该品种的遗传性状较稳定。

3）抗病性鉴定

据 2017 年河南农业大学植保学院人工接种鉴定汇总报告：该品种高抗镰孢菌茎腐病、南方锈病，抗镰孢菌穗腐病，中抗小斑病、弯孢霉叶斑病，高感瘤黑粉病。

据 2018 年河南农业大学植保学院人工接种鉴定汇总报告：该品种高抗镰孢菌茎腐

病，抗小斑病、镰孢菌穗腐病、南方锈病，中抗弯孢霉叶斑病、瘤黑粉病。

据 2019 年河南农业大学植保学院人工接种鉴定汇总报告：该品种高抗镰孢菌茎腐病、小斑病、瘤黑粉病，抗镰孢菌穗腐病、南方锈病，中抗弯孢霉叶斑病。

4）品质分析

根据 2017 年农业部农产品质量监督检验测试中心（郑州）对该品种多点套袋果穗的籽粒混合样品品质分析检验结果：该品种粗蛋白质含量 10.6%，粗脂肪含量 4.3%，粗淀粉含量 73.6%，赖氨酸含量 0.34%，容重 746 g/L。

据 2018 年农业部农产品质量监督检验测试中心（郑州）对该品种多点套袋果穗的籽粒混合样品品质分析检验报告：容重 752 g/L，粗蛋白质 10.1%，粗脂肪 4.7%，赖氨酸 0.35%，粗淀粉 72.32%。

据 2019 年农业部农产品质量监督检验测试中心（郑州）对该品种多点套袋果穗的籽粒混合样品品质分析检验报告：容重 745 g/L，粗蛋白质 10.4%，粗脂肪 4.4%，赖氨酸 0.32%，粗淀粉 73.99%。

5）试验建议

该品种综合表现较好，2019 年区域试验和生产试验交叉进行，若生产试验通过，建议推审。

7. 三北 72（SW258）

该品种 2017 年参加机收组试验，但因籽粒含水量和籽粒破损率不达标，2018 年转普通组。

1）产量表现

该品种平均亩产为 686.1 kg，比对照郑单 958 极显著增产 8.8%，居本组试验第 2 位。与对照郑单 958 相比，全省 10 个试点增产，1 个点减产，增产点比率为 90.9%。

2018 年试验平均亩产 623.33 kg，比对照郑单 958 增产 9.26%，居本组试验第 6 位，与对照相比差异达极显著水平，全省 11 个试点 10 增 1 减，增产点比率为 90.9%，丰产稳产性好。

2019 年试验平均亩产 705.56 kg，比对照郑单 958 增产 4.2%，居本组试验第 14 位，与对照相比差异不显著，全省 12 个试点 10 增 2 减，增产点比率为 83.33%，丰产稳产性较好。

综合普通组两年 23 点次的试验结果（表 1-3）：该品种平均亩产 666.23 kg，比郑单 958 增产 6.39%，增产点数：减产点数 = 20：3，增产点比率为 86.96%，丰产稳产性较好。

2）特征特性

该品种核心点试验收获时籽粒含水量 29.8%，高于对照桥玉 8 号的 29.2%，籽粒破损率 3.5%，与对照桥玉 8 号的 3.7%相当。

该品种株型紧凑，果穗茎秆角度 15 度，平均株高 243.5 cm，穗位高 94.7 cm，总叶片数 17.2，雄穗分枝数 6，花药浅紫色，花丝浅紫色，倒伏率 0.0%，倒折率 0.0%，空秆率 0.6%，双穗率 0.3%，苞叶长度 34.8 cm。自然发病情况为：穗粒腐病 1～3 级，小斑病 1～5 级，弯孢菌病 1～5 级，瘤黑粉病 0.1%，茎腐病 5.1%，粗缩病 1.1%，矮花叶病毒病 1～3 级，锈病 1～5 级，纹枯病 1～3 级，褐斑病 1～3 级，玉米螟 1～3 级。生育期 102.8 天，较对照郑单 958 早熟 0.8 天，较对照桥玉 8 号早熟 0.1 天。穗长 17.3 cm，穗粗 4.9 cm，穗行数 17.8，行粒数 35.0，秃尖长 0.8 cm，出籽率 88.1%，千粒重 308.18 g。果穗长筒型，红轴，籽粒为半马齿型,黄粒,结实性中上。

2018 年,该品种株型半紧凑,平均株高 248 cm,穗位高 93 cm;倒伏率0.3%,倒折率 0.5%,倒伏倒折率之和≥15.0%的试点比例为 0.0%;空秆率 0.3%,双穗率 0.0%;自然发病情况为:茎腐病 3.5%(0.0%~26.9%),小斑病 1~3 级,穗粒腐病 1~3 级,弯孢菌病 1~3 级,瘤黑粉病 0.2%,锈病 1~5 级;粗缩病 0.2%,矮花叶病毒病 1~3 级,玉米螟 1~7 级;生育期 103 天,比对照(郑单 958)早熟 1 天,叶片数 17~19;芽鞘紫色,雄穗分枝数中,花药浅紫色,穗夹角 24 度,花丝浅紫色,苞叶长;穗长 16.4 cm,穗粗 4.8 cm,穗行数 17.7,行粒数33.8,秃尖长 0.7 cm;出籽率 87.9%,千粒重 271.2 g。筒型穗,红轴,半马齿型,黄粒,结实性中。从植物学特征和生理学特性看,该品种的种性表现较稳定。

2019 年,该品种株型紧凑,平均株高 244 cm,穗位高 96 cm;倒伏率 1.7%,倒折率 0.2%,倒伏倒折率之和≥15.0%的试点比例为 0.0%;空秆率 0. 5%,双穗率 0. 4%;自然发病情况为:茎腐病 4. 6%(0. 0%~15. 6%),小斑病 1~3 级,穗粒腐病 1~3 级,弯孢菌病 1~3 级,瘤黑粉病 0. 1%,锈病 1~5 级;粗缩病 0. 4%,矮花叶病毒病 1~3 级,玉米螟 1~3 级;生育期 103 天,与对照(郑单 958)同熟,叶片数 16~19;芽鞘紫色,第一叶圆到匙形,叶片绿色,雄穗分枝数中,花药黄色,穗夹角 22 度,花丝浅紫色,苞叶长;穗长 16. 6 cm,穗粗 4. 9 cm,穗行数 17. 7,行粒数 34. 7,秃尖长 0. 7 cm;出籽率 88. 9%,千粒重 289. 7 g。筒型穗,红轴,半马齿型,黄粒,结实性中。

从各年区域试验结果对比看,该品种的遗传性状较稳定。

3)抗病性鉴定

据 2017 年河南农业大学植保学院人工接种鉴定汇总报告:该品种抗镰孢菌茎腐病,中抗小斑病、南方锈病、镰孢菌穗腐病;感瘤黑粉病,高感弯孢霉叶斑病。

据 2018 年河南农业大学植保学院人工接种鉴定汇总报告:该品种高抗瘤黑粉病,抗镰孢菌茎腐病、镰孢菌穗腐病,中抗小斑病、南方锈病;感弯孢霉叶斑病。

据 2019 年河南农业大学植保学院人工接种鉴定汇总报告:该品种高抗小斑病、瘤黑粉病,抗南方锈病;高感镰孢菌茎腐病,感弯孢霉叶斑病、镰孢菌穗腐病。

4)品质分析

据 2017 年农业部农产品质量监督检验测试中心(郑州)对该品种多点套袋果穗的籽粒混合样品品质分析检验结果:该品种粗蛋白质含量 10. 5%,粗脂肪含量 3. 9%,粗淀粉含量 75. 05%,赖氨酸含量 0. 35%,容重 762 g/L。

据 2018 年农业部农产品质量监督检验测试中心(郑州)对该品种多点套袋果穗的籽粒混合样品品质分析检验报告:容重 763 g/L,粗蛋白质 10. 7%,粗脂肪 4. 0%,赖氨酸 0. 34%,粗淀粉 72. 4%。

据 2019 年农业部农产品质量监督检验测试中心(郑州)对该品种多点套袋果穗的籽粒混合样品品质分析检验报告:容重 772 g/L,粗蛋白质 11. 3%,粗脂肪 3. 5%,赖氨酸 0. 33%,粗淀粉 75. 96%。

5)试验建议

该品种综合表现较好,2019 年区域试验和生产试验交叉进行,但接种鉴定高感茎腐病,建议淘汰。

8. **景玉 787**

1)产量表现

2018 年试验平均亩产 581. 67 kg,比对照郑单 958 增产 1. 93%,居本组试验第 15 位,与对照相比差异不显著,全省 11 个试点 7 增 4 减,增产点比率为 63. 6%,丰产稳产性一般。

2019 年试验平均亩产 703. 33 kg,比对照郑单 958 增产 3. 85%,居本组试验第 15 位,与对照相比差异不显著,全省 12 个试点 9 增 3 减,增产点比率为 75.0%,丰产稳产性较好。

综合两年 23 点次的试验结果(表 1-3):该品种平均亩产 645. 11 kg,比郑单 958 增产 3. 02%,增产点数:减产点数=16:7,增产点比率为 69. 57%,丰产稳产性一般。

2)特征特性

2018 年该品种株型半紧凑,平均株高 266 cm,穗位高 110 cm;倒伏率 3. 8%,倒折率 6. 9%,倒伏倒折率之和≥15. 0%的试点比例为 9. 1%;空秆率 2. 0%,双穗率 0. 5%;自然发病情况为:茎腐病 1. 3%(0. 0%~7. 4%),小斑病 1~3 级,穗粒腐病 1~3 级,弯孢菌病 1~5 级,瘤黑粉病 0. 8%,锈病 1~3 级;粗缩病 0. 0%,矮花叶病毒病 1~3 级,玉米螟 1~7 级;生育期 104 天,与对照(郑单 958)同熟,叶片数 18~20;芽鞘浅紫色,雄穗分枝数中,花药紫色,穗夹角 25 度,花丝青色,苞叶短;穗长 17. 2 cm,穗粗 4. 7 cm,穗行数 15. 4,行粒数 30. 7,秃尖长 1. 6 cm;出籽率 83. 5%,千粒重 318. 5 g。筒型穗,红轴,半马齿型,黄粒,结实性中。从植物学特征和生理学特性看,该品种的种性表现较稳定。

2019 年该品种株型半紧凑,平均株高 266 cm,穗位高 116 cm;倒伏率 0. 8%,倒折率 0. 2%,倒伏倒折率之和≥15. 0%的试点比例为 0.0%;空秆率 0. 6%,双穗率 1%;自然发病情况为:茎腐病 5. 4%(0. 0%~41. 0%),小斑病 1~3 级,穗粒腐病 1~3 级,弯孢菌病 1~3 级,瘤黑粉病 0. 4%,锈病 1~5 级;粗缩病 0. 2%,矮花叶病毒病 1~3 级,玉米螟 1~3 级;生育期 103 天,与对照(郑单 958)同熟,叶片数17~20;芽鞘紫色,第一叶匙形,叶片绿色,雄穗分枝数中,花药黄色,穗夹角 19 度,花丝绿色,苞叶短;穗长 17. 5 cm,穗粗 4. 8 cm,穗行数 16. 1,行粒数 32. 3,秃尖长 1. 3 cm;出籽率 86. 6%,千粒重 313. 9 g。筒型穗,红轴,半马齿型,黄粒,结实性中。

从植物学特征和生理学特性看,该品种的种性表现较稳定。

3)抗病性鉴定

据 2018 年河南农业大学植保学院人工接种鉴定汇总报告:该品种抗镰孢菌穗腐病、瘤黑粉病,中抗镰孢菌茎腐病、小斑病;感南方锈病,高感弯孢霉叶斑病。

据 2019 年河南农业大学植保学院人工接种鉴定汇总报告:该品种高抗瘤黑粉病,抗镰孢菌穗腐病,中抗镰孢菌茎腐病、小斑病;感弯孢霉叶斑病、南方锈病。

4)品质分析

据 2018 年农业部农产品质量监督检验测试中心(郑州)对该品种多点套袋果穗的籽粒混合样品品质分析检验报告:容重 743 g/L,粗蛋白质 11. 2%,粗脂肪 4. 0%,赖氨酸 0. 37%,粗淀粉 70. 59%。

据 2019 年农业部农产品质量监督检验测试中心(郑州)对该品种多点套袋果穗的籽

粒混合样品品质分析检验报告：容重 758 g/L，粗蛋白质 10.6%，粗脂肪 4.0%，赖氨酸 0.35%，粗淀粉 73.77%。

5）试验建议

该品种综合表现一般，建议晋升生产试验。

9. **金诺 6024**

1）产量表现

2018 年试验平均亩产 616.67 kg，比对照郑单 958 增产 1.14%，居本组试验第 13 位，与对照相比差异不显著，全省 11 个试点 8 增 3 减，增产点比率为 72.7%，丰产稳产性一般。

2019 年试验平均亩产 700.56 kg，比对照郑单 958 增产 3.41%，居本组试验第 16 位，与对照相比差异不显著，全省 12 个试点 9 增 3 减，增产点比率为 75.0%，丰产稳产性较好。

综合两年 23 点次的试验结果（表 1-3）：该品种平均亩产 660.44 kg，比郑单 958 增产 2.42%，增产点数：减产点数 = 17∶6，增产点比率为 73.91%，丰产稳产性一般。

2）特征特性

2018 年，该品种株型半紧凑，平均株高 285 cm，穗位高 106 cm；倒伏率 2.7%，倒折率 0.1%，倒伏倒折率之和≥15.0%的试点比例为 9.1%；空秆率 1.0%，双穗率 0.4%；自然发病情况为：茎腐病 5.7%（0.0%～15.6%），小斑病 1～3 级，穗粒腐病 1～3 级，弯孢菌病 1～5 级，瘤黑粉病 0.3%，锈病 1～7 级；粗缩病 0.0%，矮花叶病毒病 1～3 级，玉米螟 1～5 级；生育期 102 天，比对照（郑单 958）早熟 1 天，叶片数 19～21；芽鞘紫色，雄穗分枝数少，花药深紫色，穗夹角 30 度，花丝紫色，苞叶短；穗长 18.0 cm，穗粗 4.6 cm，穗行数 16.8，行粒数 34.9，秃尖长 1.2 cm；出籽率 87.2%，千粒重 294.2 g。筒型穗，红轴，马齿型，黄粒，结实性中。从植物学特征和生理学特性看，该品种的种性表现较稳定。

2019 年，该品种株型紧凑，平均株高 283 cm，穗位高 111 cm；倒伏率 1.5%，倒折率 0.3%，倒伏倒折率之和≥15.0%的试点比例为 0.0%；空秆率 0.5%，双穗率 0.4%；自然发病情况为：茎腐病 8.3%（0.0%～26.4%），小斑病 1～3 级，穗粒腐病 1～3 级，弯孢菌病 1～5 级，瘤黑粉病 0.2%，锈病 1～3 级；粗缩病 0.0%，矮花叶病毒病 1～3 级，玉米螟 1～3 级；生育期 102 天，比对照（郑单 958）早熟 1 天，叶片数 18～21；芽鞘深紫色，第一叶圆到匙形，叶片绿色，雄穗分枝数中，花药紫色，穗夹角 20 度，花丝浅紫色，苞叶中；穗长 18.7 cm，穗粗 4.8 cm，穗行数 17.2，行粒数 35.9，秃尖长 1.5 cm；出籽率 88.0%，千粒重 297.8 g。筒型穗，红轴，半马齿型，黄粒，结实性中。

从植物学特征和生理学特性看，该品种的种性表现较稳定。

3）抗病性鉴定

据 2018 年河南农业大学植保学院人工接种鉴定汇总报告：该品种抗镰孢菌穗腐病、南方锈病，中抗镰孢菌茎腐病、小斑病；感弯孢霉叶斑病、瘤黑粉病。

据 2019 年河南农业大学植保学院人工接种鉴定汇总报告：该品种高抗瘤黑粉病，抗小斑病、镰孢菌穗腐病、南方锈病；高感镰孢菌茎腐病，感弯孢霉叶斑病。

4）品质分析

据 2018 年农业部农产品质量监督检验测试中心（郑州）对该品种多点套袋果穗的籽

粒混合样品品质分析检验报告：容重 772 g/L，粗蛋白质 10.9%，粗脂肪 3.1%，赖氨酸 0.34%，粗淀粉 73.85%。

据 2019 年农业部农产品质量监督检验测试中心（郑州）对该品种多点套袋果穗的籽粒混合样品品质分析检验报告：容重 768 g/L，粗蛋白质 11.2%，粗脂肪 3.0%，赖氨酸 0.33%，粗淀粉 74.60%。

5）试验建议

该品种综合表现一般，两年产量平均比对照增产 2.42%，不达标，2019 年接种鉴定高感茎腐病，建议淘汰。

（二）第一年区域试验品种

10. 豫豪 777

1）产量表现

2019 年试验平均亩产 748.33 kg，比对照郑单 958 增产 10.51%，居本组试验第 2 位，与对照相比差异达极显著水平，全省 12 个试点 11 增 1 减，增产点比率为 91.67%，丰产稳产性好。

2）特征特性

2019 年，该品种株型半紧凑，平均株高 300 cm，穗位高 114 cm；倒伏率 1.0%，倒折率 0.3%，倒伏倒折率之和≥15.0%的试点比例为 0.0%；空秆率 0.5%，双穗率 1.2%；自然发病情况为：茎腐病 2%（0.0%～10.6%），小斑病 1～3 级，穗粒腐病 1～3 级，弯孢菌病 1～3 级，瘤黑粉病 0.1%，锈病 1～7 级；粗缩病 0.3%，矮花叶病毒病 1～3 级，玉米螟 1～3 级；生育期 104 天，比对照（郑单 958）晚熟 1 天，叶片数 18～21；芽鞘紫色，第一叶圆到匙形，叶片绿色，雄穗分枝数中，花药紫色，穗夹角 27 度，花丝浅紫色，苞叶中；穗长 18.6 cm，穗粗 5.1 cm，穗行数 16，行粒数 33.1，秃尖长 1.2 cm；出籽率 87.4%，千粒重 358.7 g。筒型穗，白轴，半马齿型，黄粒，结实性好。从植物学特征和生理学特性看，该品种的种性表现较稳定。

3）抗病性鉴定

据 2019 年河南农业大学植保学院人工接种鉴定汇总报告：该品种高抗镰孢菌茎腐病、瘤黑粉病，抗镰孢菌穗腐病，中抗弯孢霉叶斑病；感小斑病、南方锈病。

4）品质分析

据 2019 年农业部农产品质量监督检验测试中心（郑州）对该品种多点套袋果穗的籽粒混合样品品质分析检验报告：容重 750 g/L，粗蛋白质 9.26%，粗脂肪 3.6%，赖氨酸 0.30%，粗淀粉 75.57%。

5）试验建议

该品种综合表现优良，建议继续进行区域试验。

11. 伟玉 618

1）产量表现

2019 年试验平均亩产 746.11 kg，比对照郑单 958 增产 10.12%，居本组试验第 3 位，与对照相比差异达极显著水平，全省 12 个试点全部增产，增产点比率为 100%，丰产稳产性好。

2）特征特性

2019年，该品种株型半紧凑，平均株高266 cm，穗位高102 cm；倒伏率0.3%，倒折率0.0%，倒伏倒折率之和≥15.0%的试点比例为0.0%；空秆率0.7%，双穗率0.5%；自然发病情况为：茎腐病5.2%（0.0%～27.8%），小斑病1～3级，穗粒腐病1～3级，弯孢菌病1～5级，瘤黑粉病0.5%，锈病1～3级；粗缩病0.3%，矮花叶病毒病1～3级，玉米螟1～5级；生育期103天，与对照（郑单958）同熟，叶片数19～22；芽鞘浅紫色，第一叶圆到匙形，叶片绿色，雄穗分枝数中，花药浅紫色，穗夹角20度，花丝绿色，苞叶长；穗长17.2 cm，穗粗5.1 cm，穗行数18，行粒数32.3，秃尖长1.4 cm；出籽率88.3%，千粒重324 g。筒型穗，红轴，半马齿，黄粒，结实性中。从植物学特征和生理学特性看，该品种的种性表现较稳定。

3）抗病性鉴定

据2019河南农业大学植保学院人工接种鉴定汇总报告：该品种高抗瘤黑粉病，抗镰孢菌穗腐病、南方锈病，中抗小斑病，感镰孢菌茎腐病、弯孢霉叶斑病。

4）品质分析

据2019年农业部农产品质量监督检验测试中心（郑州）对该品种多点套袋果穗的籽粒混合样品品质分析检验报告：容重764 g/L，粗蛋白质10.5%，粗脂肪3.4%，赖氨酸0.30%，粗淀粉75.43%。

5）试验建议

该品种综合表现优良，建议继续进行区域试验。

12. **恒丰玉666**

1）产量表现

2019年试验平均亩产732.78 kg，比对照郑单958增产8.22%，居本组试验第5位，与对照相比差异达极显著水平，全省12个试点10增1减1平，增产点比率为83.33%，丰产稳产性好。

2）特征特性

2019年，该品种株型半紧凑，平均株高306 cm，穗位高119 cm；倒伏率2.5%，倒折率0.2%，倒伏倒折率之和≥15.0%的试点比例为8.3%；空秆率0.4%，双穗率0.6%；自然发病情况为：茎腐病1.1%（0.0%～7.7%），小斑病1～3级，穗粒腐病1～3级，弯孢菌病1～3级，瘤黑粉病0.4%，锈病1～7级；粗缩病0.3%，矮花叶病毒病1～3级，玉米螟1～5级；生育期103天，与对照（郑单958）同熟，叶片数18～20；芽鞘紫色，第一叶圆到匙形，叶片绿色，雄穗分枝数少，花药浅紫色，穗夹角25度，花丝浅紫色，苞叶长度适中；穗长17.7 cm，穗粗4.8 cm，穗行数15.6，行粒数32.4，秃尖长0.8 cm；出籽率87.8%，千粒重359.5 g。筒型穗，红轴，半马齿型，黄粒，结实性好。从植物学特征和生理学特性看，该品种的种性表现较稳定。

3）抗病性鉴定

据2019河南农业大学植保学院人工接种鉴定汇总报告：该品种高抗瘤黑粉病，抗镰孢菌茎腐病、小斑病，中抗弯孢霉叶斑病；感镰孢菌穗腐病、南方锈病。

4）品质分析

据2019年农业部农产品质量监督检验测试中心（郑州）对该品种多点套袋果穗的籽

粒混合样品品质分析检验报告：容重 813 g/L，粗蛋白质 10.2%，粗脂肪 3.2%，赖氨酸 0.32%，粗淀粉 74.78%。

5）试验建议

该品种综合表现较好，建议继续进行区域试验。

13. 博金 100

1）产量表现

2019 年试验平均亩产 728.89 kg，比对照郑单 958 增产 7.60%，居本组试验第 7 位，与对照相比差异达极显著水平，全省 12 个试点 10 增 2 减，增产点比率为 83.33%，丰产稳产性较好。

2）特征特性

2019 年，该品种株型半紧凑，平均株高 294 cm，穗位高 124 cm；倒伏率 10.2%，倒折率 0.8%，倒伏倒折率之和≥15.0%的试点比例为 25.0%；空秆率 3.3%，双穗率 0.2%；自然发病情况为：茎腐病 4.1%（0.0%～12.8%），小斑病 1～3 级，穗粒腐病 1～3 级，弯孢菌病 1～3 级，瘤黑粉病 0.2%，锈病 1～5 级；粗缩病 0.2%，矮花叶病毒病 1～3 级，玉米螟 1～3 级；生育期 103 天，与对照（郑单 958）同熟，叶片数 18～20；芽鞘紫色，第一叶匙形，叶片绿色，雄穗分枝数中，花药黄色，穗夹角 23 度，花丝浅紫色，苞叶短；穗长 17.6 cm，穗粗 5.1 cm，穗行数 15.9，行粒数 33.2，秃尖长 0.9 cm；出籽率 86.0%，千粒重 355.7 g。筒型穗，红轴，半马齿型，黄粒，结实性中。从植物学特征和生理学特性看，该品种的种性表现较稳定。

3）抗病性鉴定

据 2019 年河南农业大学植保学院人工接种鉴定汇总报告：该品种高抗瘤黑粉病，中抗镰孢菌茎腐病、小斑病、镰孢菌穗腐病；高感南方锈病，感弯孢霉叶斑病。

4）品质分析

据 2019 年农业部农产品质量监督检验测试中心（郑州）对该品种多点套袋果穗的籽粒混合样品品质分析检验报告：容重 739 g/L，粗蛋白质 10.1%，粗脂肪 3.1%，赖氨酸 0.34%，粗淀粉 75.52%。

5）试验建议

该品种综合表现较好，建议继续进行区域试验。

14. 沃优 218

1）产量表现

2019 年试验平均亩产 723.33 kg，比对照郑单 958 增产 6.78%，居本组试验第 8 位，与对照相比差异达极显著水平，全省 12 个试点 10 增 2 减，增产点比率为 83.33%，丰产稳产性较好。

2）特征特性

2019 年，该品种株型半紧凑，平均株高 282 cm，穗位高 103 cm；倒伏率 1.3%，倒折率 0.1%，倒伏倒折率之和≥15.0%的试点比例为 0.0%；空秆率 1.1%，双穗率 0.2%；自然发病情况为：茎腐病 1.5%（0.0%～5.8%），小斑病 1～3 级，穗粒腐病 1～3 级，弯孢菌病 1～3 级，瘤黑粉病 0.1%，锈病 1～5 级；粗缩病 0.2%，矮花叶病毒病 1～3 级，玉米螟 1～3 级；生育期 103 天，与对照（郑单 958）同熟，叶片数18～22；芽鞘深紫色，第一叶圆到匙形，叶片绿色，雄穗分枝数少，花药浅紫色，穗夹角 22 度，花丝绿色，苞叶长；穗长 17.8 cm，穗粗 4.9 cm，穗行数 14.8，行粒数 34，秃尖长 1.4 cm；出籽率 87.1%，千粒重 357.4 g。筒型穗，红轴，半马齿型，黄粒，结实性好。从植物学特征和生理学特性看，该品种的种性表现较稳定。

3）抗病性鉴定

据 2019 年河南农业大学植保学院人工接种鉴定汇总报告：该品种抗镰孢菌茎腐病、小斑病、瘤黑粉病，中抗镰孢菌穗腐病；高感南方锈病，感弯孢霉叶斑病。

4）品质分析

据 2019 年农业部农产品质量监督检验测试中心（郑州）对该品种多点套袋果穗的籽粒混合样品品质分析检验报告：容重 782 g/L，粗蛋白质 10.3%，粗脂肪 3.4%，赖氨酸 0.30%，粗淀粉 76.12%。

5）试验建议

该品种综合表现较好，建议继续进行区域试验，同时进行生产试验。

15. MC876

1）产量表现

2019 年试验平均亩产 717.22 kg，比对照郑单 958 增产 5.93%，居本组试验第 11 位，与对照相比差异达显著水平，全省 12 个试点 9 增 3 减，增产点比率为 75%，丰产稳产性较好。

2）特征特性

2019 年，该品种株型半紧凑，平均株高 283 cm，穗位高 105 cm；倒伏率 2.2%，倒折率 0.2%，倒伏倒折率之和≥15.0%的试点比例为 0.0%；空秆率 1.6%，双穗率 0.9%；自然发病情况为：茎腐病 3.4%（0.0%～11.3%），小斑病 1～3 级，穗粒腐病 1～5 级，弯孢菌病 1～3 级，瘤黑粉病 0.8%，锈病 1～5 级；粗缩病 0.5%，矮花叶病毒病 1～3 级，玉米螟 1～5 级；生育期 103 天，与对照（郑单 958）同熟，叶片数 17～20；芽鞘紫色，第一叶圆到匙形，叶片绿色，雄穗分枝数少，花药黄色，穗夹角 17 度，花丝浅紫色，苞叶短；穗长 18.0 cm，穗粗 4.8 cm，穗行数 15.6，行粒数 33，秃尖长 1.3 cm；出籽率 87.2%，千粒重 336.6 g。筒型穗，红轴，半马齿型，黄粒，结实性中。从植物学特征和生理学特性看，该品种的种性表现较稳定。

3）抗病性鉴定

据 2019 年河南农业大学植保学院人工接种鉴定汇总报告：该品种高抗镰孢菌茎腐病、瘤黑粉病，抗镰孢菌穗腐病，中抗小斑病、弯孢霉叶斑病、南方锈病。

4）品质分析

据 2019 年农业部农产品质量监督检验测试中心（郑州）对该品种多点套袋果穗的籽粒混合样品品质分析检验报告：容重 754 g/L，粗蛋白质 9.50%，粗脂肪 3.1%，赖氨酸 0.33%，粗淀粉 75.51%。

5）试验建议

该品种综合表现较好，建议继续进行区域试验，同时进行生产试验。

16. **梦玉 309**

1)产量表现

2019 年试验平均亩产 708.33 kg,比对照郑单 958 增产 4.6%,居本组试验第 13 位,与对照相比差异不显著,全省 12 个试点 11 增 1 减,增产点比率为 91.67%,丰产稳产性较好。

2)特征特性

2019 年,该品种株型半紧凑,平均株高 280 cm,穗位高 107 cm;倒伏率 5.3%,倒折率 0.4%,倒伏倒折率之和≥15.0%的试点比例为 25.0%;空秆率 2.2%,双穗率 0.2%;自然发病情况为:茎腐病 7.4%(0.0%~23.7%),小斑病 1~3 级,穗粒腐病 1~3 级,弯孢菌病 1~3 级,瘤黑粉病 0.4%,锈病 1~5 级;粗缩病 0 %,矮花叶病毒病 1~3 级,玉米螟 1~5 级;生育期 102 天,比对照(郑单 958)早熟 1 天,叶片数 18~20;芽鞘浅紫色,第一叶圆到匙形,叶片绿色,雄穗分枝数中,花药紫色,穗夹角 20 度,花丝浅紫色,苞叶长度适中;穗长 18.0 cm,穗粗 4.7 cm,穗行数 15.4,行粒数 34.5,秃尖长 0.9 cm;出籽率 88.1%,千粒重 339.2 g。筒型穗,红轴,半马齿型,黄粒,结实性好。从植物学特征和生理学特性看,该品种的种性表现较稳定。

3)抗病性鉴定

据 2019 年河南农业大学植保学院人工接种鉴定汇总报告:该品种抗镰孢菌穗腐病、瘤黑粉病,中抗镰孢菌茎腐病、小斑病、弯孢霉叶斑病;高感南方锈病。

4)品质分析

据 2019 年农业部农产品质量监督检验测试中心(郑州)对该品种多点套袋果穗的籽粒混合样品品质分析检验报告:容重 768 g/L,粗蛋白质 10.4%,粗脂肪 3.3%,赖氨酸 0.34%,粗淀粉 75.74%。

5)试验建议

该品种综合表现较好,建议继续进行区域试验。

17. **科育 662**

1)产量表现

2019 年试验平均亩产 695.00 kg,比对照郑单 958 增产 2.63%,居本组试验第 17 位,与对照相比差异不显著,全省 12 个试点 6 增 6 减,增产点比率为 50.0%,丰产稳产性较差。

2)特征特性

2019 年,该品种株型半紧凑,平均株高 275 cm,穗位高 110 cm;倒伏率 0.1%,倒折率 0.2%,倒伏倒折率之和≥15.0%的试点比例为 0.0%;空秆率 0.9%,双穗率 1.1%;自然发病情况为:茎腐病 6.6%(0.0%~18.7%),小斑病 1~3 级,穗粒腐病 1~5 级,弯孢菌病 1~5 级,瘤黑粉病 0.8%,锈病 1~3 级;粗缩病 0.1 %,矮花叶病毒病 1~3 级,玉米螟 1~5 级;生育期 102 天,比对照(郑单 958)早熟 1 天,叶片数 18~21;芽鞘紫色,第一叶圆到匙形,叶片绿色,雄穗分枝数中,花药黄色,穗夹角 19 度,花丝粉红色,苞叶长度适中;穗长 18.1 cm,穗粗 4.6 cm,穗行数 14.4,行粒数 37.6,秃尖长 0.9 cm;出籽率 89.0%,千粒重 322.5 g。筒型穗,红轴,半马齿型,黄粒,结实性好。从植物学特征和生理学特性看,该品种的种性表现较稳定。

3）抗病性鉴定

据2019年河南农业大学植保学院人工接种鉴定汇总报告：该品种抗镰孢菌茎腐病、小斑病、镰孢菌穗腐病、瘤黑粉病、南方锈病；感弯孢霉叶斑病。

4）品质分析

据2019年农业部农产品质量监督检验测试中心（郑州）对该品种多点套袋果穗的籽粒混合样品品质分析检验报告：容重758 g/L，粗蛋白质9.85%，粗脂肪2.9%，赖氨酸0.31%，粗淀粉76.01%。

5）试验建议

该品种综合表现一般，增产点比率为50.0%，不达标，且DNA检测同名品种对比结果与2018年河北区域试验品种“科育662”不同，建议淘汰。

18. **郑单**958

1）产量表现

2019年试验平均亩产677.22 kg，居本组试验第18位。

2）特征特性

2019年，该品种株型紧凑，平均株高256 cm，穗位高112 cm；倒伏率0.7%，倒折率0.4%，倒伏倒折率之和≥15.0%的试点比例为0.0%；空秆率0.6%，双穗率1.0%；自然发病情况为：茎腐病8.7%（0.0%~32%），小斑病1~3级，穗粒腐病1~3级，弯孢菌病1~5级，瘤黑粉病0.3%，锈病1~3级；粗缩病0.4%，矮花叶病毒病1~3级，玉米螟1~5级；生育期103天，叶片数18~22；芽鞘紫色，第一叶圆到匙形，叶片绿色，雄穗分枝数密，花药黄色，穗夹角14度，花丝浅紫色，苞叶长；穗长17.0 cm，穗粗4.9 cm，穗行数14.8，行粒数33.7，秃尖长0.6 cm；出籽率87.9%，千粒重331.0 g。筒型穗，白轴，半马齿，黄粒，结实性好。

3）品质分析

据2019年农业部农产品质量监督检验测试中心（郑州）对该品种多点套袋果穗的籽粒混合样品品质分析检验报告：容重754 g/L，粗蛋白质9.94%，粗脂肪4.3%，赖氨酸0.31%，粗淀粉73.53%。

4）试验建议

建议继续作为对照品种。

六、品种处理意见

（一）第八届河南省主要农作物品种审定委员会玉米专业委员会经过讨论，制定审定标准如下：

1. 产量指标：每年区域试验产量增幅≥1.0%，两年区域试验平均增产≥3.0%，可晋级生产试验，每年区域试验60.0%的试点表现增产。

2. 抗倒性指标：倒伏倒折率相加≤12.0%，倒伏倒折率之和≥15.0%的试验点比例≤25.0%。

3. 抗病性指标：小斑病、茎腐病、穗腐病田间自然发病或人工接种鉴定未达高感。三大病害田间自然发病高感需经病害专家田间确认。

4. 专家田间考察:没有严重缺陷。

5. 品质指标:容重≥710 g/L,粗淀粉≥69.0%,粗蛋白≥8.0%,粗脂肪两年区域试验中有一年≥3.0%。

6. 品种的真实性、一致性指标:DNA、DUS 测定与已知品种有明显差异(DNA 测定 0 位点差异停试,做 DUS 测试,1 位点差异续试,做 DUS 测试),同名品种年际间一致。

7. 交叉试验条件:第一年区域试验中,普通组品种,产量比对照增产≥5.0%,增产点率≥70.0%,倒伏+倒折≤8.0%,小斑病、茎腐病和穗腐病人工接种和田间自然发病均中抗以上;绿色品种,产量比对照增产≥1.0%,增产点率≥60.0%,倒伏+倒折≤8.0%,六种病害田间自然发病和接种鉴定均中抗以上。

(二)河南省主要农作物品种审定委员会玉米专业委员会经过两天的会议审议,形成以下意见:

1. 若生产试验通过,推荐审定品种:康瑞 108、怀玉 68、豫单 9966。

2. 推荐生产试验品种:农华 137、景玉 787;沃优 218、MC876。

3. 推荐继续区试品种:豫豪 777、伟玉 618、恒丰玉 666、博金 100、沃优 218、MC876、梦玉 309。

4. 其余品种予以淘汰。

七、问题及建议

2019 年,在玉米生长季节遇到持续高温干旱天气,尤其洛阳、黄泛区等地更为突出,个别品种受影响较大。因此,在品种选育中,注重抗逆性和适应性选择尤为重要。

另外,本年度参试品种的品质分析结果中,粗淀粉含量普遍偏高,不排除系统误差所致,因此,在品种评价中并未将此类品种作为高淀粉品种处理。

河南农业大学农学院

2020 年 4 月 3 日

第二节　4500 株/亩区域试验总结(B 组)

一、试验目的

鉴定省内外新育成的玉米杂交种的丰产性、稳产性、抗逆性和适应性,为河南省玉米生产试验和国家区域试验推荐参试品种,为玉米品种的审定与推广提供科学依据。

二、参试品种及承试单位

2019 年参试品种共 19 个(不含对照种郑单 958),各参试品种的名称、编号、年限、供种单位及承试单位见表 1-15。

表 1-15　2019 年河南省玉米区域试验品种及承试单位

<table>
<tr><th>参试品种名称</th><th>编号</th><th>参试年限*</th><th>供种单位(个人)</th><th>承试单位</th></tr>
<tr><td>裕隆 1 号</td><td>1</td><td>1</td><td>新郑裕隆农作物研究所</td><td rowspan="20">核心点：
河南黄泛区地神种业农科所
鹤壁市农业科学院
洛阳农林科学院
郑州圣瑞元农业科技开发有限公司
开封市农林科学研究院
河南农业职业学院

辅助点：
河南德圣种业有限公司
河南顺鑫大众种业有限公司
河南平安种业有限公司
南阳市农业科学院
驻马店市农业科学院
平顶山市农业研究中心</td></tr>
<tr><td>金宛 668</td><td>2</td><td>1</td><td>河南南阳市种子技术服务站</td></tr>
<tr><td>玉兴 118</td><td>3</td><td>1</td><td>河南天润种业有限公司</td></tr>
<tr><td>技丰 336</td><td>4</td><td>2</td><td>河南技丰种业集团有限公司</td></tr>
<tr><td>豫安 9 号</td><td>5</td><td>2</td><td>河南平安种业有限公司</td></tr>
<tr><td>富瑞 6 号</td><td>6</td><td>2</td><td>开封市富瑞种业有限公司</td></tr>
<tr><td>瑞邦 16</td><td>7</td><td>2</td><td>李利娟</td></tr>
<tr><td>灵光 3 号</td><td>8</td><td>1+(1)</td><td>河南甲加由农业科技股份有限公司</td></tr>
<tr><td>XSH165</td><td>9</td><td>2</td><td>山东先圣禾种业有限公司</td></tr>
<tr><td>渭玉 321</td><td>10</td><td>1</td><td>陕西天丞禾农业科技有限公司</td></tr>
<tr><td>百科玉 182</td><td>11</td><td>1</td><td>河南百农种业有限公司</td></tr>
<tr><td>中航 611</td><td>12</td><td>2</td><td>北京华奥农科玉育种开发有限责任公司</td></tr>
<tr><td>LN116</td><td>13</td><td>1</td><td>李娜</td></tr>
<tr><td>泓丰 1404</td><td>14</td><td>1</td><td>北京新实泓丰种业有限公司</td></tr>
<tr><td>科弘 58</td><td>15</td><td>1</td><td>河北科腾生物科技有限公司</td></tr>
<tr><td>先玉 1773</td><td>16</td><td>2</td><td>铁岭先锋种子研究有限公司</td></tr>
<tr><td>郑单 958</td><td>17</td><td>1</td><td>堵纯信</td></tr>
<tr><td>BQ701</td><td>18</td><td>2</td><td>郑州北青种业有限公司</td></tr>
<tr><td>GX26</td><td>19</td><td>2</td><td>武威甘鑫物种有限公司</td></tr>
<tr><td>SN288</td><td>20</td><td>1</td><td>新郑市农老大农作物种植专业合作社</td></tr>
</table>

注： * 括号内数据为机收组参试年限。

三、试验概况

(一)试验设计

参试品种由河南省种子站密码编号，统一密封管理。全省按照统一试验方案，采用完全随机区组排列，三次重复，5 行区，行长 6 m，行距 0.67 m，株距 0.22 m，每行播种 27 穴，每穴留苗一株，种植密度为 4500 株/亩，小区面积为 20 m^2(0.03 亩)。成熟时收中间 3 行计产，面积为 12 m^2(0.018 亩)。试验周围设保护区，重复间留走道 1 m。核心点与辅助点分别按编号统计汇总,用小区产量结果进行方差分析,用 Tukey 法测验品种间差异显著性。

(二)田间管理

根据试验方案要求,各承试单位都固定有专职技术人员负责此项工作,并认真选择试验地块,麦收后及时铁茬播种,在 6 月 5 日至 6 月 15 日期间各试点相继播种完毕,在 9 月 20 日至 10 月 10 日期间相继完成收获。在间定苗、中耕除草、追肥、治虫、灌排水等方面都比较及时认真,大多数试点玉米试验开展顺利,试验质量良好。

(三)专家考察与监收

苗期和收获前由省种子站统一组织相关专家进行核心试点现场考察,考察试验种植是否规范,出苗情况以及后期田间病、虫害、丰产性等表现,并对部分核心试点进行现场监收。

(四)气候特点及其影响

根据 2019 年承试单位提供的鹤壁、安阳、焦作、长葛、漯河、平顶山、洛阳、汝阳、济源、郑州、荥阳、开封、西华、商丘、南阳、驻马店等 22 个县市气象台(站)的资料分析(表 1-16),在玉米生育期的 6~9 月份,平均气温 26.5 ℃,与常年同期 25.01 ℃相比高 1.49 ℃,尤其 6 月上旬、7 月下旬以及 9 月上旬和下旬,温度比常年同期分别高 2.56 ℃、2.95 ℃、1.88 ℃和 2.76 ℃。总降雨量 363.71 mm,比常年同期 449.82 mm 减少 86.11 mm,月平均减少 21.53 mm,在整个玉米生长季节中,雨量偏少且分布不均,6 月上中旬雨量较往年充足,对播种出苗有利,但 7 月降雨较往年偏少 86.08 mm,从 8 月中旬到 9 月上旬旱象严重,各旬降雨分别较常年同期减少 17.5 mm、15.92 mm 和 29.48 mm,尤其 9 月上旬降水仅有 5.14 mm,如若灌水不及时,对玉米灌浆十分不利。总日照时数 790.4 小时,比常年同期 758.66 小时多 31.74 小时,月平均增加 7.94 小时。主要是 7 月份的日照时数与常年同期相比增加 22.39 小时,其次 8 月和 9 月份日照时数与常年同期相比分别增加 8.26 和 8.98 小时,显然在玉米整个生长季节光照比较充足,尤其 7 月光照充足,与同期持续高温少雨相结合,对玉米生长以及穗分化极为不利,敏感品种畸形穗严重。另外,7 月末到 8 月初,个别地方有强风暴雨等恶劣天气,出现倒伏倒折严重,尤其豫南部分区域发生较重;9 月下旬以晴爽天气为主,对后期脱水成熟有利。此外,除洛阳后期茎腐病较重发生外,其它地区病害发生较轻。

表 1-16　2019 年试验期间河南省气象资料统计

时间	平均气温(℃)			降雨量(mm)			日照时数(小时)		
	当年	历年	相差	当年	历年	相差	当年	历年	相差
6 月上旬	27.54	24.98	2.56	37.26	22.29	14.97	81.24	70.54	10.7
6 月中旬	27.61	26.13	1.48	32.93	19.59	13.34	64.11	72.18	-8.07
6 月下旬	27.47	26.43	1.04	29.3	41.58	-12.28	58.29	67.43	-9.14
月计	27.54	25.85	1.69	97.21	83.44	13.77	203.61	211.51	-7.9
7 月上旬	27.7	26.81	0.89	11.04	51.39	-40.35	71.74	61.8	9.94

续表 1-16

时间	平均气温(℃)			降雨量(mm)			日照时数(小时)		
	当年	历年	相差	当年	历年	相差	当年	历年	相差
7月中旬	28.13	26.97	1.16	25.6	55.04	-29.44	66.98	58.77	8.21
7月下旬	30.48	27.53	2.95	34.99	54.24	-19.25	73.99	71.39	2.6
月计	28.77	27.1	1.67	73.15	159.23	-86.08	213.5	191.11	22.39
8月上旬	27.62	27.24	0.38	107.38	50.67	56.71	47.3	63.22	-15.92
8月中旬	27.5	25.8	1.7	23.05	40.55	-17.5	79.65	61.78	17.87
8月下旬	26.13	24.5	1.63	19.77	35.69	-15.92	68.2	63.86	4.34
月计	27.08	25.85	1.23	148.43	126.9	21.53	196.16	187.9	8.26
9月上旬	24.76	22.88	1.88	5.14	34.62	-29.48	71.52	56.88	14.64
9月中旬	20.7	21.22	-0.52	35.23	24.83	10.4	20.45	51.14	-30.69
9月下旬	22.34	19.58	2.76	4.54	20.8	-16.26	85.11	60.13	24.98
月计	22.6	21.23	1.37	44.91	80.25	-35.34	177.12	168.14	8.98
6~9月合计	105.99	100.03	5.96	363.71	449.82	-86.11	790.4	758.66	31.74
6~9月合计平均	26.5	25.01	1.49	90.93	112.46	-21.53	197.6	189.66	7.94

注:历年值是指近30年的平均值。

总体而言,玉米生长前中期气温明显较常年偏高,降雨明显偏少,且分布不均,若灌溉不及时对玉米生长不利,特别是7月以及8月中旬到9月上旬持续高温少雨,土壤和大气干旱十分严重,视品种特性而异,产量水平受到不同程度的影响。

2019年收到核心点年终报告6份,辅助点6份,根据专家组后期现场考察结果,各试点均符合要求并参与汇总。但对于单点产量增幅超过30%的品种,按30%增幅进行产量矫正。

四、试验结果及分析

(一)参试两年区域试验品种的产量结果

2018年留试的9个品种已完成两年区域试验程序,2018~2019年产量结果见表1-17。

表 1-17　2018~2019 年河南省玉米区域试验品种产量结果

品种名称	编号	2018 年			2019 年			2018~2019 两年平均	
		亩产（kg）	比 CK（±%）	位次	亩产（kg）	比 CK（±%）	位次	亩产（kg）	比 CK（±%）
先玉 1773	16(1)	657.22	15.24**	1	755	13.57**	2	708.24	14.26
中航 611	12(2)	680.56	11.65**	1	763.33	14.82**	1	723.74	13.36
BQ701	18(1)	628.33	10.16**	5	711.67	6.98**	6	671.81	8.39
技丰 336	4(3)	641.67	10.28**	2	703.89	5.82**	8	675.61	7.73
瑞邦 16	7(3)	618.89	6.39**	10	721.67	8.51*	4	674.95	7.62
GX26	19(1)	614.44	7.71**	9	708.33	6.5**	7	663.43	7.03
豫安 9 号	5(3)	602.22	3.52	15	696.11	4.68*	12	653.43	4.19
富瑞 6 号	6(2)	636.67	4.41	10	687.22	3.35	14	663.04	3.86
XSH165	9(3)	617.22	6.16*	11	661.11	-0.6	18	641.16	2.24
郑单 958(1)	CK	570.56	0	16	665	0	17	619.83	0
郑单 958(2)	CK	609.44	0	14	665	0	17	638.43	0
郑单 958(3)	CK	581.67	0	17	665	0	17	627.12	0

注：(1)表中仅列出 2018 年、2019 年两年完成区域试验程序的品种。

(2)2018 年 1 组、2 组分别汇总 11 个试点，3 组汇总 10 个试点，2019 年汇总 12 个试点，两年平均亩产为加权平均。

(3)品种名称后括号内数字为 2018 年参加组别。

(二) 2019 年区域试验结果分析

1. 联合方差分析

根据 6 个核心点和 6 个辅助点小区产量汇总结果进行联合方差分析(表 1-18)，结果表明：试点间、品种间以及品种与试点间互作差异均达极显著水平，说明参试品种间存在显著基因型差异，不同品种在不同试点的表现也存在着显著差异。

表 1-18　2019 年河南省玉米品种 4500 株/亩区域试验 B 组产量联合方差分析

变异来源	自由度	平方和	均方差	F 值	F 临界值(0.05)	F 临界值(0.01)
地点内区组	24	21.24	0.88		1.74	2.23
地点	11	1937.69	176.15		2.42	3.66
品种	19	198.70	10.46	6.22**	1.91	2.54
品种×地点	209	351.46	1.68	4.35**	1.22	1.33
试验误差	456	176.46	0.39			
总的	719	2685.55				

从多重比较(Tukey 法)结果(表 1-19)看出,中航 61 等 13 个品种产量显著或极显著高于对照,其余品种与对照差异均不显著。

表 1-19　2019 年河南省玉米品种 4500 株/亩区域试验 B 组产量多重比较(Tukey 法)结果

品种名称	编号	均值	5%水平	1%水平	品种名称	编号	均值	5%水平	1%水平
中航 611	12	13.77	a	A	金宛 668	2	12.54	cd	CDE
先玉 1773	16	13.62	a	A	豫安 9 号	5	12.53	cd	CDE
百科玉 182	11	13.36	ab	AB	灵光 3 号	8	12.51	cd	CDE
瑞邦 16	7	12.99	bc	BC	富瑞 6 号	6	12.37	de	DEF
泓丰 1404	14	12.99	bc	BC	SN288	20	12.35	def	DEF
BQ701	18	12.81	cd	BCD	裕隆 1 号	1	12.34	def	DEF
GX26	19	12.75	cd	CD	郑单 958	17	11.97	ef	EF
技丰 336	4	12.67	cd	CD	XSH165	9	11.90	ef	F
LN116	13	12.64	cd	CD	玉兴 118	3	11.89	ef	F
渭玉 321	10	12.56	cd	CDE	科弘 58	15	11.84	f	F

2. 产量表现

将 6 个核心点与 6 个辅助点产量结果列于表 1-20。从中看出,16 个参试品种表现增产,13 个品种增产幅度达显著或极显著水平。

表 1-20　2019 年河南省玉米品种 4500 株/亩区域试验 B 组产量结果

品种名称	编号	核心点			辅助点			平均			增产点次	减产点次	平产点次
		亩产(kg)	比 CK(±%)	位次	亩产(kg)	比 CK(±%)	位次	亩产(kg)	比 CK(±%)	位次			
中航 611	12	788.61	17.98	1	738.61	11.66	1	763.33	14.82**	1	12	0	0
先玉 1773	16	786.94	17.73	2	723.52	9.38	2	755.00	13.57**	2	12	0	0
百科玉 182	11	762.13	14.02	3	722.31	9.20	3	742.22	11.61**	3	12	0	0
瑞邦 16	7	730.46	9.28	7	712.78	7.75	4	721.67	8.51**	4	11	1	0
泓丰 1404	14	741.76	10.97	5	701.30	6.02	6	721.67	8.51**	5	11	1	0
BQ701	18	714.35	6.87	10	708.43	7.10	5	711.67	6.98**	6	10	2	0
GX26	19	735.74	10.07	6	680.65	2.90	10	708.33	6.50**	7	10	2	0
技丰 336	4	746.30	11.65	4	661.11	-0.06	16	703.89	5.82**	8	9	3	0
LN116	13	709.72	6.18	12	694.81	5.04	9	702.22	5.60**	9	12	0	0
渭玉 321	10	696.39	4.18	15	699.07	5.68	7	697.78	4.93*	10	9	3	0
金宛 668	2	694.72	3.93	16	698.61	5.61	8	696.67	4.77*	11	8	4	0
豫安 9 号	5	725.37	8.52	8	666.67	0.78	14	696.11	4.68*	12	10	2	0

续表 1-20

品种名称	编号	核心点			辅助点			平均			增产点次	减产点次	平产点次
		亩产（kg）	比 CK（±%）	位次	亩产（kg）	比 CK（±%）	位次	亩产（kg）	比 CK（±%）	位次			
灵光 3 号	8	711.94	6.51	11	678.61	2.59	11	695.00	4.55*	13	9	3	0
富瑞 6 号	6	705.37	5.53	13	669.17	1.16	12	687.22	3.35	14	10	2	0
SN288	20	705.19	5.50	14	667.04	0.84	13	686.11	3.18	15	8	4	0
裕隆 1 号	1	714.63	6.91	9	656.67	−0.73	18	685.56	3.10	16	9	3	0
郑单 958	17	668.43	0.00	19	661.48	0.00	15	665.00	0.00	17	0	0	12
XSH165	9	663.70	−0.71	20	658.33	−0.48	17	661.11	−0.60	18	5	7	0
玉兴 118	3	680.00	1.73	17	641.30	−3.05	19	660.56	−0.65	19	6	6	0
科弘 58	15	679.35	1.63	18	636.67	−3.75	20	657.78	−1.05	20	4	7	1

注：平均产量为 6 个核心点与 6 个辅助点的加权平均。

3. 稳定性分析

通过丰产性和稳产性参数分析，结果表明（表 1-21）：中航 611 等 3 个品种表现好；XSH165 等 3 个品种表现较差，其余品种表现较好或一般。

表 1-21　2019 年河南省玉米品种 4500 株/亩区域试验 B 组品种丰产稳定性分析

品种	编号	丰产性参数		稳定性参数			适应地区	综合评价（供参考）
		产量	效应	方差	变异度	回归系数		
中航 611	12	13.77	1.15	0.50	5.14	1.13	E1～E12	很好
先玉 1773	16	13.62	1.00	0.81	6.60	1.16	E1～E12	很好
百科玉 182	11	13.36	0.74	0.31	4.19	0.79	E1～E12	好
瑞邦 16	7	12.99	0.37	0.49	5.37	1.05	E1～E12	较好
泓丰 1404	14	12.99	0.37	0.17	3.19	1.02	E1～E12	较好
BQ701	18	12.81	0.19	0.71	6.60	1.20	E1～E12	较好
GX26	19	12.75	0.13	0.72	6.65	1.20	E1～E12	较好
技丰 336	4	12.67	0.05	0.54	5.79	1.01	E1～E12	较好
LN116	13	12.64	0.02	0.27	4.08	0.81	E1～E12	较好
渭玉 321	10	12.56	−0.06	1.24	8.85	0.79	E1～E12	一般
金宛 668	2	12.54	−0.08	0.94	7.72	0.91	E1～E12	一般
豫安 9 号	5	12.53	−0.09	0.65	6.45	1.19	E1～E12	一般
灵光 3 号	8	12.51	−0.11	0.46	5.42	1.03	E1～E12	一般
富瑞 6 号	6	12.37	−0.25	0.27	4.21	0.88	E1～E12	一般

续表 1-21

品种	编号	丰产性参数		稳定性参数			适应地区	综合评价（供参考）
		产量	效应	方差	变异度	回归系数		
SN288	20	12.35	−0.27	0.39	5.08	1.02	E1～E12	一般
裕隆 1 号	1	12.34	−0.28	0.38	5.01	1.06	E1～E12	一般
郑单 958	17	11.97	−0.65	0.17	3.48	0.88	E1～E12	较差
XSH165	9	11.90	−0.72	0.65	6.79	0.79	E1～E12	较差
玉兴 118	3	11.89	−0.73	0.75	7.26	1.02	E1～E12	较差
科弘 58	15	11.84	−0.78	0.23	4.04	1.08	E1～E12	较差

4. 试验可靠性分析

从表 1-22 结果看出，各个试点的变异系数存在一定差异，但变异系数均在 10%以下，说明这些试点管理比较精细，试验误差较小，整体数据较准确可靠，符合实际，可以汇总。

表 1-22　2019 年各试点试验误差变异系数

试点	洛阳	黄泛区	鹤壁	镇平	开封	中牟	汝阳	荥阳	温县	南阳	驻马店	平顶山
CV(%)	7.95	7.01	7.03	6.50	7.88	6.07	7.32	8.09	5.43	6.92	8.97	5.41

5. 各品种产量结果汇总

各品种在不同试点的产量结果列于表 1-23。

表 1-23　2019 年河南省玉米品种 4500 株/亩区域试验 B 组产量结果汇总

试点	品种											
	裕隆 1 号			金宛 668			玉兴 118			技丰 336		
	亩产（kg）	比 CK（±%）	位次	亩产（kg）	比 CK（±%）	位次	亩产（kg）	比 CK（±%）	位次	亩产（kg）	比 CK（±%）	位次
洛阳	715.56	6.36	11	648.89	−3.58	18	628.33	−6.61	20	761.11	13.13	5
黄泛区	583.33	5.21	13	552.22	−0.40	19	518.89	−6.41	20	614.44	10.78	8
鹤壁	846.11	3.82	14	864.44	6.11	11	820.00	0.64	17	898.89	10.30	7
镇平	726.11	6.23	11	723.89	5.96	13	723.89	5.96	12	729.44	6.78	9
开封	742.22	14.38	8	723.33	11.47	9	713.89	9.96	12	771.67	18.86	5
中牟	674.44	6.03	10	655.56	3.06	14	675.00	6.12	9	702.22	10.45	4
核心点平均	714.63	6.91	9	694.72	3.93	16	680.00	1.73	17	746.30	11.65	4
汝阳	618.89	1.52	14	600.56	−1.49	18	601.11	−1.34	17	671.67	10.18	6
荥阳	486.67	−2.85	15	532.22	6.25	6	476.11	−4.96	17	496.11	−0.96	14

续表 1-23

试点	品种											
	裕隆 1 号			金宛 668			玉兴 118			技丰 336		
	亩产（kg）	比 CK（±%）	位次	亩产（kg）	比 CK（±%）	位次	亩产（kg）	比 CK（±%）	位次	亩产（kg）	比 CK（±%）	位次
温县	861.67	11.74	5	741.67	-3.82	19	817.78	6.03	11	806.67	4.61	13
南阳	610.56	-9.80	20	755.56	11.69	4	694.44	2.65	11	679.44	0.38	13
驻马店	706.11	1.03	14	821.11	17.48	1	560.00	-19.89	20	606.67	-13.19	19
平顶山	656.11	-7.85	19	740.56	3.95	7	698.33	-1.95	15	706.11	-0.83	13
辅助点平均	656.67	-0.73	9	698.61	5.61	16	641.30	-3.05	17	661.11	-0.06	4
总平均*	685.56	3.10	16	696.67	4.77	11	660.56	-0.65	19	703.89	5.82	8
CV(%)	15.49			14.60			16.36			14.80		

试点	品种											
	豫安 9 号			富瑞 6 号			瑞邦 16			灵光 3 号		
	亩产（kg）	比 CK（±%）	位次	亩产（kg）	比 CK（±%）	位次	亩产（kg）	比 CK（±%）	位次	亩产（kg）	比 CK（±%）	位次
洛阳	750.00	11.51	7	718.89	6.83	10	753.89	12.08	6	713.33	6.03	12
黄泛区	582.78	5.11	14	586.67	5.81	11	600.00	8.18	10	625.56	12.75	7
鹤壁	866.67	6.39	10	836.11	2.59	16	853.89	4.80	13	907.22	11.34	6
镇平	744.44	8.94	3	729.44	6.78	9	807.22	18.16	1	742.78	8.67	4
开封	692.78	6.70	16	699.44	7.76	14	702.78	8.25	13	677.78	4.39	18
中牟	715.56	12.55	3	661.67	4.02	13	665.00	4.54	11	605.00	-4.83	18
核心点平均	725.37	8.52	8	705.37	5.53	13	730.46	9.28	7	711.94	6.51	11
汝阳	635.56	4.28	12	661.11	8.51	7	707.78	16.10	2	638.89	4.83	11
荥阳	425.00	-15.09	20	503.33	0.48	12	481.67	-3.77	16	527.22	5.33	7
温县	866.67	12.42	3	776.67	0.72	16	873.89	13.30	1	859.44	11.46	7
南阳	683.89	1.07	12	627.22	-7.28	18	718.33	6.13	7	702.22	3.80	9
驻马店	745.00	6.54	8	737.22	5.46	9	754.44	7.89	5	644.44	-7.84	17
平顶山	643.89	-9.57	20	709.44	-0.39	12	740.56	3.98	6	699.44	-1.82	14
辅助点平均	666.67	0.78	8	669.17	1.16	13	712.78	7.75	7	678.61	2.59	11
总平均*	696.11	4.68	12	687.22	3.35	14	721.67	8.51	4	695.00	4.55	13
CV(%)	17.28			12.78			14.86			15.13		

续表 1-23

试点	品种											
	XSH165			渭玉 321			百科玉 182			中航 611		
	亩产（kg）	比 CK（±%）	位次	亩产（kg）	比 CK（±%）	位次	亩产（kg）	比 CK（±%）	位次	亩产（kg）	比 CK（±%）	位次
洛阳	670	-0.41	16	690.00	2.59	13	800.56	18.99	2	828.33	23.12	1
黄泛区	555.56	0.17	16	660.00	19.00	1	655.56	18.16	3	648.33	16.86	4
鹤壁	856.11	5.09	12	762.22	-6.48	20	876.67	7.57	8	991.67	21.73	2
镇平	609.44	-10.84	19	600.00	-12.20	20	731.67	7.05	7	737.22	7.86	5
开封	672.78	3.65	19	781.11	20.34	4	785.56	21.00	3	843.89	30.00	1
中牟	618.33	-2.77	17	685.00	7.69	7	722.78	13.63	2	682.22	7.25	8
核心点平均	663.70	-0.71	20	696.39	4.18	15	762.13	14.02	3	788.61	17.98	1
汝阳	676.67	11.00	4	645.00	5.86	10	698.89	14.71	3	653.33	7.23	8
荥阳	557.78	11.39	3	505.56	0.96	10	571.11	14.05	2	585.00	16.83	1
温县	770.56	-0.07	18	869.44	12.78	2	805.00	4.39	15	860.56	11.62	6
南阳	627.22	-7.31	19	703.33	3.91	8	747.78	10.51	5	765.00	13.03	2
驻马店	626.67	-10.38	18	784.44	12.24	2	720.00	3.02	10	767.78	9.80	3
平顶山	691.11	-2.99	17	686.67	-3.59	18	791.11	11.05	2	800.00	12.30	1
辅助点平均	658.33	-0.48	20	699.07	5.68	15	722.31	9.20	3	738.61	11.66	1
总平均*	661.11	-0.60	18	697.78	4.93	10	742.22	11.61	3	763.33	14.82	1
CV(%)	12.91			13.61			10.70			14.83		

试点	品种											
	LN116			泓丰 1404			科弘 58			先玉 1773		
	亩产（kg）	比 CK（±%）	位次	亩产（kg）	比 CK（±%）	位次	亩产（kg）	比 CK（±%）	位次	亩产（kg）	比 CK（±%）	位次
洛阳	747.22	11.09	8	721.67	7.27	9	648.33	-3.63	19	796.11	18.30	3
黄泛区	611.11	10.22	9	638.33	15.13	5	564.44	1.77	15	638.33	15.09	6
鹤壁	815.56	0.07	18	917.78	12.61	4	872.22	7.07	9	1011.11	24.09	1
镇平	731.67	7.05	7	715.00	4.61	14	707.22	3.52	15	705.56	3.25	16
开封	699.44	7.73	15	769.44	18.57	6	685.00	5.51	17	843.89	30.00	2
中牟	653.33	2.74	15	688.33	8.21	6	598.89	-5.85	19	726.67	14.24	1
核心点平均	709.72	6.18	12	741.76	10.97	5	679.35	1.63	18	786.94	17.73	2
汝阳	674.44	10.64	5	648.33	6.41	9	603.89	-0.88	16	735.00	20.63	1
荥阳	526.11	5.03	8	544.44	8.76	4	435.00	-13.17	19	513.89	2.66	9

续表 1-23

试点	LN116			泓丰 1404			科弘 58			先玉 1773		
	亩产（kg）	比 CK（±%）	位次	亩产（kg）	比 CK（±%）	位次	亩产（kg）	比 CK（±%）	位次	亩产（kg）	比 CK（±%）	位次
温县	806.11	4.54	14	857.78	11.24	8	737.22	-4.37	20	810.00	5.04	12
南阳	697.78	3.09	10	663.89	-1.89	17	676.67	0.00	14	788.89	16.56	1
驻马店	710.56	1.64	11	752.78	7.71	6	673.33	-3.71	16	750.00	7.31	7
平顶山	753.89	5.85	3	740.56	3.95	8	693.89	-2.57	16	743.33	4.39	5
辅助点平均	694.81	5.04	12	701.30	6.02	5	636.67	-3.75	18	723.52	9.38	2
总平均*	702.22	5.60	9	721.67	8.51	5	657.78	-1.05	20	755.00	13.57	2
CV(%)	11.50			13.77			16.03			15.84		

试点	郑单 958			BQ701			GX26			SN288		
	亩产（kg）	比 CK（±%）	位次	亩产（kg）	比 CK（±%）	位次	亩产（kg）	比 CK（±%）	位次	亩产（kg）	比 CK（±%）	位次
洛阳	672.78	0.00	15	662.78	-1.46	17	787.22	16.98	4	679.44	1.02	14
黄泛区	554.44	0.00	17	586.11	5.68	12	553.33	-0.23	18	658.33	18.73	2
鹤壁	815.00	0.00	19	963.89	18.32	3	910.56	11.73	5	841.11	3.23	15
镇平	683.33	0.00	17	733.33	7.32	6	750.00	9.76	2	670.56	-1.90	18
开封	648.89	0.00	20	755.00	16.35	7	718.89	10.73	11	719.44	10.87	10
中牟	636.11	0.00	16	585.00	-8.04	20	694.44	9.23	5	662.22	4.11	12
核心点平均	668.43	0.00	19	714.35	6.87	10	735.74	10.07	6	705.19	5.50	14
汝阳	609.44	0.00	15	633.33	3.89	13	533.89	-12.37	20	580.56	-4.71	19
荥阳	500.56	0.00	13	538.33	7.51	5	503.89	0.67	11	467.22	-6.66	18
温县	771.11	0.00	17	866.11	12.34	4	831.67	7.88	10	857.78	11.22	9
南阳	676.67	0.00	14	759.44	12.23	3	718.89	6.21	6	668.89	-1.15	16
驻马店	698.89	0.00	15	709.44	1.48	12	763.33	9.22	4	709.44	1.46	13
平顶山	712.22	0.00	11	743.89	4.42	4	732.22	2.78	9	718.33	0.86	10
辅助点平均	661.48	0.00	19	708.43	7.10	10	680.65	2.90	6	667.04	0.84	14
总平均*	665.00	0.00	17	711.67	6.98	6	708.33	6.50	7	686.11	3.18	15
CV(%)	12.90			17.15			17.25			15.03		

注：* 各点算术平均。

6. 田间性状调查结果

各品种田间性状调查汇总结果见表 1-24。

表 1-24(1)　2019 年河南省玉米品种 4500 株/亩区域试验 B 组田间性状调查结果

品种	编号	生育期(天)	株高(cm)	穗位高(cm)	倒伏率(%)	倒折率(%)	倒点率*(%)	空秆率(%)	双穗率(%)	茎腐病(%)	小斑病(级)	穗腐病(级)	弯孢菌(级)	瘤黑粉病(%)	锈病(级)
裕隆 1 号	1	103	294	124	2	0.1	0	2.8	0.2	2.9(0~10.6)	1~3	1~3	1~3	0.5	1~5
金宛 668	2	103	265	103	0.2	2.6	8.3	0.4	0.6	13.9(0~45.5)	1~3	1~3	1~3	0.3	1~5
玉兴 118	3	102	277	106	8.5	0.7	25	0.6	0.9	8.8(0~28.3)	1~3	1~3	1~3	0.5	1~5
技丰 336	4	103	314	125	5.1	0.8	16.7	0.9	0.4	4(0~11.1)	1~3	1~3	1~3	0.8	1~5
豫安 9 号	5	103	252	104	0.2	1.1	0	0.2	1.6	4.7(0~25.7)	1~3	1~3	1~3	0.1	1~5
富瑞 6 号	6	102	276	117	0.4	0.3	0	0.6	1.5	2.2(0~7.2)	1~3	1~3	1~3	0.2	1~7
瑞邦 16	7	102	259	88	0.5	0.2	0	0.5	1.2	6.4(0~24.4)	1~3	1~3	1~3	0	1~5
灵光 3 号	8	102	293	108	4.1	0.1	8.3	0.6	0.7	8.8(0~36.8)	1~3	1~5	1~3	0.2	1~5
XSH165	9	102	303	106	4.2	0.9	0	0.6	0.3	12.4(0~43.5)	1~3	1~5	1~3	0	1~7
渭玉 321	10	102	270	106	9.9	0.2	25	1.8	0.1	9(0~29.6)	1~3	1~3	1~3	0	1~5
百科玉 182	11	103	288	114	1.6	0.3	0	0.2	1.3	1.2(0~4.7)	1~3	1~3	1~3	0.2	1~5
中航 611	12	103	298	124	3.1	0.5	8.3	0.4	0.6	2.3(0~18)	1~3	1~3	1~3	0	1~5
LN116	13	102	285	108	1.1	0	0	1.6	0.3	4.9(0~23.7)	1~3	1~3	1~5	0.7	1~5
泓丰 1404	14	103	294	113	1.4	0.4	0	0.8	0.2	1.7(0~5.4)	1~3	1~5	1~3	1	1~5
科弘 58	15	102	270	107	6.7	0.2	16.7	0.4	0.6	21.3(0~64.7)	1~3	1~3	1~3	0.1	1~7
先玉 1773	16	102	285	104	1.6	1.3	8.3	0.3	0.7	2.8(0~8.7)	1~3	1~3	1~5	0.1	1~5
郑单 958	17	104	253	107	1	0.9	8.3	0.9	1	7(0~30)	1~5	1~3	1~3	0.3	1~5
BQ701	18	102	280	107	5.9	0.7	8.3	0.6	0.2	21.4(0~70)	1~5	1~3	1~5	0.2	1~9
GX26	19	103	287	115	2.8	1.3	8.3	1.2	0.6	5.7(0~30.1)	1~3	1~3	1~3	0.1	1~3
SN288	20	102	267	108	3	0.2	8.3	0.6	0.6	3.5(0~19.8)	1~3	1~3	1~3	0.2	1~3

注：* 倒点率，指倒伏倒折率之和≥15.0%的试验点比例。

表 1-24(2)　2019 年河南省玉米品种 4500 株/亩区域试验 B 组田间性状调查结果

品种	编号	株型	芽鞘色	第一叶形状	叶片颜色	雄穗分枝	雄穗颖片颜色	花药颜色	果穗茎秆角度	花丝颜色	苞叶长短	总叶片数
裕隆 1 号	1	紧凑	浅紫	圆到匙形	绿色	中	浅紫	浅紫	17	绿色	中	18~21
金宛 668	2	紧凑	浅紫	圆到匙形	深绿	中	紫色	浅紫	23	浅紫	中	18~21
玉兴 118	3	紧凑	浅紫	圆到匙形	绿色	密	浅紫	浅紫	20	绿色	中	16~20
技丰 336	4	半紧	深紫	圆到匙形	绿色	中	紫	浅紫	22	浅紫	中	18~21
豫安 9 号	5	紧凑	浅紫	圆到匙形	绿色	密	浅紫	黄	17	浅紫	长	18~20
富瑞 6 号	6	紧凑	浅紫	圆到匙形	绿色	密	浅紫	黄	16	浅紫	长	18~20

续表 1-24(2)

品种	编号	株型	芽鞘色	第一叶形状	叶片颜色	雄穗分枝	雄穗颖片颜色	花药颜色	果穗茎秆角度	花丝颜色	苞叶长短	总叶片数
瑞邦 16	7	半紧	紫色	圆到匙形	深绿	中	绿色	浅紫	29	浅紫	长	18~19
灵光 3 号	8	半紧	紫色	圆到匙形	绿色	中	浅紫	浅紫	35	粉红	中	17~20
XSH165	9	半紧	紫色	圆到匙形	绿色	疏	浅紫	浅紫	23	紫色	中	17~20
渭玉 321	10	半紧	紫色	圆到匙形	绿色	中	紫色	紫色	23	浅紫	短	18~20
百科玉 182	11	紧凑	紫	圆到匙形	绿色	密	浅紫	黄	22	绿色	长	18~21
中航 611	12	紧凑	紫色	圆到匙形	绿色	中	紫色	紫色	19	浅紫	中	18~21
LN116	13	半紧	紫	圆到匙形	绿色	疏	紫色	浅紫	17	粉色	中	19~21
泓丰 1404	14	半紧	紫色	圆到匙形	绿色	中	浅紫	浅紫	20	浅紫	中	19~21
科弘 58	15	半紧	浅紫	尖到圆	绿色	中	浅紫	黄	18	粉红	长	18~20
先玉 1773	16	半紧	紫	圆到匙形	绿色	疏	绿色	黄	23	浅紫	中	19~22
郑单 958	17	紧凑	紫色	圆到匙形	绿色	密	浅紫	黄	16	浅紫	中	18~22
BQ701	18	紧凑	紫	圆到匙形	绿色	中	浅紫	浅紫	17	粉红	中	17~20
GX26	19	紧凑	紫色	尖到圆	深绿	密	紫	紫色	17	浅紫	中	18~20
SN288	20	半紧	紫色	圆到匙形	深绿	中	浅紫	浅紫	17	粉红	中	18~20

7. 室内考种结果

各品种室内考种结果见表 1-25。

表 1-25　2019 年河南省玉米品种 4500 株/亩区域试验 B 组穗部性状室内考种结果

品种	编号	穗长(cm)	穗粗(cm)	穗行数	行粒数	秃尖长(cm)	轴粗(cm)	穗粒重(g)	出籽率(%)	千粒重(g)	穗型	轴色	粒型	粒色	结实性
裕隆 1 号	1	18.4	4.9	15.6	33.5	0.6	2.8	170.5	85.8	347.3	筒	红	半马	黄	上
金宛 668	2	17.2	4.9	16.7	33.9	0.8	2.8	161.6	87.1	308.3	筒	白	半马	黄	中
玉兴 118	3	17.4	4.8	16.3	33.9	0.7	2.8	148.5	85.4	297.6	筒	红	半马	黄	上
技丰 336	4	18.5	5.2	16.4	33.6	1.4	3	176.9	84.2	357.3	筒	红	半马	黄	中
豫安 9 号	5	17.5	5	16.2	35.1	0.4	2.9	162.5	84.2	307.6	筒	红	半马	黄	上
富瑞 6 号	6	18	4.8	13.9	32.1	0.2	2.8	157.7	85.4	359.8	筒	红	半马	黄	上
瑞邦 16	7	17.2	5	17.2	34.3	0.9	2.8	169.7	85.8	317.2	筒	红	半马	黄	中
灵光 3 号	8	19	4.9	15.3	33.5	1.5	2.7	169	86.6	359.1	筒	红	半马	黄	中
XSH165	9	18.4	4.7	15.9	31.7	1.5	2.8	157.5	84.9	336.2	筒	红	半马	黄	中

续表 1-25

品种	编号	穗长(cm)	穗粗(cm)	穗行数	行粒数	秃尖长(cm)	轴粗(cm)	穗粒重(g)	出籽率(%)	千粒重(g)	穗型	轴色	粒型	粒色	结实性
渭玉 321	10	18.2	5.1	16.8	33.2	2.1	2.9	166.3	86	327	筒	红	半马	黄	中
百科玉 182	11	17.3	5.2	17.3	33	0.2	2.8	181.2	87	341.6	筒	红	半马	黄	上
中航 611	12	19.3	5	15.6	34.5	0.6	2.8	175.3	86	347.3	筒	红	半马	黄	上
LN116	13	18.8	4.8	15.2	33.3	1.7	2.7	162.8	84.3	351.1	筒	红	半马	黄	中
泓丰 1404	14	18.6	5.1	17.5	35.2	2	2.8	177.7	86.2	319.9	筒	白	半马	黄	中
科弘 58	15	18	4.8	16.4	37.9	0.7	2.7	157.1	86.2	281.7	筒	红	半马	黄	中
先玉 1773	16	18.9	4.9	15.5	34.7	0.4	2.8	179	86.4	349.4	筒	红	半马	黄	上
郑单 958	17	16.6	5	15.4	32.7	0.6	2.9	154.5	85.6	312.7	筒	白	半马	黄	上
BQ701	18	18.2	5.1	16.8	33.7	1.2	2.9	175.2	87.5	333.4	筒	红	半马	黄	中
GX26	19	18.8	4.9	16.4	34.2	1	2.7	170.5	86.5	333.4	筒	白	半马	黄	上
SN288	20	17	4.8	16	32.9	1	2.7	158.8	87.6	325.5	筒	红	半马	黄	中

8. 抗病性接种鉴定结果

各品种抗病性接种鉴定结果见表 1-26。

表 1-26 2019 年河南省玉米品种 4500 株/亩区域试验 B 组抗病性接种鉴定结果

品种	编号	接种编码	茎腐病		小斑病		弯孢叶斑病		穗腐病		瘤黑粉病		南方锈病	
			病株率(%)	抗性	病级	抗性	病级	抗性	平均病级	抗性	病株率(%)	抗性	病级	抗性
裕隆 1 号	1	77	18.75	中抗	1	高抗	1	高抗	3.1	抗病	0	高抗	7	感病
金宛 668	2	69	76	高感	1	高抗	7	感病	6.7	感病	23.3	感病	3	抗病
玉兴 118	3	56	4	高抗	3	抗病	5	中抗	5.2	中抗	13.3	中抗	5	中抗
技丰 336	4	95	0	高抗	5	中抗	7	感病	3	抗病	6.7	抗病	3	抗病
豫安 9 号	5	57	16	中抗	5	中抗	3	抗病	1.5	高抗	16.7	中抗	7	感病
富瑞 6 号	6	85	16.67	中抗	1	高抗	5	中抗	1.6	抗病	6.7	抗病	9	高感
瑞邦 16	7	73	40	感病	7	感病	5	中抗	3	抗病	26.7	感病	5	中抗
灵光 3 号	8	68	35.42	感病	5	中抗	5	中抗	1.8	抗病	13.3	中抗	5	中抗
XSH165	9	66	39.58	感病	5	中抗	3	抗病	1.6	抗病	10	抗病	5	中抗

续表 1-26

品种	编号	接种编码	茎腐病		小斑病		弯孢叶斑病		穗腐病		瘤黑粉病		南方锈病	
			病株率（%）	抗性	病级	抗性	病级	抗性	平均病级	抗性	病株率（%）	抗性	病级	抗性
渭玉 321	10	87	33.33	感病	1	高抗	5	中抗	3.9	中抗	6.7	抗病	9	高感
百科玉 182	11	84	0	高抗	1	高抗	7	感病	1.4	高抗	3.3	高抗	7	感病
中航 611	12	78	22.92	中抗	1	高抗	7	感病	6	感病	3.3	高抗	5	中抗
LN116	13	60	0	高抗	7	感病	7	感病	2.3	抗病	16.7	中抗	5	中抗
泓丰 1404	14	93	4.17	高抗	7	感病	7	感病	1.7	抗病	0	高抗	7	感病
科弘 58	15	83	56	高感	3	抗病	3	抗病	2.2	抗病	3.3	高抗	3	抗病
先玉 1773	16	91	29.17	中抗	5	中抗	3	抗病	2.8	抗病	13.3	中抗	7	感病
BQ701	18	82	64	高感	7	感病	3	抗病	2	抗病	16.7	中抗	3	抗病
GX26	19	79	4.17	高抗	3	抗病	7	感病	2.3	抗病	3.3	高抗	5	中抗
SN288	20	81	4	高抗	7	感病	7	感病	1.4	高抗	3.3	高抗	3	抗病

9. 品质分析结果

参试品种籽粒品质分析结果见表 1-27。

表 1-27　2019 年河南省玉米品种 4500 株/亩区域试验 B 组品质分析结果

品种	编号	水分（%）	容重（g/L）	粗蛋白质（%）	粗脂肪（%）	赖氨酸（%）	粗淀粉（%）
裕隆 1 号	1	9.75	764	10.3	3.4	0.34	76.24
金宛 668	2	9.58	757	10.4	3.4	0.34	75.56
玉兴 118	3	9.85	752	9.33	3.5	0.34	75.53
技丰 336	4	9.90	765	10.4	3.5	0.32	76.07
豫安 9 号	5	10.6	755	9.34	3.9	0.32	76.19
富瑞 6 号	6	10.3	773	10.1	4.1	0.31	76.00
瑞邦 16	7	10.2	744	10.7	3.8	0.35	74.63
灵光 3 号	8	10.3	768	10.7	3.1	0.34	76.66
XSH165	9	10.1	768	10.5	3.5	0.35	75.33
渭玉 321	10	10.0	771	10.2	3.3	0.32	78.03
百科玉 182	11	11.1	745	9.40	3.9	0.33	76.83

续表 1-27

品种	编号	水分（%）	容重（g/L）	粗蛋白质（%）	粗脂肪（%）	赖氨酸（%）	粗淀粉（%）
中航 611	12	10.9	755	8.81	3.7	0.31	77.13
LN116	13	10.5	772	11.0	3.7	0.35	76.74
泓丰 1404	14	9.92	766	11.0	2.9	0.32	77.39
科弘 58	15	10.2	748	10.9	3.6	0.35	73.85
先玉 1773	16	10.3	768	8.96	3.7	0.30	76.05
郑单 958	17	9.58	754	9.94	4.3	0.31	73.53
BQ701	18	10.2	756	10.5	3.3	0.33	77.87
GX26	19	10.6	757	8.69	3.8	0.31	76.81
SN288	20	10.5	764	9.31	3.8	0.30	76.47

10. **DNA 检测比较结果**

DNA 检测同名品种以及疑似品种比较结果见表 1-28。

表 1-28　2019 年 4500 株/亩区域试验 B 组 DNA 检测疑似品种比较结果表

序号	待测样品		对照样品			比较位点数	差异位点数	结论
	样品编号	样品名称	样品编号	样品名称	来源			
3-1	MHN1900021	玉兴 118	MWJ1800130	福莱 116	2018 年吉林省联合体-吉科玉联合体	40	0	近近似或相同
3-2	MHN1900021	玉兴 118	MWL1800787	盛新 203	2018 年辽宁省联合体-辽宁田丰科企联合体	40	0	近近似或相同
9	MHN1900066	XSH165	BGG5676	宁单 25	农业部征集审定品种	40	1	近似

五、品种评述及建议

（一）第二年区域试验品种

1. **先玉** 1773

1）产量表现

2018 年试验平均亩产 657.22 kg，比对照郑单 958 增产 15.24%，居本组试验第 1 位，与对照相比差异达极显著水平，全省 11 个试点全部增产，增产点比率为 100%，丰产稳产性好。

2019 年试验平均亩产 755.00 kg，比对照郑单 958 增产 13.57%，居本组试验第 2 位，与对照相比差异极显著,全省共12个试点全部增产,增产点比率为100%,丰产稳产性好。

综合两年23点次的试验结果(表1-17):该品种平均亩产708.24 kg,比郑单958增产14.26%,增产点数:减产点数=23:0,增产点比率为100%,丰产稳产性好。

2)特征特性

2018年,该品种株型紧凑,平均株高290 cm,穗位高99 cm;倒伏率0.7%,倒折率1.0%,倒伏倒折率之和≥15.0%的试点比例为0.0%;空秆率1.5%,双穗率0.3%;自然发病情况为:茎腐病5.1%(0.0%~28.6%),小斑病1~3级,穗粒腐病1~3级,弯孢菌病1~3级,瘤黑粉病0.4%,锈病1~5级;粗缩病0.0%,矮花叶病毒病1~3级,玉米螟1~5级;生育期103天,比对照(郑单958)早熟1天,叶片数19~21;芽鞘紫色,雄穗分枝数少,花药黄色,穗夹角27.5度,花丝紫色,苞叶长度适中;穗长19.1 cm,穗粗4.7 cm,穗行数15.5,行粒数35.0,秃尖长0.6 cm;出籽率86.4%,千粒重318.2 g。筒型穗,红轴,半马齿型,黄粒,结实性好。从植物学特征和生理学特性看,该品种的种性表现较稳定。

2019年,该品种株型半紧凑,平均株高285 cm,穗位高104 cm;倒伏率1.6%,倒折率1.3%,倒伏倒折率之和≥15.0%的试点比例为8.3%;空秆率0.3%,双穗率0.7%;自然发病情况为:茎腐病2.8%(0.0%~8.7%),小斑病1~3级,穗粒腐病1~3级,弯孢菌病1~5级,瘤黑粉病0.1%,锈病1~5级;粗缩病0.1%,矮花叶病毒病1~3级,玉米螟1~3级;生育期102天,比对照(郑单958)早熟2天,叶片数19~22;芽鞘紫色,第一叶圆到匙形,叶片绿色,雄穗分枝数少,花药黄色,穗夹角23度,花丝浅紫色,苞叶长度适中;穗长18.9 cm,穗粗4.9 cm,穗行数15.5,行粒数34.7,秃尖长0.4 cm;出籽率86.4%,千粒重349.4 g。筒型穗,红轴,半马齿型,黄粒,结实性好。

从两年区域试验结果对比看,该品种的遗传性状稳定。

3)抗病性鉴定

据2018年河南农业大学植保学院人工接种鉴定汇总报告:该品种高抗瘤黑粉病,抗弯孢霉叶斑病、镰孢菌穗腐病,中抗镰孢菌茎腐病;感小斑病、南方锈病。

据2019年河南农业大学植保学院人工接种鉴定汇总报告:该品种抗弯孢霉叶斑病、镰孢菌穗腐病,中抗镰孢菌茎腐病、小斑病、瘤黑粉病;感南方锈病。

4)品质分析

据2018年农业部农产品质量监督检验测试中心(郑州)对该品种多点套袋果穗的籽粒混合样品品质分析检验报告:容重763 g/L,粗蛋白质9.3%,粗脂肪3.9%,赖氨酸0.30%,粗淀粉72.65%。

据2019年农业部农产品质量监督检验测试中心(郑州)对该品种多点套袋果穗的籽粒混合样品品质分析检验报告:容重768 g/L,粗蛋白质8.96%,粗脂肪3.7%,赖氨酸0.30%,粗淀粉76.05%。

5)试验建议

该品种综合表现优良,建议晋升生产试验。

2. 中航611

1)产量表现

2018年试验平均亩产680.56 kg,比对照郑单958增产11.65%,居本组试验第1位,与对照相比差异达极显著水平，全省 11 个试点全部增产，增产点比率为 100%，丰产稳产性好。

2019 年试验平均亩产 763.33 kg，比对照郑单 958 增产 14.82%，居本组试验第 1 位，与对照相比差异极显著，全省共 12 个试点全部增产，增产点比率为 100%，丰产稳产性好。

综合两年 23 点次的试验结果（表 1-17）：该品种平均亩产 723.74 kg，比郑单 958 增产 13.36%，增产点数：减产点数＝23：0，增产点比率为 100%，丰产稳产性好。

2）特征特性

2018 年，该品种株型半紧凑，平均株高 292 cm，穗位高 118 cm；倒伏率 3.9%，倒折率 0.2%，倒伏倒折率之和≥15.0%的试点比例为 9.1%；空秆率 0.6%，双穗率 0.3%；自然发病情况为：茎腐病 1.0%（0.0%～8.7%），小斑病 1～3 级，穗粒腐病 1～3 级，弯孢菌病 1～7 级，瘤黑粉病 0.1%，锈病 1～5 级；粗缩病 0.0%，矮花叶病毒病 1～3 级，玉米螟 1～5 级；生育期 103 天，与对照（郑单 958）同熟，叶片数 18～20；芽鞘紫色，雄穗分枝数密，花药深紫色，穗夹角 21 度，花丝浅紫色，苞叶长度适中；穗长 18.4 cm，穗粗 4.7 cm，穗行数 15.4，行粒数 34.7，秃尖长 0.3 cm；出籽率 87.7%，千粒重 338.8 g。筒型穗，粉轴，半马齿型，黄粒，结实性好。从植物学特征和生理学特性看，该品种的种性表现较稳定。

2019 年，该品种株型紧凑，平均株高 298 cm，穗位高 124 cm；倒伏率 3.1%，倒折率 0.5%，倒伏倒折率之和≥15.0%的试点比例为 8.3%；空秆率 0.4%，双穗率 0.6%；自然发病情况为：茎腐病 2.3%（0.0%～18.0%），小斑病 1～3 级，穗粒腐病 1～3 级，弯孢菌病 1～3 级，瘤黑粉病 0.0%，锈病 1～5 级；粗缩病 0.1%，矮花叶病毒病 1～3 级，玉米螟 1～5 级；生育期 103 天，比对照（郑单 958）早熟 1 天，叶片数 18～21；芽鞘紫色，第一叶圆到匙形，叶片绿色，雄穗分枝数中，花药紫色，穗夹角 19 度，花丝浅紫色，苞叶长度适中；穗长 19.3 cm，穗粗 5.0 cm，穗行数 15.6，行粒数 34.5，秃尖长 0.6 cm；出籽率 86.0%，千粒重 347.3 g。筒型穗，红轴，半马齿型，黄粒，结实性好。

从两年区域试验结果对比看，该品种的遗传性状稳定。

3）抗病性鉴定

据 2018 年河南农业大学植保学院人工接种鉴定汇总报告：该品种高抗镰孢菌茎腐病，中抗小斑病、镰孢菌穗腐病、瘤黑粉病、南方锈病；感弯孢霉叶斑病。

据 2019 年河南农业大学植保学院人工接种鉴定汇总报告：该品种高抗小斑病、瘤黑粉病，中抗镰孢菌茎腐病、南方锈病；感弯孢霉叶斑病、镰孢菌穗腐病。

4）品质分析

据 2018 年农业部农产品质量监督检验测试中心（郑州）对该品种多点套袋果穗的籽粒混合样品品质分析检验报告：容重 750 g/L，粗蛋白质 9.2%，粗脂肪 3.6%，赖氨酸 0.32%，粗淀粉 73.9%。

据 2019 年农业部农产品质量监督检验测试中心（郑州）对该品种多点套袋果穗的籽粒混合样品品质分析检验报告：容重 755 g/L，粗蛋白质 8.81%，粗脂肪 3.7%，赖氨酸 0.31%，粗淀粉 77.13%。

5）试验建议

该品种综合表现优良，2019 年区域试验、生产试验同步进行，若生产试验通过，建议推审。

3. BQ701

1) 产量表现

2018 年试验平均亩产 628.33 kg，比对照郑单 958 增产 10.16%，居本组试验第 5 位，与对照相比差异达极显著水平，全省 11 个试点全部增产，增产点比率为 100%，丰产稳产性好。

2019 年试验平均亩产 711.67 kg，比对照郑单 958 增产 6.98%，居本组试验第 6 位，与对照相比差异极显著，全省共 12 个试点 10 增 2 减，增产点比率为 83.33%，丰产稳产性好。

综合两年 23 点次的试验结果（表 1-17）：该品种平均亩产 671.81 kg，比郑单 958 增产 8.39%，增产点数：减产点数＝21：2，增产点比率为 91.30%，丰产稳产性好。

2) 特征特性

2018 年，该品种株型紧凑，平均株高 277 cm，穗位高 100 cm；倒伏率 2.1%，倒折率 0.7%，倒伏倒折率之和≥15.0%的试点比例为 9.1%；空秆率 1.0%，双穗率 0.1%；自然发病情况为：茎腐病 1.8%（0.0%～4.0%），小斑病 1～5 级，穗粒腐病 1～5 级，弯孢菌病 1～7 级，瘤黑粉病 1.1%，锈病 1～5 级；粗缩病 0.0%，矮花叶病毒病 1～3 级，玉米螟 1～5 级；生育期 103 天，比对照（郑单 958）早熟 1 天，叶片数 19～21；芽鞘浅紫色，雄穗分枝数中，花药深紫色，穗夹角 24 度，花丝浅紫色，苞叶长度适中；穗长 17.0 cm，穗粗 4.7 cm，穗行数 15.7，行粒数 33.0，秃尖长 1.7 cm；出籽率 85.7%，千粒重 321.6 g。筒型穗，红轴，半硬粒型，黄粒，结实性中。从植物学特征和生理学特性看，该品种的种性表现较稳定。

2019 年，该品种株型紧凑，平均株高 280 cm，穗位高 107 cm；倒伏率 5.9%，倒折率 0.7%，倒伏倒折率之和≥15.0%的试点比例为 8.3%；空秆率 0.6%，双穗率 0.2%；自然发病情况为：茎腐病 21.4%（0.0%～70.0%），小斑病 1～5 级，穗粒腐病 1～3 级，弯孢菌病 1～5 级，瘤黑粉病 0.2%，锈病 1～9 级；粗缩病 0.2%，矮花叶病毒病 1～3 级，玉米螟 1～5 级；生育期 102 天，比对照（郑单 958）早熟 2 天，叶片数 17～20；芽鞘紫色，第一叶圆到匙形，叶片绿色，雄穗分枝数中，花药浅紫色，穗夹角 17 度，花丝粉红色，苞叶长度适中；穗长 18.2 cm，穗粗 5.1 cm，穗行数 16.8，行粒数 33.7，秃尖长 1.2 cm；出籽率 87.5%，千粒重 333.4 g。筒型穗，红轴，半马齿型，黄粒，结实性中。

从两年区域试验结果对比看，该品种的遗传性状稳定。

3) 抗病性鉴定

据 2018 年河南农业大学植保学院人工接种鉴定汇总报告：该品种高抗镰孢菌茎腐病、瘤黑粉病，抗镰孢菌穗腐病，中抗小斑病，感弯孢霉叶斑病、南方锈病。

据 2019 年河南农业大学植保学院人工接种鉴定汇总报告：该品种抗弯孢霉叶斑病、镰孢菌穗腐病、南方锈病；中抗瘤黑粉病；高感镰孢菌茎腐病，感小斑病。

4) 品质分析

据 2018 年农业部农产品质量监督检验测试中心（郑州）对该品种多点套袋果穗的籽粒混合样品品质分析检验报告：容重 757 g/L，粗蛋白质 10.4%，粗脂肪 3.5%，赖氨酸 0.34%，粗淀粉 73.43%。

据 2019 年农业部农产品质量监督检验测试中心（郑州）对该品种多点套袋果穗的籽

粒混合样品品质分析检验报告：容重 756 g/L，粗蛋白质 10.5%，粗脂肪 3.3%，赖氨酸 0.33%，粗淀粉 77.87%。

5）试验建议

该品种综合表现优良，2019 年区域试验、生产试验同步进行，但接种鉴定与专家田间考察均高感茎腐病，建议淘汰。

4. **技丰 336**

1）产量表现

2018 年试验平均亩产 641.67 kg，比对照郑单 958 增产 10.28%，居本组试验第 2 位，与对照相比差异达极显著水平，全省 10 个试点 9 增 1 减，增产点比率为 90.0%，丰产稳产性好。

2019 年试验平均亩产 703.89 kg，比对照郑单 958 增产 5.82%，居本组试验第 8 位，与对照相比差异极显著，全省共 12 个试点 9 增 3 减，增产点比率为 75.0%，丰产稳产性较好。

综合两年 22 点次的试验结果（表 1-17）：该品种平均亩产 675.61 kg，比郑单 958 增产 7.73%，增产点数∶减产点数 = 18∶4，增产点比率为 81.82%，丰产稳产性较好。

2）特征特性

2018 年该品种株型紧凑，平均株高 321 cm，穗位高 118 cm；倒伏率 2.6%，倒折率 2.5%，倒伏倒折率之和≥15.0%的试点比例为 10%；空秆率 1.5%，双穗率 0.1%；自然发病情况为：茎腐病 2.9%（0.0%～6.7%），小斑病 1～5 级，穗粒腐病 1～3 级，弯孢菌病 1～3 级，瘤黑粉病 2.5%，锈病 1～5 级；粗缩病 0.6%，矮花叶病毒病 1～3 级，玉米螟 1～5 级；生育期 105 天，与对照（郑单 958）同熟，叶片数 18～20；芽鞘深紫色，雄穗分枝数中，花药紫色，穗夹角 33 度，花丝紫色，苞叶长度适中；穗长 17.8 cm，穗粗 5.0 cm，穗行数 15.8，行粒数 30.7，秃尖长 1.6 cm；出籽率 84.5%，千粒重 349.3 g。筒型穗，红轴，半马齿型，黄粒，结实性中。从植物学特征和生理学特性看，该品种的种性表现较稳定。

2019 年该品种株型半紧凑，平均株高 314 cm，穗位高 125 cm；倒伏率 5.1%，倒折率 0.8%，倒伏倒折率之和≥15.0%的试点比例为 16.7%；空秆率 0.9%，双穗率 0.4%；自然发病情况为：茎腐病 4.0%（0.0%～11.1%），小斑病 1～3 级，穗粒腐病 1～3 级，弯孢菌病 1～3 级，瘤黑粉病 0.8%，锈病 1～5 级；粗缩病 0.3%，矮花叶病毒病 1～3 级，玉米螟 1～3 级；生育期 103 天，比对照（郑单 958）早熟 1 天，叶片数 18～21；芽鞘深紫色，第一叶圆到匙形，叶片绿色，雄穗分枝数中，花药浅紫色，穗夹角 22 度，花丝浅紫色，苞叶长度适中；穗长 18.5 cm，穗粗 5.2 cm，穗行数 16.4，行粒数 33.6，秃尖长 1.4 cm；出籽率 84.2%，千粒重 357.3 g。筒型穗，红轴，半马齿型，黄粒，结实性中。

从两年区域试验结果对比看，该品种的遗传性状稳定。

3）抗病性鉴定

据 2018 年河南农业大学植保学院人工接种鉴定汇总报告：该品种高抗镰孢菌茎腐病、小斑病、瘤黑粉病，抗镰孢菌穗腐病，中抗南方锈病；感弯孢霉叶斑病。

据 2019 年河南农业大学植保学院人工接种鉴定汇总报告：该品种高抗镰孢菌茎腐病，抗镰孢菌穗腐病、瘤黑粉病、南方锈病，中抗小斑病；感弯孢霉叶斑病。

4)品质分析

据 2018 年农业部农产品质量监督检验测试中心(郑州)对该品种多点套袋果穗的籽粒混合样品品质分析检验报告:容重 758 g/L,粗蛋白质 10.5%,粗脂肪 4.8%,赖氨酸 0.36%,粗淀粉 73.12%。

据 2019 年农业部农产品质量监督检验测试中心(郑州)对该品种多点套袋果穗的籽粒混合样品品质分析检验报告:容重 765 g/L,粗蛋白质 10.4%,粗脂肪 3.5%,赖氨酸 0.32%,粗淀粉 76.07%。

5)试验建议

该品种综合表现优良,2019 年区域试验、生产试验同步进行,若生产试验通过,建议推审。

5. **瑞邦 16**

1)产量表现

2018 年试验平均亩产 618.89 kg,比对照郑单 958 增产 6.39%,居本组试验第 10 位,与对照相比差异极显著,全省 10 个试点 7 增 3 减,增产点比率为 70.0%,丰产稳产性较好。

2019 年试验平均亩产 721.67 kg,比对照郑单 958 增产 8.51%,居本组试验第 4 位,与对照相比差异极显著,全省共 12 个试点 11 增 1 减,增产点比率为 91.67%,丰产稳产性较好。

综合两年 22 点次的试验结果(表 1-17):该品种平均亩产 674.95 kg,比郑单 958 增产 7.62%,增产点数:减产点数=18:4,增产点比率为 81.82%,丰产稳产性较好。

2)特征特性

2018 年,该品种株型紧凑,平均株高 263 cm,穗位高 97 cm;倒伏率 0.0%,倒折率 0.3%,倒伏倒折率之和≥15.0%的试点比例为 0.0%;空秆率 0.3%,双穗率 0.2%;自然发病情况为:茎腐病 4.7%(0.0%~16.0%),小斑病 1~3 级,穗粒腐病 1~3 级,弯孢菌病 1~5 级,瘤黑粉病 1.2%,锈病 1~5 级;粗缩病 0.2%,矮花叶病毒病 1~3 级,玉米螟 1~3 级;生育期 103 天,比对照(郑单 958)早熟 2 天,叶片数 17~19;芽鞘紫色,雄穗分枝数密,花药浅紫色,穗夹角 32.5 度,花丝紫色,苞叶长;穗长 16.6 cm,穗粗 4.8 cm,穗行数 16.2,行粒数 32.8,秃尖长 0.8 cm;出籽率 87.7%,千粒重 293.4 g。筒型穗,红轴,马齿型,黄粒,结实性中。从植物学特征和生理学特性看,该品种的种性表现较稳定。

2019 年,该品种株型半紧凑,平均株高 259 cm,穗位高 88 cm;倒伏率 0.5%,倒折率 0.2%,倒伏倒折率之和≥15.0%的试点比例为 0.0%;空秆率 0.5%,双穗率 1.2%;自然发病情况为:茎腐病 6.4%(0.0%~24.4%),小斑病 1~3 级,穗粒腐病 1~3 级,弯孢菌病 1~3 级,瘤黑粉病 0.0%,锈病 1~5 级;粗缩病 0.0%,矮花叶病毒病 1~3 级,玉米螟 1~3 级;生育期 102 天,比对照(郑单 958)早熟 2 天,叶片数 18~19;芽鞘紫色,第一叶圆到匙形,叶片深绿色,雄穗分枝中,花药浅紫色,穗夹角 29 度,花丝浅紫色,苞叶长;穗长 17.2 cm,穗粗 5.0 cm,穗行数 17.2,行粒数 34.3,秃尖长 0.9 cm;出籽率 85.8%,千粒重 317.2 g。筒型穗,红轴,半马齿型,黄粒,结实性中。

从两年区域试验结果对比看,该品种的遗传性状稳定。

3)抗病性鉴定

据2018年河南农业大学植保学院人工接种鉴定汇总报告:该品种高抗南方锈病,抗镰孢菌茎腐病、小斑病、镰孢菌穗腐病、瘤黑粉病,中抗弯孢霉叶斑病。

据2019年河南农业大学植保学院人工接种鉴定汇总报告:该品种抗镰孢菌穗腐病,中抗弯孢霉叶斑病、南方锈病;感镰孢菌茎腐病、小斑病、瘤黑粉病。

4)品质分析

据2018年农业部农产品质量监督检验测试中心(郑州)对该品种多点套袋果穗的籽粒混合样品品质分析检验报告:容重738 g/L,粗蛋白质10.8%,粗脂肪4.0%,赖氨酸0.38%,粗淀粉71.72%。

据2019年农业部农产品质量监督检验测试中心(郑州)对该品种多点套袋果穗的籽粒混合样品品质分析检验报告:容重744 g/L,粗蛋白质10.7%,粗脂肪3.8%,赖氨酸0.35%,粗淀粉74.63%。

5)试验建议

该品种综合表现好,2019年区域试验、生产试验同步进行,若生产试验通过,建议推审。

6. GX26

1)产量表现

2018年试验平均亩产614.44 kg,比对照郑单958增产7.71%,居本组试验第9位,与对照相比差异达极显著水平,全省11个试点9增2减,增产点比率为81.8%,丰产稳产性较好。

2019年试验平均亩产708.33 kg,比对照郑单958增产6.5%,居本组试验第7位,与对照相比差异极显著,全省共12个试点10增2减,增产点比率为83.33%,丰产稳产性较好。

综合两年23点次的试验结果(表1-17):该品种平均亩产663.43 kg,比郑单958增产7.03%,增产点数:减产点数=19:4,增产点比率为82.61%,丰产稳产性较好。

2)特征特性

2018年,该品种株型半紧凑,平均株高280 cm,穗位高110 cm;倒伏率2.7%,倒折率6.1%,倒伏倒折率之和≥15.0%的试点比例为27.3%;空秆率1.8%,双穗率0.3%;自然发病情况为:茎腐病1.1%(0.0%~4.2%),小斑病1~3级,穗粒腐病1~5级,弯孢菌病1~3级,瘤黑粉病0.9%,锈病1~3级;粗缩病0.0%,矮花叶病毒病1~3级,玉米螟1~5级;生育期106天,与对照(郑单958)同熟,叶片数18~20;芽鞘浅紫色,雄穗分枝数中,花药深紫色,穗夹角28度,花丝青色,苞叶长度适中;穗长18.4 cm,穗粗4.6 cm,穗行数15.9,行粒数34.2,秃尖长1.2 cm;出籽率85.4%,千粒重295.0 g。筒型穗,白轴,半马齿型,黄粒,结实性中。从植物学特征和生理学特性看,该品种的种性表现较稳定。

2019年,该品种株型紧凑,平均株高287 cm,穗位高115 cm;倒伏率2.8%,倒折率1.3%,倒伏倒折率之和≥15.0%的试点比例为8.3%;空秆率1.2%,双穗率0.6%;自然发病情况为:茎腐病5.7%(0.0%~30.1%),小斑病1~3级,穗粒腐病1~3级,弯孢菌病1~3级,瘤黑粉病0.1%,锈病1~3级;粗缩病0.2%,矮花叶病毒病1~3级,玉米螟1~5级;

生育期 103 天,比对照(郑单 958)早熟 1 天,叶片数 18~20;芽鞘紫色,第一叶尖到圆形,叶片深绿色,雄穗分枝数密,花药紫色,穗夹角 17 度,花丝浅紫色,苞叶长度适中;穗长 18.8 cm,穗粗 4.9 cm,穗行数 16.4,行粒数 34.2,秃尖长 1.0 cm;出籽率 86.5%,千粒重 333.4 g。筒型穗,白轴,半马齿型,黄粒,结实性好。

从两年区域试验结果对比看,该品种的遗传性状稳定。

3)抗病性鉴定

据 2018 年河南农业大学植保学院人工接种鉴定汇总报告:该品种高抗镰孢菌茎腐病、南方锈病,抗镰孢菌穗腐病,中抗弯孢霉叶斑病;感小斑病,高感瘤黑粉病。

据 2019 年河南农业大学植保学院人工接种鉴定汇总报告:该品种高抗镰孢菌茎腐病、瘤黑粉病,抗小斑病、镰孢菌穗腐病,中抗锈病;感弯孢霉叶斑病。

4)品质分析

据 2018 年农业部农产品质量监督检验测试中心(郑州)对该品种多点套袋果穗的籽粒混合样品品质分析检验报告:容重 756 g/L,粗蛋白质 9.7%,粗脂肪 3.6%,赖氨酸 0.32%,粗淀粉 74.03%。

据 2019 年农业部农产品质量监督检验测试中心(郑州)对该品种多点套袋果穗的籽粒混合样品品质分析检验报告:容重 757 g/L,粗蛋白质 8.69%,粗脂肪 3.8%,赖氨酸 0.31%,粗淀粉 76.81%。

5)试验建议

该品种综合表现较好,建议晋升生产试验。

7. **豫安 9 号**

1)产量表现

2018 年试验平均亩产 602.22 kg,比对照郑单 958 增产 3.52%,居本组试验第 15 位,与对照相比差异不显著,全省 10 个试点 6 增 4 减,增产点比率为 60.0%,丰产稳产性一般。

2019 年试验平均亩产 696.11 kg,比对照郑单 958 增产 4.68%,居本组试验第 12 位,与对照相比差异显著,全省共 12 个试点 10 增 2 减,增产点比率为 83.33%,丰产稳产性较好。

综合两年 22 点次的试验结果(表 1-17):该品种平均亩产 653.43 kg,比郑单 958 增产 4.19%,增产点数:减产点数=16:6,增产点比率为 72.73%,丰产稳产性较好。

2)特征特性

2018 年,该品种株型紧凑,平均株高 246 cm,穗位高 96 cm;倒伏率 0.6%,倒折率 0.5%,倒伏倒折率之和≥15.0%的试点比例为 0.0%;空秆率 0.5%,双穗率 1.3%;自然发病情况为:茎腐病 2.7%(0.0%~6.7%),小斑病 1~5 级,穗粒腐病 1~3 级,弯孢菌病 1~7 级,瘤黑粉病 3.0%,锈病 1~5 级;粗缩病 1.1%,矮花叶病毒病 1~3 级,玉米螟 1~7 级;生育期 104 天,比对照(郑单 958)早熟 1 天,叶片数 18~20;芽鞘紫色,雄穗分枝数中,花药绿色,穗夹角 28 度,花丝浅紫色,苞叶长;穗长 18.0 cm,穗粗 4.7 cm,穗行数 15.8,行粒数 36,秃尖长 0.6 cm;出籽率 83.6%,千粒重 284.4 g。中间型穗,红轴,硬粒型,橘黄粒,结实性好。从植物学特征和生理学特性看,该品种的种性表现较稳定。

2019 年，该品种株型紧凑，平均株高 252 cm，穗位高 104 cm；倒伏率 0.2%，倒折率 1.1%，倒伏倒折率之和≥15.0%的试点比例为 0.0%；空秆率 0.2%，双穗率 1.6%；自然发病情况为：茎腐病 4.7%（0.0%~25.7%），小斑病 1~3 级，穗粒腐病 1~3 级，弯孢菌病 1~3 级，瘤黑粉病 0.1%，锈病 1~5 级；粗缩病 0.0%，矮花叶病毒病 1~3 级，玉米螟 1~7 级；生育期 103 天，比对照（郑单 958）早熟 1 天，叶片数 18~20；芽鞘浅紫色，第一叶圆到匙形，叶片绿色，雄穗分枝数密，花药黄色，穗夹角 17 度，花丝浅紫色，苞叶长；穗长 17.5 cm，穗粗 5.0 cm，穗行数 16.2，行粒数 35.1，秃尖长 0.4 cm；出籽率 84.2%，千粒重 307.6 g。筒型穗，红轴，半马齿型，黄粒，结实性好。

从两年区域试验结果对比看，该品种的遗传性状稳定。

3）抗病性鉴定

据 2018 年河南农业大学植保学院人工接种鉴定汇总报告：该品种抗镰孢菌穗腐病，中抗镰孢菌茎腐病、小斑病、弯孢霉叶斑病；感瘤黑粉病，高感南方锈病。

据 2019 年河南农业大学植保学院人工接种鉴定汇总报告：该品种高抗镰孢菌穗腐病，抗弯孢霉叶斑病，中抗镰孢菌茎腐病、小斑病、瘤黑粉病；感南方锈病。

4）品质分析

据 2018 年农业部农产品质量监督检验测试中心（郑州）对该品种多点套袋果穗的籽粒混合样品品质分析检验报告：容重 752 g/L，粗蛋白质 9.4%，粗脂肪 4.0%，赖氨酸 0.30%，粗淀粉 72.69%。

据 2019 年农业部农产品质量监督检验测试中心（郑州）对该品种多点套袋果穗的籽粒混合样品品质分析检验报告：容重 755 g/L，粗蛋白质 9.34%，粗脂肪 3.9%，赖氨酸 0.32%，粗淀粉 76.19%。

5）试验建议

该品种综合表现一般，建议晋升生产试验。

8. 富瑞 6 号

1）产量表现

2018 年试验平均亩产 636.67 kg，比对照郑单 958 增产 4.41%，居本组试验第 10 位，与对照相比差异不显著，全省 11 个试点 10 增 1 减，增产点比率为 90.9%，丰产稳产性一般。

2019 年试验平均亩产 687.22 kg，比对照郑单 958 增产 3.35%，居本组试验第 14 位，与对照相比差不显著，全省共 12 个试点 10 增 2 减，增产点比率为 83.33%，丰产稳产性一般。

综合两年 23 点次的试验结果（表 1-17）：该品种平均亩产 663.04 kg，比郑单 958 增产 3.86%，增产点数：减产点数 = 20：3，增产点比率为 86.96%，丰产稳产性一般。

2）特征特性

2018 年该品种株型紧凑，平均株高 268 cm，穗位高 102 cm；倒伏率 0.4%，倒折率 0.3%，倒伏倒折率之和≥15.0%的试点比例为 0.0%；空秆率 0.4%，双穗率 0.3%；自然发病情况为：茎腐病 1.3%（0.0%~8.9%），小斑病 1~5 级，穗粒腐病 1~3 级，弯孢菌病 1~5 级，瘤黑粉病 0.2%，锈病 1~7 级；粗缩病 0.0%，矮花叶病毒病 1~3 级，玉米螟 1~5 级；生育期 102 天，比对照（郑单 958）早熟 1 天，叶片数 18~20；芽鞘浅紫色，雄穗分枝数中，花药浅紫色，穗夹角 21 度，花丝浅紫色，苞叶长；穗长 17.8 cm，穗粗 4.5 cm，穗行数 13.9，行粒数 33.4,秃尖长 0.5 cm;出籽率 86.2%,千粒重 346.8 g。筒型穗,红轴,半马齿型,黄粒,结实性好。从植物学特征和生理学特性看,该品种的种性表现较稳定。

2019 年该品种株型紧凑,平均株高 276 cm,穗位高 117 cm;倒伏率 0.4%,倒折率 0.3%,倒伏倒折率之和≥15.0%的试点比例为 0.0%;空秆率 0.6%,双穗率 1.5%;自然发病情况为:茎腐病 2.2%(0.0%~7.2%),小斑病 1~3 级,穗粒腐病 1~3 级,弯孢菌病 1~3 级,瘤黑粉病 0.2%,锈病 1~7 级;粗缩病 0.0%,矮花叶病毒病 1~3 级,玉米螟 1~5 级;生育期 102 天,比对照(郑单 958)早熟 2 天,叶片数 18~20;芽鞘浅紫色,第一叶圆到匙形,叶片绿色,雄穗分枝数密,花药黄色,穗夹角 16 度,花丝浅紫色,苞叶长;穗长 18.0 cm,穗粗 4.8 cm,穗行数 13.9,行粒数 32.1,秃尖长 0.2 cm;出籽率 85.4%,千粒重 359.8 g。筒型穗,红轴,半马齿型,黄粒,结实性好。

从两年区域试验结果对比看,该品种的遗传性状较稳定。

3)抗病性鉴定

据 2018 年河南农业大学植保学院人工接种鉴定汇总报告:该品种高抗镰孢菌茎腐病、小斑病、瘤黑粉病,抗镰孢菌穗腐病;感弯孢霉叶斑病,高感南方锈病。

据 2019 年河南农业大学植保学院人工接种鉴定汇总报告:该品种高抗小斑病,抗镰孢菌穗腐病、瘤黑粉病,中抗镰孢菌茎腐病、弯孢霉叶斑病;高感南方锈病。

4)品质分析

据 2018 年农业部农产品质量监督检验测试中心(郑州)对该品种多点套袋果穗的籽粒混合样品品质分析检验报告:容重 778 g/L,粗蛋白质 9.9%,粗脂肪 4.4%,赖氨酸 0.32%,粗淀粉 72.72%。

据 2019 年农业部农产品质量监督检验测试中心(郑州)对该品种多点套袋果穗的籽粒混合样品品质分析检验报告:容重 773 g/L,粗蛋白质 10.1%,粗脂肪 4.1%,赖氨酸 0.31%,粗淀粉 76.00%。

5)试验建议

该品种综合表现一般,建议晋升生产试验。

9. XSH165

1)产量表现

2018 年试验平均亩产 617.22 kg,比对照郑单 958 增产 6.16%,居本组试验第 11 位,与对照相比差异显著,全省 10 个试点 7 增 3 减,增产点比率为 70.0%,丰产稳产性较好。

2019 年试验平均亩产 661.11 kg,比对照郑单 958 减产 0.6%,居本组试验第 18 位,与对照相比差不显著,全省共 12 个试点 5 增 7 减,增产点比率为 41.67%,丰产稳产性差。

综合两年 22 点次的试验结果(表 1-17):该品种平均亩产 641.16 kg,比郑单 958 增产 2.24%,增产点数:减产点数=12:10,增产点比率为 54.54%,丰产稳产性一般。

2)特征特性

2018 年,该品种株型紧凑,平均株高 302 cm,穗位高 108 cm;倒伏率 0.6%,倒折率 1.8%,倒伏倒折率之和≥15.0%的试点比例为 10.0%;空秆率 0.1%,双穗率 0.1%;自然发病情况为:茎腐病 7.8%(0.0%~31.7%),小斑病 1~5 级,穗粒腐病 1~5 级,弯孢菌病 1~3 级,瘤黑粉病 2.1%,锈病 1~5 级;粗缩病 0.3%,矮花叶病毒病 1~3 级,玉米螟 1~5

级;生育期 104 天,比对照(郑单 958)早熟 1 天,叶片数 17~19;芽鞘紫色,雄穗分枝数少,花药紫色,穗夹角 30.5 度,花丝深紫色,苞叶短;穗长 18.7 cm,穗粗 4.6 cm,穗行数 15.5,行粒数 32.2,秃尖长 1.2 cm;出籽率 84.9%,千粒重 335.7 g。筒型穗,红轴,半马齿型,橘黄粒,结实性中。从植物学特征和生理学特性看,该品种的种性表现较稳定。

2019 年,该品种株型半紧凑,平均株高 303 cm,穗位高 106 cm;倒伏率 4.2%,倒折率 0.9%,倒伏倒折率之和≥15.0%的试点比例为 0.0%;空秆率 0.6%,双穗率 0.3%;自然发病情况为:茎腐病 12.4%(0.0%~43.5%),小斑病 1~3 级,穗粒腐病 1~5 级,弯孢菌病1~3 级,瘤黑粉病 0.0%,锈病 1~7 级;粗缩病 0.0%,矮花叶病毒病 1~3 级,玉米螟 1~3 级;生育期 102 天,比对照(郑单 958)早熟 2 天,叶片数 17~20;芽鞘紫色,第一叶圆到匙形,叶片绿色,雄穗分枝数少,花药浅紫色,穗夹角 23 度,花丝紫色,苞叶长度适中;穗长 18.4 cm,穗粗 4.7 cm,穗行数 15.9,行粒数 31.7,秃尖长 1.5 cm;出籽率 84.9%,千粒重 336.2 g。筒型穗,红轴,半马齿型,黄粒,结实性中。

从两年区域试验结果对比看,该品种的遗传性状稳定。

3)抗病性鉴定

据 2018 年河南农业大学植保学院人工接种鉴定汇总报告:该品种抗小斑病,中抗镰孢菌茎腐病、弯孢霉叶斑病、镰孢菌穗腐病、瘤黑粉病;感南方锈病。

据 2019 年河南农业大学植保学院人工接种鉴定汇总报告:该品种抗弯孢霉叶斑病、镰孢菌穗腐病、瘤黑粉病,中抗小斑病、南方锈病;感镰孢菌茎腐病。

4)品质分析

据 2018 年农业部农产品质量监督检验测试中心(郑州)对该品种多点套袋果穗的籽粒混合样品品质分析检验报告:容重 766 g/L,粗蛋白质 11.6%,粗脂肪 3.8%,赖氨酸 0.36%,粗淀粉 71.5%。

据 2019 年农业部农产品质量监督检验测试中心(郑州)对该品种多点套袋果穗的籽粒混合样品品质分析检验报告:容重 768 g/L,粗蛋白质 10.5%,粗脂肪 3.5%,赖氨酸 0.35%,粗淀粉 75.33%。

5)试验建议

该品种综合表现一般,比对照减产 0.6%,产量不达标,且 DNA 检测结果与农业部征集审定品种宁单 25 近似,建议淘汰。

(二)第一年区域试验品种

10. 百科玉 182

1)产量表现

2019 年试验平均亩产 742.22 kg,比对照郑单 958 增产 11.61%,居本组试验第 3 位,与对照相比差异达极显著水平,全省 12 个试点全部增产,增产点比率为 100%,丰产稳产性好。

2)特征特性

2019 年,该品种株型紧凑,平均株高 288 cm,穗位高 114 cm;倒伏率 1.6%,倒折率 0.3%,倒伏倒折率之和≥15.0%的试点比例为 0.0%;空秆率 0.2%,双穗率 1.3%;自然发病情况为:茎腐病 1.2%(0.0%~4.7%),小斑病 1~3 级,穗粒腐病 1~3 级,弯孢菌病 1~3

级,瘤黑粉病 0.2%,锈病 1~5 级;粗缩病 0.1%,矮花叶病毒病 1~3 级,玉米螟 1~3 级;生育期 103 天,比对照(郑单 958)早熟 1 天,叶片数 18~21;芽鞘紫色,第一叶圆到匙形,叶片绿色,雄穗分枝数密,花药黄色,穗夹角 22 度,花丝绿色,苞叶长;穗长 17.3 cm,穗粗 5.2 cm,穗行数 17.3,行粒数 33.0,秃尖长 0.2 cm;出籽率 87.0%,千粒重 341.6 g。筒型穗,红轴,半马齿型,黄粒,结实性好。从植物学特征和生理学特性看,该品种的种性表现较稳定。

3)抗病性鉴定

据 2019 河南农业大学植保学院人工接种鉴定汇总报告:该品种高抗镰孢菌茎腐病、小斑病、镰孢菌穗腐病、瘤黑粉病,感弯孢霉叶斑病、南方锈病。

4)品质分析

据 2019 年农业部农产品质量监督检验测试中心(郑州)对该品种多点套袋果穗的籽粒混合样品品质分析检验报告:容重 745 g/L,粗蛋白质 9.4%,粗脂肪 3.9%,赖氨酸 0.33%,粗淀粉 76.83%。

5)试验建议

该品种综合表现优良,建议继续区域试验,同时进行生产试验。

11. **泓丰 1404**

1)产量表现

2019 年试验平均亩产 721.67 kg,比对照郑单 958 增产 8.51%,居本组试验第 5 位,与对照相比差异达极显著水平,全省 12 个试点 11 增 1 减,增产点比率为 91.67%,丰产稳产性好。

2)特征特性

2019 年,该品种株型半紧凑,平均株高 294 cm,穗位高 113 cm;倒伏率 1.4%,倒折率 0.4%,倒伏倒折率之和≥15.0%的试点比例为 0.0%;空秆率 0.8%,双穗率 0.2%;自然发病情况为:茎腐病 1.7%(0.0%~5.4%),小斑病 1~3 级,穗粒腐病 1~5 级,弯孢菌病 1~3 级,瘤黑粉病 1.0%,锈病 1~5 级;粗缩病 0.0%,矮花叶病毒病 1~3 级,玉米螟 1~5 级;生育期 103 天,比对照(郑单 958)早熟 1 天,叶片数 19~21;芽鞘紫色,第一叶圆到匙形,叶片绿色,雄穗分枝数中,花药浅紫色,穗夹角 20 度,花丝浅紫色,苞叶长度适中;穗长 18.6 cm,穗粗 5.1 cm,穗行数 17.5,行粒数 35.2,秃尖长 2.0 cm;出籽率 86.2%,千粒重 319.9 g。筒型穗,白轴,半马齿型,黄粒,结实性中。从植物学特征和生理学特性看,该品种的种性表现较稳定。

3)抗病性鉴定

据 2019 河南农业大学植保学院人工接种鉴定汇总报告:该品种高抗镰孢菌茎腐病、瘤黑粉病,抗镰孢菌穗腐病;感小斑病、弯孢霉叶斑病、南方锈病。

4)品质分析

据 2019 年农业部农产品质量监督检验测试中心(郑州)对该品种多点套袋果穗的籽粒混合样品品质分析检验报告:容重 766 g/L,粗蛋白质 11.0%,粗脂肪 2.9%,赖氨酸 0.32%,粗淀粉 77.39%。

5)试验建议

该品种综合表现优良,建议继续区域试验。

12. LN116

1)产量表现

2019 年试验平均亩产 702.22 kg,比对照郑单 958 增产 5.6%,居本组试验第 9 位,与对照相比差异达极显著水平,全省 12 个试点 12 增 0 减,增产点比率为 100%,丰产稳产性好。

2)特征特性

2019 年,该品种株型半紧凑,平均株高 285 cm,穗位高 108 cm;倒伏率 1.1%,倒折率 0.0%,倒伏倒折率之和≥15.0%的试点比例为 0.0%;空秆率 1.6%,双穗率 0.3%;自然发病情况为:茎腐病 4.9%(0.0%~23.7%),小斑病 1~3 级,穗粒腐病 1~3 级,弯孢菌病 1~5 级,瘤黑粉病 0.7%,锈病 1~5 级;粗缩病 0.3%,矮花叶病毒病 1~3 级,玉米螟 1~3 级;生育期 102 天,比对照(郑单 958)早熟 2 天,叶片数 19~21;芽鞘紫色,第一叶圆到匙形,叶片绿色,雄穗分枝数少,花药浅紫色,穗夹角 17 度,花丝粉色,苞叶长度适中;穗长 18.8 cm,穗粗 4.8 cm,穗行数 15.2,行粒数 33.3,秃尖长 1.7 cm;出籽率 84.3%,千粒重 351.1 g。筒型穗,红轴,半马齿型,黄粒,结实性中。从植物学特征和生理学特性看,该品种的种性表现较稳定。

3)抗病性鉴定

据 2019 河南农业大学植保学院人工接种鉴定汇总报告:该品种高抗镰孢菌茎腐病,抗镰孢菌穗腐病,中抗瘤黑粉病、南方锈病;感小斑病、弯孢霉叶斑病。

4)品质分析

据 2019 年农业部农产品质量监督检验测试中心(郑州)对该品种多点套袋果穗的籽粒混合样品品质分析检验报告:容重 772 g/L,粗蛋白质 11.0%,粗脂肪 3.7%,赖氨酸 0.35%,粗淀粉 76.74%。

5)试验建议

该品种综合表现较好,建议继续区域试验。

13. 渭玉 321

1)产量表现

2019 年试验平均亩产 697.78 kg,比对照郑单 958 增产 4.93%,居本组试验第 10 位,与对照相比差异达显著水平,全省 12 个试点 9 增 3 减,增产点比率为 75.0%,丰产稳产性一般。

2)特征特性

2019 年,该品种株型半紧凑,平均株高 270 cm,穗位高 106 cm;倒伏率 9.9%,倒折率 0.2%,倒伏倒折率之和≥15.0%的试点比例为 25.0%;空秆率 1.8%,双穗率 0.1%;自然发病情况为:茎腐病 9.0%(0.0%~29.6%),小斑病 1~3 级,穗粒腐病 1~3 级,弯孢菌病 1~3 级,瘤黑粉病 0.0%,锈病 1~5 级;粗缩病 0.1%,矮花叶病毒病 1~3 级,玉米螟 1~5 级;生育期 102 天,比对照(郑单 958)早熟 2 天,叶片数 18~20;芽鞘紫色,第一叶圆到匙形,叶片绿色,雄穗分枝数中,花药紫色,穗夹角 23 度,花丝浅紫色,苞叶短;穗长 18.2

cm，穗粗 5.1 cm，穗行数 16.8，行粒数 33.2，秃尖长 2.1 cm；出籽率 86.0%，千粒重 327.0 g。筒型穗，红轴，半马齿型，黄粒，结实性中。从植物学特征和生理学特性看，该品种的种性表现较稳定。

3）抗病性鉴定

据 2019 年河南农业大学植保学院人工接种鉴定汇总报告：该品种高抗小斑病，抗瘤黑粉病，中抗弯孢霉叶斑病、镰孢菌穗腐病；高感南方锈病，感镰孢菌茎腐病。

4）品质分析

据 2019 年农业部农产品质量监督检验测试中心（郑州）对该品种多点套袋果穗的籽粒混合样品品质分析检验报告：容重 771 g/L，粗蛋白质 10.2%，粗脂肪 3.3%，赖氨酸 0.32%，粗淀粉 78.03%。

5）试验建议

该品种综合表现较好，建议继续区域试验。

14. 金宛 668

1）产量表现

2019 年试验平均亩产 696.67 kg，比对照郑单 958 增产 4.77%，居本组试验第 11 位，与对照相比差异达显著水平，全省 12 个试点 8 增 4 减，增产点比率为 66.67%，丰产稳产性一般。

2）特征特性

2019 年，该品种株型紧凑，平均株高 265 cm，穗位高 103 cm；倒伏率 0.2%，倒折率 2.6%，倒伏倒折率之和≥15.0%的试点比例为 8.3%；空秆率 0.4%，双穗率 0.6%；自然发病情况为：茎腐病 13.9%（0.0%～45.5%），小斑病 1～3 级，穗粒腐病 1～3 级，弯孢菌病1～3 级，瘤黑粉病 0.3%，锈病 1～5 级；粗缩病 0.0%，矮花叶病毒病 1～3 级，玉米螟 1～5 级；生育期 103 天，比对照（郑单 958）早熟 1 天，叶片数 18～21；芽鞘浅紫色，第一叶圆到匙形，叶片深绿色，雄穗分枝数中，花药浅紫色，穗夹角 23 度，花丝浅紫色，苞叶长度适中；穗长 17.2 cm，穗粗 4.9 cm，穗行数 16.7，行粒数 33.9，秃尖长 0.8 cm；出籽率 87.1%，千粒重 308.3 g。筒型穗，白轴，半马齿型，黄粒，结实性中。从植物学特征和生理学特性看，该品种的种性表现较稳定。

3）抗病性鉴定

据 2019 年河南农业大学植保学院人工接种鉴定汇总报告：该品种高抗小斑病，抗南方锈病；高感镰孢菌茎腐病，感弯孢霉叶斑病、镰孢菌穗腐病、瘤黑粉病。

4）品质分析

据 2019 年农业部农产品质量监督检验测试中心（郑州）对该品种多点套袋果穗的籽粒混合样品品质分析检验报告：容重 757 g/L，粗蛋白质 10.4%，粗脂肪 3.4%，赖氨酸 0.34%，粗淀粉 75.56%。

5）试验建议

该品种综合表现一般，接种鉴定与专家田间考察均高感茎腐病，建议淘汰。

15. 灵光 3 号

该品种 2017 年参加机收组试验，但因籽粒破损率不达标，2018 年未参试，2019 年转普通组。

1）产量表现

2017 年，该品种平均亩产为 674.3 kg，比对照郑单 958 极显著增产 7.8%，居本组试验第 3 位。比对照郑单 958 相比，全省 9 个试点增产，2 个点减产，增产点比率为 81.8%。

2019 年试验平均亩产 695.00 kg，比对照郑单 958 增产 4.55%，居本组试验第 13 位，与对照相比差异显著，全省 12 个试点 9 增 3 减，增产点比率为 75.0%，丰产稳产性一般。

2）特征特性

2017 年，该品种核心点试验收获时籽粒含水量 28.9%，低于对照桥玉 8 号的 29.2%。籽粒破损率 11.9%，高于对照桥玉 8 号的 3.7%。

该品种株型半紧凑，果穗茎秆角度 27 度，平均株高 288.3 cm，穗位高 109.9 cm，总叶片数 17.9，雄穗分枝数 8，花药浅紫色，花丝浅紫色，倒伏率 0.5%，倒折率1.4%，空秆率 1.4%，双穗率 0.3%，苞叶长度 31 cm。田间自然发病情况为：穗粒腐病 1~3 级，小斑病 1~5 级，弯孢菌病 1~3 级，瘤黑粉病 0.2%，茎基腐病 4.2%，粗缩病 0.4%，矮花叶病毒病 1~3 级，南方锈病 1~9 级，纹枯病 1~3 级，褐斑病 1~3 级，玉米螟 1~5 级。生育期 102.8 天，较对照郑单 958 早熟 0.8 天，较对照桥玉 8 号早熟 0.1 天。穗长 18.6 cm，穗粗 5.1 cm，穗行数 15，行粒数 32.5，秃尖长 1.7 cm，出籽率 84.9%，千粒重 385.5 g。果穗长筒型，红轴，籽粒为半马齿型，黄粒，结实性中。

2019 年，该品种株型半紧凑，平均株高 293 cm，穗位高 108 cm；倒伏率 4.1%，倒折率 0.1%，倒伏倒折率之和≥15.0%的试点比例为 8.3%；空秆率 0.6%，双穗率 0.7%；自然发病情况为：茎腐病 8.8%（0.0%~36.8%），小斑病 1~3 级，穗粒腐病 1~5 级，弯孢菌病 1~3 级，瘤黑粉病 0.2%，锈病 1~5 级；粗缩病 0.2%，矮花叶病毒病 1~3 级，玉米螟 1~5 级；生育期 102 天，比对照（郑单 958）早熟 2 天，叶片数 17~20；芽鞘紫色，第一叶圆到匙形，叶片绿色，雄穗分枝数中，花药浅紫色，穗夹角 35 度，花丝粉红色，苞叶长度适中；穗长 19.0 cm，穗粗 4.9 cm，穗行数 15.3，行粒数 33.5，秃尖长 1.5 cm；出籽率 86.6%，千粒重 359.1 g。筒型穗，红轴，半马齿型，黄粒，结实性中。从植物学特征和生理学特性看，该品种的种性表现较稳定。

3）抗病性鉴定

据 2017 年河南农业大学植保学院人工接种鉴定汇总报告：该品种中抗镰孢菌茎腐病、弯孢霉叶斑病，感小斑病、南方锈病、镰孢菌穗腐病，高感瘤黑粉病。

据 2019 年河南农业大学植保学院人工接种鉴定汇总报告：该品种抗镰孢菌穗腐病，中抗小斑病、弯孢霉叶斑病、瘤黑粉病、南方锈病；感镰孢菌茎腐病。

4）品质分析

据 2017 年农业部农产品质量监督检验测试中心（郑州）对该品种多点套袋果穗的籽粒混合样品品质分析检验结果：该品种粗蛋白质含量 10.6%，粗脂肪含量 3.4%，粗淀粉含量 75%，赖氨酸含量 0.36%，容重 744 g/L。

据 2019 年农业部农产品质量监督检验测试中心（郑州）对该品种多点套袋果穗的籽粒混合样品品质分析检验报告：容重 768 g/L，粗蛋白质 10.7%，粗脂肪 3.1%，赖氨酸 0.34%，粗淀粉 76.66%。

5)试验建议

该品种综合表现一般,建议继续区域试验。

16. SN288

1)产量表现

2019 年试验平均亩产 686.11 kg,比对照郑单 958 增产 3.18%,居本组试验第 15 位,与对照相比差异不显著,全省 12 个试点 8 增 4 减,增产点比率为 66.67%,丰产稳产性一般。

2)特征特性

2019 年,该品种株型半紧凑,平均株高 267 cm,穗位高 108 cm;倒伏率 3.0%,倒折率 0.2%,倒伏倒折率之和≥15.0%的试点比例为 8.3%;空秆率 0.6%,双穗率 0.6%;自然发病情况为:茎腐病 3.5%(0.0%~19.8%),小斑病 1~3 级,穗粒腐病 1~3 级,弯孢菌病 1~3 级,瘤黑粉病 0.2%,锈病 1~3 级;粗缩病 0.3%,矮花叶病毒病 1~3 级,玉米螟 1~5 级;生育期 102 天,比对照(郑单 958)早熟 2 天,叶片数 18~20;芽鞘紫色,第一叶圆到匙形,叶片深绿色,雄穗分枝数中,花药浅紫色,穗夹角 17 度,花丝粉红色,苞叶长度适中;穗长 17.0 cm,穗粗 4.8 cm,穗行数 16,行粒数 32.9,秃尖长 1.0 cm;出籽率 87.6%,千粒重 325.5 g。筒型穗,红轴,半马齿型,黄粒,结实性中。从植物学特征和生理学特性看,该品种的种性表现较稳定。

3)抗病性鉴定

据 2019 年河南农业大学植保学院人工接种鉴定汇总报告:该品种高抗镰孢菌茎腐病、镰孢菌穗腐病、瘤黑粉病,抗南方锈病;感小斑病、弯孢霉叶斑病。

4)品质分析

据 2019 年农业部农产品质量监督检验测试中心(郑州)对该品种多点套袋果穗的籽粒混合样品品质分析检验报告:容重 764 g/L,粗蛋白质 9.31%,粗脂肪 3.8%,赖氨酸 0.30%,粗淀粉 76.47%。

5)试验建议

该品种综合表现一般,建议继续区域试验。

17. **裕隆 1 号**

1)产量表现

2019 年试验平均亩产 685.56 kg,比对照郑单 958 增产 3.1%,居本组试验第 16 位,与对照相比差异不显著,全省 12 个试点 9 增 3 减,增产点比率为 75%,丰产稳产性一般。

2)特征特性

2019 年,该品种株型紧凑,平均株高 294 cm,穗位高 124 cm;倒伏率 2.0%,倒折率 0.1%,倒伏倒折率之和≥15.0%的试点比例为 0.0%;空秆率 2.8%,双穗率 0.2%;自然发病情况为:茎腐病 2.9%(0.0%~10.6%),小斑病 1~3 级,穗粒腐病 1~3 级,弯孢菌病 1~3 级,瘤黑粉病 0.5%,锈病 1~5 级;粗缩病 0.0%,矮花叶病毒病 1~3 级,玉米螟 1~3 级;生育期 103 天,比对照(郑单 958)早熟 1 天,叶片数 18~21;芽鞘浅紫色,第一叶圆到匙形,叶片绿色,雄穗分枝数中,花药浅紫色,穗夹角 17 度,花丝绿色,苞叶长度适中;穗长 18.4 cm,穗粗 4.9 cm,穗行数 15.6,行粒数 33.5,秃尖长 0.6 cm;出籽率 85.8%,千粒重 347.3 g。

筒型穗,红轴,半马齿型,黄粒,结实性好。从植物学特征和生理学特性看,该品种的种性表现较稳定。

3)抗病性鉴定

据2019年河南农业大学植保学院人工接种鉴定汇总报告:该品种高抗小斑病、弯孢霉叶斑病、瘤黑粉病,抗镰孢菌穗腐病,中抗镰孢菌茎腐病;感南方锈病。

4)品质分析

据2019年农业部农产品质量监督检验测试中心(郑州)对该品种多点套袋果穗的籽粒混合样品品质分析检验报告:容重764 g/L,粗蛋白质10.3%,粗脂肪3.4%,赖氨酸0.34%,粗淀粉76.24%。

5)试验建议

该品种综合表现一般,建议继续区域试验。

18. **郑单958**

1)产量表现

2019年试验平均亩产665.00 kg,居本组试验第17位。

2)特征特性

2019年,该品种株型紧凑,平均株高253 cm,穗位高107 cm;倒伏率1.0%,倒折率0.9%,倒伏倒折率之和≥15.0%的试点比例为8.3%;空秆率0.9%,双穗率1.0%;自然发病情况为:茎腐病7.0%(0.0%~30.0%),小斑病1~5级,穗粒腐病1~3级,弯孢菌病1~3级,瘤黑粉病0.3%,锈病1~5级;粗缩病0.4%,矮花叶病毒病1~3级,玉米螟1~5级;生育期104天,叶片数18~22;芽鞘紫色,第一叶圆到匙形,叶片绿色,雄穗分枝数密,花药黄色,穗夹角16度,花丝浅紫色,苞叶长度适中;穗长16.6 cm,穗粗5.0 cm,穗行数15.4,行粒数32.7,秃尖长0.6 cm;出籽率85.6%,千粒重312.7 g。筒型穗,白轴,半马齿型,黄粒,结实性好。

3)品质分析

据2019年农业部农产品质量监督检验测试中心(郑州)对该品种多点套袋果穗的籽粒混合样品品质分析检验报告:容重754 g/L,粗蛋白质9.94%,粗脂肪4.3%,赖氨酸0.31%,粗淀粉73.53%。

4)试验建议

建议继续作为对照品种。

六、品种处理意见

(一)第八届河南省主要农作物品种审定委员会玉米专业委员会经过讨论,制定审定标准如下:

1. 产量指标:每年区域试验产量增幅≥1.0%,两年区域试验平均增产≥3.0%,可晋级生产试验,每年区域试验60.0%的试点表现增产。

2. 抗倒性指标:倒伏倒折率相加≤12.0%,倒伏倒折率之和≥15.0%的试验点比例≤25.0%。

3. 抗病性指标:小斑病、茎腐病田间自然发病或人工接种鉴定未达高感,穗腐病田间自然发病和人工接种鉴定未同时达高感。三大病害田间自然发病高感需经病害专家田间确认。

4. 专家田间考察:没有严重缺陷。

5. 品质指标:容重≥710 g/L,粗淀粉≥69.0%,粗蛋白≥8.0%,粗脂肪两年区试中有一年≥3.0%。

6. 品种的真实性、一致性指标:DNA、DUS 测定与已知品种有明显差异(DNA 测定 0 位点差异停试,做 DUS 测试,1 位点差异续试,做 DUS 测试),同名品种年际间一致。

7. 交叉试验条件:第一年区试中,普通组品种,产量比对照增产≥5.0%,增产点率≥70.0%,倒伏+倒折≤8.0%,小斑病、茎腐病和穗腐病人工接种和田间自然发病均中抗以上;绿色品种,产量比对照增产≥1.0%,增产点率≥60.0%,倒伏+倒折≤8.0%,六种病害田间自然发病和接种鉴定均中抗以上。

(二)河南省主要农作物品种审定委员会玉米专业委员会经过两天的会议审议,形成以下意见:

1. 若生产试验通过,推荐审定品种:中航 611、技丰 336、瑞邦 16。

2. 推荐生产试验品种: 先玉 1773、GX26、豫安 9 号、富瑞 6 号;百科玉 182。

3. 推荐继续区试品种:百科玉 182、泓丰 1404、LN116、渭玉 321、灵光 3 号、SN288、裕隆 1 号。

4. 其余品种予以淘汰。

七、问题及建议

2019 年,在玉米生长季节,遇到持续高温干旱天气,尤其洛阳、黄泛区等地更为突出,个别品种受影响较大。因此,在品种选育中,注重抗逆性和适应性选择尤为重要。

另外,本年度参试品种的品质分析结果中,粗淀粉含量普遍偏高,不排除系统误差所致,因此,在品种评价中并未将此类品种作为高淀粉品种处理。

河南农业大学农学院
2020 年 4 月 3 日

第二章　2019 年河南省玉米新品种区域试验 5000 株/亩密度组总结

第一节　5000 株/亩区域试验总结(A 组)

一、试验目的

根据 2019 年河南省主要农作物品种审定委员会玉米专业委员会会议的决定,设计本试验。旨在鉴定省内外新育成的优良玉米杂交种的丰产性、稳产性、抗逆性和适应性,为河南省玉米生产试验和国家玉米区域试验推荐参试品种,为玉米品种的审定与推广提供科学依据。

二、参试品种及承试单位

2019 年参加本组区域试验的品种 16 个,含对照品种郑单 958(CK)。其参试品种的名称、编号、年限、供种单位及承试单位见表 2-1。

表 2-1　2019 年河南省玉米 5000 株/亩区域试验 A 组参试品种及承试单位

参试品种名称	参试编号		参试年限	供种单位(个人)	承试单位
	核心点	辅助点			
五谷 403	1	1	1	甘肃五谷种业股份有限公司	核心点: 鹤壁市农业科学院 开封市农林科学研究院 河南黄泛区地神种业农科所 洛阳农林科学院 郑州圣瑞元农业科技开发有限公司 河南农业职业学院 辅助点: 河南省民兴种业有限公司 沈丘县农业科学研究所 新郑裕隆农作物研究所 汝州市农科所 河南省新乡市农业科学院 创世纪种业有限公司豫南试验站
H1867	2	2	1	孟山都科技有限责任公司	
安丰 139	3	3	1	胡学安	
晟单 182	4	4	1	刘俊恒	
现代 711	5	5	2	河南省现代种业有限公司	
郑原玉 886	6	6	1	郑州郑原作物育种科技有限公司	
梦玉 377	7	7	1	贺宝梦	
郑单 958	8	8		堵纯信	
丰田 1669	9	9	1	河南丰田种业有限公司	
智单 705	10	10	1	郑州贤智农业科技有限公司	
安丰 137	11	11	2	胡学安	

续表 2-1

参试品种名称	参试编号		参试年限	供种单位(个人)	承试单位
	核心点	辅助点			
沃优 117	12	12	2	长葛鼎研泽田农业科技开发有限公司	
郑原玉 65	13	13	2	郑州郑原作物育种科技有限公司	
J9881	14	14	2	中种国际种子有限公司	
沃优 228	15	15	1	长葛鼎研泽田农业科技开发有限公司	
利合 878	16	16	1	恒基利马格兰种业有限公司	

三、试验概况

(一)试验设计

按照全省统一试验方案,参试品种(含对照种)由省种子站进行密码编号。2019 年继续实行“核心试验点+辅助试验点”同时运行的试验管理模式,实施“试验点封闭”管理,但为了便于育种者、管理者、用种者等各方更加直观地了解参试品种的优缺点,在核心点采取了田间现场鉴定专家组一票否决高风险品种、设定田间试验开放日(灌浆中后期)让育种者观摩品种、成熟收获期由专家组测产验收等新举措,以减少人为因素的干扰,确保试验的客观公正性。试验采用完全随机区组排列,重复三次,5 行区,种植密度为 5000 株/亩,小区面积为 20 m^2(0.03 亩)。成熟时只收中间 3 行计产,面积为 12 m^2(0.018 亩)。试验周围设保护区,重复间留走道 1 m。用小区产量结果进行方差分析,用 LSD 法测验品种间差异显著性。

(二)田间管理

根据试验方案要求,各承试单位都固定了专职技术人员负责此项工作,并认真选择试验地块,前茬收获后及时抢(造)墒播种,在 6 月 5 日至 6 月 15 日相继播种完毕,在 9 月 24 日至 10 月 12 日期间相继完成收获。在间定苗、除草、追肥、治虫、灌排水等方面都比较及时认真,各试点玉米试验开展顺利、试验质量良好。

(三)气候特点及其影响

根据 2019 年承试单位提供的鹤壁、开封、西华、洛阳、镇平、中牟、南阳、沈丘等 18 处气象台(站)的资料分析(表 2-2),在玉米生育期的 6~9 月份,平均气温 26.5 ℃,比常年高 1.6 ℃;总降雨量 335.3 mm,比常年 445.5 mm 减少 110.2 mm;总日照时数 813.9 小时,比常年 753.1 小时增加 60.8 小时。

表 2-2　2019 年试验期间河南省气象资料统计

时间	平均气温(℃)			降雨量(mm)			日照时数(小时)		
	当年	历年	相差	当年	历年	相差	当年	历年	相差
6 月上旬	27.4	24.8	2.6	36.8	23.0	13.8	81.4	72.1	9.3
6 月中旬	27.8	26.0	1.7	26.3	20.7	5.6	67.2	71.4	-4.2
6 月下旬	27.6	26.5	1.1	27.0	35.8	-8.8	60.8	67.4	-6.6
月计	82.8	77.3	5.5	90.1	79.5	10.5	209.4	210.9	-1.5
7 月上旬	27.9	26.8	1.1	7.0	54.7	-47.7	75.6	60.5	15.0
7 月中旬	28.2	26.9	1.4	17.0	57.2	-40.2	71.0	58.6	12.5
7 月下旬	30.6	27.5	3.1	26.4	58.1	-31.8	77.0	68.2	8.8
月计	86.6	81.1	5.5	50.4	170.0	-119.6	223.6	187.3	36.3
8 月上旬	27.7	27.1	0.6	104.5	46.5	58.0	49.0	62.7	-13.7
8 月中旬	27.4	25.8	1.6	19.9	41.7	-21.8	79.6	59.1	20.5
8 月下旬	26.1	24.5	1.6	21.5	36.0	-14.5	66.9	64.1	2.8
月计	81.1	77.4	3.7	145.9	124.2	21.7	195.5	185.9	9.6
9 月上旬	24.8	22.9	1.9	5.5	29.3	-23.7	75.7	56.3	19.4
9 月中旬	20.7	21.2	-0.5	36.8	21.9	14.9	23.0	53.1	-30.1
9 月下旬	22.6	19.4	3.2	6.7	20.6	-14.0	86.7	59.6	27.1
月计	68.0	63.5	4.5	49.0	71.8	-22.8	185.4	169.0	16.4
6~9 月合计	318.6	299.3	19.3	335.3	445.5	-110.2	813.9	753.1	60.8
6~9 月合计平均	26.5	24.9	1.6	37.3	49.5	-12.2	90.4	83.7	6.8

注:历年值是指近 30 年的平均值。

从各试验点情况看:绝大部分试验点平均气温在整个玉米生育期比常年高,特别是 7 月到 8 月中旬的高温干旱造成部分品种热害。各试验点降雨量在整个玉米生育期偏少,雨量不均,除 8 月上旬、9 月中旬降雨量偏多,其它时间普遍干旱。日照时数除 6 月中下旬、8 月中旬、9 月中旬外,其它时间比往年长。

2019 年本密度组区试安排试点 36 点次,收到试点年终报告 36 份,经主持单位认真审核试点年终报告结果符合汇总要求,36 份年终报告予以汇总。

四、试验结果及分析

2018 年留试的 5 个品种 2019 年已完成区域试验程序,2018~2019 年产量结果见表 2-3。

表 2-3　2018~2019 年河南省玉米 5000 株/亩区域试验 A 组品种产量结果

2018 年				2019 年				两年平均		
品种名称	亩产（kg）	比 CK（±%）	位次	品种名称	亩产（kg）	比 CK（±%）	位次	品种名称	亩产（kg）	比 CK（±%）
沃优 117	682.9	12.4	4	沃优 117	751.2	10.4	2	沃优 117	718.5	11.3
安丰 137	663.6	9.2	11	安丰 137	731.7	7.5	4	安丰 137	699.1	8.3
郑原玉 65	643.2	5.8	16	郑原玉 65	706.3	3.8	14	郑原玉 65	676.1	4.7
郑单 958	607.7	0.0	20	郑单 958	680.7	0.0	16	郑单 958	645.8	0.0
现代 711	644.3	7.2	8	现代 711	715.5	5.1	10	现代 711	683.1	6.0
J9881	635.9	5.8	11	J9881	755.5	11.0	1	J9881	701.1	8.8
郑单 958	601.0	0.0	20	郑单 958	680.7	0.0	16	郑单 958	644.5	0.0

注：(1) 2018 年沃优 117、安丰 137、郑原玉 65 汇总 11 个试点，现代 711、J9881 汇总 10 个试点；2019 年汇总 12 个试点。

(2) 表中仅列出 2018 年、2019 年完成区域试验程序的品种，平均亩产为加权平均数。

（一）联合方差分析

以 2019 年各试点小区产量为依据，进行联合方差分析得表 2-4、表 2-5。从表 2-4 看：试点间、品种间、品种与试点间差异均达显著标准，说明本组试验设计与布点科学合理，参试品种间存在着遗传基础优劣的显著性差异，不同品种在不同试点的表现也存在着显著性差异。

表 2-4　5000 株/亩区域试验 A 组联合方差分析

变异来源	自由度	平方和	方差	F 值	概率（小于 0.05 显著）
点内区组间	24	32.47656	1.35319	3.73123	0.000
试点间	11	861.63281	78.33025	48.63990	0.000
品种间	15	70.98003	4.73200	2.93838	0.000
品种×试点	165	265.71790	1.61041	4.44048	0.000
随机误差	360	130.55988	0.36267		
总变异	575	1361.36719	CV=4.643%		

表 2-5 5000 株/亩区域试验 A 组多重比较结果(LSD 法)

参试品种名称	编号	小区均产(kg)	平均亩产(kg)	增减 CK(±%)	差异显著性		位次	增产点数	减产点数
					0.05	0.01			
J9881	14	13.5990**	755.5	11.0	a	A	1	10	2
沃优 117	12	13.5207**	751.2	10.4	ab	AB	2	12	0
郑原玉 886	6	13.4768**	748.7	10.0	ab	ABC	3	12	0
安丰 137	11	13.1703**	731.7	7.5	abc	ABCD	4	10	2
沃优 228	15	13.0678**	726.0	6.7	abc	ABCD	5	9	3
利合 878	16	13.0671**	725.9	6.6	abc	ABCD	6	10	2
梦玉 377	7	13.0279*	723.8	6.3	abc	ABCDE	7	11	1
晟单 182	4	12.9499*	719.4	5.7	bcd	ABCDE	8	10	2
丰田 1669	9	12.8809*	715.6	5.1	cd	ABCDE	9	9	3
现代 711	5	12.8799*	715.5	5.1	cd	ABCDE	10	9	3
安丰 139	3	12.8724*	715.1	5.1	cd	ABCDE	11	9	3
H1867	2	12.8203	712.2	4.6	cde	BCDE	12	8	4
智单 705	10	12.7955	710.9	4.4	cde	BCDE	13	7	5
郑原玉 65	13	12.7141	706.3	3.8	cde	CDE	14	9	3
五谷 403	1	12.4355	690.9	1.5	de	DE	15	8	4
郑单 958	8	12.2521	680.7	0.0	e	E	16		

注:$LSD_{0.05}=0.5922$,$LSD_{0.01}=0.7807$。

从表 2-5 可知,参试品种产量之间存在差异。其中 J9881、沃优 117、郑原玉 886、安丰 137、沃优 228、利合 878 分别比郑单 958 增产 6.6%~11.0%,差异极显著;梦玉 377、晟单 182、丰田 1669、现代 711、安丰 139 比郑单 958 增产 5.1%~6.3%,差异显著;H1867、智单 705、郑原玉 65、五谷 403 比郑单 958 增产不显著。

参试品种两小组试验总平均产量见表 2-6。

表 2-6 参试品种两小组试验总平均产量

参试品种名称	编号	核心点产量(kg/亩)	增减 CK(±%)	位次	增产点数	减产点数	辅助点产量(kg/亩)	增减 CK(±%)	位次	增产点数	减产点数
J9881	14	769.3	10.9	2	4	2	741.8	11.1	1	6	0
沃优 117	12	780.5	12.5	1	6	0	721.8	8.1	4	6	0
郑原玉 886	6	762.1	9.8	3	6	0	735.3	10.2	2	6	0
安丰 137	11	729.5	5.1	10	4	2	733.9	9.9	3	6	0
沃优 228	15	748.8	7.9	4	5	1	703.2	5.3	8	4	2

续表 2-6

参试品种名称	编号	核心点产量（kg/亩）	增减 CK（±%）	位次	增产点数	减产点数	辅助点产量（kg/亩）	增减 CK（±%）	位次	增产点数	减产点数
利合 878	16	744. 1	7. 2	5	6	0	707. 8	6. 0	6	4	2
梦玉 377	7	742. 0	6. 9	6	5	1	705. 6	5. 7	7	6	0
晟单 182	4	740. 2	6. 7	7	6	0	698. 7	4. 7	11	4	2
丰田 1669	9	718. 9	3. 6	13	4	2	712. 3	6. 7	5	5	1
现代 711	5	732. 8	5. 6	9	4	2	698. 3	4. 6	12	5	1
安丰 139	3	735. 8	6. 1	8	5	1	694. 5	4. 0	14	4	2
H1867	2	729. 0	5. 1	11	4	2	695. 4	4. 2	13	4	2
智单 705	10	720. 3	3. 8	12	4	2	701. 4	5. 1	9	3	3
郑原玉 65	13	713. 6	2. 9	14	4	2	699. 1	4. 7	10	5	1
五谷 403	1	688. 6	−0. 7	16	3	3	693. 1	3. 8	15	5	1
郑单 958	8	693. 8	0. 0	15			667. 5	0. 0	16		

（二）丰产性稳定性分析

通过丰产性和稳产性参数分析，结果表明（表 2-7）：沃优 117、郑原玉 886 等品种表现很好；J9881、安丰 137 表现好；郑单 958 表现较差，其余品种表现较好或一般。

表 2-7　2019 年河南省玉米 5000 株/亩区域试验 A 组品种丰产稳定性分析

品种	编号	丰产性参数		稳定性参数			适应地区	综合评价（供参考）
		产量	效应	方差	变异度	回归系数		
J9881	14	13. 5990	0. 6357	1. 2640	8. 2630	1. 6728	E3，E5，E10，E11	好
沃优 117	12	13. 5207	0. 5496	0. 3250	4. 2136	0. 9358	E1～E12	很好
郑原玉 886	6	13. 4768	0. 5056	0. 1750	3. 1077	0. 8953	E1～E12	很好
安丰 137	11	13. 1703	0. 1992	0. 4690	5. 2024	1. 1871	E1～E12	好
沃优 228	15	13. 0678	0. 0967	0. 6720	6. 2749	0. 9715	E1～E12	较好
利合 878	16	13. 0671	0. 0959	0. 2260	3. 6380	0. 9968	E1～E12	较好
梦玉 377	7	13. 0279	0. 0568	0. 3200	4. 3430	1. 1088	E1～E12	较好
晟单 182	4	12. 9499	−0. 0212	0. 4150	4. 9754	0. 8172	E1～E12	较好
丰田 1669	9	12. 8809	−0. 0902	0. 6160	6. 0911	1. 1106	E1～E12	较好
现代 711	5	12. 8799	−0. 0912	0. 6410	6. 2166	1. 3211	E1～E12	较好
安丰 139	3	12. 8724	−0. 0987	0. 5060	5. 5262	0. 8660	E1～E12	较好

续表 2-7

品种	编号	丰产性参数		稳定性参数			适应地区	综合评价（供参考）
		产量	效应	方差	变异度	回归系数		
H1867	2	12.8203	-0.1508	0.6490	6.2817	0.9099	E1～E12	较好
智单 705	10	12.7955	-0.1757	0.6660	6.3765	0.8799	E1～E12	一般
郑原玉 65	13	12.7141	-0.2571	0.3990	4.9670	0.6825	E1～E12	一般
五谷 403	1	12.4355	-0.5356	0.4810	5.5770	0.8074	E1～E12	一般
郑单 958	8	12.2521	-0.7191	0.2260	3.8788	0.8373	E1～E12	较差

注：E1 代表洛阳，E2 代表镇平，E3 代表开封，E4 代表黄泛区，E5 代表鹤壁，E6 代表中牟，E7 代表南乐，E8 代表沈丘，E9 代表新郑，E10 代表汝州，E11 代表辉县，E12 代表泌阳。

（三）试验可靠性评价

从汇总试点试验误差变异系数看（表 2-8），除泌阳试点的 CV 为 10.781%，其它试点的 CV 小于 10%，说明这些试点管理比较精细，试验误差较小，数据准确可靠，符合实际，可以汇总。

表 2-8　各试点试验误差变异系数

试点	CV（%）	试点	CV（%）	试点	CV（%）	试点	CV（%）
鹤壁	3.985	洛阳	1.963	开封	4.964	镇平	2.564
黄泛区	4.931	中牟	5.251	南乐	3.114	沈丘	4.322
辉县	3.563	汝州	2.070	新郑	4.749	泌阳	10.781

（四）各品种产量结果汇总

各品种在不同试点的产量结果列于表 2-9。

表 2-9　2019 年河南省玉米 5000 株/亩 A 组区域试验品种产量结果汇总

试点	品种											
	五谷 403			H1867			安丰 139			晟单 182		
	亩产（kg）	比 CK（+%）	位次	亩产（kg）	比 CK（+%）	位次	亩产（kg）	比 CK（+%）	位次	亩产（kg）	比 CK（+%）	位次
洛阳	665.0	-4.6	16	771.1	10.6	6	687.2	-1.4	15	755.4	8.3	10
镇平	589.4	-13.2	16	682.6	0.5	13	711.5	4.8	5	742.0	9.3	3
开封	739.6	9.8	12	801.7	19.0	3	794.1	17.9	7	735.2	9.1	13
黄泛区	615.6	6.1	11	669.4	15.4	2	593.9	2.4	12	629.1	8.4	8
鹤壁	825.2	-2.0	13	835.9	-0.7	12	875.2	3.9	9	874.3	3.8	10
中牟	696.7	0.9	8	613.5	-11.2	15	753.0	9.0	1	705.0	2.1	6
核心点平均	688.6	-0.7	16	729.0	5.1	11	735.8	6.1	8	740.2	6.7	7

续表 2-9

试点	品种											
	五谷 403			H1867			安丰 139			晟单 182		
	亩产（kg）	比 CK（+%）	位次	亩产（kg）	比 CK（+%）	位次	亩产（kg）	比 CK（+%）	位次	亩产（kg）	比 CK（+%）	位次
南乐	695.9	1.8	11	733.5	7.3	9	704.3	3.0	10	657.6	-3.8	15
沈丘	715.4	5.2	6	711.9	4.7	7	675.5	-0.6	13	752.7	10.7	1
新郑	736.7	11.5	6	740.4	12.1	4	694.3	5.1	15	721.1	9.1	9
汝州	687.8	2.7	12	616.9	-7.9	16	668.3	-0.2	14	668.0	-0.3	15
辉县	728.1	2.1	14	775.6	8.7	6	760.4	6.6	8	752.2	5.5	9
泌阳	595.0	-0.5	13	594.4	-0.6	14	664.1	11.1	2	640.7	7.1	5
辅助点平均	693.1	3.8	15	695.4	4.2	13	694.5	4.0	14	698.7	4.7	11
汇总	690.9	1.5	15	712.2	4.6	12	715.1	5.1	11	719.4	5.7	8
CV(%)	9.797			10.994			10.131			9.300		

试点	品种											
	现代 711			郑原玉 886			梦玉 377			郑单 958		
	亩产（kg）	比 CK（+%）	位次	亩产（kg）	比 CK（+%）	位次	亩产（kg）	比 CK（+%）	位次	亩产（kg）	比 CK（+%）	位次
洛阳	691.9	-0.8	14	771.3	10.6	5	770.0	10.4	7	697.2	0.0	13
镇平	747.4	10.1	1	705.9	4.0	6	698.0	2.8	8	678.9	0.0	14
开封	760.0	12.8	9	800.4	18.8	5	799.6	18.7	6	673.7	0.0	15
黄泛区	585.9	1.0	13	637.0	9.8	6	666.5	14.9	3	580.2	0.0	14
鹤壁	974.8	15.7	2	905.7	7.5	6	911.5	8.2	5	842.2	0.0	11
中牟	637.0	-7.8	13	752.4	8.9	2	606.3	-12.2	16	690.6	0.0	9
核心点平均	732.8	5.6	9	762.1	9.8	3	742.0	6.9	6	693.8	0.0	15
南乐	738.5	8.0	8	765.7	12.0	3	746.1	9.2	5	683.5	0.0	12
沈丘	641.2	-5.7	16	750.1	10.3	2	707.7	4.1	9	679.9	0.0	12
新郑	715.2	8.2	11	753.7	14.1	1	705.4	6.8	14	660.7	0.0	16
汝州	737.8	10.2	6	730.4	9.0	8	704.3	5.2	11	669.8	0.0	13
辉县	748.1	4.9	10	746.5	4.7	11	765.6	7.3	7	713.3	0.0	15
泌阳	608.7	1.8	9	665.4	11.3	1	604.4	1.1	10	598.0	0.0	11
辅助点平均	698.3	4.6	12	735.3	10.2	2	705.6	5.7	7	667.5	0.0	16
汇总	715.5	5.1	10	748.7	10.0	3	723.8	6.3	7	680.7	0.0	16
CV(%)	14.150			8.983			11.660			9.402		

续表 2-9

试点	品种											
	丰田 1669			智单 705			安丰 137			沃优 117		
	亩产(kg)	比 CK(+%)	位次	亩产(kg)	比 CK(+%)	位次	亩产(kg)	比 CK(+%)	位次	亩产(kg)	比 CK(+%)	位次
洛阳	761.5	9.2	9	753.7	8.1	11	762.2	9.3	8	804.4	15.4	2
镇平	683.3	0.6	12	696.3	2.6	10	718.1	5.8	4	745.2	9.8	2
开封	663.3	-1.5	16	777.2	15.4	8	717.8	6.5	14	854.3	26.8	2
黄泛区	635.9	9.6	7	570.7	-1.6	15	552.2	-4.8	16	689.8	18.9	1
鹤壁	938.3	11.4	4	810.4	-3.8	15	941.1	11.7	3	890.2	5.7	7
中牟	631.1	-8.6	14	713.3	3.3	3	685.4	-0.8	10	699.1	1.2	7
核心点平均	718.9	3.6	13	720.3	3.8	12	729.5	5.1	10	780.5	12.5	1
南乐	678.1	-0.8	14	682.4	-0.2	13	777.4	13.7	2	739.1	8.1	7
沈丘	719.9	5.9	4	696.8	2.5	11	736.7	8.4	3	703.1	3.4	10
新郑	713.7	8.0	12	739.3	11.9	5	726.9	10.0	8	746.9	13.0	2
汝州	739.4	10.4	5	807.0	20.5	1	739.4	10.4	4	777.4	16.1	3
辉县	805.0	12.9	2	705.0	-1.2	16	780.6	9.4	5	742.8	4.1	12
泌阳	617.6	3.3	8	578.1	-3.3	15	642.4	7.4	4	621.7	4.0	7
辅助点平均	712.3	6.7	5	701.4	5.1	9	733.9	9.9	3	721.8	8.1	4
汇总	715.6	5.1	9	710.9	4.4	13	731.7	7.5	4	751.2	10.4	2
CV(%)	12.539			10.789			12.504			9.776		

试点	品种											
	郑原玉 65			J9881			沃优 228			利合 878		
	亩产(kg)	比 CK(+%)	位次	亩产(kg)	比 CK(+%)	位次	亩产(kg)	比 CK(+%)	位次	亩产(kg)	比 CK(+%)	位次
洛阳	748.1	7.3	12	782.2	12.2	3	812.2	16.5	1	774.1	11.0	4
镇平	696.5	2.6	9	630.7	-7.1	15	690.2	1.7	11	702.0	3.4	7
开封	754.6	12.0	10	875.8	30.0	1	800.6	18.8	4	747.0	10.9	11
黄泛区	624.4	7.6	9	623.3	7.4	10	652.0	12.4	4	650.7	12.2	5
鹤壁	804.4	-4.5	16	1042.4	23.8	1	825.0	-2.0	14	883.9	5.0	8
中牟	653.3	-5.4	12	661.1	-4.3	11	712.6	3.2	4	706.7	2.3	5
核心点平均	713.6	2.9	14	769.3	10.9	2	748.8	7.9	4	744.1	7.2	5
南乐	640.2	-6.3	16	747.4	9.3	4	786.5	15.1	1	744.6	8.9	6
沈丘	711.8	4.7	8	718.8	5.7	5	643.5	-5.4	14	642.3	-5.5	15

续表 2-9

试点	品种											
	郑原玉 65			J9881			沃优 228			利合 878		
	亩产（kg）	比 CK（+%）	位次	亩产（kg）	比 CK（+%）	位次	亩产（kg）	比 CK（+%）	位次	亩产（kg）	比 CK（+%）	位次
新郑	729.8	10.5	7	710.7	7.6	13	718.7	8.8	10	741.5	12.2	3
汝州	732.6	9.4	7	795.0	18.7	2	710.4	6.1	10	730.2	9.0	9
辉县	736.3	3.2	13	855.4	19.9	1	803.3	12.6	3	791.1	10.9	4
泌阳	643.9	7.7	3	623.7	4.3	6	556.9	-6.9	16	597.2	-0.1	12
辅助点平均	699.1	4.7	10	741.8	11.1	1	703.2	5.3	8	707.8	6.0	6
汇总	706.3	3.8	14	755.5	11.0	1	726.0	6.7	5	725.9	6.6	6
CV(%)	7.844			16.584			11.379			10.402		

(五)田间性状调查结果

各品种田间性状调查汇总结果见表 2-10。

表 2-10(1)　2019 年河南省玉米 5000 株/亩区域试验 A 组品种田间观察记载结果

品种	品种编号	生育期（天）	株高（cm）	穗位高（cm）	倒伏率（%）	倒折率（%）	空秆率（%）	双穗率（%）	小斑病（级）	茎腐病（%）	穗腐病（级）	弯孢菌（级）	瘤黑粉病（%）	锈病（级）
五谷 403	1	102	267	95	0.0	0.2	1.7	0.3	1~3	9.6(0.0~43.3)	1~3	1~3	0.1	1~5
H1867	2	103	267	104	1.0	0.1	0.6	0.4	1~3	0.7(0.0~4.0)	1~3	1~3	0.1	1~7
安丰 139	3	104	255	115	0.0	0.3	0.5	0.2	1~5	2.4(0.0~7.6)	1~3	1~3	0.1	1~5
晟单 182	4	103	265	105	0.0	0.2	1.0	0.4	1~5	2.3(0.0~7.3)	1~3	1~3	0.7	1~5
现代 711	5	103	264	102	1.2	0.2	0.8	0.0	1~3	3.6(0.0~27.1)	1~3	1~3	0.1	1~5
郑原玉 886	6	102	271	112	1.0	0.2	0.2	0.8	1~3	1.8(0.0~10.2)	1~3	1~3	0.5	1~3
梦玉 377	7	103	251	102	1.0	0.2	0.5	0.3	1~3	3.2(0.0~27.6)	1~3	1~3	0.0	1~5
郑单 958	8	103	252	111	0.3	2.0	0.5	0.3	1~5	6.0(0.0~28.0)	1~3	1~5	0.1	1~5
丰田 1669	9	103	288	110	1.1	0.2	0.5	0.2	1~5	5.4(0.0~18.9)	1~3	1~5	0.0	1~5
智单 705	10	103	268	108	2.2	0.3	0.4	0.3	1~3	1.4(0.0~8.6)	1~3	1~3	0.4	1~5
安丰 137	11	104	267	116	0.4	0.4	0.5	0.1	1~5	1.9(0.0~8.6)	1~3	1~3	0.5	1~7
沃优 117	12	104	277	113	2.0	0.1	1.2	0.1	1~3	0.8(0.0~3.6)	1~3	1~3	0.8	1~7
郑原玉 65	13	103	275	106	0.1	0.2	0.8	0.2	1~3	1.2(0.0~10.0)	1~3	1~3	0.3	1~7
J9881	14	102	286	119	0.0	0.3	0.1	0.8	1~5	1.8(0.0~9.3)	1~3	1~3	0.0	1~3
沃优 228	15	102	289	116	5.4	0.2	0.4	0.6	1~3	1.9(0.0~8.0)	1~3	1~3	0.1	1~3
利合 878	16	104	285	122	1.3	0.1	0.5	0.4	1~3	5.1(0.0~33.9)	1~3	1~5	0.7	1~7

表 2-10(2)　2019 年河南省玉米 5000 株/亩区域试验 A 组品种田间观察记载结果

品种	株型	芽鞘色	第一叶形状	叶片颜色	雄穗分枝	雄穗颖片颜色	花药颜色	花丝颜色	苞叶长短	穗型	轴色	粒型	粒色	全生育期圳数
五谷 403	半紧凑	紫	圆到匙形	绿	疏	绿	浅紫	绿	中	筒	红	半马齿	黄	18.7
H1867	半紧凑	浅紫	圆到匙形	绿	中	绿	黄	绿	中	筒	红	半马齿	黄	19.2
安丰 139	紧凑	浅紫	圆到匙形	绿	密	浅紫	黄	浅紫	长	筒	白	半马齿	黄	19.4
晟单 182	紧凑	紫	圆到匙形	绿	中	浅紫	黄	绿	中	筒	红	半马齿	黄	19.3
现代 711	半紧凑	紫	圆到匙形	绿	疏	浅紫	黄	绿	中	筒	红	半马齿	黄	18.8
郑原玉 886	半紧凑	紫	圆到匙形	绿	中	浅紫	浅紫	绿	长	筒	红	半马齿	黄	18.6
梦玉 377	半紧凑	紫	圆到匙形	绿	中	浅紫	浅紫	浅紫	中	筒	红	半马齿	黄	18.6
郑单 958	紧凑	浅紫	圆到匙形	绿	密	绿	浅紫	浅紫	长	筒	白	半马齿	黄	19.5
丰田 1669	半紧凑	紫	圆到匙形	绿	中	浅紫	紫	紫	中	筒	红	马齿	黄	18.7
智单 705	紧凑	紫	圆到匙形	绿	密	绿	黄	浅紫	短	筒	白	硬粒	黄	19.4
安丰 137	紧凑	浅紫	圆到匙形	绿	密	浅紫	浅紫	浅紫	中	筒	白	马齿	黄	19.6
沃优 117	紧凑	紫	圆到匙形	绿	中	浅紫	浅紫	浅紫	中	筒	红	半马齿	黄	19.6
郑原玉 65	紧凑	紫	匙形	绿	疏	浅紫	浅紫	浅紫	长	筒	红	马齿	黄	18.7
J9881	半紧凑	紫	圆到匙形	绿	中	绿	浅紫	绿	中	筒	红	马齿	黄	19.0
沃优 228	紧凑	紫	圆到匙形	绿	中	浅紫	浅紫	绿	中	筒	红	半马齿	黄	18.5
利合 878	半紧凑	紫	圆到匙形	绿	中	浅紫	紫	绿	中	筒	红	马齿	黄	20.0

(六)室内考种结果

各品种室内考种结果见表 2-11。

表 2-11　2019 年河南省玉米 5000 株/亩区域试验 A 组品种室内考种结果

品种	品种编号	穗长(cm)	穗粗(cm)	穗行数	行粒数	秃尖长(cm)	轴粗(cm)	穗粒重(g)	出籽率(%)	千粒重(g)
五谷 403	1	17.3	4.5	14.0	35.1	1.2	2.5	148.6	87.4	324.3
H1867	2	17.2	4.5	16.2	34.9	0.6	2.5	156.6	88.3	311.4
安丰 139	3	17.0	4.8	14.9	33.5	0.8	2.8	151.0	86.1	328.4
晟单 182	4	16.3	4.9	15.9	32.6	0.6	2.6	159.5	87.3	328.9
现代 711	5	16.9	4.8	15.9	32.9	1.5	2.7	158.6	86.3	331.2
郑原玉 886	6	16.8	4.5	16.6	30.9	0.7	2.5	156.9	87.6	330.8

续表 2-11

品种	品种编号	穗长（cm）	穗粗（cm）	穗行数	行粒数	秃尖长（cm）	轴粗（cm）	穗粒重（g）	出籽率（%）	千粒重（g）
梦玉 377	7	16.4	4.8	18.3	31.0	0.9	2.7	155.0	87.0	294.6
郑单 958	8	16.3	4.8	14.6	33.1	0.6	2.8	151.2	85.9	327.5
丰田 1669	9	16.9	5.0	16.0	32.1	1.1	2.8	159.7	85.7	335.4
智单 705	10	16.2	4.7	15.6	30.7	1.0	2.6	153.8	87.4	344.5
安丰 137	11	17.4	4.9	13.9	33.9	1.1	2.8	163.1	85.1	351.1
沃优 117	12	17.4	4.9	15.7	37.4	1.6	2.7	165.6	86.5	288.7
郑原玉 65	13	15.7	4.8	17.2	30.7	1.0	2.6	148.5	87.4	293.8
J9881	14	18.8	4.5	14.4	33.0	1.2	2.5	165.7	88.2	360.7
沃优 228	15	17.0	4.6	15.0	31.7	0.6	2.6	158.1	86.3	335.3
利合 878	16	16.3	4.8	14.9	33.9	0.6	2.6	164.3	89.1	331.7

（七）抗病性接种鉴定结果

各品种抗病性接种鉴定结果见表 2-12。

表 2-12　2019 年河南省玉米品种 5000 株/亩 A 组区域试验抗病性鉴定结果

品种名称	茎腐病		小斑病		镰孢菌穗腐病		弯孢叶斑病		瘤黑粉病		南方锈病	
	平均病株率（%）	抗性	病级	抗性	平均病级	抗性	病级	抗性	病株率（%）	抗性	病级	抗性
五谷 403	3.33	高抗	1	高抗	1.2	高抗	3	抗病	6.7	抗病	1	高抗
H1867	20.00	中抗	3	抗病	2.8	抗病	3	抗病	3.3	高抗	5	中抗
安丰 139	16.67	中抗	5	中抗	1.4	高抗	3	抗病	3.3	高抗	3	抗病
晟单 182	11.11	中抗	3	抗病	6.5	感病	7	感病	20.0	中抗	5	中抗
现代 711	3.70	高抗	5	中抗	1.8	抗病	5	中抗	13.3	中抗	5	中抗
郑原玉 886	6.67	抗病	7	感病	1.7	抗病	7	感病	16.7	中抗	3	抗病
梦玉 377	14.81	中抗	5	中抗	1.8	抗病	7	感病	46.7	高感	5	中抗
丰田 1669	6.67	抗病	3	抗病	2.4	抗病	5	中抗	0.0	高抗	5	中抗
智单 705	0.00	高抗	3	抗病	3.0	抗病	5	中抗	13.3	中抗	3	抗病
安丰 137	22.22	中抗	5	中抗	3.8	中抗	7	感病	16.7	中抗	1	高抗

续表 2-12

品种名称	茎腐病		小斑病		镰孢菌穗腐病		弯孢叶斑病		瘤黑粉病		南方锈病	
	平均病株率(%)	抗性	病级	抗性	平均病级	抗性	病级	抗性	病株率(%)	抗性	病级	抗性
沃优 117	0.00	高抗	3	抗病	1.7	抗病	7	感病	50.0	高感	5	中抗
郑原玉 65	0.00	高抗	5	中抗	1.8	抗病	7	感病	3.3	高抗	5	中抗
J9881	3.33	高抗	7	感病	1.5	高抗	3	抗病	16.7	中抗	1	高抗
沃优 228	60.00	高感	5	中抗	1.4	高抗	7	感病	16.7	中抗	1	高抗
利合 878	40.00	感病	7	感病	3.8	中抗	5	中抗	36.7	感病	9	高感

(八)品质分析结果

参加区域试验品种籽粒品质分析结果见表 2-13。

表 2-13 2019 年河南省玉米区域试验 5000 株/亩 A 组品种品质分析结果

品种名称	品种编号	容重(g/L)	水分(%)	粗蛋白质(%)	粗脂肪(%)	粗淀粉(%)	赖氨酸(%)
五谷 403	1	776	10.9	9.43	3.6	75.51	0.31
H1867	2	765	10.7	8.83	4.6	76.06	0.28
安丰 139	3	762	10.8	10.0	3.9	76.68	0.29
晟单 182	4	748	10.7	10.6	3.7	74.74	0.34
现代 711	5	748	10.4	9.73	3.3	75.02	0.33
郑原玉 886	6	784	10.7	10.5	3.5	75.80	0.33
梦玉 377	7	784	10.1	10.4	4.1	75.27	0.31
郑单 958	8	754	9.58	9.94	4.3	73.53	0.31
丰田 1669	9	740	10.7	10.1	3.4	76.65	0.32
智单 705	10	786	10.2	10.1	4.4	73.14	0.32
安丰 137	11	758	10.1	9.90	4.3	73.26	0.31
沃优 117	12	776	9.80	10.6	3.6	73.92	0.31
郑原玉 65	13	779	9.49	10.4	3.8	72.38	0.32
J9881	14	746	10.7	8.61	3.5	76.85	0.28
沃优 228	15	791	10.2	9.73	3.4	74.68	0.33
利合 878	16	761	10.3	9.43	4.0	74.48	0.30

注:蛋白质、脂肪、赖氨酸、粗淀粉均为干基数据。容重检测依据 GB/T 5498—2013,水分检测依据 GB 5009.3—2016,脂肪(干基)检测依据 GB 5009.6—2016,蛋白质(干基)检测依据 GB 5009.5—2016,粗淀粉(干基)检测依据 NY/T 11—1985,赖氨酸(干基)检测依据 GB 5009.124—2016。

(九)DNA 检测比较结果

河南省目前对第一年区域试验和生产试验品种进行 DNA 指纹检测同名品种以及疑似品种,比较结果见表 2-14。

五谷 403、H1867、安丰 139、晟单 182、郑原玉 886、梦玉 377、丰田 1669、智单 705、利合 878、沃优 228 与已知 SSR 指纹品种间 DNA 指纹差异位点数均≥2,未筛查出疑似品种。

表 2-14　2019 年河南省玉米 5000 株/亩区域试验 A 组 DNA 检测同名品种比较结果表

序号	待测样品		对照样品			比较位点数	差异位点数	结论
	样品编号	样品名称	样品编号	样品名称	来源			
1	MHN1900075	安丰137	MH1800038	安丰137	2018 年河南区域试验	40	0	极近似或相同
2	MHN1900076	沃优117	MH1800037	沃优117	2018 年河南区域试验	40	1	近似

五、品种评述及建议

(一)第二年区域试验品种

1. 沃优 117

1)产量表现

2018 年区试产量 5 个核心点平均亩产 692.0 kg,比郑单 958(CK)平均亩产 607.2 kg 增产 14.0%,居试验第四位,试点 4 增 1 减;其它 6 个辅助点平均亩产 675.3 kg,比郑单 958(CK)平均亩产 608.2 kg 增产 11.0%,居试验第四位,试点 5 增 1 减;总平均亩产 682.9 kg,比郑单 958(CK)平均亩产 607.7 kg 增产 12.4%,差异极显著,居试验第四位,试点 9 增 2 减,增产点比率为 81.8%。

2019 年区试产量(表 2-5、表 2-6、表 2-9)6 个核心点平均亩产 780.5 kg,比郑单 958(CK)平均亩产 693.8 kg 增产 12.5%,居试验第一位,试点 6 增 0 减;其它 6 个辅助点平均亩产 721.8 kg,比郑单 958(CK)平均亩产 667.5 kg 增产 8.1%,居试验第四位,试点 6 增 0 减;总平均亩产 751.2 kg,比郑单 958(CK)平均亩产 680.7 kg 增产 10.4%,差异极显著,居试验第二位,试点 12 增 0 减,增产点比率为 100%。

综合两年 23 点次的区试结果(表 2-3):该品种平均亩产 718.5 kg,比郑单 958(CK)平均亩产 645.8 kg 增产 11.3%;增产点数:减产点数=21:2,增产点比率为 91.3%。

2)特征特性

2018 年该品种生育期 104 天,比郑单 958 晚熟 1 天;株高 289 cm,穗位高 110 cm;倒伏率 0.5%(0.0%~4.6%)、倒折率 0.1%(0.0%~1.1%),倒伏倒折率之和 0.6%,且倒伏倒折率≥15.0% 的试点比率为 0.0%;空秆率 0.3%;小斑病为 1~5 级,茎腐病 1.1%

(0.0%~4.4%),穗腐病1~3级,弯孢菌叶斑病1~5级,瘤黑粉病0.9%,锈病1~7级;穗长17.5 cm,穗粗4.6 cm,穗行数15.4,行粒数36.2,出籽率85.7%,千粒重285.2 g;株型紧凑;主茎叶片数20.4片;叶片颜色绿色;芽鞘浅紫色;第一叶形状圆到匙形;雄穗分枝中,雄穗颖片颜色浅紫色,花药浅紫色;花丝浅紫色,苞叶长度中;果穗筒型;籽粒半马齿型,黄粒;红轴。

2019年(表2-10、表2-11)该品种生育期104天,比郑单958晚熟1天;株高277 cm,穗位高113 cm;倒伏率2.0%(0.0%~19.5%)、倒折率0.1%(0.0%~0.6%),倒伏倒折率之和2.1%,且倒伏倒折率≥15.0%的试点比率为8.3%;空秆率1.2%;双穗率0.1%;小斑病为1~3级,茎腐病0.8%(0.0%~3.6%),穗腐病1~3级,弯孢菌叶斑病1~3级,瘤黑粉病0.8%,锈病1~7级;穗长17.4 cm,穗粗4.9 cm,穗行数15.7,行粒数37.4,出籽率86.5%,千粒重288.7 g;株型紧凑;主茎叶片数19.6片;叶片颜色绿色;芽鞘紫色;第一叶形状圆到匙形;雄穗分枝中,雄穗颖片颜色浅紫色,花药浅紫色;花丝浅紫色,苞叶长度中;果穗筒型;籽粒半马齿型,黄粒;红轴。

3)抗病性鉴定

据2018年河南农业大学植保学院人工接种鉴定报告:该品种高抗镰孢菌茎腐病、瘤黑粉病;抗镰孢菌穗腐病、小斑病;感弯孢霉叶斑病、南方锈病。

据2019年河南农业大学植保学院人工接种鉴定报告(表2-12):该品种高抗茎腐病;抗小斑病、镰孢菌穗腐病;中抗南方锈病;感弯孢叶斑病;高感瘤黑粉病。

4)品质分析

据2018年农业部农产品质量监督检验测试中心(郑州)对该品种多点套袋果穗的籽粒混合样品品质分析检验报告:粗蛋白质10.8%,粗脂肪4.3%,粗淀粉73.01%,赖氨酸0.35%,容重780 g/L。

据2019年农业部农产品质量监督检验测试中心(郑州)对该品种多点套袋果穗的籽粒混合样品品质分析检验报告(表2-13):粗蛋白质10.6%,粗脂肪3.6%,粗淀粉73.92%,赖氨酸0.31%,容重776 g/L。

5)试验建议

按照晋级标准,区域试验各项指标达标,建议结束区域试验,若生产试验达标推荐审定。

2. 安丰137

1)产量表现

2018年区试产量5个核心点平均亩产670.4 kg,比郑单958(CK)平均亩产607.2 kg增产10.4%,居试验第十位,试点5增0减;其它6个辅助点平均亩产657.9 kg,比郑单958(CK)平均亩产608.2 kg增产8.2%,居试验第九位,试点6增0减;总平均亩产663.6 kg,比郑单958(CK)平均亩产607.7 kg增产9.2%,差异极显著,居试验第十一位,试点11增0减,增产点比率为100%。

2019年区试产量(表2-5、表2-6、表2-9)6个核心点平均亩产729.5 kg,比郑单958(CK)平均亩产693.8 kg增产5.1%,居试验第十位,试点4增2减;其它6个辅助点平均亩产733.9 kg,比郑单958(CK)平均亩产667.5 kg增产9.9%,居试验第三位,试点6增0

减;总平均亩产 731.7 kg,比郑单 958(CK)平均亩产 680.7 kg 增产 7.5%,差异极显著,居试验第四位,试点 10 增 2 减,增产点比率为 83.3%。

综合两年 23 点次的区试结果(表 2-3):该品种平均亩产 699.1 kg,比郑单 958(CK)平均亩产 645.8 kg 增产 8.3%;增产点数:减产点数=21:2,增产点比率为 91.3%。

2)特征特性

2018 年该品种生育期 104 天,比郑单 958 晚熟 1 天;株高 266 cm,穗位高 108 cm;倒伏率 0.4%(0.0%~4.3%)、倒折率 0.4%(0.0%~2.4%),倒伏倒折率之和 0.8%,且倒伏倒折率≥15.0%的试点比率为 0.0%;空秆率 1.2%;小斑病为 1~5 级,茎腐病 2.2%(0.0%~5.7%),穗腐病 1~5 级,弯孢菌叶斑病 1~7 级,瘤黑粉病 0.3%,锈病 1~3 级;穗长 18.6 cm,穗粗 4.7 cm,穗行数 14.0,行粒数 37.7,出籽率 84.6%,千粒重 316.9 g;株型紧凑;主茎叶片数 20.4 片;叶片颜色绿色;芽鞘浅紫色;第一叶形状圆到匙形;雄穗分枝密,雄穗颖片颜色绿色,花药浅紫色;花丝浅紫色,苞叶长度中;果穗筒型;籽粒半马齿型,黄粒;白轴。

2019 年(表 2-10、表 2-11)该品种生育期 104 天,比郑单 958 晚熟 1 天;株高 267 cm,穗位高 116 cm;倒伏率 0.4%(0.0%~4.6%)、倒折率 0.4%(0.0%~5.0%),倒伏倒折率之和 0.8%,且倒伏倒折率≥15.0%的试点比率为 0.0%;空秆率 0.5%;双穗率 0.1%;小斑病为 1~5 级,茎腐病 1.9%(0.0%~8.6%),穗腐病 1~3 级,弯孢菌叶斑病 1~3 级,瘤黑粉病 0.5%,锈病 1~7 级;穗长 17.4 cm,穗粗 4.9 cm,穗行数 13.9,行粒数 33.9,出籽率 85.1%,千粒重 351.1 g;株型紧凑;主茎叶片数 19.6 片;叶片颜色绿色;芽鞘浅紫色;第一叶形状圆到匙形;雄穗分枝密,雄穗颖片颜色浅紫色,花药浅紫色;花丝浅紫色,苞叶长度中;果穗筒型;籽粒马齿型,黄粒;白轴。

3)抗病性鉴定

据 2018 年河南农业大学植保学院人工接种鉴定报告:该品种高抗镰孢菌茎腐病;抗南方锈病;中抗小斑病、镰孢菌穗腐病、瘤黑粉病;高感弯孢霉叶斑病。

据 2019 年河南农业大学植保学院人工接种鉴定报告(表 2-12):该品种高抗南方锈病;中抗茎腐病、小斑病、镰孢菌穗腐病、瘤黑粉病;感弯孢叶斑病。

4)品质分析

据 2018 年农业部农产品质量监督检验测试中心(郑州)对该品种多点套袋果穗的籽粒混合样品品质分析检验报告:粗蛋白质 9.71%,粗脂肪 4.7%,粗淀粉 73.32%,赖氨酸 0.31%,容重 764 g/L。

据 2019 年农业部农产品质量监督检验测试中心(郑州)对该品种多点套袋果穗的籽粒混合样品品质分析检验报告(表 2-13):粗蛋白质 9.90%,粗脂肪 4.3%,粗淀粉 73.26%,赖氨酸 0.31%,容重 758 g/L。

5)试验建议

按照晋级标准,区域试验各项指标达标,建议结束区域试验,若生产试验达标推荐审定。

3. 郑原玉 65

1)产量表现

2018 年区试产量 5 个核心点平均亩产 676.0 kg,比郑单 958(CK)平均亩产 607.2 kg 增产 11.3%,居试验第七位,试点 5 增 0 减;其它 6 个辅助点平均亩产 615.9 kg,比郑单 958(CK)平均亩产 608.2 kg 增产 1.3%,居试验第十八位,试点 5 增 1 减;总平均亩产 643.2 kg,比郑单 958(CK)平均亩产 607.7 kg 增产 5.8%,差异显著,居试验第十六位,试点 10 增 1 减,增产点比率为 90.9%。

2019 年区试产量(表 2-5、表 2-6、表 2-9)6 个核心点平均亩产 713.6 kg,比郑单 958(CK)平均亩产 693.8 kg 增产 2.9%,居试验第十四位,试点 4 增 2 减;其它 6 个辅助点平均亩产 699.1 kg,比郑单 958(CK)平均亩产 667.5 kg 增产 4.7%,居试验第十位,试点 5 增 1 减;总平均亩产 706.3 kg,比郑单 958(CK)平均亩产 680.7 kg 增产 3.8%,差异不显著,居试验第十四位,试点 9 增 3 减,增产点比率为 75.0%。

综合两年 23 点次的区试结果(表 2-3):该品种平均亩产 676.1 kg,比郑单 958(CK)平均亩产 645.8 kg 增产 4.7%;增产点数:减产点数=19:4,增产点比率为 82.6%。

2)特征特性

2018 年该品种生育期 102 天,比郑单 958 早熟 1 天;株高 267 cm,穗位高 97 cm;倒伏率 0.5%(0.0%~5.6%)、倒折率 0.6%(0.0%~4.6%),倒伏倒折率之和 1.1%,且倒伏倒折率≥15.0%的试点比率为 0.0%;空秆率 0.8%;小斑病为 1~5 级,茎腐病 2.5%(0.0%~13.0%),穗腐病 1~3 级,弯孢菌叶斑病 1~5 级,瘤黑粉病 0.9%,锈病 1~7 级;穗长 16.3 cm,穗粗 4.6 cm,穗行数 16.3,行粒数 33.6,出籽率 86.0%,千粒重 282.2 g;株型紧凑;主茎叶片数 19.3 片;叶片颜色绿色;芽鞘紫色;第一叶形状圆到匙形;雄穗分枝疏,雄穗颖片颜色绿色,花药浅紫色;花丝浅紫色,苞叶长度中;果穗筒型;籽粒半马齿型,黄粒;红轴。

2019 年(表 2-10、表 2-11)该品种生育期 103 天,与郑单 958 同熟;株高 275 cm,穗位高 106 cm;倒伏率 0.1%(0.0%~0.7%)、倒折率 0.2%(0.0%~1.8%),倒伏倒折率之和 0.3%,且倒伏倒折率≥15.0%的试点比率为 0.0%;空秆率 0.8%;双穗率 0.2%;小斑病为 1~3 级,茎腐病 1.2%(0.0%~10.0%),穗腐病 1~3 级,弯孢菌叶斑病 1~3 级,瘤黑粉病 0.3%,锈病 1~7 级;穗长 15.7 cm,穗粗 4.8 cm,穗行数 17.2,行粒数 30.7,出籽率 87.4%,千粒重 293.8 g;株型紧凑;主茎叶片数 18.7 片;叶片颜色绿色;芽鞘紫色;第一叶形状匙形;雄穗分枝疏,雄穗颖片颜色浅紫色,花药浅紫色;花丝浅紫色,苞叶长度长;果穗筒型;籽粒马齿型,黄粒;红轴。

3)抗病性鉴定

据 2018 年河南农业大学植保学院人工接种鉴定报告:该品种抗镰孢菌茎腐病、镰孢菌穗腐病;中抗小斑病、瘤黑粉病;感南方锈病;高感弯孢霉叶斑病。

据 2019 年河南农业大学植保学院人工接种鉴定报告(表 2-12):该品种高抗茎腐病、瘤黑粉病;抗镰孢菌穗腐病;中抗小斑病、南方锈病;感弯孢叶斑病。

4)品质分析

据 2018 年农业部农产品质量监督检验测试中心(郑州)对该品种多点套袋果穗的籽粒混合样品品质分析检验报告:粗蛋白质 10.2%,粗脂肪 4.9%,粗淀粉 72.88%,赖氨酸

0.34%,容重 778 g/L。

据 2019 年农业部农产品质量监督检验测试中心(郑州)对该品种多点套袋果穗的籽粒混合样品品质分析检验报告(表 2-13):粗蛋白质 10.4%,粗脂肪 3.8%,粗淀粉 72.38%,赖氨酸 0.32%,容重 779 g/L。

5)试验建议

按照晋级标准,区域试验各项指标达标,建议结束区域试验,推荐参加生产试验。

4. 现代 711

1)产量表现

2018 年区试产量 5 个核心点平均亩产 637.8 kg,比郑单 958(CK)平均亩产 584.2 kg 增产 9.2%,居试验第九位,试点 5 增 0 减;5 个辅助点平均亩产 650.9 kg,比郑单 958(CK)平均亩产 617.9 kg 增产 5.3%,居试验第十位,试点 5 增 0 减;总平均亩产 644.3 kg,比郑单 958(CK)平均亩产 601.0 kg 增产 7.2%,差异显著,居试验第八位,试点 10 增 0 减,增产点比率为 100%。

2019 年区试产量(表 2-5、表 2-6、表 2-9)6 个核心点平均亩产 732.8 kg,比郑单 958(CK)平均亩产 693.8 kg 增产 5.6%,居试验第九位,试点 4 增 2 减;其它 6 个辅助点平均亩产 698.3 kg,比郑单 958(CK)平均亩产 667.5 kg 增产 4.6%,居试验第十二位,试点 5 增 1 减;总平均亩产 715.5 kg,比郑单 958(CK)平均亩产 680.7 kg 增产 5.1%,差异显著,居试验第十位,试点 9 增 3 减,增产点比率为 75.0%。

综合两年 22 点次的区试结果(表 2-3):该品种平均亩产 683.1 kg,比郑单 958(CK)平均亩产 644.5 kg 增产 6.0%;增产点数:减产点数=19:3,增产点比率为 86.4%。

2)特征特性

2018 年该品种生育期 102 天,比郑单 958 早熟 1 天;株高 265 cm,穗位高 95 cm;倒伏率 0.5%(0.0%~2.2%)、倒折率 0.1%(0.0%~1.1%),倒伏倒折率之和 0.6%,且倒伏倒折率≥15.0%的试点比率为 0.0%;空秆率 2.1%;小斑病为 1~5 级,茎腐病 2.5%(0.0%~11.1%),穗腐病 1~5 级,弯孢菌叶斑病 1~3 级,瘤黑粉病 1.3%,锈病 1~7 级;穗长 17.6 cm,穗粗 4.7 cm,穗行数 16.3,行粒数 32.4,出籽率 86.9%,千粒重 306.6 g;株型半紧凑;主茎叶片数 19.5 片;叶片颜色绿色;芽鞘紫色;第一叶形状圆到匙形;雄穗分枝疏,雄穗颖片颜色绿色,花药浅紫色;花丝浅紫色,苞叶长度中;果穗筒型;籽粒半马齿型,黄粒;红轴。

2019 年(表 2-10、表 2-11)该品种生育期 103 天,与郑单 958 同熟;株高 264 cm,穗位高 102 cm;倒伏率 1.2%(0.0%~8.0%)、倒折率 0.2%(0.0%~1.8%),倒伏倒折率之和 1.4%,且倒伏倒折率≥15.0%的试点比率为 0.0%;空秆率 0.8%;双穗率 0.0%;小斑病为 1~3 级,茎腐病 3.6%(0.0%~27.1%),穗腐病 1~3 级,弯孢菌叶斑病 1~3 级,瘤黑粉病 0.1%,锈病 1~5 级;穗长 16.9 cm,穗粗 4.8 cm,穗行数 15.9,行粒数 32.9,出籽率 86.3%,千粒重 331.2 g;株型半紧凑;主茎叶片数 18.8 片;叶片颜色绿色;芽鞘紫色;第一叶形状圆到匙形;雄穗分枝疏,雄穗颖片颜色浅紫色,花药黄色;花丝绿色,苞叶长度中;果穗筒型;籽粒半马齿型,黄粒;红轴。

3)抗病性鉴定

据 2018 年河南农业大学植保学院人工接种鉴定报告:该品种高抗镰孢菌茎腐病、瘤黑粉病;中抗镰孢菌穗腐病;感小斑病、弯孢霉叶斑病;高感南方锈病。

据2019年河南农业大学植保学院人工接种鉴定报告(表2-12):该品种高抗茎腐病;抗镰孢菌穗腐病;中抗小斑病、弯孢叶斑病、瘤黑粉病、南方锈病。

4)品质分析

据2018年农业部农产品质量监督检验测试中心(郑州)对该品种多点套袋果穗的籽粒混合样品品质分析检验报告:粗蛋白质10.1%,粗脂肪4.3%,粗淀粉73.32%,赖氨酸0.34%,容重750 g/L。

据2019年农业部农产品质量监督检验测试中心(郑州)对该品种多点套袋果穗的籽粒混合样品品质分析检验报告(表2-13):粗蛋白质9.73%,粗脂肪3.3%,粗淀粉75.02%,赖氨酸0.33%,容重748 g/L。

5)试验建议

按照晋级标准,区域试验各项指标达标,建议结束区域试验,推荐参加生产试验。

5. J9881

1)产量表现

2018年区试产量5个核心点平均亩产644.7 kg,比郑单958(CK)平均亩产584.2 kg增产10.4%,居试验第七位,试点5增0减;5个辅助点平均亩产627.0 kg,比郑单958(CK)平均亩产617.9 kg增产1.5%,居试验第十四位,试点3增2减;总平均亩产635.9 kg,比郑单958(CK)平均亩产601.0 kg增产5.8%,差异不显著,居试验第十一位,试点8增2减,增产点比率为80.0%。

2019年区试产量(表2-5、表2-6、表2-9)6个核心点平均亩产769.3 kg,比郑单958(CK)平均亩产693.8 kg增产10.9%,居试验第二位,试点4增2减;其它6个辅助点平均亩产741.8 kg,比郑单958(CK)平均亩产667.5 kg增产11.1%,居试验第一位,试点6增0减;总平均亩产755.5 kg,比郑单958(CK)平均亩产680.7 kg增产11.0%,差异极显著,居试验第一位,试点10增2减,增产点比率为83.3%。

综合两年22点次的区试结果(表2-3):该品种平均亩产701.1 kg,比郑单958(CK)平均亩产644.5 kg增产8.8%;增产点数:减产点数=18:4,增产点比率为81.8%。

2)特征特性

2018年该品种生育期102天,比郑单958早熟1天;株高279 cm,穗位高112 cm;倒伏率0.0%(0.0%~0.4%)、倒折率0.4%(0.0%~3.3%),倒伏倒折率之和0.4%,且倒伏倒折率≥15.0%的试点比率为0.0%;空秆率1.4%;小斑病为1~7级,茎腐病2.0%(0.0%~10.0%),穗腐病1~3级,弯孢菌叶斑病1~3级,瘤黑粉病0.5%,锈病1~5级;穗长19.8 cm,穗粗4.4 cm,穗行数14.6,行粒数33.3,出籽率86.9%,千粒重326.7 g;株型半紧凑;主茎叶片数20.3片;叶片颜色绿色;芽鞘紫色;第一叶形状圆到匙形;雄穗分枝中等,雄穗颖片颜色绿色,花药浅紫色;花丝绿色,苞叶长度中;果穗筒型;籽粒半马齿型,黄粒;红轴。

2019年(表2-10、表2-11)该品种生育期102天,比郑单958早熟1天;株高286 cm,穗位高119 cm;倒伏率0.0%(0.0%~0.0%)、倒折率0.3%(0.0%~2.8%),倒伏倒折率之和0.3%,且倒伏倒折率≥15.0%的试点比率为0.0%;空秆率0.1%;双穗率0.8%;小斑病为 1~5 级,茎腐病 1.8%(0.0%~9.3%),穗腐病 1~3 级,弯孢菌叶斑病 1~3 级,瘤黑粉病 0.0%,锈病 1~3 级;穗长 18.8 cm,穗粗 4.5 cm,穗行数 14.4,行粒数 33.0,出籽率 88.2%,千粒重 360.7 g;株型半紧凑;主茎叶片数 19.0 片;叶片颜色绿色;芽鞘紫色;第一叶形状圆到匙形;雄穗分枝中,雄穗颖片颜色绿色,花药浅紫色;花丝绿色,苞叶长度中;果穗筒型;籽粒马齿型,黄粒;红轴。

3)抗病性鉴定

据 2018 年河南农业大学植保学院人工接种鉴定报告:该品种抗小斑病;中抗镰孢菌茎腐病、镰孢菌穗腐病、瘤黑粉病;感弯孢霉叶斑病、南方锈病。

据 2019 年河南农业大学植保学院人工接种鉴定报告(表 2-12):该品种高抗茎腐病、镰孢菌穗腐病、南方锈病;抗弯孢叶斑病;中抗瘤黑粉病;感小斑病。

4)品质分析

据 2018 年农业部农产品质量监督检验测试中心(郑州)对该品种多点套袋果穗的籽粒混合样品品质分析检验报告:粗蛋白质 8.4%,粗脂肪 4.1%,粗淀粉 75.77%,赖氨酸 0.28%,容重 733 g/L。

据 2019 年农业部农产品质量监督检验测试中心(郑州)对该品种多点套袋果穗的籽粒混合样品品质分析检验报告(表 2-13):粗蛋白质 8.61%,粗脂肪 3.5%,粗淀粉 76.85%,赖氨酸 0.28%,容重 746 g/L。

5)试验建议

按照晋级标准,区域试验各项指标达标,建议结束区域试验,推荐参加生产试验。

(二)第一年区域试验品种

6. 郑原玉 886

1)产量表现

2019 年区试产量(表 2-5、表 2-6、表 2-9)6 个核心点平均亩产 762.1 kg,比郑单 958(CK)平均亩产 693.8 kg 增产 9.8%,居试验第三位,试点 6 增 0 减;其它 6 个辅助点平均亩产 735.3 kg,比郑单 958(CK)平均亩产 667.5 kg 增产 10.2%,居试验第二位,试点 6 增 0 减;总平均亩产 748.7 kg,比郑单 958(CK)平均亩产 680.7 kg 增产 10.0%,差异极显著,居试验第三位,试点 12 增 0 减,增产点比率为 100%。

2)特征特性

2019 年(表 2-10、表 2-11)该品种生育期 102 天,比郑单 958 早熟 1 天;株高 271 cm,穗位高 112 cm;倒伏率 1.0%(0.0%~5.0%)、倒折率 0.2%(0.0%~2.2%),倒伏倒折率之和 1.2%,且倒伏倒折率≥15.0%的试点比率为 0.0%;空秆率 0.2%;双穗率 0.8%;小斑病为 1~3 级,茎腐病 1.8%(0.0%~10.2%),穗腐病 1~3 级,弯孢菌叶斑病 1~3 级,瘤黑粉病 0.5%,锈病 1~3 级;穗长 16.8 cm,穗粗 4.5 cm,穗行数 16.6,行粒数 30.9,出籽率 87.6%,千粒重 330.8 g;株型半紧凑;主茎叶片数 18.6 片;叶片颜色绿色;芽鞘紫色;第一叶形状圆到匙形;雄穗分枝中,雄穗颖片颜色浅紫色,花药浅紫色;花丝绿色,苞叶长度长;果穗筒型;籽粒半马齿型,黄粒;红轴。

3)抗病性鉴定

据 2019 年河南农业大学植保学院人工接种鉴定报告(表 2-12):该品种抗茎腐病、镰孢菌穗腐病、南方锈病；中抗瘤黑粉病；感小斑病、弯孢叶斑病。

4）品质分析

据2019年农业部农产品质量监督检验测试中心（郑州）对该品种多点套袋果穗的籽粒混合样品品质分析检验报告（表2-13）：粗蛋白质10.5%，粗脂肪3.5%，粗淀粉75.80%，赖氨酸0.33%，容重784 g/L。

5）试验建议

按照晋级标准，继续进行区域试验。

7. **沃优**228

1）产量表现

2019年区试产量（表2-5、表2-6、表2-9）6个核心点平均亩产748.8 kg，比郑单958（CK）平均亩产693.8 kg增产7.9%，居试验第四位，试点5增1减；其它6个辅助点平均亩产703.2 kg，比郑单958（CK）平均亩产667.5 kg增产5.3%，居试验第八位，试点4增2减；总平均亩产726.0 kg，比郑单958（CK）平均亩产680.7 kg增产6.7%，差异极显著，居试验第五位，试点9增3减，增产点比率为75.0%。

2）特征特性

2019年（表2-10、表2-11）该品种生育期102天，比郑单958早熟1天；株高289 cm，穗位高116 cm；倒伏率5.4%（0.0%~20.5%）、倒折率0.2%（0.0%~2.8%），倒伏倒折率之和5.6%，且倒伏倒折率≥15.0%的试点比率为25.0%；空秆率0.4%；双穗率0.6%；小斑病为1~3级，茎腐病1.9%（0.0%~8.0%），穗腐病1~3级，弯孢菌叶斑病1~3级，瘤黑粉病0.1%，锈病1~3级；穗长17.0 cm，穗粗4.6 cm，穗行数15.0，行粒数31.7，出籽率86.3%，千粒重335.3 g；株型紧凑；主茎叶片数18.5片；叶片颜色绿色；芽鞘紫色；第一叶形状圆到匙形；雄穗分枝中，雄穗颖片颜色浅紫色，花药浅紫色；花丝绿色，苞叶长度中；果穗筒型；籽粒半马齿型，黄粒；红轴。

3）抗病性鉴定

据2019年河南农业大学植保学院人工接种鉴定报告（表2-12）：该品种高抗镰孢菌穗腐病、南方锈病；中抗小斑病、瘤黑粉病；感弯孢叶斑病；高感茎腐病。

4）品质分析

据2019年农业部农产品质量监督检验测试中心（郑州）对该品种多点套袋果穗的籽粒混合样品品质分析检验报告（表2-13）：粗蛋白质9.73%，粗脂肪3.4%，粗淀粉74.68%，赖氨酸0.33%，容重791 g/L。

5）试验建议

按照晋级标准，抗病性鉴定不达标，建议终止试验。

8. **利合**878

1）产量表现

2019年区试产量（表2-5、表2-6、表2-9）6个核心点平均亩产744.1 kg，比郑单958（CK）平均亩产693.8 kg增产7.2%，居试验第五位，试点6增0减；其它6个辅助点平均亩产707.8 kg，比郑单958（CK）平均亩产667.5 kg增产6.0%，居试验第六位，试点4增2减；总平均亩产725.9 kg，比郑单958（CK）平均亩产680.7 kg增产6.6%，差异极显著，居试验第六位，试点 10 增 2 减，增产点比率为 83.3%。

2）特征特性

2019 年（表 2-10、表 2-11）该品种生育期 104 天，比郑单 958 晚熟 1 天；株高 285 cm，穗位高 122 cm；倒伏率 1.3%（0.0%～10.3%）、倒折率 0.1%（0.0%～1.2%），倒伏倒折率之和 1.4%，且倒伏倒折率≥15.0%的试点比率为 0.0%；空秆率 0.5%；双穗率 0.4%；小斑病为 1～3 级，茎腐病 5.1%（0.0%～33.9%），穗腐病 1～3 级，弯孢菌叶斑病 1～5 级，瘤黑粉病 0.7%，锈病 1～7 级；穗长 16.3 cm，穗粗 4.8 cm，穗行数 14.9，行粒数 33.9，出籽率 89.1%，千粒重 331.7 g；株型半紧凑；主茎叶片数 20.0 片；叶片颜色绿色；芽鞘紫色；第一叶形状圆到匙形；雄穗分枝中，雄穗颖片颜色浅紫色，花药紫色；花丝绿色，苞叶长度中；果穗筒型；籽粒马齿型，黄粒；红轴。

3）抗病性鉴定

据 2019 年河南农业大学植保学院人工接种鉴定报告（表 2-12）：该品种中抗镰孢菌穗腐病、弯孢叶斑病；感茎腐病、小斑病、瘤黑粉病；高感南方锈病。

4）品质分析

据 2019 年农业部农产品质量监督检验测试中心（郑州）对该品种多点套袋果穗的籽粒混合样品品质分析检验报告（表 2-13）：粗蛋白质 9.43%，粗脂肪 4.0%，粗淀粉 74.48%，赖氨酸 0.30%，容重 761 g/L。

5）试验建议

按照晋级标准，继续进行区域试验。

9. **梦玉 377**

1）产量表现

2019 年区试产量（表 2-5、表 2-6、表 2-9）6 个核心点平均亩产 742.0 kg，比郑单 958（CK）平均亩产 693.8 kg 增产 6.9%，居试验第六位，试点 5 增 1 减；其它 6 个辅助点平均亩产 705.6 kg，比郑单 958（CK）平均亩产 667.5 kg 增产 5.7%，居试验第七位，试点 6 增 0 减；总平均亩产 723.8 kg，比郑单 958（CK）平均亩产 680.7 kg 增产 6.3%，差异显著，居试验第七位，试点 11 增 1 减，增产点比率为 91.7%。

2）特征特性

2019 年（表 2-10、表 2-11）该品种生育期 103 天，与郑单 958 同熟；株高 251 cm，穗位高 102 cm；倒伏率 1.0%（0.0%～5.0%）、倒折率 0.2%（0.0%～2.2%），倒伏倒折率之和 1.2%，且倒伏倒折率≥15.0%的试点比率为 0.0%；空秆率 0.5%；双穗率 0.3%；小斑病为 1～3 级，茎腐病 3.2%（0.0%～27.6%），穗腐病 1～3 级，弯孢菌叶斑病 1～3 级，瘤黑粉病 0.0%，锈病 1～5 级；穗长 16.4 cm，穗粗 4.8 cm，穗行数 18.3，行粒数 31.0，出籽率 87.0%，千粒重 294.6 g；株型半紧凑；主茎叶片数 18.6 片；叶片颜色绿色；芽鞘紫色；第一叶形状圆到匙形；雄穗分枝中，雄穗颖片颜色浅紫色，花药浅紫色；花丝浅紫色，苞叶长度中；果穗筒型；籽粒半马齿型，黄粒；红轴。

3）抗病性鉴定

据 2019 年河南农业大学植保学院人工接种鉴定报告（表 2-12）：该品种抗镰孢菌穗腐病；中抗茎腐病、小斑病、南方锈病；感弯孢叶斑病；高感瘤黑粉病。

4) 品质分析

据 2018 年农业部农产品质量监督检验测试中心(郑州)对该品种多点套袋果穗的籽粒混合样品品质分析检验报告(表 2-13):粗蛋白质 10.4%,粗脂肪 4.1%,粗淀粉 75.27%,赖氨酸 0.31%,容重 784 g/L。

5) 试验建议

按照晋级标准,继续进行区域试验,同时推荐参加生产试验。

10. **晟单** 182

1) 产量表现

2019 年区试产量(表 2-5、表 2-6、表 2-9)6 个核心点平均亩产 740.2 kg,比郑单 958(CK)平均亩产 693.8 kg 增产 6.7%,居试验第七位,试点 6 增 0 减;其它 6 个辅助点平均亩产 698.7 kg,比郑单 958(CK)平均亩产 667.5 kg 增产 4.7%,居试验第十一位,试点 4 增 2 减;总平均亩产 719.4 kg,比郑单 958(CK)平均亩产 680.7 kg 增产 5.7%,差异显著,居试验第八位,试点 10 增 2 减,增产点比率为 83.3%。

2) 特征特性

2019 年(表 2-10、表 2-11)该品种生育期 103 天,与郑单 958 同熟;株高 265 cm,穗位高 105 cm;倒伏率 0.0%、倒折率 0.2%(0.0%~1.8%),倒伏倒折率之和 0.2%,且倒伏倒折率≥15.0%的试点比率为 0.0%;空秆率 1.0%;双穗率 0.4%;小斑病为 1~5 级,茎腐病 2.3%(0.0%~7.3%),穗腐病 1~3 级,弯孢菌叶斑病 1~3 级,瘤黑粉病 0.7%,锈病1~5 级;穗长 16.3 cm,穗粗 4.9 cm,穗行数 15.9,行粒数 32.6,出籽率 87.3%,千粒重 328.9 g;株型紧凑;主茎叶片数 19.3 片;叶片颜色绿色;芽鞘紫色;第一叶形状圆到匙形;雄穗分枝中,雄穗颖片颜色浅紫色,花药黄色;花丝绿色,苞叶长度中;果穗筒型;籽粒半马齿型,黄粒;红轴。

3) 抗病性鉴定

据 2019 年河南农业大学植保学院人工接种鉴定报告(表 2-12):该品种抗小斑病;中抗茎腐病、南方锈病、瘤黑粉病;感镰孢菌穗腐病、弯孢叶斑病。

4) 品质分析

据 2019 年农业部农产品质量监督检验测试中心(郑州)对该品种多点套袋果穗的籽粒混合样品品质分析检验报告(表 2-13):粗蛋白质 10.6%,粗脂肪 3.7%,粗淀粉 74.74%,赖氨酸 0.34%,容重 748 g/L。

5) 试验建议

按照晋级标准,继续进行区域试验。

11. **丰田** 1669

1) 产量表现

2019 年区试产量(表 2-5、表 2-6、表 2-9)6 个核心点平均亩产 718.9 kg,比郑单 958(CK)平均亩产 693.8 kg 增产 3.6%,居试验第十三位,试点 4 增 2 减;其它 6 个辅助点平均亩产 712.3 kg,比郑单 958(CK)平均亩产 667.5 kg 增产 6.7%,居试验第五位,试点 5 增 1 减;总平均亩产 715.6 kg,比郑单 958(CK)平均亩产 680.7 kg 增产 5.1%,差异显著,居试验第九位，试点9增3减，增产点比率为75.0%。

2）特征特性

2019年（表2-10、表2-11）该品种生育期103天，与郑单958同熟；株高288 cm，穗位高110 cm；倒伏率1.1%（0.0%~7.0%）、倒折率0.2%（0.0%~1.8%），倒伏倒折率之和1.3%，且倒伏倒折率≥15.0%的试点比率为0.0%；空秆率0.5%；双穗率0.2%；小斑病为1~5级，茎腐病5.4%（0.0%~18.9%），穗腐病1~3级，弯孢菌叶斑病1~5级，瘤黑粉病0.0%，南方锈病1~5级；穗长16.9 cm，穗粗5.0 cm，穗行数16.0，行粒数32.1，出籽率85.7%，千粒重335.4 g；株型半紧凑；主茎叶片数18.7片；叶片颜色绿色；芽鞘紫色；第一叶形状圆到匙形；雄穗分枝中，雄穗颖片颜色浅紫色，花药紫色；花丝紫色，苞叶长度中；果穗筒型；籽粒马齿型，黄粒；红轴。

3）抗病性鉴定

据2019年河南农业大学植保学院人工接种鉴定报告（表2-12）：该品种高抗瘤黑粉病；抗茎腐病、小斑病、镰孢菌穗腐病；中抗弯孢叶斑病、南方锈病。

4）品质分析

据2019年农业部农产品质量监督检验测试中心（郑州）对该品种多点套袋果穗的籽粒混合样品品质分析检验报告（表2-13）：粗蛋白质10.1%，粗脂肪3.4%，粗淀粉76.65%，赖氨酸0.32%，容重740 g/L。

5）试验建议

按照晋级标准，继续进行区域试验，同时推荐参加生产试验。

12. 安丰139

1）产量表现

2019年区试产量（表2-5、表2-6、表2-9）6个核心点平均亩产735.8 kg，比郑单958（CK）平均亩产693.8 kg增产6.1%，居试验第八位，试点5增1减；其它6个辅助点平均亩产694.5 kg，比郑单958（CK）平均亩产667.5 kg增产4.0%，居试验第十四位，试点4增2减；总平均亩产715.1 kg，比郑单958（CK）平均亩产680.7 kg增产5.1%，差异显著，居试验第十一位，试点9增3减，增产点比率为75.0%。

2）特征特性

2019年（表2-10、表2-11）该品种生育期104天，比郑单958晚熟1天；株高255 cm，穗位高115 cm；倒伏率0.0%、倒折率0.3%（0.0%~2.8%），倒伏倒折率之和0.3%，且倒伏倒折率≥15.0%的试点比率为0.0%；空秆率0.5%；双穗率0.2%；小斑病为1~5级，茎腐病2.4%（0.0%~7.6%），穗腐病1~3级，弯孢菌叶斑病1~3级，瘤黑粉病0.1%，锈病1~5级；穗长17.0 cm，穗粗4.8 cm，穗行数14.9，行粒数33.5，出籽率86.1%，千粒重328.4 g；株型紧凑；主茎叶片数19.4片；叶片颜色绿色；芽鞘浅紫色；第一叶形状圆到匙形；雄穗分枝密，雄穗颖片颜色浅紫色，花药黄色；花丝浅紫色，苞叶长度长；果穗筒型；籽粒半马齿型，黄粒；白轴。

3）抗病性鉴定

据2019年河南农业大学植保学院人工接种鉴定报告（表2-12）：该品种高抗镰孢菌

穗腐病、瘤黑粉病；抗弯孢叶斑病、南方锈病；中抗茎腐病、小斑病。

4）品质分析

据2019年农业部农产品质量监督检验测试中心（郑州）对该品种多点套袋果穗的籽粒混合样品品质分析检验报告（表2-13）：粗蛋白质10.0%，粗脂肪3.9%，粗淀粉76.68%，赖氨酸0.29%，容重762 g/L。

5）试验建议

按照晋级标准，继续进行区域试验，同时推荐参加生产试验。

13. H1867

1）产量表现

2019年区试产量（表2-5、表2-6、表2-9）6个核心点平均亩产729.0 kg，比郑单958（CK）平均亩产693.8 kg增产5.1%，居试验第十一位，试点4增2减；其它6个辅助点平均亩产695.4 kg，比郑单958（CK）平均亩产667.5 kg增产4.2%，居试验第十三位，试点4增2减；总平均亩产712.2 kg，比郑单958（CK）平均亩产680.7 kg增产4.6%，差异不显著，居试验第十二位，试点8增4减，增产点比率为66.7%。

2）特征特性

2019年（表2-10、表2-11）该品种生育期103天，与郑单958同熟；株高267 cm，穗位高104 cm；倒伏率1.0%（0.0%~11.4%）、倒折率0.1%（0.0%~1.2%），倒伏倒折率之和1.1%，且倒伏倒折率≥15.0%的试点比率为0.0%；空秆率0.6%；双穗率0.4%；小斑病为1~3级，茎腐病0.7%（0.0%~4.0%），穗腐病1~3级，弯孢菌叶斑病1~3级，瘤黑粉病0.1%，锈病1~7级；穗长17.2 cm，穗粗4.5 cm，穗行数16.2，行粒数34.9，出籽率88.3%，千粒重311.4 g；株型半紧凑；主茎叶片数19.2片；叶片颜色绿色；芽鞘浅紫色；第一叶形状圆到匙形；雄穗分枝中，雄穗颖片颜色绿色，花药黄色；花丝绿色，苞叶长度中；果穗筒型；籽粒半马齿型，黄粒；红轴。

3）抗病性鉴定

据2019年河南农业大学植保学院人工接种鉴定报告（表2-12）：该品种高抗瘤黑粉病；抗小斑病、镰孢菌穗腐病、弯孢叶斑病；中抗茎腐病、南方锈病。

4）品质分析

据2019年农业部农产品质量监督检验测试中心（郑州）对该品种多点套袋果穗的籽粒混合样品品质分析检验报告（表2-13）：粗蛋白质8.83%，粗脂肪4.6%，粗淀粉76.06%，赖氨酸0.28%，容重765 g/L。

5）试验建议

按照晋级标准，继续进行区域试验，同时推荐参加生产试验。

14. 智单705

1）产量表现

2019年区试产量（表2-5、表2-6、表2-9）6个核心点平均亩产720.3 kg，比郑单958（CK）平均亩产693.8 kg增产3.8%，居试验第十二位，试点4增2减；其它6个辅助点平均亩产701.4 kg，比郑单958（CK）平均亩产667.5 kg增产5.1%，居试验第九位，试点3

增3减；总平均亩产 710.9 kg，比郑单 958（CK）平均亩产 680.7 kg 增产 4.4%，差异不显著，居试验第十三位，试点 7 增 5 减，增产点比率为 58.3%。

2）特征特性

2019 年（表 2-10、表 2-11）该品种生育期 103 天，与郑单 958 同熟；株高 268 cm，穗位高 108 cm；倒伏率 2.2%（0.0%～10.2%）、倒折率 0.3%（0.0%～2.8%），倒伏倒折率之和 2.5%，且倒伏倒折率≥15.0%的试点比率为 0.0%；空秆率 0.4%；双穗率 0.3%；小斑病为 1～3 级，茎腐病 1.4%（0.0%～8.6%），穗腐病 1～3 级，弯孢菌叶斑病 1～3 级，瘤黑粉病 0.4%，锈病1～5 级；穗长 16.2 cm，穗粗 4.7 cm，穗行数 15.6，行粒数 30.7，出籽率 87.4%，千粒重 344.5 g；株型紧凑；主茎叶片数 19.4 片；叶片颜色绿色；芽鞘紫色；第一叶形状圆到匙形；雄穗分枝密，雄穗颖片颜色绿色，花药黄色；花丝浅紫色，苞叶长度短；果穗筒型；籽粒硬粒型，黄粒；白轴。

3）抗病性鉴定

据 2019 年河南农业大学植保学院人工接种鉴定报告（表 2-12）：该品种高抗茎腐病；抗小斑病、镰孢菌穗腐病、南方锈病；中抗弯孢叶斑病、瘤黑粉病。

4）品质分析

据 2019 年农业部农产品质量监督检验测试中心（郑州）对该品种多点套袋果穗的籽粒混合样品品质分析检验报告（表 2-13）：粗蛋白质 10.1%，粗脂肪 4.4%，粗淀粉 73.14%，赖氨酸 0.32%，容重 786 g/L。

5）试验建议

按照晋级标准，增产的试验点比例不达标，建议终止试验。

15. **五谷 403**

1）产量表现

2019 年区试产量（表 2-5、表 2-6、表 2-9）6 个核心点平均亩产 688.6 kg，比郑单 958（CK）平均亩产 693.8 kg 减产 0.7%，居试验第十六位，试点 3 增 3 减；其它 6 个辅助点平均亩产 693.1 kg，比郑单 958（CK）平均亩产 667.5 kg 增产 3.8%，居试验第十五位，试点 5 增 1 减；总平均亩产 690.9 kg，比郑单 958（CK）平均亩产 680.7 kg 增产 1.5%，差异不显著，居试验第十五位，试点 8 增 4 减，增产点比率为 66.7%。

2）特征特性

2019 年（表 2-10、表 2-11）该品种生育期 102 天，比郑单 958 早熟 1 天；株高 267 cm，穗位高 95 cm；倒伏率 0.0%、倒折率 0.2%（0.0%～1.6%），倒伏倒折率之和 0.2%，且倒伏倒折率≥15.0%的试点比率为 0.0%；空秆率 1.7%；双穗率 0.3%；小斑病为 1～3 级，茎腐病 9.6%（0.0%～43.3%），穗腐病 1～3 级，弯孢菌叶斑病 1～3 级，瘤黑粉病 0.1%，锈病1～5 级；穗长 17.3 cm，穗粗 4.5 cm，穗行数 14.0，行粒数 35.1，出籽率 87.4%，千粒重 324.3 g；株型半紧凑；主茎叶片数 18.7 片；叶片颜色绿色；芽鞘紫色；第一叶形状圆到匙形；雄穗分枝疏，雄穗颖片颜色绿色，花药浅紫色；花丝绿色，苞叶长度中；果穗筒型；籽粒半马齿型，黄粒；红轴。

3）抗病性鉴定

据 2019 年河南农业大学植保学院和河南科技学院人工接种鉴定报告（表 2-12）：该

品种高抗茎腐病、小斑病、镰孢菌穗腐病、南方锈病;抗弯孢叶斑病、瘤黑粉病。

4)品质分析

据2019年农业部农产品质量监督检验测试中心(郑州)对该品种多点套袋果穗的籽粒混合样品品质分析检验报告(表2-13):粗蛋白质9.43%,粗脂肪3.6%,粗淀粉75.51%,赖氨酸0.31%,容重776 g/L。

5)试验建议

按照晋级标准,建议继续参加区域试验,同时推荐参加生产试验。

16. **郑单**958

1)产量表现

2019年区试产量(表2-5、表2-6、表2-9)6个核心点平均亩产693.8 kg,居试验第十五位;其它6个辅助点平均亩产667.5 kg,居试验第十六位;总平均亩产680.7 kg,居试验第十六位。

2)特征特性

2019年(表2-10、表2-11)该品种生育期103天;株高252 cm,穗位高111 cm;倒伏率0.3%(0.0%~3.3%)、倒折率2.0%(0.0%~23.9%),倒伏倒折率之和2.3%,且倒伏倒折率≥15.0%的试点比率为8.3%;空秆率0.5%;双穗率0.3%;小斑病为1~5级,茎腐病6.0%(0.0%~28.0%),穗腐病1~3级,弯孢菌叶斑病1~5级,瘤黑粉病0.1%,锈病1~5级;穗长16.3 cm,穗粗4.8 cm,穗行数14.6,行粒数33.1,出籽率85.9%,千粒重327.5 g;株型紧凑;主茎叶片数19.5片;叶片颜色绿色;芽鞘浅紫色;第一叶形状圆到匙形;雄穗分枝密,雄穗颖片颜色绿色,花药浅紫色;花丝浅紫色,苞叶长度长;穗筒型;籽粒半马齿型,黄粒;白轴。

3)品质分析

据2019年农业部农产品质量监督检验测试中心(郑州)对该品种多点套袋果穗的籽粒混合样品品质分析检验报告(表2-13):粗蛋白质9.94%,粗脂肪4.3%,粗淀粉73.53%,赖氨酸0.31%,容重754 g/L。

4)试验建议

继续作为对照品种。

六、品种处理意见

(一)第八届河南省主要农作物品种审定委员会玉米专业委员会2019年区域试验年会会议纪要制定品种晋级标准如下:

1. 正常晋级标准

1)丰产性与稳产性:区域试验每年增产≥0.5%且两年平均≥3.0%,生产试验≥1.0%,增产点率≥60.0%;

2)抗倒折能力:倒伏倒折之和≤12.0%且倒伏倒折之和≥15.0%的试点比率≤25.0%;

3)抗病性:小斑病、茎腐病和穗腐病人工接种或田间自然发病均非高感;

4)品质:容重≥710 g/L,粗淀粉≥69.0%,粗蛋白≥8.0%,粗脂肪两年区域试验中有一年≥3.0%；

5）生育期：每年区域试验平均生育期比对照品种长≤1天；

6）专业委员会现场考察鉴定无严重缺陷；

7）DNA真实性检测合格、同名品种年际间一致；

8）转基因检测非阳性。

2. 交叉试验标准

1）普通品种：区域试验增产≥5.0%，增产点率≥70.0%，倒伏倒折之和≤8.0%，小斑病、茎基腐病和穗粒腐病人工接种或田间自然发病7级以下。

2）绿色品种：区域试验增产≥1.0%，增产点率≥60.0%，倒伏倒折之和≤8.0%，六种病害田间与接种均为中抗以上，其它指标与普通玉米相同。

（二）综合考评参试品种的各类性状表现，经玉米专业委员会讨论决定对参试品种的处理意见如下：

1. 推荐审定品种2个：沃优117、安丰137。

2. 推荐生产试验品种8个：郑原玉65、J9881、现代711、梦玉377、丰田1669、安丰139、H1867、五谷403。

3. 推荐继续区域试验品种8个：梦玉377、丰田1669、安丰139 、H1867、五谷403、郑原玉886、利合878、晟单182。

4. 沃优228、智单705终止试验。

七、问题及建议

2019年玉米生长季节，绝大部分试验点平均气温在整个玉米生育期比常年高，特别是大喇叭口期至抽雄吐丝期的高温干旱造成部分品种热害。各试验点降雨量在整个玉米生育期偏少，雨量不均，9月中旬玉米灌浆后期雨水偏多，个别试点后期茎腐病较重。在新品种选育过程中，加强品种生物和非生物抗性选择至关重要。

河南省农业科学院粮食作物研究所

2020年3月

第二节　5000 株/亩区域试验总结(B 组)

一、试验目的

根据 2019 年河南省主要农作物品种审定委员会玉米专业委员会会议的决定,设计本试验。旨在鉴定省内外新育成的优良玉米杂交种的丰产性、稳产性、抗逆性和适应性,为河南省玉米生产试验和国家玉米区域试验推荐参试品种,为玉米品种的审定与推广提供科学依据。

二、参试品种及承试单位

2019 年参加本组区域试验的品种 16 个,含对照品种郑单 958(CK)。其参试品种的名称、编号、年限、供种单位及承试单位见表 2-15。

表 2-15　2019 年河南省玉米 5000 株/亩区域试验 B 组参试品种及承试单位

<table>
<tr><th rowspan="2">参试品种名称</th><th colspan="2">参试编号</th><th rowspan="2">参试年限</th><th rowspan="2">供种单位(个人)</th><th rowspan="2">承试单位</th></tr>
<tr><th>核心点</th><th>辅助点</th></tr>
<tr><td>豫农丰 2 号</td><td>1</td><td>1</td><td>2</td><td>新乡市粒丰农科有限公司</td><td rowspan="16">核心点:
鹤壁市农业科学院
开封市农林科学研究院
河南黄泛区地神种业农科所
洛阳农林科学院
郑州圣瑞元种业有限公司
河南农业职业学院

辅助点:
嵩县农作物新品种研究所
河南平安种业有限公司
宝丰县农业科学研究所
郸城县农业科学研究所
河南先天下种业有限公司
河南滑丰种业科技有限公司</td></tr>
<tr><td>锦华 175</td><td>2</td><td>2</td><td>2</td><td>鹤壁市锦华玉米科学研究所</td></tr>
<tr><td>郑单 958</td><td>3</td><td>3</td><td></td><td>堵纯信</td></tr>
<tr><td>郑玉 7765</td><td>4</td><td>4</td><td>1</td><td>郑州市农林科学研究所</td></tr>
<tr><td>先玉 1879</td><td>5</td><td>5</td><td>1</td><td>铁岭先锋种子研究有限公司</td></tr>
<tr><td>高玉 66</td><td>6</td><td>6</td><td>2</td><td>高海龙</td></tr>
<tr><td>康瑞 104</td><td>7</td><td>7</td><td>2</td><td>郑州康瑞农业科技有限公司</td></tr>
<tr><td>隆平 115</td><td>8</td><td>8</td><td>1</td><td>河南隆平高科种业有限公司</td></tr>
<tr><td>丰大 611</td><td>9</td><td>9</td><td>1</td><td>安徽丰大种业股份有限公司</td></tr>
<tr><td>伟玉 718</td><td>10</td><td>10</td><td>1</td><td>郑州伟玉良种科技有限公司</td></tr>
<tr><td>润田 188</td><td>11</td><td>11</td><td>1</td><td>河南润田种业有限公司</td></tr>
<tr><td>润泉 6311</td><td>12</td><td>12</td><td>1</td><td>安徽海配农业科技有限公司</td></tr>
<tr><td>莲玉 88</td><td>13</td><td>13</td><td>1</td><td>河南圣源种业有限公司</td></tr>
<tr><td>伟科 819</td><td>14</td><td>14</td><td>1</td><td>郑州伟科作物育种科技有限公司</td></tr>
<tr><td>中航 612</td><td>15</td><td>15</td><td>1</td><td>北京华奥农科玉育种开发有限责任公司</td></tr>
<tr><td>隆禾玉 358</td><td>16</td><td>16</td><td>2</td><td>吴峥嵘</td></tr>
</table>

三、试验概况

(一)试验设计

按照全省统一试验方案,参试品种(含对照种)由省种子站进行密码编号。2019 年继续实行"核心试验点+辅助试验点"同时运行的试验管理模式,实施"试验点封闭"管理,但为了便于育种者、管理者、用种者等各方更加直观地了解参试品种的优缺点,在核心点采取了田间现场鉴定专家组一票否决高风险品种、设定田间试验开放日(灌浆中后期)让育种者观摩品种、成熟收获期由专家组测产验收等举措,以减少人为因素的干扰,确保试验的客观公正性。试验采用完全随机区组排列,重复三次,5 行区,种植密度为 5000 株/亩,小区面积为 20 m^2(0.03 亩)。成熟时只收中间 3 行计产,面积为 12 m^2(0.018 亩)。试验周围设保护区,重复间留走道 1 m。用小区产量结果进行方差分析,用 LSD 法测验品种间差异显著性。

(二)田间管理

根据试验方案要求,各承试单位都固定了专职技术人员负责此项工作,并认真选择试验地块,前茬收获后及时抢(造)墒播种,在 6 月 5 日至 6 月 15 日相继播种完毕,在 9 月 26 日至 10 月 12 日期间相继完成收获。在间定苗、中耕除草、追肥、治虫、灌排水等方面都比较及时认真,各试点玉米试验开展顺利、试验质量良好。

(三)气候特点及其影响

根据 2019 年承试单位提供的鹤壁、开封、西华、洛阳、镇平、中牟、南阳、沈丘等 18 处气象台(站)的资料分析(表 2-16),在玉米生育期的 6~9 月份,平均气温 26.5 ℃,比常年高 1.6 ℃;总降雨量 335.3 mm,比常年 445.5 mm 减少 110.2 mm;总日照时数 813.9 小时,比常年 753.1 小时增加 60.8 小时。

表 2-16 2019 年试验期间河南省气象资料统计

时间	平均气温(℃)			降雨量(mm)			日照时数(小时)		
	当年	历年	相差	当年	历年	相差	当年	历年	相差
6月上旬	27.4	24.8	2.6	36.8	23.0	13.8	81.4	72.1	9.3
6月中旬	27.8	26.0	1.7	26.3	20.7	5.6	67.2	71.4	-4.2
6月下旬	27.6	26.5	1.1	27.0	35.8	-8.8	60.8	67.4	-6.6
月计	82.8	77.3	5.5	90.1	79.5	10.5	209.4	210.9	-1.5
7月上旬	27.9	26.8	1.1	7.0	54.7	-47.7	75.6	60.5	15.0
7月中旬	28.2	26.9	1.4	17.0	57.2	-40.2	71.0	58.6	12.5
7月下旬	30.6	27.5	3.1	26.4	58.1	-31.8	77.0	68.2	8.8
月计	86.6	81.1	5.5	50.4	170.0	-119.6	223.6	187.3	36.3
8月上旬	27.7	27.1	0.6	104.5	46.5	58.0	49.0	62.7	-13.7
8月中旬	27.4	25.8	1.6	19.9	41.7	-21.8	79.6	59.1	20.5

续表 2-16

时间	平均气温(℃)			降雨量(mm)			日照时数(小时)		
	当年	历年	相差	当年	历年	相差	当年	历年	相差
8月下旬	26.1	24.5	1.6	21.5	36.0	-14.5	66.9	64.1	2.8
月计	81.1	77.4	3.7	145.9	124.2	21.7	195.5	185.9	9.6
9月上旬	24.8	22.9	1.9	5.5	29.3	-23.7	75.7	56.3	19.4
9月中旬	20.7	21.2	-0.5	36.8	21.9	14.9	23.0	53.1	-30.1
9月下旬	22.6	19.4	3.2	6.7	20.6	-14.0	86.7	59.6	27.1
月计	68.0	63.5	4.5	49.0	71.8	-22.8	185.4	169.0	16.4
6~9月合计	318.6	299.3	19.3	335.3	445.5	-110.2	813.9	753.1	60.8
6~9月合计平均	26.5	24.9	1.6	37.3	49.5	-12.2	90.4	83.7	6.8

注:历年值是指近30年的平均值。

从各试验点情况看:绝大部分试验点平均气温在整个玉米生育期比常年高,特别是7月到8月中旬的高温干旱造成部分品种热害。各试验点降雨量在整个玉米生育期偏少,雨量不均,除8月上旬、9月中旬降雨量偏多,其它时间普遍干旱。日照时数除6月中下旬、8月中旬、9月中旬外,其它时间比往年长。

2019年本密度组区域试验安排试验36点次,收到试点年终报告36份,经主持单位认真审核试点年终报告结果符合汇总要求,36份年终报告予以汇总。

四、试验结果及分析

2017年、2018年留试的5个品种2019年已完成两年区域试验程序,2017~2019年产量结果见表2-17。

表2-17 2017~2019年河南省玉米5000株/亩区域试验B组品种产量结果

2017年、2018年				2019年				两年平均		
品种名称	亩产(kg)	比CK(±%)	位次	品种名称	亩产(kg)	比CK(±%)	位次	品种名称	亩产(kg)	比CK(±%)
锦华175	704.2	15.9	1	锦华175	768.0	8.4	4	锦华175	737.5	11.7
康瑞104	664.2	9.3	9	康瑞104	764.0	7.9	5	康瑞104	716.3	8.5
郑单958	607.7	0.0	20	郑单958	708.2	0.0	14	郑单958	660.1	0.0
高玉66	652.6	8.6	5	高玉66	744.8	5.2	9	高玉66	702.9	6.6
隆禾玉358	619.9	3.1	13	隆禾玉358	706.3	-0.3	15	隆禾玉358	667.0	1.1

续表 2-17

2017 年、2018 年				2019 年				两年平均		
品种名称	亩产（kg）	比 CK（±%）	位次	品种名称	亩产（kg）	比 CK（±%）	位次	品种名称	亩产（kg）	比 CK（±%）
郑单 958	601	0.0	20	郑单 958	708.2	0.0	14	郑单 958	659.5	0.0
豫农丰 2 号	698.4	7.3	6	豫农丰 2 号	743.7	5.0	10	豫农丰 2 号	722.0	6.1
郑单 958	650.6	0.0	17	郑单 958	708.2	0.0	14	郑单 958	680.7	0.0

注:（1）2017 年豫农丰 2 号汇总 11 个试点，2018 年锦华 175、康瑞 104 汇总 11 个试点，高玉 66、隆禾玉 358 汇总 10 个试点；2019 年汇总 12 个试点。

（2）表中仅列出 2017 年、2018 年、2019 年完成区域试验程序的品种，平均亩产为加权平均数。

（一）联合方差分析

以 2019 年各试点小区产量为依据，进行联合方差分析得表 2-18、表 2-19。从表 2-18 看：试点间、品种间、品种与试点间差异均达显著标准，说明本组试验设计与布点科学合理，参试品种间存在着遗传基础优劣的显著性差异，不同品种在不同试点的表现也存在着显著性差异。

表 2-18　5000 株/亩区域试验 B 组联合方差分析

变异来源	自由度	平方和	方差	F 值	概率（小于 0.05 显著）
点内区组间	24	25.80469	1.07520	3.86527	0.000
试点间	11	2265.96875	205.99716	110.31583	0.000
品种间	15	127.85764	8.52384	4.56470	0.000
品种×试点	165	308.11111	1.86734	6.71298	0.000
随机误差	360	100.14063	0.27817		
总变异	575	2827.88281	总体 CV（%）= 3.941		

表 2-19　5000 株/亩区域试验 B 组多重比较结果（LSD 法）

参试品种名称	参试编号	小区均产（kg）	平均亩产（kg）	增减 CK（±%）	差异显著性		位次	增产点数	平产点数	减产点数	增产比率（%）
					0.05	0.01					
隆平 115	8	14.08083**	782.3	10.5	a	A	1	11	0	1	91.7
中航 612	15	14.01805**	778.8	10.0	ab	AB	2	12	0	0	100.0
伟科 819	14	13.83083**	768.4	8.5	abc	ABC	3	10	0	2	83.3

续表 2-19

参试品种名称	参试编号	小区均产（kg）	平均亩产（kg）	增减 CK（±%）	差异显著性		位次	增产点数	平产点数	减产点数	增产比率（%）
					0.05	0.01					
锦华 175	2	13.82361**	768.0	8.4	abc	ABC	4	11	0	1	91.7
康瑞 104	7	13.75139**	764.0	7.9	abc	ABCD	5	12	0	0	100.0
先玉 1879	5	13.67333**	759.6	7.3	abcd	ABCD	6	9	0	3	75.0
丰大 611	9	13.55972*	753.3	6.4	abcde	ABCDE	7	12	0	0	100.0
润泉 6311	12	13.42167*	745.6	5.3	bcde	ABCDEF	8	9	0	3	75.0
高玉 66	6	13.40555*	744.8	5.2	bcde	ABCDEF	9	10	0	2	83.3
豫农丰 2 号	1	13.38583*	743.7	5.0	bcde	ABCDEF	10	11	0	1	91.7
润田 188	11	13.23639	735.4	3.8	cdef	BCDEFG	11	8	0	4	66.7
伟玉 718	10	13.09056	727.3	2.7	def	CDEFG	12	7	0	5	58.3
郑玉 7765	4	12.95528	719.7	1.6	efg	DEFG	13	8	0	4	66.7
郑单 958	3	12.7475	708.2	0.0	fg	EFG	14	0	0	0	0.0
隆禾玉 358	16	12.71361	706.3	−0.3	fg	FG	15	8	0	4	66.7
莲玉 88	13	12.44889	691.6	−2.3	g	G	16	4	1	7	33.3

注:LSD0 0.05 =0.6377,LSD0 0.01 =0.8407。

从表 2-19 可知,参试品种产量之间存在差异。其中隆平 115、中航 612、伟科 819、锦华 175、康瑞 104、先玉 1879 分别比郑单 958 增产 7.3%~10.5%,差异极显著;丰大 611、润泉 6311、高玉 66、豫农丰 2 号分别比郑单 958 增产 5.0%~6.4%,差异显著;其它品种比郑单 958 增减产不显著。

参试品种两小组试验总平均产量见表 2-20。

表 2-20　参试品种两小组试验总平均产量

参试品种名称	核心点产量（kg/亩）	增减 CK（±%）	位次	增产点数	减产点数	辅助点产量（kg/亩）	增减 CK（±%）	位次	增产点数	平产点数	减产点数
隆平 115	754.0	10.0	3	6	0	810.5	10.9	1	5	0	1
中航 612	762.7	11.3	2	6	0	794.9	8.7	3	6	0	0
伟科 819	771.7	12.6	1	6	0	765.1	4.7	10	4	0	2

续表 2-20

参试品种名称	核心点产量（kg/亩）	增减 CK（±%）	位次	增产点数	减产点数	辅助点产量（kg/亩）	增减 CK（±%）	位次	增产点数	平产点数	减产点数
锦华 175	751.2	9.6	4	6	0	784.8	7.4	4	5	0	1
康瑞 104	729.4	6.4	8	6	0	798.5	9.2	2	6	0	0
先玉 1879	742.7	8.4	5	4	2	776.5	6.2	5	5	0	1
丰大 611	738.5	7.7	6	6	0	768.1	5.1	8	6	0	0
润泉 6311	733.5	7.0	7	6	0	757.7	3.7	11	3	0	3
高玉 66	722.1	5.4	10	5	1	767.4	5.0	9	5	0	1
豫农丰 2 号	715.6	4.4	11	5	1	771.8	5.6	7	6	0	0
润田 188	723.4	5.5	9	5	1	747.3	2.2	13	3	0	3
伟玉 718	680.7	-0.7	14	3	3	773.8	5.9	6	4	0	2
郑玉 7765	682.5	-0.4	13	3	3	757.0	3.6	12	5	0	1
郑单 958	685.4	0.0	12			731.0	0.0	16		12	
隆禾玉 358	677.8	-1.1	15	3	3	734.8	0.5	14	5	0	1
莲玉 88	650.8	-5.0	16	2	4	732.4	0.2	15	2	1	3

（二）丰产性稳定性分析

通过丰产性和稳产性参数分析，结果表明（表 2-21）：隆平 115、中航 612 表现很好；伟科 819、锦华 175、康瑞 104、先玉 1879、丰大 611 等品种表现好；莲玉 88 表现较差，其余品种表现较好或一般。

表 2-21　2019 年河南省玉米品种 5000 株/亩区域试验 B 组品种丰产稳定性分析

品种	编号	丰产性参数		稳定性参数			适应地区	综合评价（供参考）
		产量	效应	方差	变异度	回归系数		
隆平 115	8	14.0808	0.6969	0.4640	4.8398	1.0045	E1~E12	很好
中航 612	15	14.0181	0.6341	0.1230	2.5000	1.0052	E1~E12	很好
伟科 819	14	13.8308	0.4469	0.4500	4.8508	0.9904	E1~E12	好
锦华 175	2	13.8236	0.4397	0.3680	4.3896	0.9094	E1~E12	好
康瑞 104	7	13.7514	0.3674	0.2700	3.7786	1.0678	E1~E12	好

续表 2-21

品种	编号	丰产性参数		稳定性参数			适应地区	综合评价（供参考）
		产量	效应	方差	变异度	回归系数		
先玉 1879	5	13.6733	0.2894	0.4250	4.7652	1.0893	E1～E12	好
丰大 611	9	13.5597	0.1758	0.1660	3.0090	1.0041	E1～E12	好
润泉 6311	12	13.4217	0.0377	0.3050	4.1152	0.9271	E1～E12	较好
高玉 66	6	13.4056	0.0216	0.5300	5.4304	1.0362	E1～E12	较好
豫农丰 2 号	1	13.3858	0.0019	0.2500	3.7323	0.8939	E1～E12	较好
润田 188	11	13.2364	−0.1476	0.6260	5.9760	0.9893	E1～E12	较好
伟玉 718	10	13.0906	−0.2934	1.4690	9.2578	1.2226	E1～E12	一般
郑玉 7765	4	12.9553	−0.4287	1.0440	7.8866	0.8299	E1～E12	一般
郑单 958	3	12.7475	−0.6364	0.1990	3.4954	0.8958	E1～E12	一般
隆禾玉 358	16	12.7136	−0.6703	1.3930	9.2846	1.1650	E1～E12	一般
莲玉 88	13	12.4489	−0.9351	1.2540	8.9967	0.9696	E1～E12	较差

注：E1 代表洛阳，E2 代表镇平，E3 代表开封，E4 代表黄泛区，E5 代表鹤壁，E6 代表中牟，E7 代表郾城，E8 代表滑县，E9 代表邓州，E10 代表嵩县，E11 代表温县，E12 代表郸城。

（三）试验可靠性评价

从汇总试点试验误差变异系数看（表 2-22），各试点的 CV 小于 10%，说明这些试点管理比较精细，试验误差较小，数据准确可靠，符合实际，可以汇总。

表 2-22　各试点试验误差变异系数

试点	CV（%）	试点	CV（%）	试点	CV（%）	试点	CV（%）
黄泛区	5.550	鹤壁	3.618	开封	6.323	镇平	2.700
洛阳	2.123	中牟	4.701	郸城	2.195	温县	2.802
滑县	3.284	邓州	1.957	郾城	2.174	嵩县	5.326

（四）各品种产量结果汇总

各品种在不同试点的产量结果列于表 2-23。

表 2-23　2019 年河南省玉米 5000 株/亩 B 组区域试验品种产量结果汇总

试点	品种											
	豫农丰 2 号			锦华 175			郑单 958			郑玉 7765		
	亩产（kg）	比 CK（±%）	位次	亩产（kg）	比 CK（±%）	位次	亩产（kg）	比 CK（±%）	位次	亩产（kg）	比 CK（±%）	位次
洛阳	746.5	6.1	10	787.0	11.9	4	703.5	0.0	12	699.8	−0.5	13
镇平	703.7	5.1	6	706.7	5.6	4	669.4	0.0	12	694.3	3.7	10

续表 2-23

试点	品种											
	豫农丰 2 号			锦华 175			郑单 958			郑玉 7765		
	亩产（kg）	比 CK（±%）	位次	亩产（kg）	比 CK（±%）	位次	亩产（kg）	比 CK（±%）	位次	亩产（kg）	比 CK（±%）	位次
开封	682.2	0.9	14	784.6	16.1	6	675.9	0.0	15	638.7	−5.5	16
黄泛区	578.0	7.1	7	622.8	15.4	3	539.8	0.0	13	568.3	5.3	10
鹤壁	893.5	7.6	9	898.1	8.2	6	830.2	0.0	14	779.6	−6.1	16
中牟	689.4	−0.6	13	708.0	2.1	6	693.5	0.0	12	714.1	3.0	2
核心点平均	715.6	4.4	11	751.2	9.6	4	685.4	0.0	12	682.5	−0.4	13
郾城	783.3	2.3	9	866.1	13.2	4	765.4	0.0	10	685.4	−10.5	15
滑县	796.9	8.7	10	796.1	8.6	11	733.3	0.0	15	766.9	4.6	14
邓州	620.2	12.4	1	608.0	10.2	4	551.9	0.0	14	610.9	10.7	2
嵩县	937.8	4.2	9	907.6	0.8	13	900.4	0.0	14	964.4	7.1	5
温县	808.1	2.2	11	888.3	12.4	1	790.4	0.0	12	855.9	8.3	5
郸城	684.3	6.2	6	642.4	−0.3	14	644.6	0.0	11	658.5	2.2	8
辅助点平均	771.8	5.6	7	784.8	7.4	4	731.0	0.0	16	757.0	3.6	12
汇总	743.7	5.0	10	768.0	8.4	4	708.2	0.0	14	719.7	1.6	13
CV(%)	14.234			14.253			14.876			15.195		

试点	品种											
	先玉 1879			高玉 66			康瑞 104			隆平 115		
	亩产（kg）	比 CK（±%）	位次	亩产（kg）	比 CK（±%）	位次	亩产（kg）	比 CK（±%）	位次	亩产（kg）	比 CK（±%）	位次
洛阳	763.5	8.5	8	767.6	9.1	6	763.7	8.6	7	794.6	12.9	3
镇平	654.1	−2.3	13	695.7	3.9	9	712.4	6.4	2	712.6	6.5	1
开封	822.4	21.7	2	822.0	21.6	3	736.1	8.9	11	807.4	19.5	4
黄泛区	566.1	4.9	11	473.3	−12.3	14	574.8	6.5	9	624.6	15.7	2
鹤壁	967.4	16.5	2	873.1	5.2	13	894.6	7.8	8	890.9	7.3	10
中牟	682.8	−1.5	14	700.6	1.0	9	694.6	0.2	10	693.9	0.1	11
核心点平均	742.7	8.4	5	722.1	5.4	10	729.4	6.4	8	754.0	10.0	3

续表 2-23

试点	品种											
	先玉 1879			高玉 66			康瑞 104			隆平 115		
	亩产（kg）	比 CK（±%）	位次	亩产（kg）	比 CK（±%）	位次	亩产（kg）	比 CK（±%）	位次	亩产（kg）	比 CK（±%）	位次
郾城	726. 9	-5. 0	13	812. 2	6. 1	7	865. 0	13. 0	5	885. 7	15. 7	2
滑县	832. 6	13. 5	6	835. 4	13. 9	5	853. 7	16. 4	1	841. 5	14. 8	2
邓州	607. 4	10. 1	5	596. 5	8. 1	8	559. 4	1. 4	12	548. 9	-0. 5	16
嵩县	959. 3	6. 5	7	914. 1	1. 5	12	959. 8	6. 6	6	970. 4	7. 8	4
温县	853. 1	7. 9	6	790. 0	-0. 1	13	862. 6	9. 1	4	868. 5	9. 9	3
郸城	680. 0	5. 5	7	656. 5	1. 8	9	690. 7	7. 2	4	748. 1	16. 1	1
辅助点平均	776. 5	6. 2	5	767. 4	5. 0	9	798. 5	9. 2	2	810. 5	10. 9	1
汇总	759. 6	7. 3	6	744. 8	5. 2	9	764. 0	7. 9	5	782. 3	10. 5	1
CV(%)	17. 124			16. 900			16. 493			15. 550		

试点	品种											
	丰大 611			伟玉 718			润田 188			润泉 6311		
	亩产（kg）	比 CK（±%）	位次	亩产（kg）	比 CK（±%）	位次	亩产（kg）	比 CK（±%）	位次	亩产（kg）	比 CK（±%）	位次
洛阳	755. 0	7. 3	9	797. 8	13. 4	2	692. 2	-1. 6	14	743. 9	5. 7	11
镇平	710. 7	6. 2	3	567. 0	-15. 3	16	675. 9	1. 0	11	702. 0	4. 9	7
开封	770. 4	14. 0	7	739. 6	9. 4	10	742. 8	9. 9	9	766. 7	13. 4	8
黄泛区	585. 2	8. 4	6	459. 8	-14. 8	15	544. 1	0. 8	12	596. 7	10. 5	5
鹤壁	902. 4	8. 7	5	898. 0	8. 2	7	975. 9	17. 5	1	882. 8	6. 3	12
中牟	707. 4	2. 0	7	622. 2	-10. 3	16	709. 6	2. 3	4	709. 3	2. 3	5
核心点平均	738. 5	7. 7	6	680. 7	-0. 7	14	723. 4	5. 5	9	733. 5	7. 0	7
郾城	787. 2	2. 8	8	892. 0	16. 5	1	710. 4	-7. 2	14	750. 2	-2. 0	11
滑县	769. 6	5. 0	13	717. 2	-2. 2	16	831. 9	13. 4	7	783. 3	6. 8	12
邓州	555. 0	0. 6	13	604. 4	9. 5	6	580. 6	5. 2	10	608. 5	10. 3	3
嵩县	972. 0	8. 0	3	933. 5	3. 7	11	893. 3	-0. 8	15	988. 0	9. 7	1
温县	829. 8	5. 0	9	874. 6	10. 7	2	780. 7	-1. 2	14	773. 0	-2. 2	15
郸城	695. 0	7. 8	3	620. 7	-3. 7	15	686. 9	6. 6	5	643. 5	-0. 2	13

续表 2-23

试点	品种											
	丰大 611			伟玉 718			润田 188			润泉 6311		
	亩产（kg）	比 CK（±%）	位次	亩产（kg）	比 CK（±%）	位次	亩产（kg）	比 CK（±%）	位次	亩产（kg）	比 CK（±%）	位次
辅助点平均	768.1	5.1	8	773.8	5.9	6	747.3	2.2	13	757.7	3.7	11
汇总	753.3	6.4	7	727.3	2.7	12	735.4	3.8	11	745.6	5.3	8
CV(%)	15.632			21.158			16.596			14.847		

试点	品种											
	莲玉 88			伟科 819			中航 612			隆禾玉 358		
	亩产（kg）	比 CK（±%）	位次	亩产（kg）	比 CK（±%）	位次	亩产（kg）	比 CK（±%）	位次	亩产（kg）	比 CK（±%）	位次
洛阳	625.4	-11.1	16	807.8	14.8	1	781.9	11.1	5	681.5	-3.1	15
镇平	582.6	-13.0	15	704.8	5.3	5	698.5	4.3	8	613.0	-8.4	14
开封	684.3	1.2	13	844.4	24.9	1	806.7	19.4	5	730.6	8.1	12
黄泛区	575.6	6.6	8	615.2	14.0	4	625.9	16.0	1	444.8	-17.6	16
鹤壁	810.4	-2.4	15	941.9	13.5	4	952.0	14.7	3	890.6	7.3	11
中牟	626.7	-9.6	15	715.9	3.2	1	711.1	2.5	3	706.3	1.8	8
核心点平均	650.8	-5.0	16	771.7	12.6	1	762.7	11.3	2	677.8	-1.1	15
郾城	871.9	13.9	3	743.5	-2.9	12	839.1	9.6	6	587.8	-23.2	16
滑县	810.7	10.6	8	840.4	14.6	4	804.1	9.7	9	841.3	14.7	3
邓州	551.9	0.0	14	580.9	5.3	9	602.4	9.2	7	565.9	2.5	11
嵩县	865.2	-3.9	16	935.7	3.9	10	976.3	8.4	2	954.4	6.0	8
温县	772.0	-2.3	16	846.1	7.0	8	850.4	7.6	7	814.1	3.0	10
郸城	522.8	-18.9	16	643.9	-0.1	12	697.0	8.1	2	645.6	0.2	10
辅助点平均	732.4	0.2	15	765.1	4.7	10	794.9	8.7	3	734.8	0.5	14
汇总	691.6	-2.3	16	768.4	8.5	3	778.8	10.0	2	706.3	-0.3	15
CV(%)	18.467			15.606			15.064			20.961		

(五)田间性状调查结果

各品种田间性状调查汇总结果见表 2-24。

表 2-24　2019 年河南省玉米 5000 株/亩区域试验 B 组品种田间观察记载结果

品种	生育期（天）	株高（cm）	穗位高（cm）	倒伏率（%）	倒折率（%）	空秆率（%）	双穗率（%）
豫农丰 2 号	102	264	101	0.5(0.0~3.2)	0.1(0.0~0.7)	1.1	0.8
锦华 175	103	288	120	2.4(0.0~15)	0.5(0.0~6.2)	1.2	0.9
郑单 958	102	259	113	1.5(0.0~12)	0.6(0.0~5.6)	0.9	1.2
郑玉 7765	101	267	102	0.0(0.0~0.0)	0.1(0.0~1)	0.7	0.8
先玉 1879	101	269	103	1.4(0.0~15.1)	0.4(0.0~2.2)	0.7	0.3
高玉 66	101	294	107	3.3(0.0~19.5)	0.7(0.0~7.3)	1.3	0.7
康瑞 104	102	274	115	2.7(0.0~13.6)	0.7(0.0~6.2)	0.7	1.0
隆平 115	102	302	117	4.6(0.0~16)	0.7(0.0~5.3)	1.8	1.1
丰大 611	103	271	114	3.6(0.0~25)	0.7(0.0~6.8)	0.7	0.5
伟玉 718	102	277	109	3.3(0.0~10.6)	0.0(0.0~0.4)	2.3	0.1
润田 188	102	299	122	1.4(0.0~10.3)	0.5(0.0~5.3)	1.0	0.5
润泉 6311	102	283	112	0.0(0.0~0.0)	0.1(0.0~0.8)	0.7	0.8
莲玉 88	101	254	97	0.9(0.0~5.3)	0.0(0.0~0.0)	2.0	0.1
伟科 819	102	275	112	1.7(0.0~12.5)	1.2(0.0~12.3)	1.2	0.4
中航 612	102	282	114	0.6(0.0~7.7)	0.7(0.0~7)	0.8	0.4
隆禾玉 358	102	274	111	2.5(0.0~15.5)	0.6(0.0~6.2)	3.0	0.2

品种	小斑病（级）	茎腐病（级）	穗腐病（级）	弯孢菌（级）	瘤黑粉病（%）	锈病（级）
豫农丰 2 号	1~5	8.2(0.0~22)	1~3	1~3	0.3	1~5
锦华 175	1~3	1.2(0.0~6)	1~3	1~3	0.3	1~5
郑单 958	1~5	6.1(0.0~35)	1~3	1~3	0.3	1~5
郑玉 7765	1~5	1.5(0.0~6)	1~5	1~3	0.3	1~5
先玉 1879	1~3	2.7(0.0~12)	1~3	1~3	0.1	1~5
高玉 66	1~5	1.2(0.0~5.5)	1~3	1~3	0.1	1~7
康瑞 104	1~3	9.2(0.0~66)	1~3	1~3	0.4	1~5
隆平 115	1~3	6.7(0.0~42)	1~3	1~3	0.2	1~7
丰大 611	1~5	1.3(0.0~8)	1~3	1~3	0.3	1~5
伟玉 718	1~5	5.0(0.0~52)	1~3	1~3	0.0	1~5
润田 188	1~3	5.2(0.0~30)	1~3	1~5	0.6	1~5
润泉 6311	1~5	2.5(0.0~16)	1~5	1~3	0.2	1~7
莲玉 88	1~5	17.6(0.0~73.1)	1~5	1~3	0.2	1~7
伟科 819	1~3	3.8(0.0~16.4)	1~3	1~3	0.4	1~3
中航 612	1~3	0.9(0.0~3)	1~5	1~3	0.2	1~3
隆禾玉 358	1~3	4.4(0.0~40)	1~3	1~5	0.0	1~7

续表 2-24

品种	株型	芽鞘色	第一叶形状	叶片颜色	雄穗分枝	雄穗颖片颜色	花药颜色
豫农丰 2 号	紧凑	紫	圆到匙形	绿	密	绿	黄
锦华 175	紧凑	紫	圆到匙形	绿	中	浅紫	浅紫
郑单 958	紧凑	紫	圆到匙形	绿	密	浅紫	浅紫
郑玉 7765	紧凑	紫	圆到匙形	绿	中	浅紫	紫
先玉 1879	半紧凑	紫	圆到匙形	绿	疏	绿	黄
高玉 66	紧凑	紫	圆到匙形	绿	中	浅紫	浅紫
康瑞 104	半紧凑	紫	圆到匙形	绿	中	浅紫	浅紫
隆平 115	半紧凑	浅紫	圆到匙形	绿	中	浅紫	紫
丰大 611	紧凑	紫	圆到匙形	绿	密	浅紫	黄
伟玉 718	紧凑	紫	圆到匙形	绿	中	浅紫	浅紫
润田 188	半紧凑	紫	圆到匙形	绿	中	浅紫	紫
润泉 6311	半紧凑	浅紫	圆到匙形	绿	中	浅紫	浅紫
莲玉 88	半紧凑	浅紫	圆到匙形	绿	密	浅紫	浅紫
伟科 819	半紧凑	紫	圆到匙形	绿	疏	浅紫	浅紫
中航 612	紧凑	紫	圆到匙形	绿	密	浅紫	紫
隆禾玉 358	紧凑	紫	圆到匙形	绿	中	浅紫	紫

品种	花丝颜色	苞叶长短	穗型	轴色	粒型	粒色	全生育期叶数
豫农丰 2 号	浅紫	长	筒	红	半马齿	黄	19.1
锦华 175	浅紫	中	筒	红	半马齿	黄	19.5
郑单 958	浅紫	长	筒	白	半马齿	黄	19.7
郑玉 7765	浅紫	短	筒	红	半马齿	黄	18.5
先玉 1879	浅紫	中	筒	红	半马齿	黄	19.2
高玉 66	浅紫	长	筒	红	半马齿	黄	18.2
康瑞 104	绿	中	筒	红	马齿	黄	19.1
隆平 115	浅紫	中	筒	红	半马齿	黄	19.3
丰大 611	浅紫	长	筒	白	马齿	黄	19.8
伟玉 718	浅紫	中	筒	红	半马齿	黄	18.7
润田 188	浅紫	中	筒	红	硬粒	黄	19.4
润泉 6311	绿	短	筒	红	半马齿	黄	18.5
莲玉 88	绿	中	筒	红	马齿	黄	19.0
伟科 819	绿	长	筒	红	马齿	黄	19.0
中航 612	浅紫	长	筒	红	半马齿	黄	19.2
隆禾玉 358	浅紫	中	筒	红	半马齿	黄	19.2

(六)室内考种结果

各品种室内考种结果见表 2-25。

表 2-25　2019 年河南省玉米 5000 株/亩区域试验 B 组品种室内考种结果

项目品种	品种编号	穗长(cm)	穗粗(cm)	穗行数	行粒数	虚尖长(cm)	轴粗(cm)	穗粒重(g)	出籽率(%)	千粒重(g)
豫农丰 2 号	1	17.5	4.6	15.6	35.8	0.7	2.4	171.6	89.7	326.1
锦华 175	2	16.6	4.9	15.8	33.4	0.6	2.5	162.0	88.1	336.5
郑单 958	3	16.4	4.9	15.0	32.5	0.4	2.7	156.9	87.0	337.2
郑玉 7765	4	18.9	4.4	14.8	37.1	1.2	2.6	156.1	86.0	304.0
先玉 1879	5	17.0	5.0	17.4	33.1	0.9	2.8	173.1	86.6	325.5
高玉 66	6	16.2	4.9	16.1	32.4	0.3	2.5	161.0	88.7	334.3
康瑞 104	7	17.5	4.9	16.5	32.4	1.4	2.6	166.6	88.1	344.5
隆平 115	8	18.1	4.9	16.7	31.6	1.1	2.6	173.8	87.1	352.0
丰大 611	9	15.7	5.2	16.1	33.0	0.1	3.0	170.6	87.5	335.1
伟玉 718	10	16.6	5.1	16.7	29.0	1.5	2.8	168.0	85.5	363.2
润田 188	11	16.4	4.9	16.2	32.4	1.2	2.8	156.6	85.9	323.8
润泉 6311	12	18.0	4.8	15.8	31.3	1.4	2.7	153.2	86.9	333.7
莲玉 88	13	16.6	4.9	18.0	30.8	0.7	2.6	148.9	88.3	307.6
伟科 819	14	16.3	5.1	19.2	31.7	1.1	2.8	170.1	87.3	309.2
中航 612	15	17.6	4.9	16.5	32.4	1.0	2.6	163.0	87.4	333.3
隆禾玉 358	16	16.9	5.1	16.2	29.9	1.3	2.8	160.7	85.2	366.0

(七)抗病性接种鉴定结果

各品种抗病性接种鉴定结果见表 2-26。

表 2-26　2019 年河南省玉米 5000 株/亩区域试验 B 组品种抗病性鉴定结果

品种	茎腐病		小斑病		镰孢菌穗腐病		弯孢叶斑病		瘤黑粉病		南方锈病	
	病株率(%)	抗性评价	病级	抗性评价	平均病级	抗性评价	病级	抗性评价	病株率(%)	抗性评价	病级	抗性评价
豫农丰 2 号	31.48	感病	9	高感	2.6	抗病	7	感病	3.3	高抗	3	抗病
锦华 175	1.85	高抗	5	中抗	1.5	高抗	5	中抗	6.7	抗病	5	中抗

续表 2-26

品种	茎腐病		小斑病		镰孢菌穗腐病		弯孢叶斑病		瘤黑粉病		南方锈病	
	病株率（%）	抗性评价	病级	抗性评价	平均病级	抗性评价	病级	抗性评价	病株率（%）	抗性评价	病级	抗性评价
郑玉 7765	60.00	高感	3	抗病	1.6	抗病	7	感病	13.3	中抗	3	抗病
先玉 1879	33.33	感病	3	抗病	1.9	抗病	7	感病	0.0	高抗	3	抗病
高玉 66	0.00	高抗	7	感病	1.6	抗病	3	抗病	3.3	高抗	3	抗病
康瑞 104	3.33	高抗	5	中抗	1.8	抗病	7	感病	3.3	高抗	3	抗病
隆平 115	16.67	中抗	3	抗病	6.6	感病	5	中抗	16.7	中抗	5	中抗
丰大 611	24.07	中抗	1	高抗	1.7	抗病	7	感病	0.0	高抗	3	抗病
伟玉 718	0.00	高抗	5	中抗	1.7	抗病	5	中抗	6.7	抗病	1	高抗
润田 188	0.00	高抗	5	中抗	1.6	抗病	5	中抗	13.3	中抗	1	高抗
润泉 6311	18.52	中抗	3	抗病	1.7	抗病	7	感病	10.0	抗病	3	抗病
莲玉 88	35.19	感病	5	中抗	1.9	抗病	3	抗病	16.7	中抗	5	中抗
伟科 819	9.26	抗病	5	中抗	2.0	抗病	7	感病	0.0	高抗	3	抗病
中航 612	0.00	高抗	1	高抗	1.3	高抗	5	中抗	3.3	高抗	1	高抗
隆禾玉 358	0.00	高抗	1	高抗	1.4	高抗	5	中抗	6.7	抗病	7	感病

(八)品质分析结果

参加区域试验品种籽粒品质分析结果见表 2-27。

表 2-27　2019 年河南省玉米 5000 株/亩区域试验 B 组品种品质分析结果

品种名称	品种编号	容重（g/L）	水分（%）	粗蛋白质（%）	粗脂肪（%）	粗淀粉（%）	赖氨酸（%）
豫农丰 2 号	1	776	10.3	9.92	4.0	74.34	0.33
锦华 175	2	752	10.5	9.45	3.9	73.59	0.32
郑单 958	3	754	9.58	9.94	4.3	73.53	0.31
郑玉 7765	4	782	9.91	10.0	3.4	75.98	0.32
先玉 1879	5	762	10.7	8.90	3.8	74.99	0.30
高玉 66	6	764	10.6	9.95	3.4	74.56	0.33
康瑞 104	7	760	10.8	10.0	3.7	75.11	0.33

续表 2-27

品种名称	品种编号	容重(g/L)	水分(%)	粗蛋白质(%)	粗脂肪(%)	粗淀粉(%)	赖氨酸(%)
隆平 115	8	772	10. 5	9. 89	4. 0	74. 34	0. 33
丰大 611	9	734	10. 7	9. 68	3. 3	75. 95	0. 31
伟玉 718	10	774	10. 0	10. 3	3. 5	75. 56	0. 34
润田 188	11	790	9. 13	10. 7	4. 2	73. 95	0. 33
润泉 6311	12	752	10. 3	9. 70	4. 8	73. 36	0. 33
莲玉 88	13	736	9. 84	10. 3	4. 2	75. 06	0. 33
伟科 819	14	768	10. 8	9. 43	3. 9	76. 63	0. 30
中航 612	15	757	10. 6	9. 62	3. 9	76. 40	0. 32
隆禾玉 358	16	779	10. 5	10. 3	3. 9	76. 00	0. 32

注:蛋白质、脂肪、赖氨酸、粗淀粉均为干基数据。容重检测依据 GB/T 5498—2013,水分检测依据 GB 5009. 3—2016,脂肪(干基)检测依据 GB 5009. 6—2016,蛋白质(干基)检测依据 GB 5009. 5—2016,粗淀粉(干基)检测依据 NY/T 11—1985,赖氨酸(干基)检测依据 GB 5009. 124—2016。

(九)DNA 检测比较结果

河南省目前对第一年区域试验和生产试验品种进行 DNA 指纹检测同名品种以及疑似品种,比较结果见表 2-28。

先玉 1879、隆平 115、丰大 611、伟玉 718、润田 188、润泉 6311、莲玉 88、伟科 819、中航 612 与已知 SSR 指纹品种间 DNA 指纹差异位点数均≥2 ,未筛查出疑似品种。

表 2-28　2019 年河南省玉米 5000 株/亩区域试验 B 组 DNA 检测同名品种比较结果表

序号	待测样品		对照样品			比较位点数	差异位点数	结论
	样品编号	样品名称	样品编号	样品名称	来源			
1	MHN1900049	润泉 6311	BGG5935	润泉 6311	农业部征集审定品种	40	0	极近似或相同
2	MHN1900077	豫农丰 2 号	MHN387	豫农丰 2 号	2017 年河南区域试验 5000 组	40	0	极近似或相同

五、品种评述及建议

(一)第二年区域试验品种

1. **锦华** 175

1)产量表现

2018 年区试产量 5 个核心点平均亩产 717. 9 kg,比郑单 958(CK)平均亩产 607. 2 kg 增产 18. 2%,居试验第二位,试点 5 增 0 减;其它 6 个辅助点平均亩产 692. 8 kg,比郑单

958(CK)平均亩产 608.2 kg 增产 13.9%,居试验第一位,试点 6 增 0 减;总平均亩产 704.2 kg,比郑单 958(CK)平均亩产 607.7 kg 增产 15.9%,差异极显著,居试验第一位,试点 11 增 0 减,增产点比率为 100%。

2019 年区试产量(表 2-19、表 2-20、表 2-23)6 个核心点平均亩产 751.2 kg,比郑单 958(CK)平均亩产 685.4 kg 增产 9.6%,居试验第四位,试点 6 增 0 减;6 个辅助点平均亩产 784.8 kg,比郑单 958(CK)平均亩产 731.0 kg 增产 7.4%,居试验第四位,试点 5 增 1 减;总平均亩产 768.0 kg,比郑单 958(CK)平均亩产 708.2 kg 增产 8.4%,差异极显著,居试验第四位,试点 11 增 1 减,增产点比率为 91.7%。

综合两年 23 点次的区试结果(表 2-17):该品种平均亩产 737.5 kg,比郑单 958(CK)平均亩产 660.1 kg 增产 11.7%;增产点数:减产点数=22:1,增产点比率为 95.7%。

2)特征特性

2018 年该品种生育期 103 天,与郑单 958 同熟;株高 281 cm,穗位高 108 cm;倒伏率 0.7%(0.0%~5.5%)、倒折率 0.6%(0.0%~3.1%),倒伏倒折率之和 1.3%,且倒伏倒折率≥15.0%的试点比率为 0.0%;空秆率 0.4%;小斑病为 1~3 级,茎腐病 2.9%(0.0%~8.8%),穗腐病 1~3 级,弯孢菌叶斑病 1~5 级,瘤黑粉病 0.6%,锈病 1~5 级;穗长 16.8 cm,穗粗 4.7 cm,穗行数 15.9,行粒数 33.8,出籽率 88.3%,千粒重 313.9 g;株型紧凑;主茎叶片数 19.5 片;叶片颜色绿色;芽鞘紫色;第一叶形状圆形;雄穗分枝中,雄穗颖片颜色绿色,花药黄色;花丝浅紫色,苞叶长度中;果穗筒型;籽粒半马齿型,黄粒;红轴。

2019 年(表 2-24、表 2-25)该品种生育期 103 天,比郑单 958 晚熟 1 天;株高 288 cm,穗位高 120 cm;倒伏率 2.4%(0.0%~15.0%)、倒折率 0.5%(0.0%~6.2%),倒伏倒折率之和 2.9%,且倒伏倒折率≥15.0%的试点比率为 16.7%;空秆率 1.2%;双穗率 0.9%;小斑病为 1~3 级,茎腐病 1.2%(0.0%~6.0%),穗腐病 1~3 级,弯孢菌叶斑病 1~3 级,瘤黑粉病 0.3%,锈病 1~5 级;穗长 16.6 cm,穗粗 4.9 cm,穗行数 15.8,行粒数 33.4,出籽率 88.1%,千粒重 336.5 g;株型紧凑;主茎叶片数 19.5 片;叶片颜色绿色;芽鞘紫色;第一叶形状圆到匙形;雄穗分枝中等,雄穗颖片颜色浅紫色,花药浅紫色;花丝浅紫色,苞叶长度中;果穗筒型;籽粒半马齿型,黄粒;红轴。

3)抗病性鉴定

据 2018 年河南农业大学植保学院人工接种鉴定报告:该品种抗镰孢菌穗腐病;中抗小斑病、瘤黑粉病;感镰孢菌茎腐病、南方锈病;高感弯孢霉叶斑病。

据 2019 年河南农业大学植保学院人工接种鉴定报告(表 2-26):该品种高抗茎腐病、镰孢菌穗腐病;抗瘤黑粉病;中抗小斑病、弯孢叶斑病、南方锈病。

4)品质分析

据 2018 年农业部农产品质量监督检验测试中心(郑州)对该品种多点套袋果穗的籽粒混合样品品质分析检验报告:粗蛋白质 9.62%,粗脂肪 4.9%,粗淀粉 71.88%,赖氨酸 0.32%,容重 746 g/L。

据 2019 年农业部农产品质量监督检验测试中心(郑州)对该品种多点套袋果穗的籽粒混合样品品质分析检验报告(表 2-27):粗蛋白质 9.45%,粗脂肪 3.9%,粗淀粉 73.59%,赖氨酸 0.32%,容重 752 g/L。

5）试验建议

按照晋级标准，区试各项指标达标，建议结束区域试验，推荐生产试验。

2. **康瑞 104**

1）产量表现

2018 年区试产量 5 个核心点平均亩产 670.0 kg，比郑单 958（CK）平均亩产 607.2 kg 增产 10.3%，居试验第十一位，试点 4 增 1 减；其它 6 个辅助点平均亩产 659.3 kg，比郑单 958（CK）平均亩产 608.2 kg 增产 8.4%，居试验第八位，试点 6 增 0 减；总平均亩产 664.2 kg，比郑单 958（CK）平均亩产 607.7 kg 增产 9.3%，差异极显著，居试验第九位，试点 10 增 1 减，增产点比率为 90.9%。

2019 年区试产量（表 2-19、表 2-20、表 2-23）6 个核心点平均亩产 729.4 kg，比郑单 958（CK）平均亩产 685.4 kg 增产 6.4%，居试验第八位，试点 6 增 0 减；6 个辅助点平均亩产 798.5 kg，比郑单 958（CK）平均亩产 731.0 kg 增产 9.2%，居试验第二位，试点 6 增 0 减；总平均亩产 764.0 kg，比郑单 958（CK）平均亩产 708.2 kg 增产 7.9%，差异极显著，居试验第五位，试点 12 增 0 减，增产点比率为 100%。

综合两年 23 点次的区试结果（表 2-17）：该品种平均亩产 716.3 kg，比郑单 958（CK）平均亩产 660.1 kg 增产 8.5%；增产点数∶减产点数 = 22∶1，增产点比率为 95.7%。

2）特征特性

2018 年该品种生育期 101 天，比郑单 958 早熟 2 天；株高 268 cm，穗位高 108 cm；倒伏率 0.9%（0.0%～5.2%）、倒折率 0.3%（0.0%～2.7%），倒伏倒折率之和 1.2%，且倒伏倒折率≥15.0% 的试点比率为 0.0%；空秆率 0.5%；小斑病为 1～5 级，茎腐病 2.7%（0.0%～11.2%），穗腐病 1～3 级，弯孢菌叶斑病 1～3 级，瘤黑粉病 0.1%，锈病 1～5 级；穗长 17.7 cm，穗粗 4.6 cm，穗行数 15.7，行粒数 33.5，出籽率 86.0%，千粒重 306.3 g；株型半紧凑；主茎叶片数 19.5 片；叶片颜色绿色；芽鞘紫色；第一叶形状圆到匙形；雄穗分枝中，雄穗颖片颜色浅紫色，花药浅紫色；花丝绿色，苞叶长度中；果穗筒型；籽粒半马齿型，黄粒；红轴。

2019 年（表 2-24、表 2-25）该品种生育期 102 天，与郑单 958 同熟；株高 274 cm，穗位高 115 cm；倒伏率 2.7%（0.0%～13.6%）、倒折率 0.7%（0.0%～6.2%），倒伏倒折率之和 3.4%，且倒伏倒折率≥15.0%的试点比率为 8.3%；空秆率 0.7%；双穗率 1.0%；小斑病为 1～3 级，茎腐病 9.2%（0.0%～66.0%），穗腐病 1～3 级，弯孢菌叶斑病 1～3 级，瘤黑粉病 0.4%，锈病 1～5 级；穗长 17.5 cm，穗粗 4.9 cm，穗行数 16.5，行粒数 32.4，出籽率 88.1%，千粒重 344.5 g；株型半紧凑；主茎叶片数 19.1 片；叶片颜色绿色；芽鞘紫色；第一叶形状圆到匙形；雄穗分枝中，雄穗颖片颜色浅紫色，花药浅紫色；花丝绿色，苞叶长度中；果穗筒型；籽粒马齿型，黄粒；红轴。

3）抗病性鉴定

据 2018 年河南农业大学植保学院人工接种鉴定报告：该品种抗镰孢菌穗腐病；中抗镰孢菌茎腐病、弯孢霉叶斑病；感小斑病、瘤黑粉病、南方锈病。

据 2019 年河南农业大学植保学院人工接种鉴定报告（表 2-26）：该品种高抗茎腐病、瘤黑粉病；抗镰孢菌穗腐病、南方锈病；中抗小斑病；感弯孢叶斑病。

4)品质分析

据2018年农业部农产品质量监督检验测试中心(郑州)对该品种多点套袋果穗的籽粒混合样品品质分析检验报告:粗蛋白质11.2%,粗脂肪4.4%,粗淀粉72.13%,赖氨酸0.37%,容重757 g/L。

据2019年农业部农产品质量监督检验测试中心(郑州)对该品种多点套袋果穗的籽粒混合样品品质分析检验报告(表2-27):粗蛋白质10.0%,粗脂肪3.7%,粗淀粉75.11%,赖氨酸0.33%,容重760 g/L。

5)试验建议

按照晋级标准,区试各项指标达标,建议结束区域试验,推荐生产试验。

3. **高玉66**

1)产量表现

2018年区试产量5个核心点平均亩产641.9 kg,比郑单958(CK)平均亩产584.2 kg增产9.9%,居试验第八位,试点4增1减;5个辅助点平均亩产663.3 kg,比郑单958(CK)平均亩产617.9 kg增产7.3%,居试验第四位,试点4增1减;总平均亩产652.6 kg,比郑单958(CK)平均亩产601.0 kg增产8.6%,差异极显著,居试验第五位,试点8增2减,增产点比率为80.0%。

2019年区试产量(表2-19、表2-20、表2-23)6个核心点平均亩产722.1 kg,比郑单958(CK)平均亩产685.4 kg增产5.4%,居试验第十位,试点5增1减;6个辅助点平均亩产767.4 kg,比郑单958(CK)平均亩产731.0 kg增产5.0%,居试验第九位,试点5增1减;总平均亩产744.8 kg,比郑单958(CK)平均亩产708.2 kg增产5.2%,差异显著,居试验第九位,试点10增2减,增产点比率为83.3%。

综合两年22点次的区试结果(表2-17):该品种平均亩产702.9 kg,比郑单958(CK)平均亩产659.5 kg增产6.6%;增产点数:减产点数=18:4,增产点比率为81.8%。

2)特征特性

2018年该品种生育期102天,比郑单958早熟1天;株高275 cm,穗位高103 cm;倒伏率1.9%(0.0%~9.3%)、倒折率1.1%(0.0%~8.3%),倒伏倒折率之和3.0%,且倒伏倒折率≥15.0%的试点比率为10.0%;空秆率2.4%;小斑病为1~5级,茎腐病1.3%(0.0%~7.8%),穗腐病1~3级,弯孢菌叶斑病1~5级,瘤黑粉病1.6%,锈病1~7级;穗长15.8 cm,穗粗4.6 cm,穗行数15.4,行粒数32.7,出籽率88.7%,千粒重312.7 g;株型半紧凑;主茎叶片数18.3片;叶片颜色绿色;芽鞘紫色;第一叶形状圆到匙形;雄穗分枝少,雄穗颖片颜色绿色,花药浅紫色;花丝浅紫色,苞叶长度长;果穗筒型;籽粒半马齿型,黄粒;红轴。

2019年(表2-24、表2-25)该品种生育期101天,比郑单958早熟1天;株高294 cm,穗位高107 cm;倒伏率3.3%(0.0%~19.5%)、倒折率0.7%(0.0%~7.3%),倒伏倒折率之和4.0%,且倒伏倒折率≥15.0%的试点比率为16.7%;空秆率1.3%;双穗率0.7%;小斑病为1~5级,茎腐病1.2%(0.0%~5.5%),穗腐病1~3级,弯孢菌叶斑病1~3级,瘤黑粉病0.1%,锈病1~7级;穗长16.2 cm,穗粗4.9 cm,穗行数16.1,行粒数32.4,出籽率88.7%,千粒重334.3 g;株型紧凑;主茎叶片数18.2片;叶片颜色绿色;芽鞘紫色;第一叶形状圆到匙形；雄穗分枝中，雄穗颖片颜色浅紫色，花药浅紫色；花丝浅紫色，苞叶长度长；果穗筒型；籽粒半马齿型，黄粒；红轴。

3）抗病性鉴定

据2018年河南农业大学植保学院人工接种鉴定报告：该品种高抗瘤黑粉病；抗镰孢菌穗腐病、弯孢霉叶斑病；中抗镰孢菌茎腐病、小斑病；高感南方锈病。

据2019年河南农业大学植保学院人工接种鉴定报告（表2-26）：该品种高抗茎腐病、瘤黑粉病；抗镰孢菌穗腐病、弯孢叶斑病、南方锈病；感小斑病。

4）品质分析

据2018年农业部农产品质量监督检验测试中心（郑州）对该品种多点套袋果穗的籽粒混合样品品质分析检验报告：粗蛋白质10.0%，粗脂肪4.4%，粗淀粉72.29%，赖氨酸0.35%，容重743 g/L。

据2019年农业部农产品质量监督检验测试中心（郑州）对该品种多点套袋果穗的籽粒混合样品品质分析检验报告（表2-27）：粗蛋白质9.95%，粗脂肪3.4%，粗淀粉74.56%，赖氨酸0.33%，容重764 g/L。

5）试验建议

按照晋级标准，区试各项指标达标，建议结束区域试验，推荐生产试验。

4. 隆禾玉358

1）产量表现

2018年区试产量5个核心点平均亩产616.5 kg，比郑单958（CK）平均亩产584.2 kg增产5.5%，居试验第十四位，试点4增1减；5个辅助点平均亩产623.3 kg，比郑单958（CK）平均亩产617.9 kg增产0.9%，居试验第十六位，试点4增1减；总平均亩产619.9 kg，比郑单958（CK）平均亩产601.0 kg增产3.1%，差异不显著，居试验第十三位，试点8增2减，增产点比率为80.0%。

2019年区试产量（表2-19、表2-20、表2-23）6个核心点平均亩产677.8 kg，比郑单958（CK）平均亩产685.4 kg减产1.1%，居试验第十五位，试点3增3减；6个辅助点平均亩产734.8 kg，比郑单958（CK）平均亩产731.0 kg增产0.5%，居试验第十四位，试点5增1减；总平均亩产706.3 kg，比郑单958（CK）平均亩产708.2 kg减产0.3%，差异不显著，居试验第十五位，试点8增4减，增产点比率为66.7%。

综合两年22点次的区试结果（表2-17）：该品种平均亩产667.0 kg，比郑单958（CK）平均亩产659.5 kg增产1.1%；增产点数：减产点数=16：6，增产点比率为72.7%。

2）特征特性

2018年该品种生育期103天，与郑单958同熟；株高282 cm，穗位高104 cm；倒伏率2.8%（0.0%～22.2%）、倒折率0.4%（0.0%～3.3%），倒伏倒折率之和3.2%，且倒伏倒折率≥15.0%的试点比率为10.0%；空杆率1.7%；小斑病为1～5级，茎腐病1.9%（0.0%～7.2%），穗腐病1～3级，弯孢菌叶斑病1～3级，瘤黑粉病0.7%，锈病1～7级；穗长16.8 cm，穗粗5.0 cm，穗行数16.5，行粒数30.1，出籽率86.0%，千粒重354.3 g；株型紧凑；主茎叶片数20.4片；叶片颜色绿色；芽鞘紫色；第一叶形状圆到匙形；雄穗分枝少，雄穗颖片颜色绿色，花药浅紫色；花丝绿色，苞叶长度中；果穗筒型；籽粒半马齿型，黄粒；红轴。

2019 年(表 2-24、表 2-25)该品种生育期 102 天,与郑单 958 同熟;株高 274 cm,穗位高 111 cm;倒伏率 2.5%(0.0%~15.5%)、倒折率 0.6%(0.0%~6.2%),倒伏倒折率之和 3.1%,且倒伏倒折率≥15.0%的点次比率为 8.3%;空秆率 3.0%;双穗率 0.2%;小斑病为 1~3 级,茎腐病 4.4%(0.0%~40.0%),穗腐病 1~3 级,弯孢菌叶斑病 1~5 级,瘤黑粉病 0.0%,锈病 1~7 级;穗长 16.9 cm,穗粗 5.1 cm,穗行数 16.2,行粒数 29.9,出籽率 85.2%,千粒重 366.0 g;株型紧凑;主茎叶片数 19.2 片;叶片颜色绿色;芽鞘紫色;第一叶形状圆到匙形;雄穗分枝中等,雄穗颖片颜色浅紫色,花药紫色;花丝浅紫色,苞叶长度中;果穗筒型;籽粒半马齿型,黄粒;红轴。

3)抗病性鉴定

据 2018 年河南农业大学植保学院人工接种鉴定报告:该品种高抗镰孢菌茎腐病、瘤黑粉病;抗小斑病、镰孢菌穗腐病;中抗弯孢霉叶斑病;高感南方锈病。

据 2019 年河南农业大学植保学院人工接种鉴定报告(表 2-26):该品种高抗茎腐病、小斑病、镰孢菌穗腐病;抗瘤黑粉病;中抗弯孢叶斑病;感南方锈病。

4)品质分析

据 2018 年农业部农产品质量监督检验测试中心(郑州)对该品种多点套袋果穗的籽粒混合样品品质分析检验报告:粗蛋白质 9.9%,粗脂肪 4.7%,粗淀粉 73.01%,赖氨酸 0.33%,容重 758 g/L。

据 2019 年农业部农产品质量监督检验测试中心(郑州)对该品种多点套袋果穗的籽粒混合样品品质分析检验报告(表 2-27):粗蛋白质 10.3%,粗脂肪 3.9%,粗淀粉 76.00%,赖氨酸 0.32%,容重 779 g/L。

5)试验建议

按照晋级标准,增产幅度不达标,建议停止试验。

5. 豫农丰 2 号

1)产量表现

2017 年区试产量 5 个核心点平均亩产 716.7 kg,比郑单 958(CK)平均亩产 681.1 kg 增产 5.2%,居试验第十一位,试点 3 增 2 减;其它 6 个辅助点平均亩产 683.1 kg,比郑单 958(CK)平均亩产 625.2 kg 增产 9.3%,居试验第三位,试点 6 增 0 减;总平均亩产 698.4 kg,比郑单 958(CK)平均亩产 650.6 kg 增产 7.3%,差异极显著,居试验第六位,试点 9 增 2 减,增产点比率为 81.8%。

2019 年区试产量(表 2-19、表 2-20、表 2-23)6 个核心点平均亩产 715.6 kg,比郑单 958(CK)平均亩产 685.4 kg 增产 4.4%,居试验第十一位,试点 5 增 1 减;6 个辅助点平均亩产 771.8 kg,比郑单 958(CK)平均亩产 731.0 kg 增产 5.6%,居试验第七位,试点 6 增 0 减;总平均亩产 743.7 kg,比郑单 958(CK)平均亩产 708.2 kg 增产 5.0%,差异显著,居试验第十位,试点 11 增 1 减,增产点比率为 91.7%。

综合两年 23 点次的区试结果(表 2-17):该品种平均亩产 722.0 kg,比郑单 958(CK)平均亩产 680.7 kg 增产 6.1%;增产点数:减产点数=20:3,增产点比率为 87.0%。

2)特征特性

2017 年该品种生育期 103 天,比郑单 958 早熟 1 天;株高 249 cm,穗位高 93 cm;倒伏率 0.0%、倒折率 0.0%，倒伏倒折率之和 0.0%，且倒伏倒折率≥15.0%的试点比率为 0.0%；空秆率 0.5%；小斑病为 1~5 级，茎腐病 7.8%（0.0%~56.0%），穗腐病 1~5 级，弯孢菌叶斑病 1~5 级，瘤黑粉病 0.2%，锈病 1~5 级；穗长 17.4 cm，穗粗 4.6 cm，穗行数 15.2，行粒数 32.5，出籽率 87.6%，千粒重 317.5 g；株型紧凑；芽鞘紫色；雄穗分枝密，花药黄色；花丝绿色，苞叶长度长；果穗中间型；籽粒半马齿型，黄粒；红轴。

2019 年（表 2-24、表 2-25）该品种生育期 102 天，与郑单 958 同熟；株高 264 cm，穗位高 101 cm；倒伏率 0.5%（0.0%~3.2%）、倒折率 0.1%（0.0%~0.7%），倒伏倒折率之和 0.6%，且倒伏倒折率≥15.0%的点次比率为 0.0%；空秆率 1.1%；双穗率 0.8%；小斑病为 1~5 级，茎腐病 8.2%（0.0%~22.0%），穗腐病 1~3 级，弯孢菌叶斑病 1~3 级，瘤黑粉病 0.3%，锈病 1~5 级；穗长 17.5 cm，穗粗 4.6 cm，穗行数 15.6，行粒数 35.8，出籽率 89.7%，千粒重 326.1 g；株型紧凑；主茎叶片数 19.1 片；叶片颜色绿色；芽鞘紫色；第一叶形状圆到匙形；雄穗分枝密，雄穗颖片颜色绿色，花药黄色；花丝浅紫色，苞叶长度长；果穗筒型；籽粒半马齿型，黄粒；红轴。

3）抗病性鉴定

据 2017 年河南农业大学植保学院人工接种鉴定报告：该品种抗穗腐病、小斑病、弯孢霉叶斑病；中抗茎腐病、瘤黑粉病；感南方锈病。

据 2019 年河南农业大学植保学院人工接种鉴定报告（表 2-26）：该品种高抗瘤黑粉病；抗镰孢菌穗腐病、南方锈病；感茎腐病、弯孢叶斑病；高感小斑病。

4）品质分析

据 2017 年农业部农产品质量监督检验测试中心（郑州）对该品种多点套袋果穗的籽粒混合样品品质分析检验报告：粗蛋白质 9.76%，粗脂肪 4.1%，粗淀粉 75.23%，赖氨酸 0.31%，容重 754 g/L。

据 2019 年农业部农产品质量监督检验测试中心（郑州）对该品种多点套袋果穗的籽粒混合样品品质分析检验报告（表 2-27）：粗蛋白质 9.92%，粗脂肪 4.0%，粗淀粉 74.34%，赖氨酸 0.33%，容重 776 g/L。

5）试验建议

按照晋级标准，抗性鉴定不达标，建议停止试验。

（二）第一年区域试验品种

6. 隆平 115

1）产量表现

2019 年区试产量（表 2-19、表 2-20、表 2-23）6 个核心点平均亩产 754.0 kg，比郑单 958（CK）平均亩产 685.4 kg 增产 10.0%，居试验第三位，试点 6 增 0 减；6 个辅助点平均亩产 810.5 kg，比郑单 958（CK）平均亩产 731.0 kg 增产 10.9%，居试验第一位，试点 5 增 1 减；总平均亩产 782.3 kg，比郑单 958（CK）平均亩产 708.2 kg 增产 10.5%，差异极显著，居试验第一位，试点 11 增 1 减，增产点比率为 91.7%。

2）特征特性

2019 年（表 2-24、表 2-25）该品种生育期 102 天，与郑单 958 同熟；株高 302 cm，穗位高 117 cm；倒伏率 4.6%（0.0%~16.0%）、倒折率 0.7%（0.0%~5.3%），倒伏倒折率之和

5. 3%,且倒伏倒折率≥15. 0%的试点比率为 16. 7%;空秆率 1. 8%;双穗率 1. 1%;小斑病为 1~3 级,茎腐病 6. 7%(0. 0%~42. 0%),穗腐病 1~3 级,弯孢菌叶斑病 1~3 级,瘤黑粉病 0. 2%,锈病 1~7 级;穗长 18. 1 cm,穗粗 4. 9 cm,穗行数 16. 7,行粒数 31. 6,出籽率 87. 1%,千粒重 352. 0 g;株型半紧凑;主茎叶片数 19. 3 片;叶片颜色绿色;芽鞘浅紫色;第一叶形状圆到匙形;雄穗分枝中等,雄穗颖片颜色浅紫色,花药紫色;花丝浅紫色,苞叶长度中;果穗筒型;籽粒半马齿型,黄粒;红轴。

3)抗病性鉴定

据 2019 年河南农业大学植保学院人工接种鉴定报告(表 2-26):该品种抗小斑病;中抗茎腐病、弯孢叶斑病、瘤黑粉病、南方锈病;感镰孢菌穗腐病。

4)品质分析

据 2019 年农业部农产品质量监督检验测试中心(郑州)对该品种多点套袋果穗的籽粒混合样品品质分析检验报告(表 2-27):粗蛋白质 9. 89%,粗脂肪 4. 0%,粗淀粉 74. 34%,赖氨酸 0. 33%,容重 772 g/L。

5)试验建议

按照晋级标准,建议继续区域试验。

7. **中航** 612

1)产量表现

2019 年区试产量(表 2-19、表 2-20、表 2-23)6 个核心点平均亩产 762. 7 kg,比郑单 958(CK)平均亩产 685. 4 kg 增产 11. 3%,居试验第二位,试点 6 增 0 减;6 个辅助点平均亩产 794. 9 kg,比郑单 958(CK)平均亩产 731. 0 kg 增产 8. 7%,居试验第三位,试点 6 增 0 减;总平均亩产 778. 8 kg,比郑单 958(CK)平均亩产 708. 2 kg 增产 10. 0%,差异极显著,居试验第二位,试点 12 增 0 减,增产点比率为 100%。

2)特征特性

2019 年(表 2-24、表 2-25)该品种生育期 102 天,与郑单 958 同熟;株高 282 cm,穗位高 114 cm;倒伏率 0. 6%(0. 0%~7. 7%)、倒折率 0. 7%(0. 0%~7. 0%),倒伏倒折率之和 1. 3%,且倒伏倒折率≥15. 0%的试点比率为 0. 0%;空秆率 0. 8%;双穗率 0. 4%;小斑病为 1~3 级,茎腐病 0. 9%(0. 0%~3. 0%),穗腐病 1~5 级,弯孢菌叶斑病 1~3 级,瘤黑粉病 0. 2%,锈病 1~3 级;穗长 17. 6 cm,穗粗 4. 9 cm,穗行数 16. 5,行粒数 32. 4,出籽率 87. 4%,千粒重 333. 3 g;株型紧凑;主茎叶片数 19. 2 片;叶片颜色绿色;芽鞘紫色;第一叶形状圆到匙形;雄穗分枝密,雄穗颖片颜色浅紫色,花药紫色;花丝浅紫色,苞叶长度长;果穗筒型;籽粒半马齿型,黄粒;红轴。

3)抗病性鉴定

据 2019 年河南农业大学植保学院人工接种鉴定报告(表 2-26):该品种高抗茎腐病、小斑病、镰孢菌穗腐病、瘤黑粉病、南方锈病;中抗弯孢叶斑病。

4)品质分析

据 2019 年农业部农产品质量监督检验测试中心(郑州)对该品种多点套袋果穗的籽粒混合样品品质分析检验报告(表 2-27):粗蛋白质 9. 62%,粗脂肪 3. 9%,粗淀粉 76. 40%,赖氨酸 0. 32%,容重 757 g/L。

5）试验建议

按照晋级标准，建议继续参加区域试验，同时推荐参加生产试验。

8. **伟科** 819

1）产量表现

2019 年区试产量（表 2-19、表 2-20、表 2-23）6 个核心点平均亩产 771.7 kg，比郑单 958（CK）平均亩产 685.4 kg 增产 12.6%，居试验第一位，试点 6 增 0 减；6 个辅助点平均亩产 765.1 kg，比郑单 958（CK）平均亩产 731.0 kg 增产 4.7%，居试验第十位，试点 4 增 2 减；总平均亩产 768.4 kg，比郑单 958（CK）平均亩产 708.2 kg 增产 8.5%，差异极显著，居试验第三位，试点 10 增 2 减，增产点比率为 83.3%。

2）特征特性

2019 年（表 2-24、表 2-25）该品种生育期 102 天，与郑单 958 同熟；株高 275 cm，穗位高 112 cm；倒伏率 1.7%（0.0%～12.5%）、倒折率 1.2%（0.0%～12.3%），倒伏倒折率之和 2.9%，且倒伏倒折率≥15.0%的试点比率为 8.3%；空秆率 1.2%；双穗率 0.4%；小斑病为 1～3 级，茎腐病 3.8%（0.0%～16.4%），穗腐病 1～3 级，弯孢菌叶斑病 1～3 级，瘤黑粉病 0.4%，锈病 1～3 级；穗长 16.3 cm，穗粗 5.1 cm，穗行数 19.2，行粒数 31.7，出籽率 87.3%，千粒重 309.2 g；株型半紧凑；主茎叶片数 19.0 片；叶片颜色绿色；芽鞘紫色；第一叶形状圆到匙形；雄穗分枝疏，雄穗颖片颜色浅紫色，花药浅紫色；花丝绿色，苞叶长度长；果穗筒型；籽粒马齿型，黄粒；红轴。

3）抗病性鉴定

据 2019 年河南农业大学植保学院人工接种鉴定报告（表 2-26）：该品种高抗瘤黑粉病；抗茎腐病、镰孢菌穗腐病、南方锈病；中抗小斑病；感弯孢叶斑病。

4）品质分析

据 2019 年农业部农产品质量监督检验测试中心（郑州）对该品种多点套袋果穗的籽粒混合样品品质分析检验报告（表 2-27）：粗蛋白质 9.43%，粗脂肪 3.9%，粗淀粉 76.63%，赖氨酸 0.30%，容重 768 g/L。

5）试验建议

按照晋级标准，建议继续参加区域试验，同时推荐参加生产试验。

9. **先玉** 1879

1）产量表现

2019 年区试产量（表 2-19、表 2-20、表 2-23）6 个核心点平均亩产 742.7 kg，比郑单 958（CK）平均亩产 685.4 kg 增产 8.4%，居试验第五位，试点 4 增 2 减；6 个辅助点平均亩产 776.5 kg，比郑单 958（CK）平均亩产 731.0 kg 增产 6.2%，居试验第五位，试点 5 增 1 减；总平均亩产 759.6 kg，比郑单 958（CK）平均亩产 708.2 kg 增产 7.3%，差异极显著，居试验第六位，试点 9 增 3 减，增产点比率为 75.0%。

2）特征特性

2019 年（表 2-24、表 2-25）该品种生育期 101 天，比郑单 958 早熟 1 天；株高 269 cm，穗位高 103 cm；倒伏率 1.4%（0.0%～15.1%）、倒折率 0.4%（0.0%～2.2%），倒伏倒折率之和 1.8%，且倒伏倒折率≥15.0%的试点比率为 8.3%；空秆率 0.7%；双穗率 0.3%；小

斑病为 1~3 级,茎腐病 2.7%(0.0%~12.0%),穗腐病 1~3 级,弯孢菌叶斑病 1~3 级,瘤黑粉病 0.1%,锈病 1~5 级;穗长 17.0 cm,穗粗 5.0 cm,穗行数 17.4,行粒数 33.1,出籽率 86.6%,千粒重 325.5 g;株型半紧凑;主茎叶片数 19.2 片;叶片颜色绿色;芽鞘紫色;第一叶形状圆到匙形;雄穗分枝疏,雄穗颖片颜色绿色,花药黄色;花丝浅紫色,苞叶长度中;果穗筒型;籽粒半马齿型,黄粒;红轴。

3)抗病性鉴定

据 2019 年河南农业大学植保学院人工接种鉴定报告(表 2-26):该品种高抗瘤黑粉病;抗小斑病、镰孢菌穗腐病、南方锈病;感茎腐病、弯孢叶斑病。

4)品质分析

据 2019 年农业部农产品质量监督检验测试中心(郑州)对该品种多点套袋果穗的籽粒混合样品品质分析检验报告(表 2-27):粗蛋白质 8.90%,粗脂肪 3.8%,粗淀粉 74.99%,赖氨酸 0.30%,容重 762 g/L。

5)试验建议

按照晋级标准,建议继续参加区域试验。

10. 丰大 611

1)产量表现

2019 年区试产量(表 2-19、表 2-20、表 2-23)6 个核心点平均亩产 738.5 kg,比郑单 958(CK)平均亩产 685.4 kg 增产 7.7%,居试验第六位,试点 6 增 0 减;6 个辅助点平均亩产 768.1 kg,比郑单 958(CK)平均亩产 731.0 kg 增产 5.1%,居试验第八位,试点 6 增 0 减;总平均亩产 753.3 kg,比郑单 958(CK)平均亩产 708.2 kg 增产 6.4%,差异显著,居试验第七位,试点 12 增 0 减,增产点比率为 100%。

2)特征特性

2019 年(表 2-24、表 2-25)该品种生育期 103 天,比郑单 958 晚熟 1 天;株高 271 cm,穗位高 114 cm;倒伏率 3.6%(0.0%~25.0%)、倒折率 0.7%(0.0%~6.8%),倒伏倒折率之和 4.3%,且倒伏倒折率≥15.0%的试点比率为 16.7%;空秆率 0.7%;双穗率 0.5%;小斑病为 1~5 级,茎腐病 1.3%(0.0%~8.0%),穗腐病 1~3 级,弯孢菌叶斑病 1~3 级,瘤黑粉病 0.3%,锈病 1~5 级;穗长 15.7 cm,穗粗 5.2 cm,穗行数 16.1,行粒数 33.0,出籽率 87.5%,千粒重 335.1 g;株型紧凑;主茎叶片数 19.8 片;叶片颜色绿色;芽鞘紫色;第一叶形状圆到匙形;雄穗分枝密,雄穗颖片颜色浅紫色,花药黄色;花丝浅紫色,苞叶长度长;果穗筒型;籽粒马齿型,黄粒;白轴。

3)抗病性鉴定

据 2019 年河南农业大学植保学院人工接种鉴定报告(表 2-26):该品种高抗小斑病、瘤黑粉病;抗镰孢菌穗腐病、南方锈病;中抗茎腐病;感弯孢叶斑病。

4)品质分析

据 2019 年农业部农产品质量监督检验测试中心(郑州)对该品种多点套袋果穗的籽粒混合样品品质分析检验报告(表 2-27):粗蛋白质 9.68%,粗脂肪 3.3%,粗淀粉 75.95%,赖氨酸 0.31%,容重 734 g/L。

5）试验建议

按照晋级标准，建议继续参加区域试验，同时推荐参加生产试验。

11. **润泉 6311**

1）产量表现

2019 年区试产量（表 2-19、表 2-20、表 2-23）6 个核心点平均亩产 733.5 kg，比郑单 958（CK）平均亩产 685.4 kg 增产 7.0%，居试验第七位，试点 6 增 0 减；6 个辅助点平均亩产 757.7 kg，比郑单 958（CK）平均亩产 731.0 kg 增产 3.7%，居试验第十一位，试点 3 增 3 减；总平均亩产 745.6 kg，比郑单 958（CK）平均亩产 708.2 kg 增产 5.3%，差异显著，居试验第八位，试点 9 增 3 减，增产点比率为 75.0%。

2）特征特性

2019 年（表 2-24、表 2-25）该品种生育期 102 天，与郑单 958 同熟；株高 283 cm，穗位高 112 cm；倒伏率 0.0%、倒折率 0.1%（0.0%～0.8%），倒伏倒折率之和 0.1%，且倒伏倒折率≥15.0%的试点比率为 0.0%；空秆率 0.7%；双穗率 0.8%；小斑病为 1～5 级，茎腐病 2.5%（0.0%～16.0%），穗腐病 1～5 级，弯孢菌叶斑病 1～3 级，瘤黑粉病 0.2%，锈病 1～7 级；穗长 18.0 cm，穗粗 4.8 cm，穗行数 15.8，行粒数 31.3，出籽率 86.9%，千粒重 333.7 g；株型半紧凑；主茎叶片数 18.5 片；叶片颜色绿色；芽鞘浅紫色；第一叶形状圆到匙形；雄穗分枝中等，雄穗颖片颜色浅紫色，花药浅紫色；花丝绿色，苞叶长度短；果穗筒型；籽粒半马齿型，黄粒；红轴。

3）抗病性鉴定

据 2019 年河南农业大学植保学院人工接种鉴定报告（表 2-26）：该品种抗小斑病、镰孢菌穗腐病、瘤黑粉病、南方锈病；中抗茎腐病；感弯孢叶斑病。

4）品质分析

据 2019 年农业部农产品质量监督检验测试中心（郑州）对该品种多点套袋果穗的籽粒混合样品品质分析检验报告（表 2-27）：粗蛋白质 9.70%，粗脂肪 4.8%，粗淀粉 73.36%，赖氨酸 0.33%，容重 752 g/L。

5）试验建议

按照晋级标准，建议继续参加区域试验，同时推荐参加生产试验。

12. **润田 188**

1）产量表现

2019 年区试产量（表 2-19、表 2-20、表 2-23）6 个核心点平均亩产 723.4 kg，比郑单 958（CK）平均亩产 685.4 kg 增产 5.5%，居试验第九位，试点 5 增 1 减；6 个辅助点平均亩产 747.3 kg，比郑单 958（CK）平均亩产 731.0 kg 增产 2.2%，居试验第十三位，试点 3 增 3 减；总平均亩产 735.4 kg，比郑单 958（CK）平均亩产 708.2 kg 增产 3.8%，差异不显著，居试验第十一位，试点 8 增 4 减，增产点比率为 66.7%。

2）特征特性

2019 年（表 2-24、表 2-25）该品种生育期 102 天，与郑单 958 同熟；株高 299 cm，穗位高 122 cm；倒伏率 1.4%（0.0%～10.3%）、倒折率 0.5%（0.0%～5.3%），倒伏倒折率之和 1.9%，且倒伏倒折率≥15.0%的试点比率为 8.3%；空秆率 1.0%；双穗率 0.5%；小斑病为

1~3 级,茎腐病 5.2%(0.0%~30.0%),穗腐病 1~3 级,弯孢菌叶斑病 1~5 级,瘤黑粉病 0.6%,锈病 1~5 级;穗长 16.4 cm,穗粗 4.9 cm,穗行数 16.2,行粒数 32.4,出籽率 85.9%,千粒重 323.8 g;株型半紧凑;主茎叶片数 19.4 片;叶片颜色绿色;芽鞘紫色;第一叶形状圆到匙形;雄穗分枝中,雄穗颖片颜色浅紫色,花药紫色;花丝浅紫色,苞叶长度中;果穗筒型;籽粒硬粒型,黄粒;红轴。

3)抗病性鉴定

据 2019 年河南农业大学植保学院和河南科技学院人工接种鉴定报告(表 2-26):该品种高抗茎腐病、南方锈病;抗镰孢菌穗腐病;中抗小斑病、弯孢叶斑病、瘤黑粉病。

4)品质分析

据 2019 年农业部农产品质量监督检验测试中心(郑州)对该品种多点套袋果穗的籽粒混合样品品质分析检验报告(表 2-27):粗蛋白质 10.7%,粗脂肪 4.2%,粗淀粉 73.95%,赖氨酸 0.33%,容重 790 g/L。

5)试验建议

按照晋级标准,建议继续参加区域试验,同时推荐参加生产试验。

13. **伟玉 718**

1)产量表现

2019 年区试产量(表 2-19、表 2-20、表 2-23)6 个核心点平均亩产 680.7 kg,比郑单 958(CK)平均亩产 685.4 kg 减产 0.7%,居试验第十四位,试点 3 增 3 减;6 个辅助点平均亩产 773.8 kg,比郑单 958(CK)平均亩产 731.0 kg 增产 5.9%,居试验第六位,试点 4 增 2 减;总平均亩产 727.3 kg,比郑单 958(CK)平均亩产 708.2 kg 增产 2.7%,差异不显著,居试验第十二位,试点 7 增 5 减,增产点比率为 58.3%。

2)特征特性

2019 年(表 2-24、表 2-25)该品种生育期 102 天,与郑单 958 同熟;株高 277 cm,穗位高 109 cm;倒伏率 3.3%(0.0%~10.6%)、倒折率 0.0%(0.0%~0.4%),倒伏倒折率之和 3.3%,且倒伏倒折率≥15.0%的试点比率为 0.0%;空秆率 2.3%;双穗率 0.1%;小斑病为 1~5 级,茎腐病 5.0%(0.0%~52.0%),穗腐病 1~3 级,弯孢菌叶斑病 1~3 级,瘤黑粉病 0.0%,锈病 1~5 级;穗长 16.6 cm,穗粗 5.1 cm,穗行数 16.7,行粒数 29.0,出籽率 85.5%,千粒重 363.2 g;株型紧凑;主茎叶片数 18.7 片;叶片颜色绿色;芽鞘紫色;第一叶形状圆到匙形;雄穗分枝中,雄穗颖片颜色浅紫色,花药浅紫色;花丝浅紫色,苞叶长度中;果穗筒型;籽粒半马齿型,黄粒;红轴。

3)抗病性鉴定

据 2019 年河南农业大学植保学院人工接种鉴定报告(表 2-26):该品种高抗茎腐病、南方锈病;抗镰孢菌穗腐病、瘤黑粉病;中抗小斑病、弯孢叶斑病。

4)品质分析

据 2019 年农业部农产品质量监督检验测试中心(郑州)对该品种多点套袋果穗的籽粒混合样品品质分析检验报告(表 2-27):粗蛋白质 10.3%,粗脂肪 3.5%,粗淀粉 75.56%,赖氨酸 0.34%,容重 774 g/L。

5)试验建议

按照晋级标准,增产点比率不达标,建议停止试验。

14. **郑玉** 7765

1)产量表现

2019 年区试产量(表 2-19、表 2-20、表 2-23)6 个核心点平均亩产 682.5 kg,比郑单 958(CK)平均亩产 685.4 kg 减产 0.4%,居试验第十三位,试点 3 增 3 减;6 个辅助点平均亩产 757.0 kg,比郑单 958(CK)平均亩产 731.0 kg 增产 3.6%,居试验第十二位,试点 5 增 1 减;总平均亩产 719.7 kg,比郑单 958(CK)平均亩产 708.2 kg 增产 1.6%,差异不显著,居试验第十三位,试点 8 增 4 减,增产点比率为 66.7%。

2)特征特性

2019 年(表 2-24、表 2-25)该品种生育期 101 天,比郑单 958 早熟 1 天;株高 267 cm,穗位高 102 cm;倒伏率 0.0%、倒折率 0.1%(0.0%~1.0%),倒伏倒折率之和 0.1%,且倒伏倒折率≥15.0%的试点比率为 0.0%;空秆率 0.7%;双穗率 0.8%;小斑病为 1~5 级,茎腐病 1.5%(0.0%~6.0%),穗腐病 1~5 级,弯孢菌叶斑病 1~3 级,瘤黑粉病 0.3%,锈病 1~5 级;穗长 18.9 cm,穗粗 4.4 cm,穗行数 14.8,行粒数 37.1,出籽率 86.0%,千粒重 304.0 g;株型紧凑;主茎叶片数 18.5 片;叶片颜色绿色;芽鞘紫色;第一叶形状圆到匙形;雄穗分枝中,雄穗颖片颜色浅紫色,花药紫色;花丝浅紫色,苞叶长度短;果穗筒型;籽粒半马齿型,黄粒;红轴。

3)抗病性鉴定

据 2019 年河南农业大学植保学院人工接种鉴定报告(表 2-26):该品种抗小斑病、镰孢菌穗腐病、南方锈病;中抗瘤黑粉病;感弯孢叶斑病;高感茎腐病。

4)品质分析

据 2019 年农业部农产品质量监督检验测试中心(郑州)对该品种多点套袋果穗的籽粒混合样品品质分析检验报告(表 2-27):粗蛋白质 10.0%,粗脂肪 3.4%,粗淀粉 75.98%,赖氨酸 0.32%,容重 782 g/L。

5)试验建议

按照晋级标准,抗性鉴定不达标,建议停止试验。

15. **郑单** 958

1)产量表现

2019 年区试产量(表 2-19、表 2-20、表 2-23)6 个核心点平均亩产 685.4 kg,居试验第十二位;6 个辅助点平均亩产 731.0 kg,居试验第十六位;总平均亩产 708.2 kg,居试验第十四位。

2)特征特性

2019 年(表 2-24、表 2-25)该品种生育期 102 天;株高 259 cm,穗位高 113 cm;倒伏率 1.5%(0.0%~12.0%)、倒折率 0.6%(0.0%~5.6%),倒伏倒折率之和 2.1%,且倒伏倒折率≥15.0%的试点比率为 0.0%;空秆率 0.9%;双穗率 1.2%;小斑病为 1~5 级,茎腐病 6.1%(0.0%~35.0%),穗腐病 1~3 级,弯孢菌叶斑病 1~3 级,瘤黑粉病 0.3%,锈病 1~5 级;穗长 16.4 cm,穗粗 4.9 cm,穗行数 15.0,行粒数 32.5,出籽率 87.0%,千粒重 337.2 g;

株型紧凑；主茎叶片数 19.7 片；叶片颜色绿色；芽鞘紫色；第一叶形状圆到匙形；雄穗分枝密，雄穗颖片颜色浅紫色，花药浅紫色；花丝浅紫色，苞叶长；穗筒型；籽粒半马齿型，黄粒；白轴。

3）品质分析

据 2019 年农业部农产品质量监督检验测试中心（郑州）对该品种多点套袋果穗的籽粒混合样品品质分析检验报告（表 2-27）：粗蛋白质 9.94%，粗脂肪 4.3%，粗淀粉 73.53%，赖氨酸 0.31%，容重 754 g/L。

4）试验建议

继续作为对照品种。

其它参试品种综合表现较差，亦无其它突出特点，各类性状不予赘述。

六、品种处理意见

（一）第八届河南省主要农作物品种审定委员会玉米专业委员会 2019 年区域试验年会会议纪要制定品种晋级推审标准如下：

1. 正常晋级标准

1）丰产性与稳产性：区域试验每年增产≥0.5%且两年平均≥3.0%，生产试验≥1.0%，增产点率≥60.0%；

2）抗倒折能力：倒伏倒折之和≤12.0%且倒伏倒折之和≥15.0%的试点比率≤25.0%；

3）抗病性：小斑病、茎腐病和穗腐病人工接种或田间自然发病均非高感；

4）品质：容重≥710 g/L，粗淀粉≥69.0%，粗蛋白≥8.0%，粗脂肪两年区域试验中有一年≥3.0%；

5）生育期：每年区域试验平均生育期比对照品种长≤1 天；

6）专业委员会现场考察鉴定无严重缺陷；

7）DNA 真实性检测合格、同名品种年际间一致；

8）转基因检测非阳性。

2. 交叉试验标准

1）普通品种：区域试验增产≥5.0%，增产点率≥70.0%，倒伏倒折之和≤8.0%，小斑病、茎腐病和穗腐病人工接种或田间自然发病 7 级以下。

2）绿色品种：区域试验增产≥1.0%，增产点率≥60.0%，倒伏倒折之和≤8.0%，六种病害田间与接种均为中抗以上，其它指标与普通玉米相同。

（二）综合考评参试品种的各类性状表现，经玉米专业委员会讨论决定对参试品种的处理意见如下：

1. 推荐审定品种：无。

2. 推荐生产试验品种 8 个：锦华 175、康瑞 104、高玉 66、中航 612、伟科 819、丰大 611、润泉 6311、润田 188。

3. 推荐继续区域试验品种 7 个：中航 612、伟科 819、丰大 611、润泉 6311、润田 188、隆平 115、先玉 1879。

4. 其余品种予以淘汰。

七、问题及建议

2019 年玉米生长季节，绝大部分试验点平均气温在整个玉米生育期比常年高，特别是大喇叭口期至抽雄吐丝期的高温干旱造成部分品种热害。各试验点降雨量在整个玉米生育期偏少，雨量不均，9 月中旬玉米灌浆后期雨水偏多，个别试点后期茎腐病较重。在新品种选育过程中，加强品种生物和非生物抗性选择至关重要。

河南省农业科学院粮食作物研究所
2020 年 3 月

第三节　5000 株/亩区域试验总结（C 组）

一、试验目的

根据 2019 年 2 月河南省主要农作物品种审定委员会玉米专业委员会会议的决定，设计本试验。旨在鉴定省内外新育成的优良玉米杂交种的丰产性、稳产性、抗逆性和适应性，为河南省玉米生产试验和国家玉米区域试验推荐参试品种，为玉米品种的审定与推广提供科学依据。

二、参试品种及承试单位

2019 年参加本组区域试验的品种 15 个，含对照品种郑单 958（CK）。其参试品种的名称、编号、年限、供种单位及承试单位见表 2-29。

表 2-29　2019 年河南省玉米 5000 株/亩区域试验 C 组参试品种及承试单位

<table>
<tr><th rowspan="2">参试品种名称</th><th colspan="2">参试编号</th><th rowspan="2">参试年限</th><th rowspan="2">供种单位（个人）</th><th rowspan="2">承试单位</th></tr>
<tr><th>核心点</th><th>辅助点</th></tr>
<tr><td>禾业 186</td><td>1</td><td>1</td><td>2</td><td>徐爱红</td><td rowspan="7">核心点：
鹤壁市农业科学院
开封市农林科学研究院
河南黄泛区地神种业农科所
洛阳农林科学院
郑州圣瑞元农业科技开发有限公司
河南农业职业学院</td></tr>
<tr><td>吉祥 99</td><td>2</td><td>2</td><td>1</td><td>宿州市金穗种业有限公司</td></tr>
<tr><td>光合 799</td><td>3</td><td>3</td><td>1</td><td>郑州市光泰农作物育种技术研究院</td></tr>
<tr><td>郑单 958</td><td>4</td><td>4</td><td></td><td>堵纯信</td></tr>
<tr><td>云台玉 35</td><td>5</td><td>5</td><td>2</td><td>焦作市怀川种子科技研究所</td></tr>
<tr><td>百科玉 189</td><td>6</td><td>6</td><td>1</td><td>河南百农种业有限公司</td></tr>
<tr><td>ZB1801</td><td>7</td><td>7</td><td>1</td><td>河南中博现代农业科技开发有限公司</td></tr>
</table>

续表 2-29

参试品种名称	参试编号		参试年限	供种单位(个人)	承试单位
	核心点	辅助点			
BQ702	8	8	2	郑州北青种业有限公司	辅助点： 河南嘉华农业科技有限公司 河南怀川种业有限责任公司 南阳市农业科学院 西华县农业科学研究所 嵩县农作物新品种研究所 许昌市农业科学研究所
邵单 979	9	9	1	河南欧亚种业有限公司	
菊城 606	10	10	1	河南菊城农业科技有限公司	
中玉 303	11	11	2	中国农业科学院作物科学研究所	
金玉 818	12	12	1	占西顺	
伟科 725	13	13	2	郑州伟科作物育种科技有限公司	
禾育 603	14	14	1	吉林省禾冠种业有限公司	
伟玉 679	15	15	2	郑州伟玉良种科技有限公司	

三、试验概况

(一)试验设计

按照全省统一试验方案,参试品种(含对照种)由省种子站进行密码编号。2019 年继续实行"核心试验点+辅助试验点"同时运行的试验管理模式,实施"试验点封闭"管理,但为了便于育种者、管理者、用种者等各方更加直观地了解参试品种的优缺点,在核心点采取了田间现场鉴定专家组一票否决高风险品种、设定田间试验开放日(灌浆中后期)让育种者观摩品种、成熟收获期由专家组测产验收等新举措,以减少人为因素的干扰,确保试验的客观公正性。试验采用完全随机区组排列,重复三次,5 行区,种植密度为 5000 株/亩,小区面积为 20 m^2(0.03 亩)。成熟时只收中间 3 行计产,面积为 12 m^2(0.018 亩)。试验周围设保护区,重复间留走道 1 m。用小区产量结果进行方差分析,用 LSD 法测验品种间差异显著性。

(二)田间管理

根据试验方案要求,各承试单位都固定了专职技术人员负责此项工作,并认真选择试验地块,前茬收获后及时抢(造)墒播种,在 6 月 5 日至 6 月 15 日相继播种完毕, 在 9 月 24 日至 10 月 12 日期间相继完成收获。在间定苗、中耕除草、追肥、治虫、灌排水等方面都比较及时认真,各试点玉米试验开展顺利、试验质量良好。

(三)气候特点及其影响

根据 2019 年承试单位提供的鹤壁、开封、西华、洛阳、镇平、中牟、南阳、沈丘等 18 处气象台(站)的资料分析(表 2-30),在玉米生育期的 6~9 月份,平均气温 26.5 ℃,比常年高 1.6 ℃;总降雨量 335.3 mm,比常年 445.5 mm 减少 110.2 mm;总日照时数 813.9 小时,比常年 753.1 小时增加 60.8 小时。

表 2-30　2019 年试验期间河南省气象资料统计

时间	平均气温(℃)			降雨量(mm)			日照时数(小时)		
	当年	历年	相差	当年	历年	相差	当年	历年	相差
6月上旬	27.4	24.8	2.6	36.8	23.0	13.8	81.4	72.1	9.3
6月中旬	27.8	26.0	1.7	26.3	20.7	5.6	67.2	71.4	-4.2
6月下旬	27.6	26.5	1.1	27.0	35.8	-8.8	60.8	67.4	-6.6
月计	82.8	77.3	5.5	90.1	79.5	10.5	209.4	210.9	-1.5
7月上旬	27.9	26.8	1.1	7.0	54.7	-47.7	75.6	60.5	15.0
7月中旬	28.2	26.9	1.4	17.0	57.2	-40.2	71.0	58.6	12.5
7月下旬	30.6	27.5	3.1	26.4	58.1	-31.8	77.0	68.2	8.8
月计	86.6	81.1	5.5	50.4	170.0	-119.6	223.6	187.3	36.3
8月上旬	27.7	27.1	0.6	104.5	46.5	58.0	49.0	62.7	-13.7
8月中旬	27.4	25.8	1.6	19.9	41.7	-21.8	79.6	59.1	20.5
8月下旬	26.1	24.5	1.6	21.5	36.0	-14.5	66.9	64.1	2.8
月计	81.1	77.4	3.7	145.9	124.2	21.7	195.5	185.9	9.6
9月上旬	24.8	22.9	1.9	5.5	29.3	-23.7	75.7	56.3	19.4
9月中旬	20.7	21.2	-0.5	36.8	21.9	14.9	23.0	53.1	-30.1
9月下旬	22.6	19.4	3.2	6.7	20.6	-14.0	86.7	59.6	27.1
月计	68.0	63.5	4.5	49.0	71.8	-22.8	185.4	169.0	16.4
6~9月合计	318.6	299.3	19.3	335.3	445.5	-110.2	813.9	753.1	60.8
6~9月合计平均	26.5	24.9	1.6	37.3	49.5	-12.2	90.4	83.7	6.8

注:历年值是指近 30 年的平均值。

从各试验点情况看:绝大部分试验点平均气温在整个玉米生育期比常年高,特别是 7 月到 8 月中旬的高温干旱造成部分品种热害。各试验点降雨量在整个玉米生育期偏少,雨量不均,除 8 月上旬、9 月中旬降雨量偏多,其它时间普遍干旱。日照时数除 6 月中下旬、8 月中旬、9 月中旬外,其它时间比往年长。

2019 年本密度组区域试验安排试验 36 点次,收到试点年终报告 36 份,经主持单位认真审核试点年终报告结果符合汇总要求,36 份年终报告予以汇总。

四、试验结果及分析

2018 年留试的 6 个品种 2019 年已完成区域试验程序,2018~2019 年产量结果见表 2-31。

表 2-31　2018～2019 年河南省玉米 5000 株/亩区域试验 C 组品种产量结果

2017 年、2018 年				2019 年				两年平均		
品种名称	亩产（kg）	比 CK（±%）	位次	品种名称	亩产（kg）	比 CK（±%）	位次	品种名称	亩产（kg）	比 CK（±%）
云台玉 35	683.6	12.5	3	云台玉 35	774.3	7.6	5	云台玉 35	730.9	9.7
伟科 725	656.1	8.0	12	伟科 725	725.8	0.9	13	伟科 725	692.5	4.0
禾业 186	616.3	1.4	19	禾业 186	758.5	5.4	7	禾业 186	690.5	3.7
郑单 958	607.7	0.0	20	郑单 958	719.5	0.0	15	郑单 958	666.0	0.0
中玉 303	682.7	13.6	1	中玉 303	802.6	11.5	1	中玉 303	748.1	12.4
伟玉 679	642.0	6.8	9	伟玉 679	735.1	2.2	10	伟玉 679	692.8	4.1
BQ702	640.5	6.6	10	BQ702	740.8	3.0	9	BQ702	695.2	4.4
郑单 958	601.0	0.0	20	郑单 958	719.5	0.0	15	郑单 958	665.6	0.0

注:（1）2018 年云台玉 35、伟科 725、禾业 186 汇总 11 个试点，中玉 303、伟玉 679 、BQ702 汇总 10 个试点；2019 年汇总 12 个试点。

（2）表中仅列出 2018 年、2019 年完成区试程序的品种，平均亩产为加权平均数。

（一）联合方差分析

以 2019 年各试点小区产量为依据，进行联合方差分析得表 2-32、表 2-33。从表 2-32 看：试点间、品种间、品种与试点间差异均达显著标准，说明本组试验设计与布点科学合理，参试品种间存在着遗传基础优劣的显著性差异，不同品种在不同试点的表现也存在着显著性差异。

表 2-32　5000 株/亩区域试验 C 组联合方差分析

变异来源	自由度	平方和	方差	F 值	概率（小于 0.05 显著）
点内区组间	24	29.48611	1.22859	3.52289	0.000
试点间	11	1074.60925	97.69175	82.96214	0.000
品种间	14	126.18143	9.01296	7.65402	0.000
品种×试点	154	181.34213	1.17755	3.37654	0.000
随机误差	336	117.17795	0.34874		
总变异	539	1528.79688	CV＝4.348%		

表 2-33　5000 株/亩区域试验 C 组多重比较结果(LSD 法)

参试品种名称	参试编号	小区均产(kg)	平均亩产(kg)	增减 CK(±%)	差异显著性		位次	增产点数	减产点数	增产比率(%)
					0.05	0.01				
中玉 303	11	14.44694**	802.6	11.5	a	A	1	12	0	100.0
百科玉 189	6	14.37556**	798.6	11.0	ab	A	2	12	0	100.0
金玉 818	12	14.10528**	783.6	8.9	abc	AB	3	11	1	91.7
禾育 603	14	13.96583**	775.9	7.8	abcd	ABC	4	11	1	91.7
云台玉 35	5	13.93806**	774.3	7.6	bcd	ABC	5	10	2	83.3
ZB1801	7	13.79000**	766.1	6.5	cde	ABCD	6	10	2	83.3
禾业 186	1	13.65333**	758.5	5.4	cdef	BCDE	7	9	3	75.0
菊城 606	10	13.49583*	749.8	4.2	defg	BCDEF	8	8	4	66.7
BQ702	8	13.33500	740.8	3.0	efgh	CDEF	9	8	4	66.7
伟玉 679	15	13.23222	735.1	2.2	fgh	DEF	10	8	4	66.7
光合 799	3	13.23028	735.0	2.2	fgh	DEF	11	9	3	75.0
邵单 979	9	13.19166	732.9	1.9	fgh	DEF	12	8	4	66.7
伟科 725	13	13.06389	725.8	0.9	gh	EF	13	6	6	50.0
吉祥 99	2	12.95194	719.6	0.0	h	F	14	5	7	41.7
郑单 958	4	12.95111	719.5	0.0	h	F	15			

注:$LSD_{0.05}=0.5064$,$LSD_{0.01}=0.6676$。

从表 2-33 可知,参试品种产量之间存在差异。其中禾业 186、ZB1801、云台玉 35、禾育 603、金玉 818、百科玉 189、中玉 303 分别比郑单 958 增产 5.4%~11.5%,差异极显著;菊城 606 比郑单 958 增产 4.2%,差异显著;其它品种比郑单 958 增产不显著。

参试品种两小组试验总平均产量见表 2-34。

表 2-34　参试品种两小组试验总平均产量

参试品种名称	编号	核心点产量(kg/亩)	增减 CK(±%)	位次	增产点数	减产点数	辅助点产量(kg/亩)	增减 CK(±%)	位次	增产点数	减产点数
中玉 303	11	790.9	11.3	2	6	0	814.4	11.8	2	6	0
百科玉 189	6	776.4	9.3	5	6	0	820.9	12.7	1	6	0
金玉 818	12	791.2	11.4	1	6	0	776.1	6.5	5	5	1

续表 2-34

参试品种名称	编号	核心点产量（kg/亩）	增减 CK（±%）	位次	增产点数	减产点数	辅助点产量（kg/亩）	增减 CK（±%）	位次	增产点数	减产点数
禾育 603	14	777.7	9.5	3	6	0	774.1	6.3	6	5	1
云台玉 35	5	776.5	9.3	4	6	0	772.2	6.0	7	4	2
ZB1801	7	741.7	4.4	6	4	2	790.5	8.5	3	6	0
禾业 186	1	729.0	2.6	9	4	2	788.0	8.2	4	5	1
菊城 606	10	736.4	3.6	7	4	2	763.1	4.7	8	4	2
BQ702	8	725.2	2.1	11	4	2	756.5	3.8	10	4	2
伟玉 679	15	734.8	3.4	8	5	1	735.5	1.0	13	3	3
光合 799	3	727.9	2.4	10	5	1	742.1	1.9	12	4	2
邵单 979	9	709.1	-0.2	14	2	4	756.7	3.9	9	6	0
伟科 725	13	707.4	-0.4	15	2	4	744.1	2.1	11	4	2
吉祥 99	2	714.0	0.5	12	3	3	725.1	-0.5	15	2	4
郑单 958	4	710.5	0.0	13			728.5	0.0	14		

（二）丰产性稳定性分析

通过丰产性和稳产性参数分析，结果表明（表 2-35）：中玉 303、百科玉 189 等品种表现很好；金玉 818、禾育 603、云台玉 35 表现好；郑单 958、吉祥 99、伟科 725 表现较差，其余品种表现较好或一般。

表 2-35　2019 年河南省玉米 5000 株/亩区域试验 C 组品种丰产稳定性分析

品种	编号	丰产性参数		稳定性参数			适应地区	综合评价（供参考）
		产量	效应	方差	变异度	回归系数		
中玉 303	11	14.4469	0.8651	0.2860	3.7022	1.1126	E1～E12	很好
百科玉 189	6	14.3756	0.7938	0.2240	3.2940	0.9734	E1～E12	很好
金玉 818	12	14.1053	0.5235	0.2920	3.8321	0.9524	E1～E12	好
禾育 603	14	13.9658	0.3840	0.3190	4.0460	1.0827	E1～E12	好
云台玉 35	5	13.9381	0.3563	0.5690	5.4104	0.8971	E1～E12	好
ZB1801	7	13.7900	0.2082	0.3980	4.5776	1.1129	E1～E12	较好
禾业 186	1	13.6533	0.0715	0.4290	4.7983	1.1451	E1～E12	较好
菊城 606	10	13.4958	-0.0860	0.5990	5.7353	0.7874	E1～E12	一般

续表 2-35

品种	编号	丰产性参数		稳定性参数			适应地区	综合评价（供参考）
		产量	效应	方差	变异度	回归系数		
BQ702	8	13. 3350	-0. 2468	0. 2560	3. 7935	0. 9284	E1~E12	一般
伟玉 679	15	13. 2322	-0. 3496	0. 5370	5. 5380	1. 1552	E1~E12	一般
光合 799	3	13. 2303	-0. 3515	0. 2860	4. 0437	1. 0469	E1~E12	一般
邵单 979	9	13. 1917	-0. 3901	0. 3140	4. 2498	1. 0163	E1~E12	一般
伟科 725	13	13. 0639	-0. 5179	0. 5270	5. 5554	0. 8181	E1~E12	较差
吉祥 99	2	12. 9519	-0. 6299	0. 3920	4. 8311	1. 0294	E1~E12	较差
郑单 958	4	12. 9511	-0. 6307	0. 0670	2. 0060	0. 9424	E1~E12	较差

注：E1 代表洛阳，E2 代表镇平，E3 代表开封，E4 代表黄泛区，E5 代表鹤壁，E6 代表中牟，E7 代表南阳，E8 代表焦作，E9 代表商丘，E10 代表许昌，E11 代表嵩县，E12 代表西华。

（三）试验可靠性评价

从汇总试点试验误差变异系数看（表 2-36），各个试点的 CV 小于 10%，说明这些试点管理比较精细，试验误差较小，数据准确可靠，符合实际，可以汇总。

表 2-36　各试点试验误差变异系数

试点	CV(%)	试点	CV(%)	试点	CV(%)	试点	CV(%)
鹤壁	4. 077	洛阳	2. 221	开封	7. 854	镇平	3. 332
黄泛区	5. 751	中牟	3. 697	焦作	3. 601	南阳	4. 601
商丘	2. 921	嵩县	3. 000	西华	5. 633	许昌	2. 640

（四）各品种产量结果汇总

各品种在不同试点的产量结果列于表 2-37。

表 2-37　2019 年河南省玉米 5000 株/亩 C 组区域试验品种产量结果汇总

试点	品种											
	禾业 186			吉祥 99			光合 799			郑单 958		
	亩产(kg)	比 CK(±%)	位次	亩产(kg)	比 CK(±%)	位次	亩产(kg)	比 CK(±%)	位次	亩产(kg)	比 CK(±%)	位次
洛阳	773. 0	10. 7	5	688. 7	-1. 3	12	665. 4	-4. 7	15	698. 0	0. 0	10
镇平	720. 6	3. 9	8	708. 0	2. 1	11	715. 4	3. 1	10	693. 7	0. 0	12
开封	785. 0	4. 7	11	789. 3	5. 3	9	822. 8	9. 8	5	749. 6	0. 0	13
黄泛区	549. 6	-6. 4	14	561. 1	-4. 4	12	620. 9	5. 8	9	586. 9	0. 0	11

续表 2-37

试点	品种											
	禾业 186			吉祥 99			光合 799			郑单 958		
	亩产（kg）	比 CK（±%）	位次	亩产（kg）	比 CK（±%）	位次	亩产（kg）	比 CK（±%）	位次	亩产（kg）	比 CK（±%）	位次
鹤壁	861.5	1.9	11	835.9	−1.1	14	849.6	0.5	12	845.4	0.0	13
中牟	684.6	−0.7	11	701.3	1.7	7	693.3	0.6	8	689.3	0.0	10
核心点平均	729.0	2.6	9	714.0	0.5	12	727.9	2.4	10	710.5	0.0	13
南阳	724.3	10.2	8	627.6	−4.5	14	635.6	−3.3	13	657.2	0.0	11
焦作	805.7	14.6	1	682.8	−2.9	15	721.1	2.5	11	703.3	0.0	13
商丘	895.9	5.4	6	905.2	6.5	5	887.6	4.4	8	849.8	0.0	13
许昌	821.9	13.8	3	713.1	−1.3	15	745.6	3.2	11	722.2	0.0	14
嵩县	841.7	6.5	3	742.0	−6.1	14	820.9	3.9	7	790.0	0.0	10
西华	638.5	−1.6	14	679.6	4.8	6	642.0	−1.0	11	648.7	0.0	9
辅助点平均	788.0	8.2	4	725.1	−0.5	15	742.1	1.9	12	728.5	0.0	14
汇总	758.5	5.4	7	719.6	0.0	14	735.0	2.2	11	719.5	0.0	15
CV（%）	13.163			12.664			12.329			10.888		

试点	品种											
	云台玉 35			百科玉 189			ZB1801			BQ702		
	亩产（kg）	比 CK（±%）	位次	亩产（kg）	比 CK（±%）	位次	亩产（kg）	比 CK（±%）	位次	亩产（kg）	比 CK（±%）	位次
洛阳	807.6	15.7	2	818.7	17.3	1	770.4	10.4	6	726.3	4.1	9
镇平	725.6	4.6	6	723.9	4.4	7	753.9	8.7	1	666.3	−3.9	13
开封	787.0	5.0	10	836.5	11.6	4	792.0	5.7	8	821.5	9.6	6
黄泛区	607.2	3.5	10	675.6	15.1	2	556.5	−5.2	13	627.2	6.9	8
鹤壁	959.4	13.5	1	893.1	5.6	6	906.7	7.3	5	865.6	2.4	10
中牟	772.2	12.0	1	710.4	3.1	6	670.7	−2.7	13	644.1	−6.6	14
核心点平均	776.5	9.3	4	776.4	9.3	5	741.7	4.4	6	725.2	2.1	11

续表 2-37

试点	品种											
	云台玉 35			百科玉 189			ZB1801			BQ702		
	亩产（kg）	比 CK（±%）	位次	亩产（kg）	比 CK（±%）	位次	亩产（kg）	比 CK（±%）	位次	亩产（kg）	比 CK（±%）	位次
南阳	739. 1	12. 5	3	752. 8	14. 5	2	775. 2	18. 0	1	730. 2	11. 1	7
焦作	791. 3	12. 5	4	796. 5	13. 3	3	768. 0	9. 2	6	722. 8	2. 8	10
商丘	840. 7	−1. 1	15	948. 3	11. 6	1	916. 7	7. 9	4	842. 8	−0. 8	14
许昌	789. 1	9. 3	7	798. 5	10. 6	5	784. 4	8. 6	8	797. 4	10. 4	6
嵩县	774. 8	−1. 9	12	895. 6	13. 4	2	806. 9	2. 1	9	782. 4	−1. 0	11
西华	698. 0	7. 6	3	733. 9	13. 1	1	692. 0	6. 7	4	663. 5	2. 3	7
辅助点平均	772. 2	6. 0	7	820. 9	12. 7	1	790. 5	8. 5	3	756. 5	3. 8	10
汇总	774. 3	7. 6	5	798. 6	11. 0	2	766. 1	6. 5	6	740. 8	3. 0	9
CV（%）	10. 863			10. 503			12. 684			10. 908		

试点	品种											
	邵单 979			菊城 606			中玉 303			金玉 818		
	亩产（kg）	比 CK（±%）	位次	亩产（kg）	比 CK（±%）	位次	亩产（kg）	比 CK（±%）	位次	亩产（kg）	比 CK（±%）	位次
洛阳	693. 5	−0. 6	11	679. 3	−2. 7	14	790. 2	13. 2	4	792. 8	13. 6	3
镇平	660. 4	−4. 8	15	743. 5	7. 2	3	731. 1	5. 4	5	744. 8	7. 4	2
开封	742. 2	−1. 0	14	776. 9	3. 6	12	890. 4	18. 8	1	881. 3	17. 6	2
黄泛区	646. 5	10. 2	7	675. 0	15. 0	3	665. 7	13. 4	5	670. 7	14. 3	4
鹤壁	881. 3	4. 2	7	870. 7	3. 0	9	938. 5	11. 0	2	914. 8	8. 2	4
中牟	630. 6	−8. 5	15	673. 1	−2. 4	12	729. 3	5. 8	4	742. 6	7. 7	2
核心点平均	709. 1	−0. 2	14	736. 4	3. 6	7	790. 9	11. 3	2	791. 2	11. 4	1
南阳	700. 9	6. 6	10	734. 4	11. 7	6	738. 7	12. 4	4	738. 5	12. 4	5
焦作	740. 9	5. 3	9	776. 7	10. 4	5	798. 5	13. 5	2	761. 9	8. 3	7
商丘	888. 0	4. 5	7	866. 3	1. 9	11	938. 9	10. 5	2	876. 7	3. 2	9
许昌	732. 4	1. 4	13	823. 7	14. 1	2	770. 4	6. 7	10	825. 7	14. 3	1
嵩县	824. 6	4. 4	6	730. 2	−7. 6	15	920. 2	16. 5	1	811. 9	2. 8	8

续表 2-37

试点	邵单 979			菊城 606			中玉 303			金玉 818		
	亩产（kg）	比 CK（±%）	位次	亩产（kg）	比 CK（±%）	位次	亩产（kg）	比 CK（±%）	位次	亩产（kg）	比 CK（±%）	位次
西华	653.1	0.7	8	647.4	−0.2	10	719.4	10.9	2	641.9	−1.0	12
辅助点平均	756.7	3.9	9	763.1	4.7	8	814.4	11.8	2	776.1	6.5	5
汇总	732.9	1.9	12	749.8	4.2	8	802.6	11.5	1	783.6	8.9	3
CV(%)	12.119			10.070			11.880			10.649		

试点	伟科 725			禾育 603			伟玉 679		
	亩产（kg）	比 CK（±%）	位次	亩产（kg）	比 CK（±%）	位次	亩产（kg）	比 CK（±%）	位次
洛阳	688.1	−1.4	13	763.5	9.4	7	757.2	8.5	8
镇平	664.8	−4.2	14	735.6	6.0	4	717.2	3.4	9
开封	705.6	−5.9	15	842.6	12.4	3	805.2	7.4	7
黄泛区	648.3	10.5	6	699.3	19.2	1	521.3	−11.2	15
鹤壁	826.1	−2.3	15	931.9	10.2	3	876.5	3.7	8
中牟	711.7	3.2	5	693.1	0.6	9	731.3	6.1	3
核心点平均	707.4	−0.4	15	777.7	9.5	3	734.8	3.4	8
南阳	654.6	−0.4	12	717.8	9.2	9	614.6	−6.5	15
焦作	683.7	−2.8	14	718.1	2.1	12	751.9	6.9	8
商丘	873.0	2.7	10	929.8	9.4	3	864.1	1.7	12
许昌	736.3	2.0	12	808.9	12.0	4	778.9	7.9	9
嵩县	836.7	5.9	4	831.5	5.3	5	764.1	−3.3	13
西华	680.4	4.9	5	638.5	−1.6	14	639.3	−1.4	13
辅助点平均	744.1	2.1	11	774.1	6.3	6	735.5	1.0	13
汇总	725.8	0.9	13	775.9	7.8	4	735.1	2.2	10
CV(%)	10.573			12.086			13.897		

(五)田间性状调查结果

各品种田间性状调查汇总结果见表 2-38。

表 2-38　2019 年河南省玉米 5000 株/亩区域试验 C 组品种田间观察记载结果

品种	生育期（天）	株高（cm）	穗位高（cm）	倒伏率（%）	倒折率（%）	空秆率（%）	双穗率（%）
禾业 186	103	245	98	0.4(0.0~5)	0.1(0.0~0.4)	0.7	2.1
吉祥 99	103	240	97	0.3(0.0~4)	0.0(0.0~0.4)	1.0	0.3
光合 799	103	255	103	0.7(0.0~8)	0.0(0.0~0.2)	0.3	0.3
郑单 958	104	260	112	0.1(0.0~1.1)	0.5(0.0~2.2)	1.0	1.2
云台玉 35	103	273	114	0.0(0.0~0.0)	0.0(0.0~0.0)	1.4	0.4
百科玉 189	103	304	120	2.9(0.0~12.9)	0.3(0.0~2.4)	1.2	0.8
ZB1801	102	258	83	0.0(0.0~0.0)	0.1(0.0~0.7)	0.5	0.8
BQ702	102	250	94	0.1(0.0~1.1)	0.2(0.0~1.1)	0.4	1.2
邵单 979	102	287	111	0.4(0.0~5)	0.0(0.0~0.4)	0.9	0.8
菊城 606	102	253	92	0.4(0.0~5)	0.0(0.0~0.0)	0.7	0.3
中玉 303	103	274	113	0.9(0.0~8)	0.0(0.0~0.0)	0.8	0.1
金玉 818	103	279	111	0.4(0.0~4)	0.0(0.0~0.0)	1.3	0.1
伟科 725	103	255	101	0.0(0.0~0.0)	0.0(0.0~0.0)	2.0	0.0
禾育 603	104	292	108	0.1(0.0~1.5)	0.1(0.0~1.1)	0.9	0.1
伟玉 679	103	263	102	0.5(0.0~2.5)	0.2(0.0~1.9)	1.3	0.3

品种	小斑病（级）	茎腐病（级）	穗腐病（级）	弯孢菌（级）	瘤黑粉病（%）	锈病（级）
禾业 186	1~3	1.7(0.0~15)	1~5	1~3	0.4	1~3
吉祥 99	1~3	5.2(0.0~24)	1~3	1~3	0.0	1~3
光合 799	1~3	0.9(0.0~5.5)	1~3	1~3	0.1	1~5
郑单 958	1~5	6.3(0.0~29)	1~3	1~3	0.9	1~5
云台玉 35	1~3	3.3(0.0~12.4)	1~3	1~3	0.6	1~5
百科玉 189	1~3	5.1(0.0~17.8)	1~3	1~5	0.5	1~7
ZB1801	1~3	9.2(0.0~22)	1~3	1~3	0.1	1~5
BQ702	1~3	9.7(0.0~25.5)	1~5	1~5	0.2	1~3
邵单 979	1~5	1.7(0.0~7)	1~5	1~3	0.9	1~9
菊城 606	1~3	12.2(0.0~44.4)	1~5	1~3	0.5	1~5
中玉 303	1~3	1.1(0.0~7)	1~3	1~3	0.1	1~3
金玉 818	1~3	2.8(0.0~10.7)	1~3	1~3	0.2	1~5
伟科 725	1~3	4.3(0.0~16.9)	1~5	1~3	0.5	1~3
禾育 603	1~3	6.7(0.0~20.6)	1~5	1~5	0.6	1~5
伟玉 679	1~5	2.6(0.0~9.1)	1~5	1~3	0.1	1~3

续表 2-38

品种	株型	芽鞘色	第一叶形状	叶片颜色	雄穗分枝	雄穗颖片颜色	花药颜色
禾业 186	半紧凑	浅紫	圆到匙形	绿	密	绿	黄
吉祥 99	紧凑	紫	圆到匙形	绿	中	浅紫	浅紫
光合 799	紧凑	紫	圆到匙形	绿	中	浅紫	浅紫
郑单 958	紧凑	浅紫	圆到匙形	绿	密	浅紫	浅紫
云台玉 35	半紧凑	浅紫	圆到匙形	绿	中	浅紫	浅紫
百科玉 189	半紧凑	紫	圆到匙形	绿	中	浅紫	浅紫
ZB1801	紧凑	紫	圆到匙形	绿	中	浅紫	浅紫
BQ702	紧凑	紫	圆到匙形	绿	中	绿	浅紫
邵单 979	半紧凑	紫	圆到匙形	绿	中	浅紫	浅紫
菊城 606	半紧凑	浅紫	圆到匙形	绿	中	浅紫	黄
中玉 303	半紧凑	浅紫	圆到匙形	绿	中	浅紫	浅紫
金玉 818	半紧凑	紫	圆到匙形	绿	中	浅紫	浅紫
伟科 725	紧凑	紫	圆到匙形	绿	中	浅紫	浅紫
禾育 603	半紧凑	紫	圆到匙形	绿	疏	浅紫	浅紫
伟玉 679	紧凑	紫	圆到匙形	绿	中	浅紫	紫

品种	花丝颜色	苞叶长短	穗型	轴色	粒型	粒色	全生育期叶数
禾业 186	绿	中	筒	白	半马齿	黄	18.6
吉祥 99	浅紫	中	筒	白	半马齿	黄	18.7
光合 799	绿	长	筒	红	半马齿	黄	18.6
郑单 958	浅紫	中	筒	白	半马齿	黄	19.6
云台玉 35	绿	中	筒	红	半马齿	黄	19.0
百科玉 189	浅紫	中	筒	红	马齿	黄	19.2
ZB1801	绿	长	筒	红	半马齿	黄	18.7
BQ702	浅紫	短	筒	红	马齿	黄	19.6
邵单 979	紫	中	筒	红	半马齿	黄	18.7
菊城 606	浅紫	中	筒	红	马齿	黄	19.0
中玉 303	浅紫	中	筒	白	半马齿	黄	20.3
金玉 818	浅紫	中	筒	红	半马齿	黄	19.6
伟科 725	浅紫	中	筒	红	半马齿	黄	18.9
禾育 603	浅紫	中	筒	红	半马齿	黄	18.7
伟玉 679	浅紫	中	筒	红	半马齿	黄	18.7

(六)室内考种结果

各品种室内考种结果见表 2-39。

表 2-39　2019 年河南省玉米 5000 株/亩区域试验 C 组品种室内考种结果

品种	品种编号	穗长（cm）	穗粗（cm）	穗行数	行粒数	虚尖长（cm）	轴粗（cm）	穗粒重（g）	出籽率（%）	千粒重（g）
禾业 186	1	17.1	4.7	15.0	33.5	0.7	2.7	157.9	88.4	322.8
吉祥 99	2	18.0	4.8	13.7	33.4	1.1	2.8	151.0	85.7	355.0
光合 799	3	14.9	5.4	18.3	28.4	1.2	3.0	155.0	87.1	319.0
郑单 958	4	16.8	4.9	15.0	34.1	0.4	2.8	150.0	87.8	330.0
云台玉 35	5	17.4	4.9	15.8	31.8	1.4	2.7	157.9	87.8	335.9
百科玉 189	6	18.5	4.9	15.5	34.2	1.3	2.5	170.1	88.2	348.9
ZB1801	7	17.4	4.7	14.1	33.1	1.2	2.5	156.3	89.1	351.5
BQ702	8	16.0	4.8	17.5	30.2	1.0	2.6	155.2	90.4	307.3
邵单 979	9	17.1	4.9	15.2	32.4	1.2	2.8	161.6	88.0	345.3
菊城 606	10	17.5	4.9	17.1	30.3	0.5	2.7	158.5	89.2	339.1
中玉 303	11	17.5	5.2	17.0	34.7	0.6	2.8	173.6	88.1	323.6
金玉 818	12	17.7	4.9	16.1	30.8	1.6	2.7	165.9	87.3	354.6
伟科 725	13	16.5	5.0	16.2	30.2	1.4	2.7	157.3	88.8	336.4
禾育 603	14	19.1	4.8	14.9	35.3	1.7	2.6	175.3	89.2	359.5
伟玉 679	15	16.6	4.9	14.7	29.4	1.7	2.8	151.8	85.4	370.6

(七)抗病性接种鉴定结果

各品种抗病性接种鉴定结果见表 2-40。

表 2-40　2019 年河南省玉米 5000 株/亩区域试验 C 组品种试验抗病性鉴定结果

品种	茎腐病		小斑病		镰孢菌穗腐病		弯孢叶斑病		瘤黑粉病		南方锈病	
	病株率（%）	抗性评价	病级	抗性评价	病级	抗性评价	病级	抗性评价	病株率（%）	抗性评价	病级	抗性评价
禾业 186	6.67	抗病	7	感病	1.8	抗病	7	感病	0.0	高抗	3	抗病
吉祥 99	0.00	高抗	3	抗病	1.8	抗病	5	中抗	0.0	高抗	3	抗病
光合 799	0.00	高抗	5	中抗	3.8	中抗	7	感病	13.3	中抗	7	感病

续表 2-40

品种	茎腐病		小斑病		镰孢菌穗腐病		弯孢叶斑病		瘤黑粉病		南方锈病	
	病株率（%）	抗性评价	病级	抗性评价	病级	抗性评价	病级	抗性评价	病株率（%）	抗性评价	病级	抗性评价
云台玉 35	9.26	抗病	7	感病	5.2	中抗	3	抗病	3.3	高抗	3	抗病
百科玉 189	11.11	中抗	5	中抗	4.5	中抗	7	感病	10.0	抗病	7	感病
ZB1801	60.00	高感	9	高感	1.6	抗病	7	感病	26.7	感病	3	抗病
BQ702	50.00	高感	7	感病	2.2	抗病	7	感病	13.3	中抗	3	抗病
邵单 979	27.78	中抗	5	中抗	4.2	中抗	7	感病	0.0	高抗	5	中抗
菊城 606	14.81	中抗	7	感病	2.5	抗病	7	感病	13.3	中抗	3	抗病
中玉 303	14.81	中抗	3	抗病	1.4	高抗	5	中抗	33.3	感病	9	高感
金玉 818	9.26	抗病	5	中抗	1.3	高抗	5	中抗	3.3	高抗	5	中抗
伟科 725	0.00	高抗	7	感病	1.7	抗病	7	感病	13.3	中抗	5	中抗
禾育 603	50.00	高感	7	感病	2.7	抗病	5	中抗	6.7	抗病	7	感病
伟玉 679	6.67	抗病	5	中抗	3.7	中抗	3	抗病	20.0	中抗	5	中抗

(八)品质分析结果

参加区域试验品种籽粒品质分析结果见表 2-41。

表 2-41　2019 年河南省玉米区域试验 5000 株/亩 C 组品种品质分析结果

品种	品种编号	容重（g/L）	水分（%）	粗蛋白质（%）	粗脂肪（%）	粗淀粉（%）	赖氨酸（%）
禾业 186	1	769	10.2	9.33	4.2	75.43	0.31
吉祥 99	2	780	9.68	10.5	4.1	72.81	0.34
光合 799	3	763	9.88	10.5	4.0	73.12	0.34
郑单 958	4	754	9.58	9.94	4.3	73.53	0.31
云台玉 35	5	765	10.8	10.2	3.8	73.97	0.32
百科玉 189	6	750	10.8	10.4	3.6	75.47	0.34
ZB1801	7	765	10.8	9.33	3.5	76.21	0.32
BQ702	8	748	10.7	10.1	4.7	74.89	0.32
邵单 979	9	780	10.7	10.5	4.3	74.92	0.34
菊城 606	10	748	10.8	10.2	3.8	74.96	0.31
中玉 303	11	760	10.7	9.76	3.6	76.69	0.32

续表 2-41

品种	品种编号	容重（g/L）	水分（%）	粗蛋白质（%）	粗脂肪（%）	粗淀粉（%）	赖氨酸（%）
金玉 818	12	757	10. 4	10. 6	3. 5	75. 41	0. 33
伟科 725	13	787	10. 3	10. 5	3. 7	75. 38	0. 32
禾育 603	14	758	10. 5	10. 3	3. 2	76. 49	0. 32
伟玉 679	15	784	10. 1	10. 5	4. 2	73. 48	0. 33

注:蛋白质、脂肪、赖氨酸、粗淀粉均为干基数据。容重检测依据 GB/T 5498—2013,水分检测依据 GB 5009. 3—2016,脂肪(干基)检测依据 GB 5009. 6—2016,蛋白质(干基)检测依据 GB 5009. 5—2016,粗淀粉(干基)检测依据 NY/T 11—1985,赖氨酸(干基)检测依据 GB 5009. 124—2016。

(九)DNA 检测比较结果

河南省目前对第一年区域试验和生产试验品种进行 DNA 指纹检测同名品种以及疑似品种,比较结果见表 2-42。

百科玉 189、邵单 979、菊城 606、ZB1801 与已知 SSR 指纹品种间 DNA 指纹差异位点数均≥2 ,未筛查出疑似品种。

表 2-42(1)　2019 年河南省玉米 5000 株/亩区域试验 C 组 DNA 检测同名品种比较结果表

序号	待测样品		对照样品			比较位点数	差异位点数	结论
	样品编号	样品名称	样品编号	样品名称	来源			
1	MHN1900032	金玉 818	BGG1662	金玉 818	农业部征集审定品种	40	31	不同

表 2-42(2)　2019 年河南省玉米 5000 株/亩区域试验 C 组 DNA 检测疑似品种比较结果表

序号	待测样品		对照样品			比较位点数	差异位点数	结论
	样品编号	样品名称	样品编号	样品名称	来源			
4	MHN1900052	光合 799	MG1800196	沐玉 105	2018 年国家区试东华北中晚熟春玉米组	40	0	极近似或相同
5	MHN1900056	禾育 603	BGG6336	联创 808	农业部征集审定品种	40	0	极近似或相同
6	MHN1900057	吉祥 99	MH1800157	鑫大绿 525	2018 年河北区试	40	1	近似

续表 2-42(2)

序号	待测样品		对照样品			比较位点数	差异位点数	结论
	样品编号	样品名称	样品编号	样品名称	来源			
12-1	MHN1900078	中玉 303	MG1800323	ZY303	2018 年国家区域试验黄淮海夏玉米组	40	0	极近似或相同
12-2	MHN1900078	中玉 303	MG1900311	ZY303	2019 年国家区域试验黄淮海夏玉米普 5000 密三组	40	0	极近似或相同

五、品种评述及建议

(一)第二年区域试验品种

1. 云台玉 35

1)产量表现

2018 年区试产量 5 个核心点平均亩产 682.6 kg,比郑单 958(CK)平均亩产 607.2 kg 增产 12.4%,居试验第六位,试点 5 增 0 减;其它 6 个辅助点平均亩产 684.4 kg,比郑单 958(CK)平均亩产 608.2 kg 增产 12.5%,居试验第二位,试点 6 增 0 减;总平均亩产 683.6 kg,比郑单 958(CK)平均亩产 607.7 kg 增产 12.5%,差异极显著,居试验第三位,试点 11 增 0 减,增产点比率为 100%。

2019 年区试产量(表 2-33、表 2-34、表 2-37)6 个核心点平均亩产 776.5 kg,比郑单 958(CK)平均亩产 710.5 kg 增产 9.3%,居试验第四位,试点 6 增 0 减;其它 6 个辅助点平均亩产 772.2 kg,比郑单 958(CK)平均亩产 728.5 kg 增产 6.0%,居试验第七位,试点 4 增 2 减;总平均亩产 774.3 kg,比郑单 958(CK)平均亩产 719.5 kg 增产 7.6%,差异极显著,居试验第五位,试点 10 增 2 减,增产点比率为 83.3%。

综合两年 23 点次的区试结果(表 2-31):该品种平均亩产 730.9 kg,比郑单 958(CK)平均亩产 666.0 kg 增产 9.7%;增产点数:减产点数=21:2,增产点比率为 91.3%。

2)特征特性

2018 年该品种生育期 102 天,比郑单 958 早熟 1 天;株高 267 cm,穗位高 108 cm;倒伏率 0.8%(0.0%~5.0%)、倒折率 0.5%(0.0%~3.3%),倒伏倒折率之和 1.3%,且倒伏倒折率≥15.0%的试点比率为 0.0%;空秆率 0.3%;小斑病为 1~3 级,茎腐病 5.1%(0.0%~25.0%),穗腐病 1~3 级,弯孢菌叶斑病 1~3 级,瘤黑粉病 0.7%,锈病 1~7 级;穗长 18.6 cm,穗粗 4.6 cm,穗行数 15.1,行粒数 34.7,出籽率 86.3%,千粒重 297.2 g;株型半紧凑;主茎叶片数 19.5 片;叶片颜色浅绿色;芽鞘浅紫色;第一叶形状匙形;雄穗分枝中,雄穗颖片颜色浅紫色,花药浅紫色;花丝浅紫色,苞叶长度中;果穗筒型;籽粒半马齿型,黄粒;红轴。

2019 年(表 2-38、表 2-39)该品种生育期 103 天,比郑单 958 早熟 1 天;株高 273 cm,穗位高 114 cm;倒伏率 0.0%、倒折率 0.0%,倒伏倒折率之和 0.0%,且倒伏倒折率≥15.0%的试点比率为 0.0%;空秆率 1.4%;双穗率 0.4%;小斑病为 1~3 级,茎腐病 3.3%(0.0%~12.4%),穗腐病 1~3 级,弯孢菌叶斑病 1~3 级,瘤黑粉病 0.6%,锈病 1~5 级;穗长 17.4 cm,穗粗 4.9 cm,穗行数 15.8,行粒数 31.8,出籽率 87.8%,千粒重 335.9 g;株型半紧凑;主茎叶片数 19.0 片;叶片颜色绿色;芽鞘浅紫色;第一叶形状圆到匙形;雄穗分枝中,雄穗颖片颜色浅紫色,花药浅紫色;花丝绿色,苞叶长度中;果穗筒型;籽粒半马齿型,黄粒;红轴。

3)抗病性鉴定

据 2018 年河南农业大学植保学院人工接种鉴定报告:该品种高抗瘤黑粉病;抗镰孢菌穗腐病;中抗镰孢菌茎腐病、小斑病、南方锈病;高感弯孢霉叶斑病。

据 2019 年河南农业大学植保学院人工接种鉴定报告(表 2-40):该品种高抗瘤黑粉病;抗茎腐病、弯孢叶斑病、南方锈病;中抗镰孢菌穗腐病;感小斑病。

4)品质分析

据 2018 年农业部农产品质量监督检验测试中心(郑州)对该品种多点套袋果穗的籽粒混合样品品质分析检验报告:粗蛋白质 10.1%,粗脂肪 4.4%,粗淀粉 72.50%,赖氨酸 0.33%,容重 758 g/L。

据 2019 年农业部农产品质量监督检验测试中心(郑州)对该品种多点套袋果穗的籽粒混合样品品质分析检验报告(表 2-41):粗蛋白质 10.2%,粗脂肪 3.8%,粗淀粉 73.97%,赖氨酸 0.32%,容重 765 g/L。

5)试验建议

按照晋级标准,区域试验各项指标达标,建议结束区域试验,推荐参加生产试验。

2. **伟科** 725

1)产量表现

2018 年区试产量 5 个核心点平均亩产 668.3 kg,比郑单 958(CK)平均亩产 607.2 kg 增产 10.1%,居试验第十三位,试点 5 增 0 减;其它 6 个辅助点平均亩产 645.9 kg,比郑单 958(CK)平均亩产 608.2 kg 增产 6.2%,居试验第十三位,试点 5 增 1 减;总平均亩产 656.1 kg,比郑单 958(CK)平均亩产 607.7 kg 增产 8.0%,差异极显著,居试验第十二位,试点 10 增 1 减,增产点比率为 90.9%。

2019 年区试产量(表 2-33、表 2-34、表 2-37)6 个核心点平均亩产 707.4 kg,比郑单 958(CK)平均亩产 710.5 kg 减产 0.4%,居试验第十五位,试点 2 增 4 减;其它 6 个辅助点平均亩产 744.1 kg,比郑单 958(CK)平均亩产 728.5 kg 增产 2.1%,居试验第十一位,试点 4 增 2 减;总平均亩产 725.8 kg,比郑单 958(CK)平均亩产 719.5 kg 增产 0.9%,差异不显著,居试验第十三位,试点 6 增 6 减,增产点比率为 50.0%。

综合两年 23 点次的区试结果(表 2-31):该品种平均亩产 692.5 kg,比郑单 958(CK)平均亩产 666.0 kg 增产 4.0%;增产点数:减产点数=16:7,增产点比率为 69.6%。

2)特征特性

2018 年该品种生育期 102 天,比郑单 958 早熟 1 天;株高 253 cm,穗位高 97 cm;倒伏率 0.5%(0.0%~4.6%)、倒折率 1.1%(0.0%~6.7%),倒伏倒折率之和 1.6%,且倒伏倒折率≥15.0%的试点比率为 0.0%;空秆率 0.4%;小斑病为 1~5 级,茎腐病 2.1%(0.0%~5.4%),穗腐病 1~3 级,弯孢菌叶斑病 1~5 级,瘤黑粉病 0.0%,锈病 1~5 级;穗长 16.6 cm,穗粗 4.7 cm,穗行数 16.4,行粒数 31.5,出籽率 86.7%,千粒重 317.8 g;株型半紧凑;主茎叶片数 19.9 片;叶片颜色绿色;芽鞘紫色;第一叶形状圆形;雄穗分枝中,雄穗颖片颜色绿色,花药紫色;花丝绿色,苞叶长度中;果穗筒型;籽粒半马齿型,黄粒;红轴。

2019 年(表 2-38、表 3-39)该品种生育期 103 天,比郑单 958 早熟 1 天;株高 255 cm,穗位高 101 cm;倒伏率 0.0%、倒折率 0.0%,倒伏倒折率之和 0.0%,且倒伏倒折率≥15.0%的试点比率为 0.0%;空秆率 2.0%;双穗率 0.0%;小斑病为 1~3 级,茎腐病 4.3%(0.0%~16.9%),穗腐病 1~5 级,弯孢菌叶斑病 1~3 级,瘤黑粉病 0.5%,锈病 1~3 级;穗长 16.5 cm,穗粗 5.0 cm,穗行数 16.2,行粒数 30.2,出籽率 88.8%,千粒重 336.4 g;株型紧凑;主茎叶片数 18.9 片;叶片颜色绿色;芽鞘紫色;第一叶形状圆到匙形;雄穗分枝中,雄穗颖片颜色浅紫色,花药浅紫色;花丝浅紫色,苞叶长度中;果穗筒型;籽粒半马齿型,黄粒;红轴。

3)抗病性鉴定

据 2018 年河南农业大学植保学院人工接种鉴定报告:该品种高抗镰孢菌茎腐病、瘤黑粉病;抗镰孢菌穗腐病;中抗小斑病、南方锈病;感弯孢霉叶斑病。

据 2019 年河南农业大学植保学院人工接种鉴定报告(表 2-40):该品种高抗茎腐病;抗镰孢菌穗腐病;中抗瘤黑粉病、南方锈病;感小斑病、弯孢叶斑病。

4)品质分析

据 2018 年农业部农产品质量监督检验测试中心(郑州)对该品种多点套袋果穗的籽粒混合样品品质分析检验报告:粗蛋白质 10.7%,粗脂肪 4.1%,粗淀粉 74.21%,赖氨酸 0.34%,容重 777 g/L。

据 2019 年农业部农产品质量监督检验测试中心(郑州)对该品种多点套袋果穗的籽粒混合样品品质分析检验报告(表 2-41):粗蛋白质 10.5%,粗脂肪 3.7%,粗淀粉 75.38%,赖氨酸 0.32%,容重 787 g/L。

5)试验建议

按照晋级标准,增产点率不达标,建议停止试验。

3. **禾业 186**

1)产量表现

2018 年区试产量 5 个核心点平均亩产 643.7 kg,比郑单 958(CK)平均亩产 607.2 kg 增产 6.0%,居试验第十八位,试点 4 增 1 减;其它 6 个辅助点平均亩产 593.4 kg,比郑单 958(CK)平均亩产 608.2 kg 减产 2.4%,居试验第二十位,试点 3 增 3 减;总平均亩产 616.3 kg,比郑单 958(CK)平均亩产 607.7 kg 增产 1.4%,差异不显著,居试验第十九位,试点 7 增 4 减,增产点比率为 63.6%。

2019 年区试产量(表 2-33、表 2-34、表 2-37)6 个核心点平均亩产 729.0 kg,比郑单 958(CK)平均亩产 710.5 kg 增产 2.6%,居试验第九位,试点 4 增 2 减;其它 6 个辅助点平均亩产 788.0 kg,比郑单 958(CK)平均亩产 728.5 kg 增产 8.2%,居试验第四位,试点 5

增 1 减；总平均亩产 758.5 kg，比郑单 958（CK）平均亩产 719.5 kg 增产 5.4%，差异极显著，居试验第七位，试点 9 增 3 减，增产点比率为 75.0%。

综合两年 23 点次的区试结果（表 2-31）：该品种平均亩产 690.5 kg，比郑单 958（CK）平均亩产 666.0 kg 增产 3.7%；增产点数∶减产点数 = 16∶7，增产点比率为 69.6%。

2）特征特性

2018 年该品种生育期 102 天，比郑单 958 早熟 1 天；株高 233 cm，穗位高 91 cm；倒伏率 0.3%（0.0%～3.5%）、倒折率 0.3%（0.0%～2.4%），倒伏倒折率之和 0.6%，且倒伏倒折率≥15.0%的试点比率为 0.0%；空秆率 0.1%；小斑病为 1～5 级，茎腐病 1.1%（0.0%～4.7%），穗腐病 1～3 级，弯孢菌叶斑病 1～3 级，瘤黑粉病 0.3%，锈病 1～3 级；穗长 17.5 cm，穗粗 4.4 cm，穗行数 14.6，行粒数 34.1，出籽率 86.2%，千粒重 293.6 g；株型紧凑；主茎叶片数 18.6 片；叶片颜色绿色；芽鞘浅紫色；第一叶形状圆到匙形；雄穗分枝中，雄穗颖片颜色绿色，花药黄色；花丝绿色，苞叶长度中；果穗筒型；籽粒半马齿型，黄粒；白轴。

2019 年（表 2-38、表 2-39）该品种生育期 103 天，比郑单 958 早熟 1 天；株高 245 cm，穗位高 98 cm；倒伏率 0.4%（0.0%～5.0%）、倒折率 0.1%（0.0%～0.4%），倒伏倒折率之和 0.5%，且倒伏倒折率≥15.0%的试点比率为 0.0%；空秆率 0.7%；双穗率 2.1%；小斑病为 1～3 级，茎腐病 1.7%（0.0%～15.0%），穗腐病 1～5 级，弯孢菌叶斑病 1～3 级，瘤黑粉病 0.4%，锈病 1～3 级；穗长 17.1 cm，穗粗 4.7 cm，穗行数 15.0，行粒数 33.5，出籽率 88.4%，千粒重 322.8 g；株型半紧凑；主茎叶片数 18.6 片；叶片颜色绿色；芽鞘浅紫色；第一叶形状圆到匙形；雄穗分枝密，雄穗颖片颜色绿色，花药黄色；花丝绿色，苞叶长度中；果穗筒型；籽粒半马齿型，黄粒；白轴。

3）抗病性鉴定

据 2018 年河南农业大学植保学院人工接种鉴定报告：该品种高抗镰孢菌茎腐病；抗镰孢菌穗腐病、瘤黑粉病；中抗小斑病、弯孢霉叶斑病；感南方锈病。

据 2019 年河南农业大学植保学院人工接种鉴定报告（表 2-40）：该品种高抗瘤黑粉病；抗茎腐病、镰孢菌穗腐病、南方锈病；感小斑病、弯孢叶斑病。

4）品质分析

据 2018 年农业部农产品质量监督检验测试中心（郑州）对该品种多点套袋果穗的籽粒混合样品品质分析检验报告：粗蛋白质 9.25%，粗脂肪 5.0%，粗淀粉 72.09%，赖氨酸 0.32%，容重 756 g/L。

据 2019 年农业部农产品质量监督检验测试中心（郑州）对该品种多点套袋果穗的籽粒混合样品品质分析检验报告（表 2-41）：粗蛋白质 9.33%，粗脂肪 4.2%，粗淀粉 75.43%，赖氨酸 0.31%，容重 769 g/L。

5）田间考察

专业委员会田间考察在（黄泛区）高感茎腐病（9 级），予以淘汰。

6）试验建议

按照晋级标准，专业委员会田间考察在（黄泛区）高感茎腐病（9 级），建议终止试验。

4. **中玉 303**

1) 产量表现

2018 年区试产量 5 个核心点平均亩产 690. 1 kg,比郑单 958(CK)平均亩产 584. 2 kg 增产 18. 1%,居试验第一位,试点 5 增 0 减;5 个辅助点平均亩产 675. 3 kg,比郑单 958(CK)平均亩产 617. 9 kg 增产 9. 3%,居试验第二位,试点 5 增 0 减;总平均亩产 682. 7 kg,比郑单 958(CK)平均亩产 601. 0 kg 增产 13. 6%,差异极显著,居试验第一位,试点 10 增 0 减,增产点比率为 100. 0%。

2019 年区试产量(表 2-33、表 2-34、表 2-37)6 个核心点平均亩产 790. 9 kg,比郑单 958(CK)平均亩产 710. 5 kg 增产 11. 3%,居试验第二位,试点 6 增 0 减;其它 6 个辅助点平均亩产 814. 4 kg,比郑单 958(CK)平均亩产 728. 5 kg 增产 11. 8%,居试验第二位,试点 6 增 0 减;总平均亩产 802. 6 kg,比郑单 958(CK)平均亩产 719. 5 kg 增产 11. 5%,差异极显著,居试验第一位,试点 12 增 0 减,增产点比率为 100%。

综合两年 22 点次的区试结果(表 2-31):该品种平均亩产 748. 1 kg,比郑单 958(CK)平均亩产 665. 6 kg 增产 12. 4%;增产点数:减产点数=22:0,增产点比率为 100%。

2) 特征特性

2018 年该品种生育期 104 天,比郑单 958 晚熟 1 天;株高 263 cm,穗位高 109 cm;倒伏率 0. 1%(0. 0%~0. 8%)、倒折率 0. 7%(0. 0%~5. 2%),倒伏倒折率之和 0. 8%,且倒伏倒折率≥15. 0%的试点比率为 0. 0%;空秆率 1. 1%;小斑病为 1~3 级,茎腐病 3. 2%(0. 0%~23. 0%),穗腐病 1~3 级,弯孢菌叶斑病 1~3 级,瘤黑粉病 0. 7%,锈病 1~3 级;穗长 16. 3 cm,穗粗 4. 8 cm,穗行数 17. 1,行粒数 33. 8,出籽率 88. 1%,千粒重 292. 4 g;株型紧凑;主茎叶片数 19. 9 片;叶片颜色绿色;芽鞘紫色;第一叶形状圆到匙形;雄穗分枝中等,雄穗颖片颜色绿色,花药浅紫色;花丝浅紫色,苞叶长度中;果穗筒型;籽粒半马齿型,黄粒;白轴。

2019 年(表 2-38、表 2-39)该品种生育期 103 天,比郑单 958 早熟 1 天;株高 274 cm,穗位高 113 cm;倒伏率 0. 9%(0. 0%~8. 0%)、倒折率 0. 0%,倒伏倒折率之和 0. 9%,且倒伏倒折率≥15. 0%的试点比率为 0. 0%;空秆率 0. 8%;双穗率 0. 1%;小斑病为 1~3 级,茎腐病 1. 1%(0. 0%~7. 0%),穗腐病 1~3 级,弯孢菌叶斑病 1~3 级,瘤黑粉病 0. 1%,锈病 1~3 级;穗长 17. 5 cm,穗粗 5. 2 cm,穗行数 17. 0,行粒数 34. 7,出籽率 88. 1%,千粒重 323. 6 g;株型半紧凑;主茎叶片数 20. 3 片;叶片颜色绿色;芽鞘浅紫色;第一叶形状圆到匙形;雄穗分枝中,雄穗颖片颜色浅紫色,花药浅紫色;花丝浅紫色,苞叶长度中;果穗筒型;籽粒半马齿粒型,黄粒;白轴。

3) 抗病性鉴定

据 2018 年河南农业大学植保学院人工接种鉴定报告:该品种高抗镰孢菌茎腐病,抗小斑病、镰孢菌穗腐病、瘤黑粉病、南方锈病;中抗弯孢霉叶斑病。

据 2019 年河南农业大学植保学院人工接种鉴定报告(表 2-40):该品种高抗镰孢菌穗腐病;抗小斑病;中抗茎腐病、弯孢叶斑病;感瘤黑粉病;高感南方锈病。

4) 品质分析

据 2018 年农业部农产品质量监督检验测试中心(郑州)对该品种多点套袋果穗的籽

粒混合样品品质分析检验报告：粗蛋白质 9.73%，粗脂肪 3.8%，粗淀粉 74.76%，赖氨酸 0.30%，容重 772 g/L。

据 2019 年农业部农产品质量监督检验测试中心（郑州）对该品种多点套袋果穗的籽粒混合样品品质分析检验报告（表 2-41）：粗蛋白质 9.76%，粗脂肪 3.6%，粗淀粉 76.69%，赖氨酸 0.32%，容重 760 g/L。

5）试验建议

按照晋级标准，区域试验各项指标达标，建议结束区域试验，若生产试验达标推荐审定。

5. 伟玉 679

1）产量表现

2018 年区试产量 5 个核心点平均亩产 645.8 kg，比郑单 958（CK）平均亩产 584.2 kg 增产 10.5%，居试验第六位，试点 5 增 0 减；5 个辅助点平均亩产 638.3 kg，比郑单 958（CK）平均亩产 617.9 kg 增产 3.3%，居试验第十二位，试点 2 增 3 减；总平均亩产 642.0 kg，比郑单 958（CK）平均亩产 601.0 kg 增产 6.8%，差异显著，居试验第九位，试点 7 增 3 减，增产点比率为 70.0%。

2019 年区试产量（表 2-33、表 2-34、表 2-37）6 个核心点平均亩产 734.8 kg，比郑单 958（CK）平均亩产 710.5 kg 增产 3.4%，居试验第八位，试点 5 增 1 减；其它 6 个辅助点平均亩产 735.5 kg，比郑单 958（CK）平均亩产 728.5 kg 增产 1.0%，居试验第十三位，试点 3 增 3 减；总平均亩产 735.1 kg，比郑单 958（CK）平均亩产 719.5 kg 增产 2.2%，差异不显著，居试验第十位，试点 8 增 4 减，增产点比率为 66.7%。

综合两年 22 点次的区试结果（表 2-31）：该品种平均亩产 692.8 kg，比郑单 958（CK）平均亩产 665.6 kg 增产 4.1%；增产点数∶减产点数 = 15∶7，增产点比率为 68.2%。

2）特征特性

2018 年该品种生育期 102 天，比郑单 958 早熟 1 天；株高 263 cm，穗位高 94 cm；倒伏率 1.8%（0.0%～7.8%）、倒折率 1.7%（0.0%～10.0%），倒伏倒折率之和 3.5%，且倒伏倒折率≥15.0%的试点比率为 0.0%；空秆率 2.3%；小斑病为 1～5 级，茎腐病 4.2%（0.0%～12.2%），穗腐病 1～3 级，弯孢菌叶斑病 1～3 级，瘤黑粉病 0.4%，锈病 1～5 级；穗长 16.5 cm，穗粗 4.8 cm，穗行数 15.3，行粒数 29.4，出籽率 86.0%，千粒重 355.9 g；株型紧凑；主茎叶片数 19.6 片；叶片颜色绿色；芽鞘紫色；第一叶形状圆形；雄穗分枝少，雄穗颖片颜色绿色，花药浅紫色；花丝浅紫色，苞叶长度中；果穗筒型；籽粒半马齿型，黄粒；红轴。

2019 年（表 2-38、表 2-39）该品种生育期 103 天，比郑单 958 早熟 1 天；株高 263 cm，穗位高 102 cm；倒伏率 0.5%（0.0%～2.5%）、倒折率 0.2%（0.0%～1.9%），倒伏倒折率之和 0.7%，且倒伏倒折率≥15.0%的试点比率为 0.0%；空秆率 1.3%；双穗率 0.3%；小斑病为 1～5 级，茎腐病 2.6%（0.0%～9.1%），穗腐病 1～5 级，弯孢菌叶斑病 1～3 级，瘤黑粉病 0.1%，锈病 1～3 级；穗长 16.6 cm，穗粗 4.9 cm，穗行数 14.7，行粒数 29.4，出籽率 85.4%，千粒重 370.6 g；株型紧凑；主茎叶片数 18.7 片；叶片颜色绿色；芽鞘紫色；第一叶形状圆到匙形；雄穗分枝中，雄穗颖片颜色浅紫色，花药紫色；花丝浅紫色，苞叶长度中；果穗筒型；籽粒半马齿型，黄粒；红轴。

3)抗病性鉴定

据2018年河南农业大学植保学院人工接种鉴定报告:该品种高抗镰孢菌茎腐病、瘤黑粉病;抗镰孢菌穗腐病;中抗小斑病、南方锈病;感弯孢霉叶斑病。

据2019年河南农业大学植保学院人工接种鉴定报告(表2-40):该品种抗茎腐病、弯孢叶斑病;中抗小斑病、镰孢菌穗腐病、瘤黑粉病、南方锈病。

4)品质分析

据2018年农业部农产品质量监督检验测试中心(郑州)对该品种多点套袋果穗的籽粒混合样品品质分析检验报告:粗蛋白质10.1%,粗脂肪4.4%,粗淀粉72.98%,赖氨酸0.36%,容重770 g/L。

据2019年农业部农产品质量监督检验测试中心(郑州)对该品种多点套袋果穗的籽粒混合样品品质分析检验报告(表2-41):粗蛋白质10.5%,粗脂肪4.2%,粗淀粉73.48%,赖氨酸0.33%,容重784 g/L。

5)试验建议

按照晋级标准,区域试验各项指标达标,建议结束区域试验,推荐生产试验。

6. BQ702

1)产量表现

2018年区试产量5个核心点平均亩产628.1 kg,比郑单958(CK)平均亩产584.2 kg增产7.5%,居试验第十位,试点5增0减;5个辅助点平均亩产652.8 kg,比郑单958(CK)平均亩产617.9 kg增产5.6%,居试验第八位,试点4增1减;总平均亩产640.5 kg,比郑单958(CK)平均亩产601.0 kg增产6.6%,差异显著,居试验第十位,试点9增1减,增产点比率为90.0%。

2019年区试产量(表2-33、表2-34、表2-37)6个核心点平均亩产725.2 kg,比郑单958(CK)平均亩产710.5 kg增产2.1%,居试验第十一位,试点4增2减;其它6个辅助点平均亩产756.5 kg,比郑单958(CK)平均亩产728.5 kg增产3.8%,居试验第十位,试点4增2减;总平均亩产740.8 kg,比郑单958(CK)平均亩产719.5 kg增产3.0%,差异不显著,居试验第九位,试点8增4减,增产点比率为66.7%。

综合两年22点次的区试结果(表2-31):该品种平均亩产695.2 kg,比郑单958(CK)平均亩产665.6 kg增产4.4%;增产点数:减产点数=17:5,增产点比率为77.3%。

2)特征特性

2018年该品种生育期103天,与郑单958同熟;株高290 cm,穗位高109 cm;倒伏率0.1%(0.0%~1.1%)、倒折率0.2%(0.0%~1.1%),倒伏倒折率之和0.3%,且倒伏倒折率≥15.0%的试点比率为0.0%;空秆率1.2%;小斑病为1~5级,茎腐病4.9%(0.0%~12.6%),穗腐病1~3级,弯孢菌叶斑病1~3级,瘤黑粉病1.2%,锈病1~7级;穗长19.3 cm,穗粗4.6 cm,穗行数16.0,行粒数33.0,出籽率85.3%,千粒重328.3 g;株型紧凑;主茎叶片数19.6片;叶片颜色绿色;芽鞘紫色;第一叶形状圆到匙形;雄穗分枝中等,雄穗颖片颜色绿色,花药黄色;花丝绿色,苞叶长度短;果穗筒型;籽粒半马齿型,黄粒;红轴。

2019年(表2-38、表2-39)该品种生育期102天,比郑单958早熟2天;株高250 cm,穗位高94 cm;倒伏率0.1%(0.0%~1.1%)、倒折率0.2%(0.0%~1.1%),倒伏倒折率之

和0.3%，且倒伏倒折率≥15.0%的试点比率为0.0%；空秆率0.4%；双穗率1.2%；小斑病为1～3级，茎腐病9.7%（0.0%～25.5%），穗腐病1～5级，弯孢菌叶斑病1～5级，瘤黑粉病0.2%，锈病1～3级；穗长16.0 cm，穗粗4.8 cm，穗行数17.5，行粒数30.2，出籽率90.4%，千粒重307.3 g；株型紧凑；主茎叶片数19.6片；叶片颜色绿色；芽鞘紫色；第一叶形状圆到匙形；雄穗分枝中，雄穗颖片颜色绿色，花药浅紫色；花丝浅紫色，苞叶长度短；果穗筒型；籽粒马齿型，黄粒；红轴。

3）抗病性鉴定

据2018年河南农业大学植保学院人工接种鉴定报告：该品种高抗镰孢菌茎腐病、瘤黑粉病；抗镰孢菌穗腐病；中抗小斑病；感弯孢霉叶斑病；高感南方锈病。

据2019年河南农业大学植保学院人工接种鉴定报告（表2-40）：该品种抗镰孢菌穗腐病、南方锈病；中抗瘤黑粉病；感小斑病、弯孢叶斑病；高感茎腐病。

4）品质分析

据2018年农业部农产品质量监督检验测试中心（郑州）对该品种多点套袋果穗的籽粒混合样品品质分析检验报告：粗蛋白质10.7%，粗脂肪4.2%，粗淀粉73.21%，赖氨酸0.34%，容重765 g/L。

据2019年农业部农产品质量监督检验测试中心（郑州）对该品种多点套袋果穗的籽粒混合样品品质分析检验报告（表2-41）：粗蛋白质10.1%，粗脂肪4.7%，粗淀粉74.89%，赖氨酸0.32%，容重748 g/L。

5）田间考察

专业委员会田间考察在（黄泛区）高感茎腐病（9级），予以淘汰。

6）试验建议

按照晋级标准，抗病性鉴定不达标，专业委员会田间考察在（黄泛区）高感茎腐病（9级），建议终止试验。

（二）第一年区域试验品种

7. 百科玉189

1）产量表现

2019年区试产量（表2-33、表2-34、表2-37）6个核心点平均亩产776.4 kg，比郑单958（CK）平均亩产710.5 kg增产9.3%，居试验第五位，试点6增0减；其它6个辅助点平均亩产820.9 kg，比郑单958（CK）平均亩产728.5 kg增产12.7%，居试验第一位，试点6增0减；总平均亩产798.6 kg，比郑单958（CK）平均亩产719.5 kg增产11.0%，差异极显著，居试验第二位，试点12增0减，增产点比率为100%。

2）特征特性

2019年（表2-38、表2-39）该品种生育期103天，比郑单958早熟1天；株高304 cm，穗位高120 cm；倒伏率2.9%（0.0%～12.9%）、倒折率0.3%（0.0%～2.4%），倒伏倒折率之和3.2%，且倒伏倒折率≥15.0%的试点比率为0.0%；空秆率1.2%；双穗率0.8%；小斑病为1～3级，茎腐病5.1%（0.0%～17.8%），穗腐病1～3级，弯孢菌叶斑病1～5级，瘤黑粉病0.5%，锈病1～7级；穗长18.5 cm，穗粗4.9 cm，穗行数15.5，行粒数34.2，出籽率88.2%，千粒重348.9 g；株型半紧凑；主茎叶片数19.2片；叶片颜色绿色；芽鞘紫色；第一叶形状圆到匙形；雄穗分枝中，雄穗颖片颜色浅紫色，花药浅紫色；花丝浅紫色，苞叶长度中；果穗筒型；籽粒马齿型，黄粒；红轴。

3）抗病性鉴定

据2019年河南农业大学植保学院人工接种鉴定报告（表2-40）：该品种抗瘤黑粉病；中抗茎腐病、小斑病、镰孢菌穗腐病；感弯孢叶斑病、南方锈病。

4）品质分析

据2019年农业部农产品质量监督检验测试中心（郑州）对该品种多点套袋果穗的籽粒混合样品品质分析检验报告（表2-41）：粗蛋白质10.4%，粗脂肪3.6%，粗淀粉75.47%，赖氨酸0.34%，容重750 g/L。

5）试验建议

按照晋级标准，继续进行区域试验，同时推荐参加生产试验。

8. **金玉818**

1）产量表现

2019年区试产量（表2-33、表2-34、表2-37）6个核心点平均亩产791.2 kg，比郑单958（CK）平均亩产710.5 kg增产11.4%，居试验第一位，试点6增0减；其它6个辅助点平均亩产776.1 kg，比郑单958（CK）平均亩产728.5 kg增产6.5%，居试验第五位，试点5增1减；总平均亩产783.6 kg，比郑单958（CK）平均亩产719.5 kg增产8.9%，差异极显著，居试验第三位，试点11增1减，增产点比率为91.7%。

2）特征特性

2019年（表2-38、表2-39）该品种生育期103天，比郑单958早熟1天；株高279 cm，穗位高111 cm；倒伏率0.4%（0.0%～4.0%）、倒折率0.0%，倒伏倒折率之和0.4%，且倒伏倒折率≥15.0%的试点比率为0.0%；空秆率1.3%；双穗率0.1%；小斑病为1～3级，茎腐病2.8%（0.0%～10.7%），穗腐病1～3级，弯孢菌叶斑病1～3级，瘤黑粉病0.2%，锈病1～5级；穗长17.7 cm，穗粗4.9 cm，穗行数16.1，行粒数30.8，出籽率87.3%，千粒重354.6 g；株型半紧凑；主茎叶片数19.6片；叶片颜色绿色；芽鞘紫色；第一叶形状圆到匙形；雄穗分枝中，雄穗颖片颜色浅紫色，花药浅紫色；花丝浅紫色，苞叶长度中；果穗筒型；籽粒半马齿型，黄粒；红轴。

3）抗病性鉴定

据2019年河南农业大学植保学院人工接种鉴定报告（表2-40）：该品种高抗镰孢菌穗腐病、瘤黑粉病；抗茎腐病；中抗小斑病、弯孢叶斑病、南方锈病。

4）品质分析

据2019年农业部农产品质量监督检验测试中心（郑州）对该品种多点套袋果穗的籽粒混合样品品质分析检验报告（表2-41）：粗蛋白质10.6%，粗脂肪3.5%，粗淀粉75.41%，赖氨酸0.33%，容重757 g/L。

5）DNA指纹检测

据2019年北京玉米种子检测中心河南省玉米区域试验参试品种DNA指纹检测总结报告：该品种疑似品种比较结果为与农业部征集审定品种金玉818的DNA指纹差异位点数31个，判定为不同品种。

6）试验建议

按照晋级标准，建议更改品种试验名称继续进行区域试验，同时推荐参加生产试验或者暂停试验。

9. **禾育** 603

1）产量表现

2019 年区试产量（表 2-33、表 2-34、表 2-37）6 个核心点平均亩产 777.7 kg，比郑单 958（CK）平均亩产 710.5 kg 增产 9.5%，居试验第三位，试点 6 增 0 减；其它 6 个辅助点平均亩产 774.1 kg，比郑单 958（CK）平均亩产 728.5 kg 增产 6.3%，居试验第六位，试点 5 增 1 减；总平均亩产 775.9 kg，比郑单 958（CK）平均亩产 719.5 kg 增产 7.8%，差异极显著，居试验第四位，试点 11 增 1 减，增产点比率为 91.7%。

2）特征特性

2019 年（表 2-38、表 2-39）该品种生育期 104 天，与郑单 958 同熟；株高 292 cm，穗位高 108 cm；倒伏率 0.1%（0.0%～1.5%）、倒折率 0.1%（0.0%～1.1%），倒伏倒折率之和 0.2%，且倒伏倒折率≥15.0%的试点比率为 0.0%；空秆率 0.9%；双穗率 0.1%；小斑病为 1～3 级，茎腐病 6.7%（0.0%～20.6%），穗腐病 1～5 级，弯孢菌叶斑病 1～5 级，瘤黑粉病 0.6%，锈病 1～5 级；穗长 19.1 cm，穗粗 4.8 cm，穗行数 14.9，行粒数 35.3，出籽率89.2%，千粒重 359.5 g；株型半紧凑；主茎叶片数 18.7 片；叶片颜色绿色；芽鞘紫色；第一叶形状圆到匙形；雄穗分枝疏，雄穗颖片颜色浅紫色，花药浅紫色；花丝浅紫色，苞叶长度中；果穗筒型；籽粒半马齿型，黄粒；红轴。

3）抗病性鉴定

据 2019 年河南农业大学植保学院人工接种鉴定报告（表 2-40）：该品种抗镰孢菌穗腐病、瘤黑粉病；中抗弯孢叶斑病；感小斑病、南方锈病；高感茎腐病。

4）品质分析

据 2019 年农业部农产品质量监督检验测试中心（郑州）对该品种多点套袋果穗的籽粒混合样品品质分析检验报告（表 2-41）：粗蛋白质 10.3%，粗脂肪 3.2%，粗淀粉 76.49%，赖氨酸 0.32%，容重 758 g/L。

5）DNA 指纹检测

据 2019 年北京玉米种子检测中心河南省玉米区域试验参试品种 DNA 指纹检测总结报告：该品种疑似品种比较结果为与农业部征集审定品种联创 808 的 DNA 指纹差异位点数 0 个，判定为极近似或相同品种。

6）试验建议

按照晋级标准，因抗病性不达标，建议停止试验。

10. ZB1801

1）产量表现

2019 年区试产量（表 2-33、表 2-34、表 2-37）6 个核心点平均亩产 741.7 kg，比郑单 958（CK）平均亩产 710.5 kg 增产 4.4%，居试验第六位，试点 4 增 2 减；其它 6 个辅助点平均亩产 790.5 kg，比郑单 958（CK）平均亩产 728.5 kg 增产 8.5%，居试验第三位，试点 6 增 0 减；总平均亩产 766.1 kg，比郑单 958（CK）平均亩产 719.5 kg 增产 6.5%，差异极显著,居试验第六位,试点 10 增 2 减,增产点比率为 83.3%。

2)特征特性

2019 年(表 2-38、表 2-39)该品种生育期 102 天,比郑单 958 早熟 2 天;株高 258 cm,穗位高 83 cm;倒伏率 0.0%、倒折率 0.1%(0.0%~0.7%),倒伏倒折率之和 0.1%,且倒伏倒折率≥15.0%的试点比率为 0.0%;空秆率 0.5%;双穗率 0.8%;小斑病为 1~3 级,茎腐病 9.2%(0.0%~22.0%),穗腐病 1~3 级,弯孢菌叶斑病 1~3 级,瘤黑粉病 0.1%,锈病1~5 级;穗长 17.4 cm,穗粗 4.7 cm,穗行数 14.1,行粒数 33.1,出籽率 89.1%,千粒重 351.5 g;株型紧凑;主茎叶片数 18.7 片;叶片颜色绿色;芽鞘紫色;第一叶形状圆到匙形;雄穗分枝中,雄穗颖片颜色浅紫色,花药浅紫色;花丝绿色,苞叶长度长;果穗筒型;籽粒半马齿型,黄粒;红轴。

3)抗病性鉴定

据 2019 年河南农业大学植保学院人工接种鉴定报告(表 2-40):该品种抗镰孢菌穗腐病、南方锈病;感弯孢叶斑病、瘤黑粉病;高感茎腐病、小斑病。

4)品质分析

据 2019 年农业部农产品质量监督检验测试中心(郑州)对该品种多点套袋果穗的籽粒混合样品品质分析检验报告(表 2-41):粗蛋白质 9.33%,粗脂肪 3.5%,粗淀粉 76.21%,赖氨酸 0.32%,容重 765 g/L。

5)田间考察

专业委员会田间考察在(黄泛区)高感茎腐病(9 级),予以淘汰。

6)试验建议

按照晋级标准,抗病性鉴定不达标,专业委员会田间考察在(黄泛区)高感茎腐病(9 级),建议终止试验。

11. **菊城 606**

1)产量表现

2019 年区试产量(表 2-33、表 2-34、表 2-37)6 个核心点平均亩产 736.4 kg,比郑单 958(CK)平均亩产 710.5 kg 增产 3.6%,居试验第七位,试点 4 增 2 减;其它 6 个辅助点平均亩产 763.1 kg,比郑单 958(CK)平均亩产 728.5 kg 增产 4.7%,居试验第八位,试点 4 增 2 减;总平均亩产 749.8 kg,比郑单 958(CK)平均亩产 719.5 kg 增产 4.2%,差异显著,居试验第八位,试点 8 增 4 减,增产点比率为 66.7%。

2)特征特性

2019 年(表 2-38、表 2-39)该品种生育期 102 天,比郑单 958 早熟 2 天;株高 253 cm,穗位高 92 cm;倒伏率 0.4%(0.0%~5.0%)、倒折率 0.0%(0.0%~0.0%),倒伏倒折率之和 0.4%,且倒伏倒折率≥15.0%的试点比率为 0.0%;空秆率 0.7%;双穗率 0.3%;小斑病为1~3 级,茎腐病 12.2%(0.0%~44.4%),穗腐病 1~5 级,弯孢菌叶斑病 1~3 级,瘤黑粉病 0.5%,锈病 1~5 级;穗长 17.5 cm,穗粗 4.9 cm,穗行数 17.1,行粒数 30.3,出籽率 89.2%,千粒重 339.1 g;株型半紧凑;主茎叶片数 19.0 片;叶片颜色绿色;芽鞘浅紫色;第一叶形状圆到匙形;雄穗分枝中,雄穗颖片颜色浅紫色,花药黄色;花丝浅紫色,苞叶长度中;果穗筒型;籽粒马齿型,黄粒;红轴。

3）抗病性鉴定

据 2019 年河南农业大学植保学院人工接种鉴定报告（表 2-40）：该品种抗镰孢菌穗腐病、南方锈病；中抗茎腐病、瘤黑粉病；感小斑病、弯孢叶斑病。

4）品质分析

据 2019 年农业部农产品质量监督检验测试中心（郑州）对该品种多点套袋果穗的籽粒混合样品品质分析检验报告（表 2-41）：粗蛋白质 10.2%，粗脂肪 3.8%，粗淀粉 74.96%，赖氨酸 0.31%，容重 748 g/L。

5）试验建议

按照晋级标准，继续进行区域试验。

12. **光合 799**

1）产量表现

2019 年区试产量（表 2-33、表 2-34、表 2-37）6 个核心点平均亩产 727.9 kg，比郑单 958（CK）平均亩产 710.5 kg 增产 2.4%，居试验第十位，试点 5 增 1 减；其它 6 个辅助点平均亩产 742.1 kg，比郑单 958（CK）平均亩产 728.5 kg 增产 1.9%，居试验第十二位，试点 4 增 2 减；总平均亩产 735.0 kg，比郑单 958（CK）平均亩产 719.5 kg 增产 2.2%，差异不显著，居试验第十一位，试点 9 增 3 减，增产点比率为 75.0%。

2）特征特性

2019 年（表 2-38、表 2-39）该品种生育期 103 天，比郑单 958 早熟 1 天；株高 255 cm，穗位高 103 cm；倒伏率 0.7%（0.0%～8.0%）、倒折率 0.0%（0.0%～0.2%），倒伏倒折率之和 0.7%，且倒伏倒折率≥15.0%的试点比率为 0.0%；空秆率 0.3%；双穗率 0.3%；小斑病为1～3 级，茎腐病 0.9%（0.0%～5.5%），穗腐病 1～3 级，弯孢菌叶斑病 1～3 级，瘤黑粉病0.1%，锈病 1～5 级；穗长 14.9 cm，穗粗 5.4 cm，穗行数 18.3，行粒数 28.4，出籽率 87.1%，千粒重 319.0 g；株型紧凑；主茎叶片数 18.6 片；叶片颜色绿色；芽鞘紫色；第一叶形状圆到匙形；雄穗分枝中，雄穗颖片颜色浅紫色，花药浅紫色；花丝绿色，苞叶长度长；果穗筒型；籽粒半马齿型，黄粒；红轴。

3）抗病性鉴定

据 2019 年河南农业大学植保学院人工接种鉴定报告（表 2-40）：该品种高抗茎腐病；中抗小斑病、镰孢菌穗腐病、瘤黑粉病；感弯孢叶斑病、南方锈病。

4）品质分析

据 2019 年农业部农产品质量监督检验测试中心（郑州）对该品种多点套袋果穗的籽粒混合样品品质分析检验报告（表 2-41）：粗蛋白质 10.5%，粗脂肪 4.0%，粗淀粉 73.12%，赖氨酸 0.34%，容重 763 g/L。

5）DNA 指纹检测

据 2019 年北京玉米种子检测中心河南省玉米区域试验参试品种 DNA 指纹检测总结报告：该品种疑似品种比较结果为与 2018 年国家区试东华北中晚熟春玉米组品种沐玉 105 的 DNA 指纹差异位点数 0 个，判定为极近似或相同品种。

6）试验建议

按照晋级标准，DNA 指纹检测与已知品种无明显差异，建议暂停试验。

13. **邵单 979**

1)产量表现

2019 年区试产量(表 2-33、表 2-34、表 2-37)6 个核心点平均亩产 709.1 kg,比郑单 958(CK)平均亩产 710.5 kg 减产 0.2%,居试验第十四位,试点 2 增 4 减;其它 6 个辅助点平均亩产 756.7 kg,比郑单 958(CK)平均亩产 728.5 kg 增产 3.9%,居试验第九位,试点 6 增 0 减;总平均亩产 732.9 kg,比郑单 958(CK)平均亩产 719.5 kg 增产 1.9%,差异不显著,居试验第十二位,试点 8 增 4 减,增产点比率为 66.7%。

2)特征特性

2019 年(表 2-38、表 2-39)该品种生育期 102 天,比郑单 958 早熟 2 天;株高 287 cm,穗位高 111 cm;倒伏率 0.4%(0.0%~5.0%)、倒折率 0.0%(0.0%~0.4%),倒伏倒折率之和 0.4%,且倒伏倒折率≥15.0%的试点比率为 0.0%;空秆率 0.9%;双穗率 0.8%;小斑病为1~5 级,茎腐病 1.7%(0.0%~7.0%),穗腐病 1~5 级,弯孢菌叶斑病 1~3 级,瘤黑粉病0.9%,锈病 1~9 级;穗长 17.1 cm,穗粗 4.9 cm,穗行数 15.2,行粒数 32.4,出籽率 88.0%,千粒重 345.3 g;株型半紧凑;主茎叶片数 18.7 片;叶片颜色绿色;芽鞘紫色;第一叶形状圆到匙形;雄穗分枝中,雄穗颖片颜色浅紫色,花药浅紫色;花丝紫色,苞叶长度中;果穗筒型;籽粒半马齿型,黄粒;红轴。

3)抗病性鉴定

据 2019 年河南农业大学植保学院人工接种鉴定报告(表 2-40):该品种高抗瘤黑粉病;中抗茎腐病、小斑病、镰孢菌穗腐病、南方锈病;感弯孢叶斑病。

4)品质分析

据 2019 年农业部农产品质量监督检验测试中心(郑州)对该品种多点套袋果穗的籽粒混合样品品质分析检验报告(表 2-41):粗蛋白质 10.5%,粗脂肪 4.3%,粗淀粉 74.92%,赖氨酸 0.34%,容重 780 g/L。

5)试验建议

按照晋级标准,继续进行区域试验。

14. **吉祥 99**

1)产量表现

2019 年区试产量(表 2-33、表 2-34、表 2-37)6 个核心点平均亩产 714.0 kg,比郑单 958(CK)平均亩产 710.5 kg 增产 0.5%,居试验第十二位,试点 3 增 3 减;其它 6 个辅助点平均亩产 725.1 kg,比郑单 958(CK)平均亩产 728.5 kg 减产 0.5%,居试验第十五位,试点 2 增 4 减;总平均亩产 719.6 kg,比郑单 958(CK)平均亩产 719.5 kg 增产 0.0%,差异不显著,居试验第十四位,试点 5 增 7 减,增产点比率为 41.7%。

2)特征特性

2019 年(表 2-38、表 2-39)该品种生育期 103 天,比郑单 958 早熟 1 天;株高 240 cm,穗位高 97 cm;倒伏率 0.3%(0.0%~4.0%)、倒折率 0.0%(0.0%~0.4%),倒伏倒折率之和 0.3%,且倒伏倒折率≥15.0%的试点比率为 0.0%;空秆率 1.0%;双穗率 0.3%;小斑病为1~3 级,茎腐病 5.2%(0.0%~24.0%),穗腐病 1~3 级,弯孢菌叶斑病 1~3 级,瘤黑粉病0.0%,锈病 1~3 级;穗长 18.0 cm,穗粗 4.8 cm,穗行数 13.7,行粒数 33.4,出籽率

85.7%,千粒重 355.0 g;株型紧凑;主茎叶片数 18.7 片;叶片颜色绿色;芽鞘紫色;第一叶形状圆到匙形;雄穗分枝中,雄穗颖片颜色浅紫色,花药浅紫色;花丝浅紫色,苞叶长度中;果穗筒型;籽粒半马齿型,黄粒;白轴。

3)抗病性鉴定

据 2019 年河南农业大学植保学院人工接种鉴定报告(表 2-40):该品种高抗茎腐病、瘤黑粉病;抗小斑病、镰孢菌穗腐病、南方锈病;中抗弯孢叶斑病。

4)品质分析

据 2019 年农业部农产品质量监督检验测试中心(郑州)对该品种多点套袋果穗的籽粒混合样品品质分析检验报告(表 2-41):粗蛋白质 10.5%,粗脂肪 4.1%,粗淀粉 72.81%,赖氨酸 0.34%,容重 780 g/L。

5)DNA 指纹检测

据 2019 年北京玉米种子检测中心河南省玉米区域试验参试品种 DNA 指纹检测总结报告:该品种疑似品种比较结果为与 2018 年河北区试品种鑫大绿 525 的 DNA 指纹差异位点数 1 个,判定为近似品种。

6)试验建议

按照晋级标准,产量达标试验点比例不达标,建议停止试验。

15. **郑单** 958

1)产量表现

2019 年(表 2-33、表 2-34、表 2-37)区试 6 个核心点平均亩产 710.5 kg,居试验第十三位;其它 6 个辅助点平均亩产 728.5 kg,居试验第十四位;总平均亩产 719.5 kg,居试验第十五位。

2)特征特性

2019 年(表 2-38、表 2-39)该品种生育期 104 天;株高 260 cm,穗位高 112 cm;倒伏率 0.1%(0.0%~1.1%)、倒折率 0.5%(0.0%~2.2%),倒伏倒折率之和 0.6%,且倒伏倒折率≥15.0%的试点比率为 0.0%;空秆率 1.0%;双穗率 1.2%;小斑病为 1~5 级,茎腐病 6.3%(0.0%~29.0%),穗腐病 1~3 级,弯孢菌叶斑病 1~3 级,瘤黑粉病 0.9%,锈病 1~5 级;穗长 16.8 cm,穗粗 4.9 cm,穗行数 15.0,行粒数 34.1,出籽率 87.8%,千粒重 330.0 g;株型紧凑;主茎叶片数 19.6 片;叶片颜色绿色;芽鞘浅紫色;第一叶形状圆到匙形;雄穗分枝密,雄穗颖片颜色浅紫色,花药浅紫色;花丝浅紫色,苞叶长度中;穗筒型;籽粒半马齿型,黄粒;白轴。

3)品质分析

据 2019 年农业部农产品质量监督检验测试中心(郑州)对该品种多点套袋果穗的籽粒混合样品品质分析检验报告(表 2-41):粗蛋白质 9.94%,粗脂肪 4.3%,粗淀粉 73.53%,赖氨酸 0.31%,容重 754 g/L。

4)试验建议

继续作为对照品种。

六、品种处理意见

（一）第八届河南省主要农作物品种审定委员会玉米专业委员会2019年区域试验年会会议纪要制定品种晋级标准如下：

1. 正常晋级标准

1）丰产性与稳产性：区域试验每年增产≥0.5%且两年平均≥3.0%，生产试验≥1.0%，增产点率≥60.0%；

2）抗倒折能力：倒伏倒折之和≤12.0%且倒伏倒折之和≥15.0%的试点比率≤25.0%；

3）抗病性：小斑病、茎腐病和穗腐病人工接种或田间自然发病均非高感；

4）品质：容重≥710 g/L，粗淀粉≥69.0%，粗蛋白≥8.0%，粗脂肪两年区域试验中有一年≥3.0%；

5）生育期：每年区域试验平均生育期比对照品种长≤1天；

6）专业委员会现场考察鉴定无严重缺陷；

7）DNA真实性检测合格、同名品种年际间一致；

8）转基因检测非阳性。

2. 交叉试验标准

1）普通品种：区域试验增产≥5.0%，增产点率≥70.0%，倒伏倒折之和≤8.0%，小斑病、茎基腐病和穗粒腐病人工接种或田间自然发病7级以下。

2）绿色品种：区域试验增产≥1.0%，增产点率≥60.0%，倒伏倒折之和≤8.0%，六种病害田间与接种均为中抗以上，其它指标与普通玉米相同。

（二）综合考评参试品种的各类性状表现，经玉米专业委员会讨论决定对参试品种的处理意见如下：

1. 推荐审定品种1个：中玉303。
2. 推荐生产试验品种4个：云台玉35、伟玉679、百科玉189、金玉818。
3. 推荐继续区域试验品种5个：伟玉679、百科玉189、金玉818、菊城606、邵单979。
4. 光合799暂停试验。
5. 其余品种予以淘汰。

七、问题及建议

2019年玉米生长季节，绝大部分试验点平均气温在整个玉米生育期比常年高，特别是大喇叭口期至抽雄吐丝期的高温干旱造成部分品种热害。各试验点降雨量在整个玉米生育期偏少，雨量不均，9月中旬玉米灌浆后期雨水偏多，个别试点后期茎腐病较重。在新品种选育过程中，加强品种生物和非生物抗性选择至关重要。

河南省农业科学院粮食作物研究所

2020年3月

第三章 2019年河南省玉米新品种区域试验4500株/亩机收组总结

一、试验目的

根据《中华人民共和国种子法》、国家《主要农作物品种审定办法》有关规定和2019河南省主要农作物品种审定委员会玉米专业委员会会议精神，在2018年河南省玉米机收组区域试验和品种比较试验基础上，继续筛选适宜我省种植的优良玉米杂交种。

二、参试品种及承试单位

2019年本组供试品种10个，其中参试品种共8个，设置2个对照品种，郑单958（CK1）为产量对照，桥玉8号（CK2）为水分对照，供试品种编号1～8。承试单位12个，具体包括6个核心试验点（核心点）、6个辅助试验点（辅助点）。各参试品种的名称、编号、供种单位及承试单位见表3-1。

表3-1 2019年河南省玉米区域试验4500株/亩机收组参试品种及承试单位

参试品种名称	试验编号	参试年限	供种单位（个人）	承试单位
郑原玉435	1	2	郑州郑原作物育种科技有限公司	核心点： 郑州圣瑞元农业科技开发有限公司（圣瑞元） 洛阳农林科学院（洛阳） 河南黄泛区地神种业农科所（黄泛） 鹤壁市农业科学院（鹤壁） 开封市农林科学研究院（开封） 河南农业职业学院（中牟） 辅助点： 河南省中元种业科技有限公司（中元） 河南省金囤种业有限公司（金囤） 河南正新农业科技有限公司（正新） 温县农科所（温县） 河南金苑种业股份有限公司（金苑） 商水县豫红农业科学研究所（商水）
豫豪788	2	1	河南环玉种业有限公司	
伟玉018	3	1	郑州伟玉良种科技有限公司	
先玉1770	4	2	铁岭先锋种子研究有限公司	
怀玉169	5	1	河南怀川种业有限责任公司	
豫红191	6	1	商水县豫红农科所	
明宇3号	7	2	李静	
ZB1803	8	1	河南中博现代农业科技开发有限公司	
郑单958	9	CK1	河南省农科院粮作所	
桥玉8号	10	CK2	河南省利奇种业有限公司	

三、试验概况

（一）试验设计

全省按照统一试验方案，设适应性测试点和机械粒收测试点。适应性测试点按完全随机区组设计，3 次重复，小区面积为 24 m^2，8 行区（收获中间 4 行计产，计产面积为 12 m^2），行长 5 m，行距 0.6 m，株距 0.250 m，每行播种 20 穴。机械粒收测试点采取随机区组排列，3 次重复，小区面积 96 m^2，8 行区（收获中间 4 行计产），行长 20 m，行距 0.6 m，株距 0.250 m，每行播种 80 穴。小区两端设 8 m 机收作业转弯区种植其它品种，提前收获以便机收作业。

各试点对参试品种按原编号自行随机排列，每穴点种 2~3 粒，定苗时留苗一株，密度为 4500 株/亩，重复间留走道 1.5 m，试验周围设不少于 4 行的玉米保护区。对照种植密度均为 4500 株/亩。核心点和辅助点按编号统计汇总，用亩产量结果进行方差分析，用 LSD 方法分析品种间的差异显著性检验。

（二）试验和田间管理

试验采取"核心试验点+辅助试验点"的运行管理模式，参试品种由河南省种子站组织统一密码编号，参试品种前期加密、后期解密，以利于田间品种考察、育种者观摩。玉米专业委员会专家抽取试点进行苗期种植质量检查、成熟期品种考察鉴评，收获期抽取试点组织玉米专业委员会委员、地市种子管理站人员、承试点人员、参试单位代表参加实收测产。

根据试验方案要求，各承试单位都固定了专职技术人员负责此项工作，并认真选择试验地块，麦收后及时铁茬播种，在 6 月 8 日至 6 月 15 日期间各试点相继播种完毕，在 9 月 29 日至 10 月 7 日期间相继完成收获。在间定苗、中耕除草、追肥、治虫、灌排水等方面都比较及时认真，各试点试验开展顺利，试验质量良好。

河南省主要农作物品种审定委员会玉米专业委员会进行品种和试验质量考查后确定试点开放时间、方式，并告知参试单位。参试单位可以在规定时间内到开放试点察看品种表现。任何育种（供种）人不得从事扰乱试验科学、公正性的活动，否则，一经查实，将取消品种参试资格。承试单位对试验数据的真实性负责。

（三）田间调查、收获和室内考种

按《河南省玉米品种试验操作规程》规定的记载项目、记载标准、记载时期分别进行。田间观察记载项目在当天完成，成熟时先调查，后取样（考种用），然后收获。严格控制收获期，在墒情满足出苗情况下，从出苗算起 110 天整组试验材料全部同时收获。

适应性区试点每小区只收中间 4 行计产，面积为 12 m^2。晒干后及时脱粒并加入样品果穗的考种籽粒一起称其干籽重并测定籽粒含水量，按 13%标准含水量折算后的产量即小区产量，用公斤表示，保留两位小数。其中，核心试验点收获果穗除取样考种果穗外，在收获时应立即称取果穗重、脱粒，测定籽粒含水量和籽粒破损率，称取籽粒鲜重，按 13%标准含水量折算籽粒干重，加上按 13%标准含水量折算后的样品果穗籽粒重即小区产量。

机收试验点机械粒收，每小区只收中间 4 行计产，面积为 48 m^2。收获后立即称取小区籽粒鲜重，并随机抽取样品测定籽粒含水量、破碎率和杂质率。小区籽粒鲜重按 13%标准含水量折算籽粒干重，即为小区产量。

（四）鉴定和检测

为客观、公正、全面评价参试品种，对所有参加区试品种进行两年的人工接种抗病虫性鉴定、品质检测，对区试一年的品种进行 DNA 真实性检测。抗性鉴定委托河南农业大学植保学院负责实施，对参试品种进行指定的病虫害种类人工接种抗性鉴定，鉴定品种由收种单位统一抽取样品后（1.0 kg/品种），于 5 月 20 日前寄到委托鉴定单位。DNA 检测委托北京市农林科学院玉米研究中心负责实施,由省种子站统一扦样和送样。转基因成分检测委托农业部小麦玉米种子质量监督检验测试中心负责实施,由收种单位统一扦样和送样。

品质检测委托农业部农产品质量监督检验测试中心(郑州)负责实施,对检测样品进行规定项目的品质检测。被检测样品由指定的鹤壁市农业科学院、洛阳市农林科学院、地神种业农科所三个试验点提供,每个试验点提供成熟的套袋果穗(至少 5 穗/品种,净籽粒干重大于 0.5 kg),晒干脱粒后于 10 月 20 日前寄(送)到主持单位,由主持单位均等混样后统一送委托检测单位。

(五)气候特点

根据本组承试单位提供的全部气象资料数据进行汇总分析(表 3-2),在 6~9 月玉米生育期间,平均气温 26.5 ℃,较常年 24.9 ℃偏高,其中 6 月、7 月、8 月和 9 月的平均温度偏高,比常年分别高 1.8 ℃、1.8 ℃、1.1 ℃和 3.7 ℃。总降雨量 354.5 mm,比常年454.5 mm 减少 100.0 mm,月平均减少 25.0 mm,除 6 月上中旬、8 月上旬和 9 月中旬较常年增加 15.3 mm、12.6 mm、76.0 mm 和 16.4 mm 外,玉米整个剩余期间均较常年降雨偏少。总日照时数 821.4 小时,比常年增多 33.6 小时,月平均增多 8.5 小时,其中 9 月中旬的日照时数与常年相比减少 31.1 小时,对玉米后期灌浆极为不利。

表 3-2 2019 年试验期间河南省气象资料统计

时间	平均气温(℃)			降雨量(mm)			日照时数(小时)		
	当年	历年	相差	当年	历年	相差	当年	历年	相差
6 月上旬	27.5	24.8	2.7	36.7	21.4	15.3	82.7	73.7	9.0
6 月中旬	27.8	26.1	1.7	31.0	18.4	12.6	68.6	75.5	-6.9
6 月下旬	27.4	26.4	1.0	24.7	36.9	-12.2	63.1	71.5	-8.4
月计	27.6	25.8	1.8	92.3	76.7	15.6	214.4	220.8	-6.4
7 月上旬	27.8	26.7	1.1	6.3	55.2	-48.9	78.6	63.7	14.9
7 月中旬	28.4	27.0	1.4	16.4	55.0	-38.6	73.5	62.3	11.2
7 月下旬	30.6	27.5	3.1	21.0	56.5	-35.5	78.0	74.2	3.8
月计	28.9	27.1	1.8	43.6	166.7	-123.1	230.0	200.3	29.7
8 月上旬	27.4	27.4	0.0	124.4	48.4	76.0	45.7	66.3	-20.6
8 月中旬	27.4	25.7	1.7	21.7	41.9	-20.2	82.0	63.7	18.3
8 月下旬	25.8	24.3	1.5	23.0	38.6	-15.6	67.3	66.3	1.0
月计	26.9	25.8	1.1	169.1	128.9	40.2	195.0	196.3	-1.3
9 月上旬	24.9	22.5	2.4	4.1	35.8	-31.7	76.1	56.8	19.3
9 月中旬	20.7	21.1	-0.4	39.1	22.7	16.4	20.7	51.8	-31.1
9 月下旬	22.8	19.1	3.7	6.3	23.6	-17.3	85.2	62.0	23.2
月计	22.8	20.9	1.9	49.4	82.2	-32.8	182.0	170.5	11.5
6~9 月合计	318.3	298.8	19.5	354.5	454.5	-100.0	821.4	787.8	33.6
6~9 月平均	26.5	24.9	1.6	88.6	113.6	-25.0	205.4	196.9	8.5

注:历年值是指近 30 年的平均值。

(六)试点年终报告及汇总情况

2019 年该组试验收到核心点年终报告 6 份、辅助点年终报告 6 份，根据专家组在苗期和后期现场考察结果，各试点试验执行良好，经认真审核符合汇总要求，将 12 份核心点和辅助点年终报告全部予以汇总。

四、试验结果及分析

(一)各试点小区产量联合方差分析

对 2019 年各试点小区产量进行联合方差分析结果(表 3-3)表明，试点间、品种间、品种与试点互作均达显著水平，说明本组试验参试品种间存在显著差异，且不同品种在不同试点的表现趋势也存在显著差异。

表 3-3　各试点小区产量(亩产)联合方差分析

变异来源	自由度	平方和	均方	F 值	概率(小于 0.05 显著)
试点内区组	24	67423.87	2809.33	1.50	0.07
品种	9	383129.60	42569.96	22.68	0
试点	11	1604198.40	145836.22	77.70	0
品种×试点	99	700732.20	7078.10	3.77	0
误差	216	405400.20	1876.85		
总变异	359	3160884.267			

注：本试验的误差变异系数 CV(%)= 5.780。

(二)参试品种的产量表现

将各参试品种在 6 个核心点和 6 个辅助点的产量列于表 3-4。从中可以看出，与对照郑单 958 相比，伟玉 018、先玉 1770、豫红 191 和郑原玉 435 共 4 个品种极显著增产，豫豪 788、明宇 3 号、ZB1803 和怀玉 169 差异不显著。

表 3-4(1)　2019 年河南省玉米品种区域试验 4500 株/亩机收组产量结果及多重比较结果(LSD 法)

品种名称	品种编号	平均亩产(kg)	差异显著性		位次	较 CK1		
			0.05	0.01		增减(±%)	增产点数	减产点数
伟玉 018	3	801.56	a	A	1	10.0	12	0
先玉 1770	4	787.76	ab	A	2	8.1	11	1
豫红 191	6	778.65	b	A	3	6.9	10	2
郑原玉 435	1	778.14	b	A	4	6.8	11	1
豫豪 788	2	741.93	c	B	5	1.8	10	2
明宇 3 号	7	738.90	c	B	6	1.4	9	3
郑单 958	9	728.66	cd	B	7	0	0	0

续表 3-4(1)

品种名称	品种编号	平均亩产(kg)	差异显著性		位次	较 CK1		
			0.05	0.01		增减(±%)	增产点数	减产点数
ZB1803	8	722.27	cd	BC	8	-0.9	5	7
怀玉 169	5	715.84	de	BC	9	-1.8	6	6
桥玉 8 号	10	701.34	e	C	10	-3.8	3	9

注:(1)平均亩产为 6 个核心点和 6 个辅助点的平均值;

(2)$LSD_{0.05}$ = 20.2183,$LSD_{0.01}$ = 26.5492。

表 3-4(2) 2019 年河南省玉米品种区域试验 4500 株/亩机收组核心点和辅助点产量结果

品种名称	品种编号	核心点			辅助点		
		亩产(kg/亩)	较 CK1(±%)	位次	亩产(kg/亩)	较 CK1(±%)	位次
郑原玉 435	1	740.02	5.20	4	816.27	8.27	3
豫豪 788	2	706.18	0.39	5	777.67	3.15	6
伟玉 018	3	772.92	9.88	1	830.20	10.12	1
先玉 1770	4	764.23	8.64	2	811.29	7.61	5
怀玉 169	5	693.75	-1.38	8	737.92	-2.12	9
豫红 191	6	744.87	5.89	3	812.43	7.77	4
明宇 3 号	7	655.43	-6.82	10	822.38	9.08	2
ZB1803	8	695.95	-1.06	7	748.60	-0.70	8
郑单 958	9	703.44	0.00	6	753.89	0.00	7
桥玉 8 号	10	671.75	-4.50	9	730.93	-3.05	10

(三)各参试品种产量的稳定性分析

采用 Shukla 稳定性分析方法对各品种亩产量的稳定性分析结果(表 3-5)表明,各参试品种的稳定性均较好,Shukla 变异系数为 1.31%~14.55%。其中,郑原玉 435 的稳产性最好,其次是豫红 191。

表 3-5 各品种的 Shukla 方差、变异系数及其亩产均值

品种名称	品种编号	自由度	Shukla 方差	F 值	概率	互作方差	品种均值	Shukla 变异系数(%)
郑原玉 435	1	11	103.61	0.06	1.00	0.00	778.14	1.31
豫豪 788	2	11	2189.35	1.17	0.31	312.47	741.93	6.31
伟玉 018	3	11	2065.07	1.10	0.36	188.18	801.56	5.67
先玉 1770	4	11	1726.66	0.92	0.52	0.00	787.76	5.27

续表 3-5

品种名称	品种编号	自由度	Shukla 方差	F 值	概率	互作方差	品种均值	Shukla 变异系数(%)
怀玉 169	5	11	1308.98	0.70	0.74	0.00	715.84	5.05
豫红 191	6	11	759.08	0.40	0.95	0.00	778.65	3.54
明宇 3 号	7	11	11554.31	6.16	0.00	9677.42	738.90	14.55
ZB1803	8	11	1553.09	0.83	0.61	0.00	722.27	5.46
郑单 958(CK1)	9	11	1310.44	0.70	0.74	0.00	728.66	4.97
桥玉 8 号(CK2)	10	11	1023.16	0.55	0.87	0.00	701.34	4.56

(四)各试点试验的可靠性评价

从表 3-6 可以看出,除鹤壁点试验误差变异系数为 12.52%外,其余各点均小于 10%,说明各试点试验执行认真、管理精细、数据可靠、可以汇总,试验结果可对各参试品种进行科学分析与客观评价。

表 3-6 2019 年各试点试验误差变异系数

试点	CV(%)	试点	CV(%)	试点	CV(%)	试点	CV(%)
鹤壁	12.52	金苑	7.29	洛阳	2.42	温县	2.80
黄泛区	4.94	开封	5.62	商水	4.46	正新	3.50
金囤	5.44	中元	4.40	圣瑞元	1.48	中牟	5.40

(五)参试品种在各试点的产量结果

各品种在所有试点的产量汇总结果列于表 3-7。

表 3-7 2019 年河南省玉米品种区域试验 4500 株/亩机收组产量结果汇总

试点	品种(编号)								
	郑原玉 435(1)			豫豪 788(2)			伟玉 018(3)		
	亩产(kg)	较 CK1(±%)	位次	亩产(kg)	较 CK1(±%)	位次	亩产(kg)	较 CK1(±%)	位次
鹤壁	784.1	-3.77	5	694.7	-14.74	8	923.3	13.32	1
洛阳	735.0	9.46	2	698.0	3.94	6	722.0	7.53	3
黄泛区	665.4	7.83	5	646.4	4.76	7	708.8	14.86	1
圣瑞元	732.5	3.11	2	715.0	0.65	5	728.0	2.47	3
开封	796.5	9.38	5	803.3	10.33	4	812.8	11.62	3
中牟	726.7	7.07	3	679.6	0.14	6	742.6	9.41	1
核心点平均值	740.0	5.20	4	706.2	0.39	5	772.9	9.88	1

续表 3-7

试点	品种(编号)								
	郑原玉 435(1)			豫豪 788(2)			伟玉 018(3)		
	亩产(kg)	较 CK1(±%)	位次	亩产(kg)	较 CK1(±%)	位次	亩产(kg)	较 CK1(±%)	位次
商水	847.2	6.67	3	856.9	7.88	2	813.9	2.47	6
中元	952.2	17.02	3	906.1	11.36	6	966.7	18.80	2
金囤	856.1	4.38	1	848.9	3.50	3	853.5	4.06	2
正新	665.0	3.31	6	546.7	-15.07	10	741.7	15.23	2
温县	778.9	7.21	2	755.9	4.05	6	799.4	10.04	1
金苑	798.1	10.08	2	751.6	3.66	7	806.0	11.17	1
辅助点平均值	816.3	8.27	3	777.7	3.15	6	830.2	10.12	1
平均值	778.1	6.79	4	741.9	1.82	5	801.6	10.00	1
CV(%)	10.54			13.58			10.13		

试点	品种(编号)								
	先玉 1770(4)			怀玉 169(5)			豫红 191(6)		
	亩产(kg)	较 CK1(±%)	位次	亩产(kg)	较 CK1(±%)	位次	亩产(kg)	较 CK1(±%)	位次
鹤壁	853.7	4.77	2	759.4	-6.81	7	761.8	-6.51	6
洛阳	771.9	14.95	1	679.8	1.24	8	721.5	7.45	4
黄泛区	688.3	11.55	2	621.2	0.67	8	683.7	10.80	3
圣瑞元	661.2	-6.94	10	719.2	1.24	4	738.8	3.98	1
开封	884.8	21.52	1	780.0	7.12	7	828.0	13.71	2
中牟	725.6	6.90	4	603.0	-11.16	10	735.6	8.38	2
核心点平均值	764.2	8.64	2	693.8	-1.38	8	744.9	5.89	3
商水	841.1	5.90	4	760.2	-4.29	8	879.8	10.77	1
中元	946.5	16.32	4	797.4	-2.00	10	938.3	15.32	5
金囤	838.1	2.19	4	749.8	-8.58	10	784.3	-4.38	9
正新	703.3	9.27	4	614.2	-4.58	9	730.0	13.41	3
温县	771.7	6.22	4	748.5	3.03	7	774.4	6.60	3

续表 3-7

试点	品种(编号)								
	先玉 1770(4)			怀玉 169(5)			豫红 191(6)		
	亩产(kg)	较 CK1 (±%)	位次	亩产(kg)	较 CK1 (±%)	位次	亩产(kg)	较 CK1 (±%)	位次
金苑	767.0	5.79	5	757.4	4.46	6	767.7	5.89	4
辅助点平均值	811.3	7.61	5	737.9	-2.12	9	812.4	7.77	4
平均值	787.8	8.11	2	715.8	-1.76	9	778.6	6.86	3
CV(%)	10.97			9.60			9.22		

试点	品种(编号)								
	明宇 3 号(7)			ZB1803(8)			桥玉 8 号(9)		
	亩产(kg)	较 CK1 (±%)	位次	亩产(kg)	较 CK1 (±%)	位次	亩产(kg)	较 CK1 (±%)	位次
鹤壁	462.6	-43.23	10	795.9	-2.32	4	660.2	-18.98	9
洛阳	700.6	4.33	5	648.1	-3.47	10	691.9	3.03	7
黄泛区	673.3	9.12	4	654.0	5.99	6	605.6	-1.85	10
圣瑞元	689.5	-2.95	7	686.0	-3.44	9	686.6	-3.36	8
开封	707.4	-2.85	10	780.7	7.22	6	760.7	4.48	8
中牟	699.3	3.03	5	610.9	-9.99	9	625.6	-7.83	8
核心点平均值	655.4	-6.82	10	695.9	-1.06	7	671.7	-4.50	9
商水	834.3	5.04	5	738.9	-6.97	9	699.6	-11.91	10
中元	973.0	19.57	1	820.0	0.77	7	800.9	-1.57	9
金囤	822.0	0.23	6	832.2	1.47	5	802.0	-2.21	8
正新	753.3	17.04	1	679.2	5.52	5	626.2	-2.72	8
温县	765.6	5.38	5	705.0	-2.96	10	711.1	-2.12	9
金苑	786.1	8.42	3	716.3	-1.21	10	745.7	2.85	8
辅助点平均值	822.4	9.08	2	748.6	-0.70	8	730.9	-3.05	10
平均值	738.9	1.41	6	722.3	-0.88	8	701.3	-3.75	10
CV(%)	16.38			9.95			9.44		

续表 3-7

试点	品种(编号)		
	郑单 958		
	亩产(kg)	位次	
鹤壁	814.8	3	
洛阳	671.5	9	
黄泛区	617.0	9	
圣瑞元	710.4	6	
开封	728.1	9	
中牟	678.7	7	
核心点平均值	703.4	6	
商水	794.3	7	
开封中元	813.7	8	
金囤	820.2	7	
正新	643.7	7	
温县	726.5	8	
金苑	725.0	9	
辅助点平均值	753.9	7	
平均值	728.7	7	
CV(%)	9.54		

(六)各品种田间性状调查结果

各品种田间调查性状汇总结果见表 3-8。

表 3-8(1)　2019 年河南省玉米品种区域试验 4500 株/亩机收组田间性状调查结果

品种名称	株型	株高(cm)	穗位高(cm)	倒伏率(%)	倒折率(%)	倒点率*(%)	空秆率(%)	双穗率(%)	穗粒腐病(级)	小斑病(级)
郑原玉 435	半紧凑	278.3	109.5	0.2	0.5	8.3	0.3	0.8	1~5	1~3
豫豪 788	紧凑	281.0	110.2	3.1	0.0	8.3	0.4	0.4	1~3	1~5
伟玉 018	紧凑	268.5	104.0	5.7	0.0	8.3	0.4	1.1	1~3	1~3
先玉 1770	半紧凑	300.7	114.5	1.1	0.4	8.3	0.3	0.8	1~5	1~3
怀玉 169	紧凑	261.0	100.5	0.2	0.1	0	0.5	0.5	1~3	1~3
豫红 191	半紧凑	286.4	107.7	0.2	0.0	0	0.1	0.7	1~3	1~5
明宇 3 号	半紧凑	295.5	120.1	3.7	0.5	16.7	1.1	0.2	1~3	1~3
ZB1803	紧凑	255.9	94.8	0.3	0.4	8.3	0.2	1.3	1~3	1~5
郑单 958(CK1)	紧凑	260.3	112.0	0.4	0.7	8.3	0.7	1.6	1~3	1~5
桥玉 8 号(CK2)	半紧凑	304.7	126.3	4.2	0.9	25.0	2.3	0.4	1~3	1~3

续表 3-8(1)

品种名称	茎腐病(%)	弯孢菌叶斑病(级)	瘤黑粉病(%)	粗缩病(%)	矮花叶病(级)	纹枯病(级)	褐斑病(级)	锈病(级)	心叶期玉米螟危害(级)
郑原玉 435	5.6	1~3	0.2	0.2	1~3	1~7	1~5	1~9	1~3
豫豪 788	3.5	1~3	0.2	0.1	1~3	1~5	1~5	1~3	1~3
伟玉 018	3.1	1~3	0.3	0.1	1~3	1~5	1~5	1~7	1~3
先玉 1770	2.8	1~3	0.3	0.1	1~3	1~5	1~5	1~9	1~3
怀玉 169	1.0	1~3	0.4	0.2	1~3	1~3	1~3	1~5	1~3
豫红 191	3.9	1~3	0.3	0.1	1~3	1~5	1~3	1~7	1~3
明宇 3 号	5.0	1~3	0.4	0.1	1~3	1~5	1~5	1~9	1~3
ZB1803	4.4	1~3	0.2	0.1	1~3	1~3	1~3	1~5	1~5
郑单 958(CK1)	9.9	1~5	0.6	0.1	1~5	1~7	1~5	1~7	1~5
桥玉 8 号(CK2)	8.6	1~5	0.4	0.1	1~5	1~5	1~5	1~9	1~3

注:* 倒点率,指倒伏倒折率之和 > 5.0%的试验点比例。

表 3-8(2)　2019 年河南省玉米品种区域试验 4500 株/亩机收组田间性状调查结果

品种名称	生育期(天)	全生育期叶数	芽鞘色	第一叶形	叶片颜色	雄穗分枝
郑原玉 435	102	19	深紫/紫/浅紫	圆到匙/椭圆/匙形	绿	中
豫豪 788	103	20	深紫/紫/浅紫	圆到匙/匙形/圆到匙型	深绿/绿	中
伟玉 018	102	19	深紫/紫/浅紫	圆到匙/椭圆/尖到圆	绿	疏/少/中
先玉 1770	103	20	深紫/紫	匙型/椭圆/圆到匙型/尖到圆	绿	中/少
怀玉 169	103	19	深紫/紫	匙型/尖到圆/圆到匙	深绿/绿	中/多
豫红 191	102	19	紫/浅紫	圆到匙/匙形/尖到圆	绿	中/多
明宇 3 号	102	20	深紫/紫/浅紫	圆到匙/椭圆/尖到圆	绿	中/多/密
ZB1803	102	20	紫/浅紫	圆到匙/椭圆/尖到圆/匙形	绿	中/多/密
郑单 958(CK1)	103	20	紫/绿	匙型/椭圆/圆到匙型	绿	密/多
桥玉 8 号(CK2)	102	20	深紫/紫/浅紫	圆到匙/椭圆/匙形	绿/浅绿	中/多/密

续表 3-8(2)

品种名称	雄穗颖片颜色	花药颜色	花丝颜色	果穗茎秆角度	苞叶长短
郑原玉 435	浅紫/绿色/紫	深紫/紫/浅紫/紫红/黄/红	紫红/粉红/粉色/绿	向上/小	长/中
豫豪 788	浅紫/绿色/紫	绿色/黄/粉/红	浅紫/紫/紫红/绿/粉红/红色	向上/中/小	长/中/短
伟玉 018	浅紫/绿色/紫	浅紫/绿色/黄/粉/红	浅紫/绿色/粉/红	向上/中	长/中
先玉 1770	浅紫/绿色/紫	紫/浅紫/绿色/黄/红	绿/粉/红	向上/中/小	中/短
怀玉 169	浅紫/绿色/紫	紫/浅紫/黄/红	绿/粉红/红	向上/中	中
豫红 191	浅紫/绿色/紫	紫/浅紫/黄/红	绿/黄/粉红	向上/中/小	长/中
明宇 3 号	浅紫/绿色/紫	紫/浅紫/绿色/黄/粉/红	浅紫/紫/紫红/红/粉色	向上/中/小	长/中
ZB1803	浅紫/绿色/紫	紫/浅紫/绿色/黄/粉/红	浅紫/绿/粉红/红	向上/中/小	短
郑单 958（CK1）	绿色/紫/浅紫	绿色/黄/粉	浅紫/绿/粉/粉红	向上/小	长/中
桥玉 8 号（CK2）	绿色/深紫/紫	紫/浅紫/黄/红	浅紫/紫/粉/红	向上/中	长/中/短

(七)各品种穗部性状室内考种结果

各品种穗部性状室内考种结果见表 3-9。

表 3-9　2019 年河南省玉米品种区域试验 4500 株/亩机收组穗部性状室内考种结果

品种名称	穗长（cm）	穗粗（cm）	穗行数	行粒数	秃尖（cm）	轴粗（cm）	穗粒重(g)	籽粒含水量(%)	籽粒破损率(%)	籽粒杂质率(%)
郑原玉 435	18.0	4.6	15.7	38.4	0.5	2.6	180.2	27.3	4.6	0.43
豫豪 788	16.7	4.8	16.3	34.8	1.2	2.8	166.0	27.9	5.9	0.73
伟玉 018	17.3	5.3	17.3	31.6	1.6	3.0	185.0	37.6	8.8	0.93
先玉 1770	20.1	4.7	14.8	37.7	1.1	2.8	190.5	25.9	4.9	0.66
怀玉 169	16.5	4.7	14.0	30.3	1.5	2.8	159.0	28.3	4.5	0.60
豫红 191	18.1	4.7	15.9	33.7	1.5	2.6	169.8	27.8	3.6	0.50
明宇 3 号	19.0	4.8	13.2	39.3	0.8	2.8	175.8	27.5	3.8	0.54
ZB1803	17.2	4.7	18.2	33.5	1.2	2.7	167.9	25.0	3.1	0.53
郑单 958（CK1）	17.0	5.0	15.0	35.5	0.7	2.9	171.1	30.5	6.5	0.78
桥玉 8 号（CK2）	18.8	4.9	13.4	40.0	0.7	2.8	183.2	27.4	4.1	0.52

续表 3-9

品种名称	出籽率（%）	千粒重（g）	穗型	轴色	粒型	粒色	结实性
郑原玉 435	89.5	332.2	圆筒型/圆锥/筒/柱形/中间	红	半马齿/马齿	黄	好
豫豪 788	87.3	323.8	圆筒型/圆锥/筒/柱形	红	硬粒/半马齿	黄	好/中/一般
伟玉 018	86.5	389.1	圆筒型/圆锥/筒/柱形	红	半马齿	黄	好/中/一般
先玉 1770	87.6	381.1	圆筒型/圆锥/筒/柱形/中间	红	硬粒/半马齿	黄	好/中
怀玉 169	85.3	383.1	圆筒型/圆锥/筒/柱形	红	半马齿	黄	好/中/一般
豫红 191	88.6	355.7	圆筒型/圆锥/筒/柱形	红	半马齿	黄	好/中
明宇 3 号	86.1	361.9	圆筒型/圆锥/筒/柱形/中间	红	硬粒/半马齿	黄	好/中
ZB1803	90.4	302.4	圆筒型/圆锥/筒/柱形	红/粉	硬粒/半马齿	黄	好/一般
郑单 958（CK1）	87.8	340.6	圆筒型/圆锥/筒/柱形/中间	白	半马齿/马齿	黄	好/中/一般
桥玉 8 号（CK2）	86.2	357.5	圆筒型/圆锥/筒/柱形/中间	红	半马齿	黄白	好

(八)参试品种抗病性接种鉴定结果

河南农业大学植物保护学院对各参试品种病虫害接种鉴定结果见表 3-10。

表 3-10　2019 年河南省玉米品种区域试验 4500 株/亩机收组品种抗病虫性接种鉴定结果

品种名称	品种编号	茎腐病		小斑病		弯孢霉叶斑病		镰孢菌穗腐病		瘤黑粉病		南方锈病	
		病株率（%）	抗性	病级	抗性	病级	抗性	平均病级	抗性	病株率（%）	抗性	病级	抗性
郑原玉 435	1	16.00	中抗	3	抗病	3	抗病	5.1	中抗	6.7	抗病	9	高感
豫豪 788	2	14.58	中抗	3	抗病	5	中抗	1.4	高抗	6.7	抗病	3	抗病
伟玉 018	3	4.00	高抗	5	中抗	5	中抗	1.7	抗病	10	抗病	9	高感
先玉 1770	4	0	高抗	5	中抗	5	中抗	1.3	高抗	3.3	高抗	9	高感
怀玉 169	5	4.17	高抗	3	抗病	7	感病	1.6	抗病	0	高抗	3	抗病
豫红 191	6	6.25	抗病	5	中抗	3	抗病	2.4	抗病	3.3	高抗	1	高抗
明宇 3 号	7	40.00	感病	7	感病	7	感病	4.2	抗病	6.7	抗病	9	高感
ZB1803	8	25.00	中抗	7	感病	3	抗病	1.8	抗病	3.3	高抗	3	抗病

（九）籽粒品质性状测定结果

农业部农产品质量监督检验测试中心（郑州）对各参试品种多点套袋果穗的籽粒混合样品的品质分析检验结果见表 3-11。

表 3-11　2019 年河南省玉米品种区域试验 4500 株/亩机收组品种籽粒品质测定结果

品种名称	品种编号	容重（g/L）	水分（%）	粗蛋白质（%）	粗脂肪（%）	粗淀粉（%）	赖氨酸（%）
郑原玉 435	1	726	10.2	10.5	3.5	73.56	0.36
豫豪 788	2	780	10.4	11.7	3.5	73.3	0.35
伟玉 018	3	757	10.2	10.1	4.5	74.64	0.33
先玉 1770	4	779	10.3	9.93	3.7	75.93	0.31
怀玉 169	5	763	10.2	11.6	3.6	72.83	0.36
豫红 191	6	764	10.4	10.2	4.1	74.02	0.34
明宇 3 号	7	764	10.3	10.4	3.9	75.12	0.3
ZB1803	8	774	9.99	10.4	4.9	73.66	0.32
郑单 958（CK1）	9	754	9.58	9.94	4.3	73.53	0.31
桥玉 8 号（CK2）	10	749	9.52	11.5	3.6	73.43	0.31

本组试验品种中，先玉 1770 和明宇 3 号为第二年参试，2018～2019 年两年产量结果见表 3-12。

表 3-12　2018～2019 年河南省玉米品种区域试验 4500 株/亩机收组产量结果

品种名称	2018（2017）年			2019 年			两年平均	
	亩产（kg）	较 CK1（±%）	位次	亩产（kg）	较 CK1（±%）	位次	亩产（kg）	较 CK1（±%）
先玉 1770	621.9	3.8	3	787.8	8.1	2	716.7	6.5
明宇 3 号	621.4	3.71	4	738.9	1.4	6	688.5	2.3
郑原玉 435	674.6	7.9	5	778.1	6.8	4	731.1	7.0
郑单 958（CK1）	599.2（628.6）	—	8	728.7	—	7	673.2（683.2）	—
桥玉 8 号（CK1）	541.9	−9.56	10	701.3	−3.8	10	633.0	−6.0

注：（1）郑原玉 435 第一年区域试验为 2017 年 4500 机收 B 组，该组为 10 个试点汇总；

（2）2018 年试验为 9 个试点汇总，2019 年试验为 12 个试点汇总；

（3）表中仅列出 2018～2019 年连续两年参加该组区域试验的品种。

(十) DNA 检测比较结果

DNA 检测同名品种以及疑似品种比较结果见表 3-13。

表 3-13　2019 年河南省玉米品种区域试验 4500 株/亩机收组 DNA 检测疑似品种比较结果

序号	待测样品		对照样品			比较位点数	差异位点数	结论
	样品编号	样品名称	样品编号	样品名称	来源			
1	MHN1900003	怀玉 169	MWHN1800064	怀川 139	2018 年河南省联合体-豫满仓玉米试验联合体	40	0	近近似或相同
2	MHN1900004	豫红 191	MWHN1900056	豫单 922	2019 年河南省联合体-河南省科企共赢玉米联合体	40	1	近似

五、品种评述及建议

(一) 第二年区域试验品种

1. 先玉 1770

1) 产量表现

2018 年该品种平均亩产为 621.9 kg，比对照郑单 958 显著增产 3.80%，居本组试验第 3 位。与对照郑单 958 相比，全省 6 个试点增产，3 个点减产，增产点比率为 66.7%。2019 年试验该品种平均亩产为 787.76 kg，比对照郑单 958 极显著增产 8.1%，居本组试验第 2 位。与对照郑单 958 相比，全省 11 个试点增产，1 个点减产，增产点比率为 91.67%（表 3-4、表 3-5、表 3-7）。该品种两年（表 3-12）试验平均亩产为 716.7 kg，比对照郑单 958 增产 6.5%。与对照郑单 958 相比，全省 17 个试点增产，4 个点减产，增产点比率为 80.95%。

2) 特征特性

2018 年该品种核心点试验收获时籽粒含水量 20.1%，低于对照桥玉 8 号的 22.6%，籽粒破损率 5.1%，高于对照桥玉 8 号的 4.4%。2019 年试验该品种核心点试验收获时籽粒含水量 25.9%，低于对照桥玉 8 号的 27.4%，籽粒破损率 4.9%，高于对照桥玉 8 号的 4.1%（表 3-9）。

2018 年该品种株型半紧凑，果穗茎秆角度居中，平均株高 304.0 cm，穗位高118.6 cm，总叶片数 18，雄穗分枝中，花药粉到紫色，花丝粉到绿色，倒伏率 2.3%，倒折率 1.8%，倒伏倒折率之和 > 5.0%的试验点比例 11.1%，空秆率 1.2%，双穗率 0.2%，苞叶长度居中。自然发病情况为：穗腐病 1~5 级，小斑病 1~5 级，弯孢菌叶斑病 1~3 级，瘤黑粉病 0.0%，茎腐病 3.8%，粗缩病 0.0%，矮花叶病毒病 1~3 级，锈病 1~7 级，纹枯病 1~3 级，褐斑病1~3 级，玉米螟 1~3 级。生育期 104 天，较对照郑单 958 早熟 2 天，与对照桥玉 8 号相同。穗长 19.6 cm，穗粗 4.5 cm，穗行数 14.5，行粒数 35.1，秃尖长 1.1 cm，出籽率 86.6%，千粒重 346.3 g。果穗圆筒型，红轴，籽粒为半马齿型，黄粒，结实性居上。

2019 年试验该品种株型半紧凑，果穗茎秆角度为中，平均株高 300.7 cm，穗位高 114.5 cm，总叶片数 20，雄穗分枝中，花药浅紫色，花丝绿色，倒伏率 1.1%，倒折率 0.4%，

倒伏倒折率之和 > 5.0%的试验点比例 8.3%，空秆率 0.3%，双穗率 0.8%，苞叶长度中。自然发病情况为：穗腐病 1~5 级，小斑病 1~3 级，弯孢菌叶斑病 1~3 级，矮花叶病毒病 1~3 级，锈病 1~9 级，纹枯病 1~5 级，褐斑病 1~5 级，心叶期玉米螟危害 1~3 级，茎腐病 2.8%，瘤黑粉病 0.3%，粗缩病 0.1%。生育期 103 天，较对照桥玉 8 号晚熟 1 天，与对照郑单 958 相同。穗长 20.1 cm，穗粗 4.7 cm，穗行数 14.8，行粒数 37.7，秃尖长 1.1 cm，轴粗 2.8 cm，出籽率 87.6%，千粒重 381.1 g。果穗圆筒型，红轴，籽粒为半马齿型，黄粒，结实性好（表 3-8、表 3-9）。

3）抗病性鉴定

根据 2018 年河南农业大学植保学院人工接种鉴定报告，该品种高抗瘤黑粉病，抗茎腐病，中抗小斑病、弯孢霉叶斑病、穗腐病，高感锈病。据 2019 年河南农业大学植保学院人工接种鉴定报告（表 3-10），该品种高抗茎腐病、瘤黑粉病、穗腐病，中抗小斑病、弯孢霉叶斑病，高感锈病。

综合鉴定结果：高抗瘤黑粉病，抗茎腐病，中抗小斑病、弯孢霉叶斑病、穗腐病，高感锈病。

4）品质分析

根据 2018 年农业部农产品质量监督检验测试中心（郑州）对该品种多点套袋果穗的籽粒混合样品品质分析检验结果，该品种粗蛋白质含量 10.7%，粗脂肪含量 3.8%，粗淀粉含量 74.14%，赖氨酸含量 0.34%，容重 770 g/L 。根据 2019 年农业部农产品质量监督检验测试中心（郑州）对该品种多点套袋果穗的籽粒混合样品品质分析检验结果（表 3-11），该品种粗蛋白质含量 9.93%，粗脂肪含量 3.7%，粗淀粉含量 75.93%，赖氨酸含量 0.31%，容重 779 g/L。

5）试验建议

按照晋级标准，该品种生育期指标不达标，建议停止试验。

2.明宇 3 号

1）产量表现

2018 年该品种平均亩产为 621.38 kg，比对照郑单 958 显著增产 3.71%，居本组试验第 4 位。与对照郑单 958 相比，全省 7 个试点增产，2 个点减产，增产点比率为 77.8%。2019 年试验该品种平均亩产为 738.90 kg，比对照郑单 958 增产 1.4%，差异不显著，居本组试验第 6 位。与对照郑单 958 相比，全省 9 个试点增产，3 个点减产，增产点比率为 75.00%（表 3-4、表 3-5、表 3-7）。该品种两年试验平均亩产为 688.5 kg，对比照郑单 958 增产 2.3%。与对照郑单 958 相比，全省 16 个试点增产，5 个点减产，增产点比率为 76.19%（表 3-12）。

2）特征特性

2018 年该品种核心点试验收获时籽粒含水量 23.2%，高于对照桥玉 8 号的 22.6%，籽粒破损率 3.0%，低于对照桥玉 8 号的 4.4%。2019 年试验该品种核心点试验收获时籽粒含水量 27.5%，略高于对照桥玉 8 号的 27.4%，籽粒破损率 3.8%，低于对照桥玉 8 号的 4.1%（表 3-9）。

2018 年该品种株型半紧凑，果穗茎秆角度居中，平均株高 295.3 cm，穗位高 115.1 cm，总叶片 18，雄穗分枝数多，花药粉到深紫色，花丝粉/紫色，倒伏率 0.9%，倒折率0.5%，倒伏倒折率之和 > 5.0%的试验点比例 11.1%，空秆率 0.2%，双穗率 0，苞叶较长。自然发病情况为：穗腐病 1~3 级，小斑病 1~5 级，弯孢菌叶斑病 1~5 级，瘤黑粉病 0，茎腐病

4.6%，粗缩病 0%，矮花叶病毒病 1~3 级，锈病 1~5 级，纹枯病 1~3 级，褐斑病 1~5 级，玉米螟 1~3 级。生育期 104 天，较对照郑单 958 早熟 2 天。穗长 18.5 cm，穗粗 4.6 cm，穗行数 13.6，行粒数37.7，秃尖长 1.0 cm，出籽率 85.6%，千粒重 319.1 g。果穗圆筒型，红轴，籽粒为半硬，黄粒，结实性中。

2019 年试验该品种株型半紧凑，果穗茎秆角度为中，平均株高 295.5 cm，穗位高 120.1 cm，总叶片数 20，雄穗分枝数密，花药紫色，花丝浅紫色，倒伏率 3.7%，倒折率0.7%，倒伏倒折率之和 > 5.0%的试验点比例 16.7%，空秆率 1.1%，双穗率 0.2%，苞叶长度长。自然发病情况为：穗腐病 1~3 级，小斑病 1~3 级，弯孢菌叶斑病 1~3 级，矮花叶病毒病1~3 级，锈病 1~9 级，纹枯病 1~5 级，褐斑病 1~5 级，心叶期玉米螟危害 1~3 级，茎腐病 5.0%，瘤黑粉病 0.4%，粗缩病 0.1%。生育期 102 天，较对照郑单 958 早熟 1 天，与对照桥玉 8 号相同。穗长 19.0 cm，穗粗 4.8 cm，穗行数 13.2，行粒数 39.3，秃尖长 0.8 cm，轴粗 2.8 cm，出籽率 86.1%，千粒重 361.9 g。果穗圆筒型，红轴，籽粒为半马齿型，黄粒，结实性好（表 3-8、表 3-9）。

3）抗病性鉴定

根据 2018 年河南农业大学植保学院人工接种鉴定报告，该品种高抗瘤黑粉病，抗茎腐病，中抗小斑病、弯孢霉叶斑病、锈病，感瘤黑粉病。据 2019 年河南农业大学植保学院人工接种鉴定报告（表 3-10），该品种抗穗腐病、瘤黑粉病，感茎腐病、小斑病、弯孢霉叶斑病、瘤黑粉病，高感锈病。

综合鉴定结果：抗穗腐病，感茎腐病、小斑病、弯孢霉叶斑病、瘤黑粉病，高感锈病。

4）品质分析

根据 2018 年农业部农产品质量监督检验测试中心（郑州）对该品种多点套袋果穗的籽粒混合样品品质分析检验结果，该品种粗蛋白质含量 10.6%，粗脂肪含量 3.6%，粗淀粉含量 73.7%，赖氨酸含量 0.34%，容重 763 g/L。根据 2019 年农业部农产品质量监督检验测试中心（郑州）对该品种多点套袋果穗的籽粒混合样品品质分析检验结果（表 3-11），该品种粗蛋白质含量 10.4%，粗脂肪含量 3.9%，粗淀粉含量 75.12%，赖氨酸含量 0.3%，容重 764 g/L。

5）试验建议

按照晋级标准，该品种各项指标均达标，建议推荐进行生产试验。

3.郑原玉 435

1）产量表现

2017 年该品种平均亩产为 674.6kg，比对照郑单 958 极显著增产 7.9%，居本组试验第 5 位。与对照郑单 958 相比，全省 7 个试点增产，3 个点减产，增产点比率为 70.0%。2019 年试验该品种平均亩产为 778.14 kg，比对照郑单 958 极显著增产 6.8%，居本组试验第 4 位。与对照郑单 958 相比，全省 11 个试点增产，1 个点减产，增产点比率为 91.67%（表 3-4、表 3-5、表 3-7）。该品种两年试验平均亩产为 731.1 kg，比对照郑单 958 增产 7.0%。与对照郑单 958 相比，全省 18 个试点增产，4 个点减产，增产点比率为 81.82%（表 3-12）。

2）特征特性

2017 年该品种核心点试验收获时籽粒含水量 28.3%，低于对照桥玉 8 号的 28.7%，籽粒破损率 3.5%，高于对照桥玉 8 号的 3.2%。2019 年试验该品种核心点试验收获时籽粒含水量 27.3%，略低于对照桥玉 8 号的 27.4%，籽粒破损率 4.6%，略高于对照桥玉 8 号的 4.1%（表 3-9）。

2017 年该品种株型紧凑，果穗茎秆角度 17 度，平均株高 262.9cm，穗位高 92.5cm，总叶片数 18.2，雄穗分枝数 8，花药紫色，花丝绿色，倒伏率 0.3%，倒折率 1.5%，空秆率 0.8%，双穗率 0.2%，苞叶长度 32 cm。自然发病情况为：穗腐病 1～3 级，小斑病 1～5 级，弯孢菌叶斑病 1～5 级，瘤黑粉病 0.1%，茎腐病 11.9%，粗缩病 0.7%，矮花叶病毒病 1～3 级，锈病 1～9 级，纹枯病 1～3 级，褐斑病 1～3 级，玉米螟 1～5 级。生育期 101 天，较对照郑单 958 早熟 2.2 天，较对照桥玉 8 号早熟 0.2 天。穗长 17.4 cm，穗粗 4.6 cm，穗行数 15.8，行粒数 35，秃尖长 0.7 cm，出籽率 89.3%，千粒重 312.9 g。果穗圆筒型，红轴，籽粒为马齿型，黄粒，结实性中上。

2019 年试验该品种株型半紧凑，果穗茎秆角度为小，平均株高 278.3 cm，穗位高 109.5 cm，总叶片数 19，雄穗分枝中，花药浅紫色，花丝绿色，倒伏率 0.2%，倒折率 0.5%，倒伏倒折率之和 > 5.0%的试验点比例 8.3%，空秆率 0.3%，双穗率 0.8%，苞叶长度中。自然发病情况为：穗腐病 1～5 级，小斑病 1～3 级，弯孢菌叶斑病 1～3 级，矮花叶病毒病 1～3 级，锈病 1～9 级，纹枯病 1～7 级，褐斑病 1～5 级，心叶期玉米螟危害 1～3 级，茎腐病 5.6%，瘤黑粉病 0.2%，粗缩病 0.2%。生育期 102 天，与对照桥玉 8 号相同，较对照郑单 958 早熟 1 天。穗长 18.0 cm，穗粗 4.6 cm，穗行数 15.7，行粒数 38.4，秃尖长 0.5 cm，轴粗 2.6 cm，出籽率 89.5%，千粒重 332.2 g。果穗圆筒型，红轴，籽粒为半马齿型，黄粒，结实性好（表 3-8、表 3-9）。

3）抗病性鉴定

据 2017 年河南农业大学植保学院人工接种鉴定报告，该品种抗穗腐病、弯孢霉叶斑病、瘤黑粉病，中抗茎腐病、小斑病，感锈病。根据 2019 年河南农业大学植保学院人工接种鉴定报告（表 3-10），该品种中抗茎腐病、穗腐病，抗弯孢霉叶斑病、瘤黑粉病、小斑病，高感锈病。

综合鉴定结果：抗弯孢霉叶斑病、瘤黑粉病，中抗穗腐病、茎腐病、小斑病，高感锈病。

4）品质分析

根据 2017 年农业部农产品质量监督检验测试中心（郑州）对该品种多点套袋果穗的籽粒混合样品品质分析检验结果，该品种粗蛋白质含量 9.86%，粗脂肪含量 3.3%，粗淀粉含量 74.3%，赖氨酸含量 0.36%，容重 719 g/L。根据 2019 年农业部农产品质量监督检验测试中心（郑州）对该品种多点套袋果穗的籽粒混合样品品质分析检验结果（表 3-11），该品种粗蛋白质含量 10.5%，粗脂肪含量 3.5%，粗淀粉含量 73.56%，赖氨酸含量 0.36%，容重 726 g/L。

5）试验建议

按照晋级标准，各项指标均达标，建议推荐进行生产试验。

（二）第一年区域试验品种

4.豫豪 788

1）产量表现

2019 年试验该品种平均亩产为 741.93 kg，比对照郑单 958 增产 1.8%，差异不显著，居本组试验第 5 位。与对照郑单 958 相比，全省 10 个试点增产，2 个点减产，增产点比率为 83.3%(表 3-4、表 3-5、表 3-7)。

2)特征特性

2019 年试验该品种核心点试验收获时籽粒含水量 27.9%,略高于对照桥玉 8 号的 27.4%,籽粒破损率 5.9%,高于对照桥玉 8 号的 4.1%(表 3-9)。

2019 年试验该品种株型紧凑,果穗茎秆角度为中,平均株高 281.0 cm,穗位高 110.2 cm,总叶片数 20,雄穗分枝数中,花药黄色,花丝绿色,倒伏率 3.1%,倒折率 0.0%,倒伏倒折率之和 > 5.0%的试验点比例 8.3%,空秆率 0.4%,双穗率 0.4%,苞叶长度中。自然发病情况为:穗腐病 1~3 级,小斑病 1~5 级,弯孢菌叶斑病 1~3 级,矮花叶病毒病 1~3 级,锈病 1~3 级,纹枯病 1~5 级,褐斑病 1~5 级,心叶期玉米螟危害 1~3 级,茎腐病 3.5%,瘤黑粉病 0.2%,粗缩病 0.1%。生育期 103 天,与对照郑单 958 相同,较对照桥玉 8 号晚熟 1 天。穗长 16.7 cm,穗粗 4.8 cm,穗行数 16.3,行粒数 34.8,秃尖长 1.2 cm,轴粗 2.8 cm,出籽率 87.3%,千粒重 323.8 g。果穗圆筒型,红轴,籽粒为半马齿型,黄粒,结实性好(表 3-8、表 3-9)。

3)抗病性鉴定

根据 2019 年河南农业大学植保学院人工接种鉴定报告(表 3-10),该品种高抗穗腐病,抗瘤黑粉病、小斑病、锈病,中抗茎腐病、弯孢霉叶斑病。

4)品质分析

根据 2019 年农业部农产品质量监督检验测试中心(郑州)对该品种多点套袋果穗的籽粒混合样品品质分析检验结果(表 3-11),该品种粗蛋白质含量 11.7%,粗脂肪含量 3.5%,粗淀粉含量 73.3%,赖氨酸含量 0.35%,容重 780 g/L 。

5)试验建议

按照晋级标准,该品种生育期指标不达标,建议停止试验。

5.伟玉 018

1)产量表现

2019 年试验该品种平均亩产为 801.56 kg,比对照郑单 958 极显著增产 10.0%,居本组试验第 1 位。与对照郑单 958 相比,全省 12 个试点全部增产,增产点比率为 100%(表 3-4、表 3-5、表 3-7)。

2)特征特性

2019 年试验该品种核心点试验收获时籽粒含水量 37.6%,高于对照桥玉 8 号的 27.4%,籽粒破损率 8.8%,高于对照桥玉 8 号的 4.1%(表 3-9)。

2019 年试验该品种株型紧凑,果穗茎秆角度中,平均株高 268.5 cm,穗位高104.0 cm,总叶片数 19,雄穗分枝疏,花药浅紫色,花丝绿色,倒伏率 5.7%,倒折率 0.0%,倒伏倒折率之和 > 5.0%的试验点比例 8.3%,空秆率 0.4%,双穗率 1.1%,苞叶长度中。自然发病情况为:穗腐病 1~3 级,小斑病 1~3 级,弯孢菌叶斑病 1~3 级,矮花叶病毒病 1~3 级,锈病 1~7 级,纹枯病 1~5 级,褐斑病 1~5 级,心叶期玉米螟危害 1~3 级,茎腐病 3.1%,瘤黑粉病0.3%,粗缩病 0.1%。生育期 102 天,较对照郑单 958 早熟 1 天,与对照桥玉 8 号相同。穗长 17.3 cm,穗粗 5.3 cm,穗行数 17.3,行粒数 31.6,秃尖长 1.6 cm,轴粗 3.0 cm,出籽率86.5%,千粒重 389.1 g。果穗圆筒型,红轴,籽粒为半马齿型,黄粒,结实性好(表 3-8、表 3-9)。

3）抗病性鉴定

根据2019年河南农业大学植保学院人工接种鉴定报告（表3-10），该品种高抗茎腐病，抗瘤黑粉病、穗腐病，中抗小斑病、感弯孢霉叶斑病，高感锈病。

4）品质分析

根据2019年农业部农产品质量监督检验测试中心（郑州）对该品种多点套袋果穗的籽粒混合样品品质分析检验结果（表3-11），该品种粗蛋白质含量10.1%，粗脂肪含量4.5%，粗淀粉含量74.64%，赖氨酸含量0.33%，容重757 g/L。

5）试验建议

按照晋级标准，该品种收获时籽粒含水量和籽粒破损率及倒伏倒折率指标均超标，建议停止试验。

6.怀玉169

1）产量表现

2019年试验该品种平均亩产为715.84 kg，比对照郑单958减产1.8%，差异不显著，居本组试验第9位。与对照郑单958相比，全省6个试点增产，6个点减产，增产点比率为50.0%（表3-4、表3-5、表3-7）。

2）特征特性

2019年试验该品种核心点试验收获时籽粒含水量28.3%，高于对照桥玉8号的27.4%，籽粒破损率4.5%，略高于对照桥玉8号的4.1%（表3-9）。

2019年试验该品种株型紧凑，果穗茎秆角度为中，平均株高261.0 cm，穗位高100.5 cm，总叶片数19，雄穗分枝中，花药黄色，花丝绿色，倒伏率0.2%，倒折率0.1%，倒伏倒折率之和＞5.0%的试验点比例为0.0%，空秆率0.5%，双穗率0.5%，苞叶长度中。自然发病情况为：穗腐病1～3级，小斑病1～3级，弯孢菌叶斑病1～3级，矮花叶病毒病1～3级，锈病1～5级，纹枯病1～3级，褐斑病1～3级，心叶期玉米螟危害1～3级，茎腐病1.0%，瘤黑粉病0.4%，粗缩病0.2%。生育期103天，较对照桥玉8号晚熟1天，与对照郑单958相同。穗长16.5 cm，穗粗4.7 cm，穗行数14.0，行粒数30.3，秃尖长1.5 cm，轴粗2.8 cm，出籽率85.3%，千粒重383.1 g。果穗圆筒型，红轴，籽粒为半马齿型，黄粒，结实性好（表3-8、表3-9）。

3）抗病性鉴定

根据2019年河南农业大学植保学院人工接种鉴定报告（表3-10），该品种高抗茎腐病、瘤黑粉病，抗小斑病、锈病、穗腐病，感弯孢霉叶斑病。

4）品质分析

根据2019年农业部农产品质量监督检验测试中心（郑州）对该品种多点套袋果穗的籽粒混合样品品质分析检验结果（表3-11），该品种粗蛋白质含量11.6%，粗脂肪含量3.6%，粗淀粉含量72.83%，赖氨酸含量0.36%，容重763 g/L。

5）试验建议

按照晋级标准，该品种籽粒产量、增产点比率、收获时籽粒含水量和生育期指标均不达标，DNA检测与2019年河南省联合体-河南省豫满仓玉米试验联合体试验品种怀川139无差异位点。建议停止试验。

7.豫红 191

1)产量表现

2019 年试验该品种平均亩产为 778.65 kg,比对照郑单 958 极显著增产 6.9%,居本组试验第 3 位。与对照郑单 958 相比,全省 10 个试点增产,2 个点减产,增产点比率为 83.33%(表 3-4、表 3-5、表 3-7)。

2)特征特性

2019 年试验该品种核心点试验收获时籽粒含水量 27.8%,略高于对照桥玉 8 号的 27.4%,籽粒破损率 3.6%,低于对照桥玉 8 号的 4.1%(表 3-9)。

2019 年试验该品种株型半紧凑,果穗茎秆角度小,平均株高 286.4 cm,穗位高 107.7 cm,总叶片数 19,雄穗分枝密,花药浅紫色,花丝绿色,倒伏率 0.2%,倒折率 0.0%,倒伏倒折率之和 > 5.0%的试验点比例 0.0%,空秆率 0.1%,双穗率 0.7%,苞叶长度长。自然发病情况为:穗腐病 1~3 级,小斑病 1~5 级,弯孢菌叶斑病 1~3 级,矮花叶病毒病 1~3 级,锈病 1~7 级,纹枯病 1~5 级,褐斑病 1~3 级,心叶期玉米螟危害 1~3 级,茎腐病 3.9%,瘤黑粉病 0.3%,粗缩病 0.1%。生育期 102 天,较对照郑单 958 早熟 1 天,与对照桥玉 8 号相同。穗长 18.1 cm,穗粗 4.7 cm,穗行数 15.9,行粒数 33.7,秃尖长 1.5 cm,轴粗 2.6 cm,出籽率 88.6%,千粒重 355.7 g。果穗圆筒型,红轴,籽粒为半马齿型,黄粒,结实性好(表 3-8、表 3-9)。

3)抗病性鉴定

根据 2019 年河南农业大学植保学院人工接种鉴定报告(表 3-10),该品种高抗锈病、瘤黑粉病,抗茎腐病、穗腐病、弯孢霉叶斑病,中抗小斑病。

4)品质分析

根据 2019 年农业部农产品质量监督检验测试中心(郑州)对该品种多点套袋果穗的籽粒混合样品品质分析检验结果(表 3-11),该品种粗蛋白质含量 10.2%,粗脂肪含量 4.1%,粗淀粉含量 74.02%,赖氨酸含量 0.34%,容重 764 g/L。

5)试验建议

按照晋级标准,该品种各项指标均达标,且符合交叉试验品种标准,推荐进行区域试验,同时进行生产试验。但该品种 DNA 检测与 2019 年河南省联合体-河南省科企共赢玉米联合体区试品种豫单 922 存在 1 各位点差异,建议同时进行 DUS 测试。

8.ZB1803

1)产量表现

2019 年试验该品种平均亩产为 722.27 kg,比对照郑单 958 减产 0.9%,差异不显著,居本组试验第 8 位。与对照郑单 958 相比,全省 5 个试点增产,7 个点减产,增产点比率为 41.67%(表 3-4、表 3-5、表 3-7)。

2)特征特性

2019 年试验该品种核心点试验收获时籽粒含水量 25.0%,低于对照桥玉 8 号的 27.4%,籽粒破损率 3.1%,低于对照桥玉 8 号的 4.1%(表 3-9)。

2019 年试验该品种株型紧凑,果穗茎秆角度小,平均株高 255.9 cm,穗位高 94.8 cm,总叶片数 20,雄穗分枝密,花药浅紫色,花丝绿色,倒伏率 0.3%,倒折率 0.4%,倒伏倒折率之和＞5.0%的试验点比例 8.3%，空秆率 0.2%，双穗率 1.3%，苞叶短。自然发病情况为：穗腐病 1～3 级，小斑病 1～5 级，弯孢菌病 1～3 级，矮花叶病毒病 1～3 级，锈病 1～5 级，纹枯病 1～3 级，褐斑病 1～3 级，心叶期玉米螟危害 1～5 级，茎腐病 4.4%，瘤黑粉病 0.2%，粗缩病 0.1%。生育期 102 天，较对照郑单 958 早熟 1 天，与对照桥玉 8 号相同。穗长 17.2 cm，穗粗 4.7 cm，穗行数 18.2，行粒数 33.5，秃尖长 1.2 cm，轴粗 2.7 cm，出籽率 90.4%，千粒重 302.4 g。果穗圆筒型，红轴，籽粒为半马齿型，黄粒，结实性好（表 3-8、表 3-9）。

3）抗病性鉴定

根据 2019 年河南农业大学植保学院人工接种鉴定报，该品种高抗瘤黑粉病，抗锈病、穗腐病、弯孢霉叶斑病，中抗茎腐病，感小斑病（表 3-10）。

4）品质分析

根据 2019 年农业部农产品质量监督检验测试中心（郑州）对该品种多点套袋果穗的籽粒混合样品品质分析检验结果，该品种粗蛋白质含量 10.4%，粗脂肪含量 4.9%，粗淀粉含量 73.66%，赖氨酸含量 0.32%，容重 774 g/L（表 3-11）。

5）试验建议

按照晋级标准，该品种产量指标不达标，建议停止试验。

六、品种处理意见

根据 2019 年河南省主要农作物品种审定委员会玉米专业委员会确定机收组品种晋级标准为：产量≥产量对照品种 CK1 郑单 958 的产量，达标试验点比例≥60.0%；倒伏倒折率之和≤5.0%，且抗倒性达标的试验点占全部试验点比例≥70.0%；小斑病、茎腐病、穗腐病田间自然发病未达到高感，人工接种鉴定未达到高感；专家田间考察未淘汰；DNA 检测 40 对引物扩增位点，与已知品种有 1 个位点差异，留试同时做 DUS 测定，与已知品种有 0 个位点差异，停试，有异议者做 DUS 测定；适收期水分≤28.0%或与水分对照品种桥玉 8 号相当，籽粒破损率≤6.0%或与水分对照品种桥玉 8 号相当；籽粒品质：容重≥710 g/L，粗淀粉≥69.0%，粗蛋白≥8.0%，粗脂肪≥3.0%；生育期≤水分对照品种。

如符合晋级标准的品种区试增产≥0.0%，增产点率≥70.0%，倒伏倒折之和≤3.0%，籽粒含水量≤28.0%，破碎率≤6.0%，小斑病、茎基腐病和穗粒腐病人工接种或田间自然发病 7 级以下，进行交叉试验，即第二年区域试验的同时进行生产试验。

根据以上标准，对参试品种处理意见如下：

1.根据生产试验结果推荐审定品种：明宇 3 号、郑原玉 435。

2.交叉试验品种：豫红 191。

3.淘汰品种：先玉 1770、豫豪 788、伟玉 018、怀玉 169、ZB1803。

河南农业大学农学院

2020 年 2 月 26 日

第四章　2019 年河南省玉米新品种区域试验 5500 株/亩机收组总结

一、试验目的

根据《中华人民共和国种子法》、国家《主要农作物品种审定办法》有关规定和 2019 年河南省主要农作物品种审定委员会玉米专业委员会会议精神，在 2018 年河南省玉米机收组区域试验和预备试验基础上，继续筛选适宜河南省机械粒收的优良玉米杂交种。

二、参试品种及承试单位

2019 年本组供试品种 13 个，其中参试品种共 11 个，设置 2 个对照品种，郑单 958（CK1）为产量对照，桥玉 8 号（CK2）为水分对照，供试品种编号 1～13。承试单位 12 个，具体包括 6 个核心试验点（核心点）和 6 个辅助试验点（辅助点）。各参试品种的名称、编号、供种单位及承试单位见表 4-1。

表 4-1　2019 年河南省玉米区域试验 5500 株/亩机收组参试品种及承试单位

<table>
<tr><th>参试
品种名称</th><th>试验
编号</th><th>参试
年限</th><th>供种单位(个人)</th><th>承试单位</th></tr>
<tr><td>润泽 917</td><td>1</td><td>2</td><td>河南德合坤元农业科技有限公司</td><td rowspan="13">核心点：
鹤壁市农业科学院（鹤壁）
洛阳农林科学院（洛阳）
河南农业职业学院（中牟）
河南黄泛区地神种业农科所（黄泛）
郑州圣瑞元农业科技开发有限公司（圣瑞元）
开封市农林科学研究院（开封）
辅助点：
河南大润农业有限公司（大润）
商水县豫红农业科学研究所（商水）
郑州东方红种业开发有限公司（东方红）
河南秀青种业有限公司（秀青）
河南金苑种业股份有限公司（金苑）
漯河农科所（漯河）</td></tr>
<tr><td>GRS7501</td><td>2</td><td>1</td><td>北京高锐思农业技术研究院</td></tr>
<tr><td>顺玉 3 号</td><td>3</td><td>1</td><td>河南顺丰种业科技有限公司</td></tr>
<tr><td>豫保 122</td><td>4</td><td>2</td><td>河南省农业科学院植物保护研究所</td></tr>
<tr><td>梦玉 369</td><td>5</td><td>2</td><td>贺宝梦</td></tr>
<tr><td>晟单 183</td><td>6</td><td>1</td><td>刘俊恒</td></tr>
<tr><td>先玉 1867</td><td>7</td><td>1</td><td>铁岭先锋种子研究有限公司</td></tr>
<tr><td>晶玉 9 号</td><td>8</td><td>1</td><td>驻马店市豫丰农业科学研究所</td></tr>
<tr><td>DF617</td><td>9</td><td>2</td><td>山西大丰种业有限公司</td></tr>
<tr><td>豫红 501</td><td>10</td><td>2</td><td>商水县豫红农业科学研究所</td></tr>
<tr><td>金玉 707</td><td>11</td><td>1</td><td>占西顺</td></tr>
<tr><td>郑单 958</td><td>12</td><td>CK1</td><td>河南省农科院粮作所</td></tr>
<tr><td>桥玉 8 号</td><td>13</td><td>CK2</td><td>河南省利奇种业有限公司</td></tr>
</table>

三、试验概况

（一）试验设计

全省按照统一试验方案，设适应性测试点和机械粒收测试点。适应性测试点按完全随机区组设计，3 次重复，小区面积为 24 m^2，8 行区（收获中间 4 行计产，计产面积为 12 m^2），行长 5 m，行距 0.600 m，株距 0.200 m，每行播种 25 穴。机械粒收测试点采取随机区组排列，3 次重复，小区面积 96 m^2，8 行区（收获中间 4 行计产），行长 20 m，行距 0.6 m，株距 0.200 m，每行播种 100 穴。小区两端设 8 m 机收作业转弯区种植其它品种，提前收获以便机收作业。

各试点对参试品种按原编号自行随机排列，每穴点种 2～3 粒，定苗时留苗一株，密度为 5500 株/亩，重复间留走道 1.5 m，试验周围设不少于 4 行的玉米保护区。对照种植密度均为 4500 株/亩。核心点和辅助点按编号统计汇总，用亩产量结果进行方差分析，用 LSD 方法分析品种间的差异显著性检验。

（二）试验和田间管理

试验采取“核心试验点+辅助试验点”的运行管理模式，参试品种由河南省种子站组织统一密码编号，参试品种前期加密、后期解密，以利于田间品种考察、育种者观摩。玉米专业委员会专家抽取试点进行苗期种植质量检查、成熟期品种考察鉴评，收获期抽取试点组织玉米专业委员会委员、地市种子管理站人员、承试点人员、参试单位代表参加实收测产。

根据试验方案要求，各承试单位都固定了专职技术人员负责此项工作，并认真选择试验地块，麦收后及时铁茬播种，在 6 月 8 日至 6 月 15 日期间各试点相继播种完毕，在 9 月 29 日至 10 月 7 日期间相继完成收获。在间定苗、中耕除草、追肥、治虫、灌排水等方面都比较及时认真，各试点试验开展顺利，试验质量良好。

河南省主要农作物品种审定委员会玉米专业委员会进行品种和试验质量考查后确定试点开放时间、方式，并告知参试单位。参试单位可以在规定时间内到开放试点察看品种表现。任何育种（供种）人不得从事扰乱试验科学、公正性的活动，否则，一经查实，将取消品种参试资格。承试单位对试验数据的真实性负责。

（三）田间调查、收获和室内考种

按《河南省玉米品种试验操作规程》规定的记载项目、记载标准、记载时期分别进行。田间观察记载项目在当天完成，成熟时先调查，后取样（考种用），然后收获。严格控制收获期，在墒情满足出苗情况下，从出苗算起 110 天整组试验材料全部同时收获。

适应性测试点每小区只收中间 4 行计产，面积为 12 m^2。晒干后及时脱粒并加入样品果穗的考种籽粒一起称其干籽重并测定籽粒含水量，按 13%标准含水量折算后的产量即小区产量，用公斤表示，保留两位小数。其中，核心试验点收获果穗除取样考种果穗外，在收获时应立即称取果穗重、脱粒，测定籽粒含水量和籽粒破损率，称取籽粒鲜重，按 13.0%标准含水量折算籽粒干重，加上按 13.0%标准含水量折算后的样品果穗籽粒重即小区产量。

机收试验点机械粒收，每小区只收中间 4 行计产，面积为 48 m^2。收获后立即称取小区籽粒鲜重，并随机抽取样品测定籽粒含水量、破碎率和杂质率。小区籽粒鲜重按 13%标准含水量折算籽粒干重，即为小区产量。

（四）鉴定和检测

为客观、公正、全面评价参试品种，对所有参加区试品种进行两年的人工接种抗病虫性鉴定、品质检测，对区试一年的品种进行 DNA 真实性检测。抗性鉴定委托河南农业大学植保学院负责实施，对参试品种进行指定的病虫害种类人工接种抗性鉴定，鉴定品种由收种单位统一抽取样品后（1.0 kg/品种），于 5 月 20 日前寄到委托鉴定单位。DNA 检测委托北京市农林科学院玉米研究中心负责实施,由省种子站统一扦样和送样。转基因成分检测委托农业部小麦玉米种子质量监督检验测试中心负责实施,由收种单位统一扦样和送样。

品质检测委托农业部农产品质量监督检验测试中心(郑州)负责实施,对检测样品进行规定项目的品质检测。被检测样品由指定的鹤壁市农业科学院、洛阳市农林科学院、地神种业农科所三个试验点提供,每个试验点提供成熟的套袋果穗(至少 5 穗/品种,净籽粒干重大于 0.5 kg),晒干脱粒后于 10 月 20 日前寄(送)到主持单位,由主持单位均等混样后统一送委托检测单位。

(五)气候特点

根据本组试验承试单位提供的全部气象资料数据进行汇总分析(表 4-2),在 6~9 月份玉米生育期间,平均气温 26.6 ℃,较常年 25.0 ℃偏高,其中 6 月、7 月、8 月和 9 月份的平均温度偏高,比常年分别高 2.1 ℃、1.8 ℃、1.0 ℃和 1.8 ℃。总降雨量 343.6 mm,比常年 461.4 mm 减少 117.8 mm,月平均减少 29.4 mm。总日照时数 809 小时,比常年增多 48.1 小时,月平均增多 12 小时,其中 9 月中旬的日照时数与常年相比减少 32.0 小时,在玉米生长后期光照不足,对玉米后期灌浆极为不利。

表 4-2 2019 年试验期间各试点气象资料统计

时间	平均气温(℃)			降雨量(mm)			日照时数(小时)		
	当年	历年	相差	当年	历年	相差	当年	历年	相差
6 月上旬	28.0	24.8	3.2	43.8	21.1	22.7	82.1	71.3	10.8
6 月中旬	28.1	26.1	2.0	27.9	18.3	9.6	66.9	73.4	-6.5
6 月下旬	27.6	26.4	1.2	28.0	37.3	-9.3	59.0	68.9	-9.9
月计	27.9	25.8	2.1	99.7	76.6	23.1	208.0	213.6	-5.6
7 月上旬	27.7	26.8	0.9	3.1	52.9	-49.8	75.7	61.4	14.3
7 月中旬	28.3	27.0	1.3	10.2	59.3	-49.1	69.4	59.3	10.1
7 月下旬	31.0	27.8	3.2	21.9	56.6	-34.7	76.0	71.4	4.6
月计	29.0	27.2	1.8	35.2	168.8	-133.6	221.1	192.1	29.0
8 月上旬	27.3	27.4	-0.1	127.7	49.1	78.6	43.8	64.0	-20.2
8 月中旬	27.2	25.7	1.5	19.7	42.3	-22.6	82.5	61.0	21.5
8 月下旬	26.1	24.6	1.5	18.9	42.4	-23.5	66.5	64.4	2.1
月计	26.9	25.9	1.0	166.4	133.8	32.6	192.7	189.5	3.2
9 月上旬	25.0	22.6	2.4	4.7	34.8	-30.1	79.5	55.3	24.2
9 月中旬	20.4	21.2	-0.8	36.4	23.0	13.4	18.8	50.8	-32.0
9 月下旬	23.0	19.1	3.9	1.2	24.3	-23.1	88.9	59.8	29.1
月计	22.8	21.0	1.8	42.3	82.1	-39.8	187.2	165.9	21.3
6~9 月合计	106.5	99.8	6.7	343.6	461.4	-117.8	809.0	760.9	48.1
6~9 月合计平均	26.6	25.0	1.6	85.9	115.3	-29.4	202.2	190.2	12.0

注:历年值是指近 30 年的平均值。

(六)试点年终报告及汇总情况

2019 年该组试验收到核心点年终报告 6 份、辅助点年终报告 6 份,根据专家组在苗期和后期现场考察结果,各试点试验执行良好,经认真审核符合汇总要求,将 12 份核心点和辅助点年终报告全部予以汇总。

四、试验结果及分析

(一)各试点小区产量联合方差分析

对各试点亩产量进行联合方差分析结果(表 4-3)表明,试点间、品种间、品种与试点互作均达到显著水平,说明本组试验参试品种间存在显著差异,且不同品种在不同试点的表现趋势存在显著差异。

表 4-3　各试点亩产量联合方差分析结果

变异来源	自由度	平方和	均方	F 值	概率(小于 0.05 显著)
试点内区组	24	35478.46	1478.27	0.99	0.49
品种	12	348892.99	29074.42	19.39	0.00
试点	11	2605896.21	236899.66	157.97	0.00
品种×试点	132	629390.86	4768.11	3.18	0.00
误差	288	431886.91	1499.61		
总变异	467	4051545.44			

注:本试验的误差变异系数 CV(%)= 5.331。

(二)参试品种的产量表现

将各参试品种在 6 个核心点和 6 个辅助点的产量列于表 4-4。从中可以看出,与对照郑单 958 相比,润泽 917、金玉 707、梦玉 369、晟单 183、先玉 1867、GRS7501、顺玉 3 号和晶玉 9 号共 8 个品种极显著增产,DF617、豫保 122 和豫红 501 差异不显著。

表 4-4(1)　2019 年河南省玉米品种区域试验 5500 株/亩机收组产量结果及多重比较结果(LSD 法)

品种名称	品种编号	平均亩产(kg)	差异显著性		位次	较 CK1		
			0.05	0.01		增减(±%)	增产点数	减产点数
润泽 917	1	770.74	a	A	1	9.35	12	0
金玉 707	11	758.28	ab	AB	2	7.59	11	1
梦玉 369	5	748.02	bc	ABC	3	6.13	10	2
晟单 183	6	747.08	bcd	ABC	4	6.00	10	2
先玉 1867	7	746.03	bcd	BC	5	5.85	10	2
GRS7501	2	736.36	cd	BC	6	4.48	9	3
顺玉 3 号	3	734.05	cd	C	7	4.15	11	1
晶玉 9 号	8	729.88	d	C	8	3.56	8	4
郑单 958(CK1)	12	704.81	e	D	9	0.00	0	0
DF617	9	696.87	e	D	10	-1.13	4	8
豫保 122	4	692.72	e	D	11	-1.71	5	7
桥玉 8 号(CK2)	13	690.14	e	D	12	-2.08	6	6
豫红 501	10	688.07	e	D	13	-2.38	4	8

注:(1)平均亩产为 6 个核心点和 6 个辅助点的平均值;

(2)LSD 0.05 = 17.9812,LSD 0.01 = 23.7315。

表 4-4(2)　2019 年河南省玉米品种区域试验 5500 株/亩机收组核心点和辅助点产量结果

品种名称	品种编号	核心点			辅助点		
		亩产（kg/亩）	较 CK1（±%）	位次	亩产（kg/亩）	较 CK1（±%）	位次
润泽 917	1	750.23	8.52	1	791.26	10.16	1
GRS7501	2	719.10	4.02	8	753.62	4.92	4
顺玉 3 号	3	723.63	4.67	6	744.48	3.64	6
豫保 122	4	660.54	−4.45	12	724.91	0.92	9
梦玉 369	5	729.74	5.56	4	766.30	6.68	3
晟单 183	6	742.04	7.34	3	752.11	4.71	5
先玉 1867	7	749.48	8.41	2	742.57	3.38	7
晶玉 9 号	8	719.26	4.04	7	740.50	3.09	8
DF617	9	698.02	0.97	9	695.71	−3.15	12
豫红 501	10	658.18	−4.79	13	717.96	−0.05	11
金玉 707	11	726.43	5.08	5	790.12	10.00	2
郑单 958(CK1)	12	691.32	0.00	10	718.30	0.00	10
桥玉 8 号(CK2)	13	688.50	−0.41	11	691.78	−3.69	13

(三)各参试品种产量的稳定性分析

采用 Shukla 稳定性分析方法对各品种亩产量的稳定性分析结果(表 4-5)表明,各参试品种的稳定性均较好,Shukla 变异系数为 3.00%~8.87%。其中,郑单 958 的稳产性最好,其次是润泽 917、顺玉 3 号和金玉 707。

表 4-5　各品种的 Shukla 方差、变异系数及其亩产均值

品种名称	品种编号	自由度	Shukla 方差	F 值	概率	互作方差	品种均值	Shukla 变异系数(%)
润泽 917	1	11	851.57	0.57	0.854	0.00	770.74	3.79
GRS7501	2	11	951.46	0.63	0.799	0.00	736.36	4.19
顺玉 3 号	3	11	855.71	0.57	0.852	0.00	734.05	3.99
豫保 122	4	11	1936.19	1.29	0.229	436.55	692.72	6.35
梦玉 369	5	11	1016.01	0.68	0.76	0.00	748.02	4.26
晟单 183	6	11	1444.78	0.96	0.48	0.00	747.08	5.09
先玉 1867	7	11	2146.74	1.43	0.158	647.10	746.03	6.21
晶玉 9 号	8	11	1834.23	1.22	0.271	334.60	729.88	5.87
DF617	9	11	1533.62	1.02	0.426	33.98	696.87	5.62
豫红 501	10	11	2988.18	1.99	0.029	1488.54	688.07	7.94
金玉 707	11	11	913.16	0.61	0.821	0.00	758.28	3.99
郑单 958(CK1)	12	11	448.53	0.30	0.986	0.00	704.81	3.00
桥玉 8 号(CK2)	13	11	3745.18	2.50	0.005	2245.54	690.14	8.87

(四)各试点试验的可靠性评价

从各试点试验误差变异系数(表 4-6)可以看出,各点均小于 10%,说明各试点试验执

行认真、管理精细、数据可靠，可以汇总，试验结果可对各参试品种进行科学分析与客观评价。

表 4-6 2019 年各试点试验误差变异系数

试点	CV(%)	试点	CV(%)	试点	CV(%)	试点	CV(%)
大润	5.58	金苑	5.04	漯河	1.65	秀青	8.05
鹤壁	8.36	开封	6.07	商水	5.29	东方红	5.58
黄泛区	5.41	洛阳	2.40	圣瑞元	1.57	中牟	3.21

(五)参试品种在各试点的产量结果

各品种在所有试点的产量汇总结果列于表 4-7。

表 4-7 2019 年河南省玉米品种区域试验 5500 株/亩机收组产量结果汇总

试点	品种(编号)								
	润泽 917(1)			GRS7501(2)			顺玉 3 号(3)		
	亩产(kg)	较 CK1(±%)	位次	亩产(kg)	较 CK1(±%)	位次	亩产(kg)	较 CK1(±%)	位次
鹤壁	839.7	7.22	1	758.8	-3.11	8	793.9	1.37	4
洛阳	751.5	8.10	4	744.1	7.03	6	740.6	6.53	7
中牟	691.5	8.96	1	639.3	0.73	8	644.3	1.52	5
黄泛区	718.7	16.68	3	708.2	14.99	6	663.0	7.64	7
圣瑞元	705.8	2.90	4	681.5	-0.64	10	695.6	1.42	6
开封	794.3	8.34	7	782.8	6.77	11	804.4	9.72	5
核心点平均值	750.2	8.52	1	719.1	4.02	8	723.6	4.67	6
商水	811.1	4.83	8	862.6	11.49	2	852.6	10.20	4
东方红	814.3	6.62	6	752.8	-1.43	12	769.1	0.70	9
秀青	710.4	11.16	1	672.8	5.27	4	679.3	6.29	3
金苑	922.2	15.25	1	826.0	3.22	7	828.1	3.49	6
大润	646.3	13.13	2	586.7	2.69	8	538.3	-5.77	12
漯河	843.3	10.70	2	820.9	7.75	3	799.4	4.93	7
辅助点平均值	791.3	10.16	1	753.6	4.92	4	744.5	3.64	6
平均值	770.7	9.35	1	736.4	4.48	6	734.1	4.15	7
CV(%)	10.33			11.12			12.52		

续表 4-7

试点	品种(编号)								
	豫保 122(4)			梦玉 369(5)			晟单 183(6)		
	亩产(kg)	较 CK1(±%)	位次	亩产(kg)	较 CK1(±%)	位次	亩产(kg)	较 CK1(±%)	位次
鹤壁	655.5	−16.30	13	730.0	−6.79	11	807.4	3.10	3
洛阳	656.3	−5.59	13	762.4	9.67	2	757.8	9.00	3
中牟	586.1	−7.65	13	639.6	0.79	7	623.5	−1.75	10
黄泛区	636.9	3.40	10	725.2	17.74	2	713.4	15.82	5
圣瑞元	640.5	−6.61	12	700.5	2.13	5	764.8	11.51	1
开封	788.0	7.48	9	820.7	11.95	3	785.4	7.12	10
核心点平均值	660.5	−4.45	12	729.7	5.56	4	742.0	7.34	3
商水	703.3	−9.10	13	853.0	10.24	3	863.9	11.66	1
东方红	817.2	7.01	5	825.7	8.12	3	823.0	7.76	4
秀青	623.1	−2.49	10	607.4	−4.96	11	598.7	−6.32	12
金苑	819.1	2.36	8	871.2	8.87	4	846.6	5.80	5
大润	626.5	9.66	4	640.0	12.03	3	580.6	1.62	9
漯河	760.2	−0.22	10	800.6	5.08	5	800.0	5.01	6
辅助点平均值	724.9	0.92	9	766.3	6.68	3	752.1	4.71	5
平均值	692.7	−1.71	11	748.0	6.13	3	747.1	6.00	4
CV(%)	11.87			11.87			13.00		

试点	品种(编号)								
	先玉 1867(7)			晶玉 9 号(8)			DF617(9)		
	亩产(kg)	较 CK1(±%)	位次	亩产(kg)	较 CK1(±%)	位次	亩产(kg)	较 CK1(±%)	位次
鹤壁	822.9	5.07	2	737.2	−5.86	9	778.3	−0.61	7
洛阳	782.6	12.57	1	684.8	−1.49	10	673.9	−3.06	11
中牟	677.0	6.68	2	669.4	5.49	3	615.9	−2.95	11
黄泛区	726.3	17.91	1	646.9	5.02	9	646.9	5.03	8
圣瑞元	687.0	0.17	8	714.8	4.22	3	661.8	−3.51	11
开封	801.1	9.27	6	862.4	17.63	1	811.3	10.66	4

续表 4-7

试点	品种(编号)								
	先玉 1867(7)			晶玉 9 号(8)			DF617(9)		
	亩产(kg)	较 CK1(±%)	位次	亩产(kg)	较 CK1(±%)	位次	亩产(kg)	较 CK1(±%)	位次
核心点平均值	749.5	8.41	2	719.3	4.04	7	698.0	0.97	9
商水	710.4	-8.19	12	815.0	5.34	6	764.1	-1.24	10
东方红	845.9	10.77	2	754.6	-1.19	11	792.0	3.71	8
秀青	664.1	3.91	6	647.6	1.33	7	558.1	-12.66	13
金苑	872.3	9.01	3	775.8	-3.05	12	815.6	1.92	9
大润	611.5	7.03	5	600.6	5.12	6	483.5	-15.36	13
漯河	751.3	-1.39	12	849.4	11.50	1	760.9	-0.12	9
辅助点平均值	742.6	3.38	7	740.5	3.09	8	695.7	-3.15	12
平均值	746.0	5.85	5	729.9	3.56	8	696.9	-1.13	10
CV(%)	10.77			11.55			15.42		

试点	品种(编号)								
	豫红 501(10)			金玉 707(11)			桥玉 8 号(12)		
	亩产(kg)	较 CK1(±%)	位次	亩产(kg)	较 CK1(±%)	位次	亩产(kg)	较 CK1(±%)	位次
鹤壁	661.5	-15.54	12	736.5	-5.96	10	790.3	0.91	5
洛阳	719.1	3.44	8	749.4	7.81	5	667.0	-4.05	12
中牟	598.1	-5.75	12	639.8	0.82	6	648.5	2.19	4
黄泛区	527.3	-14.39	13	716.1	16.26	4	594.4	-3.50	12
圣瑞元	609.0	-11.20	13	722.7	5.37	2	690.3	0.64	7
开封	834.1	13.77	2	794.1	8.31	8	740.6	1.01	12
核心点平均值	658.2	-4.79	13	726.4	5.08	5	688.5	-0.41	11
商水	731.1	-5.51	11	827.0	6.89	5	813.5	5.15	7
东方红	802.6	5.09	7	854.6	11.91	1	741.9	-2.86	13
秀青	668.0	4.52	5	689.8	7.94	2	631.7	-1.16	9
金苑	788.9	-1.41	11	875.6	9.42	2	770.7	-3.69	13
大润	563.3	-1.39	11	682.0	19.38	1	596.5	4.41	7
漯河	753.9	-1.05	11	811.7	6.54	4	596.5	-21.71	13
辅助点平均值	718.0	-0.05	11	790.1	10.00	2	691.8	-3.69	13
平均值	688.1	-2.38	13	758.3	7.59	2	690.1	-2.08	12
CV(%)	14.44			9.74			11.51		

续表 4-7

试点	品种(编号)			
	郑单 958			
	亩产(kg)	位次		
鹤壁	783.1	6		
洛阳	695.2	9		
中牟	634.6	9		
黄泛	615.9	11		
圣瑞元	685.9	9		
开封	733.1	13		
核心点平均值	691.3	10		
商水	773.7	9		
郑州东方红	763.7	10		
秀青	639.1	8		
金苑	800.2	10		
大润	571.3	10		
漯河	761.9	8		
辅助点平均值	718.3	10		
平均值	704.8	9		
CV(%)	10.73			

(六)各品种田间性状调查结果

各品种田间调查性状汇总结果见表 4-8。

表 4-8　2019 年河南省玉米品种区域试验 5500 株/亩机收组田间性状调查结果

品种名称	株型	株高(cm)	穗位高(cm)	倒伏率(%)	倒折率(%)	倒点率*(%)	空秆率(%)	双穗率(%)	穗腐病(级)	小斑病(级)
润泽 917	半紧凑	273.1	107.8	0.7	0.4	8.3	0.4	1.4	1~3	1~3
GRS7501	半紧凑	274.3	93.2	0.5	0.0	8.3	1.0	0.1	1~5	1~5
顺玉 3 号	紧凑	223.4	74.8	0.3	0.2	0.0	0.4	1.1	1~5	1~3
豫保 122	紧凑	261.5	108.7	0.6	0.2	0.0	0.2	1.2	1~3	1~3
梦玉 369	半紧凑	257.4	93.9	1.0	0.4	8.3	0.6	0.3	1~3	1~5
晟单 183	紧凑	266.9	99.6	0.0	0.0	0.0	0.2	1.2	1~3	1~5
先玉 1867	半紧凑	277.5	99.2	5.2	0.1	16.7	0.7	1.0	1~5	1~5
晶玉 9 号	半紧凑	278.6	100.5	6.9	0.3	25.0	0.9	0.3	1~3	1~3
DF617	半紧凑	267.5	104.7	9.5	0.0	16.7	0.6	0.5	1~3	1~3
豫红 501	紧凑	259.0	93.5	0.0	0.2	0.0	0.5	1.1	1~3	1~3
金玉 707	紧凑	282.3	101.2	0.2	0.0	0.0	0.9	0.7	1~5	1~5
郑单 958(CK1)	紧凑	252.0	105.1	0.4	0.4	8.3	0.5	0.2	1~3	1~5
桥玉 8 号(CK2)	半紧凑	297.9	119.4	8.4	1.1	33.3	1.1	0.1	1~3	1~3

续表 4-8

品种名称	茎腐病（%）	弯孢菌病（级）	瘤黑粉病（%）	粗缩病（%）	矮花叶病（级）	纹枯病（级）	褐斑病（级）	锈病（级）	心叶期玉米螟危害（级）
润泽 917	5.2	1～3	0.3	0.2	1～3	1～5	1～5	1～5	1～3
GRS7501	5.4	1～3	0.4	0.3	1～5	1～7	1～5	1～9	1～3
顺玉 3 号	13.7	1～3	0.1	0.1	1～3	1～5	1～3	1～7	1～7
豫保 122	3.8	1～3	0.1	0.1	1～3	1～7	1～5	1～9	1～3
梦玉 369	2.5	1～3	0.0	0.3	1～3	1～7	1～3	1～5	1～3
晟单 183	2.2	1～5	0.1	0.1	1～3	1～7	1～5	1～7	1～3
先玉 1867	12.7	1～3	0.5	0.1	1～3	1～5	1～5	1～9	1～3
晶玉 9 号	4.1	1～5	0.5	0.5	1～3	1～5	1～5	1～9	1～5
DF617	2.2	1～3	0.4	0.1	1～3	1～5	1～5	1～5	1～3
豫红 501	4.6	1～3	0.0	0.5	1～3	1～7	1～3	1～9	1～3
金玉 707	4.2	1～5	1.2	0.1	1～3	1～7	1～5	1～9	1～5
郑单 958（CK1）	8.5	1～5	0.7	0.1	1～5	1～7	1～5	1～9	1～3
桥玉 8 号（CK2）	13.6	1～5	0.1	0.1	1～3	1～5	1～5	1～9	1～3

品种名称	生育期（天）	全生育期叶数	芽鞘色	第一叶形	叶片颜色	雄穗分枝
润泽 917	102	19	浅紫/紫	圆到匙型/匙形	绿	密/中
GRS7501	102	19	浅紫/紫/深紫	圆到匙型/匙形/尖到圆	绿	中/疏
顺玉 3 号	102	19	浅紫/紫	圆到匙型/匙形	绿/深绿	密/中/疏
豫保 122	102	19	浅紫/紫/深紫	圆到匙型/匙形	绿	密/中/疏
梦玉 369	103	19	紫/深紫	圆到匙型/匙形/尖到圆	绿	中/疏
晟单 183	102	19	浅紫/紫	圆到匙型/匙形/尖到圆	绿	中/疏
先玉 1867	102	18	浅紫/紫	圆到匙型/匙型/椭圆形	绿	中/疏
晶玉 9 号	102	19	浅紫/紫/深紫	圆到匙型/匙形	绿	中/疏
DF617	102	19	浅紫/紫	圆到匙型/匙形/尖到圆/椭圆形	绿	密/中
豫红 501	102	19	浅紫/紫	圆到匙型/匙形/尖到圆/椭圆形	绿	密/中
金玉 707	102	19	浅紫/紫	圆到匙型/匙形/尖到圆/椭圆形	绿/深绿	中/疏
郑单 958（CK1）	104	20	浅紫/紫	圆到匙型/匙形/尖到圆	绿	密/中
桥玉 8 号（CK2）	103	20	浅紫/紫/深紫	圆到匙型/匙形/椭圆形	绿	密/中

续表 4-8

品种名称	雄穗颖片颜色	花药颜色	花丝颜色	果穗茎秆角度	苞叶长短
润泽 917	绿色/浅紫/紫	黄/浅紫/绿色	浅紫/粉色/粉红	向上/中	长/中
GRS7501	绿色/浅紫/紫	黄/粉/红/绿色	浅紫/粉色/粉红/绿色	向上/中	长/中/短
顺玉 3 号	绿色/浅紫/紫	黄/粉/红/浅紫/紫	绿色/红/黄	向上/中	长/中/短
豫保 122	绿色/紫	黄/红/浅紫/紫	绿色/红/黄	向上/中/小	中/短
梦玉 369	绿色/浅紫/深紫	黄/粉/红/浅紫/深紫	绿色/红/浅紫	向上/中/小	长/中/短
晟单 183	绿色/紫	黄/粉/红/浅紫/紫/绿色	粉/绿色/红	向上/中/小	长/中
先玉 1867	绿色/浅紫	黄/红	浅紫/粉/绿色/红	向上/中	长/中/短
晶玉 9 号	绿色/深紫	黄/红/深紫/紫色/紫红	浅紫/粉色/粉红/紫/紫红	向上/中/小	长/中/短
DF617	绿色/紫	黄/红/绿色	浅紫/绿色/红/黄	向上/中/小	中/短
豫红 501	绿色/紫/深紫	黄/紫红/红/浅紫/紫色/深紫	浅紫/绿色/粉红/粉	向上/中	长/中/短
金玉 707	绿色/浅紫/紫/深紫	黄/红/紫色/深紫	绿色/红/黄	向上/中	长/中/短
郑单 958(CK1)	绿色/浅紫/紫	黄/绿色	浅紫/粉色/粉红	向上/小	长/中
桥玉 8 号(CK2)	绿色/紫/深紫	黄/红/浅紫/紫色/深紫/绿色	浅紫/紫/粉色/红	向上/中/小	长/中

注：* 倒点率，指倒伏倒折率之和 > 5.0% 的试验点比例。

(七)各品种穗部性状室内考种结果

各品种穗部性状室内考种结果见表 4-9。

表 4-9　2019 年河南省玉米品种区域试验 5500 株/亩机收组穗部性状室内考种结果

品种名称	穗长(cm)	穗粗(cm)	穗行数	行粒数	秃尖(cm)	轴粗(cm)	穗粒重(g)	籽粒含水量(%)	籽粒破损率(%)
润泽 917	18.7	4.6	15.1	32.3	0.6	2.6	158.7	27.6	4.4
GRS7501	16.8	4.6	16.3	31.0	1.1	2.4	153.2	25.2	3.9
顺玉 3 号	16.4	4.3	15.3	32.9	0.4	2.3	144.3	28.6	2.9
豫保 122	16.6	4.5	15.6	33.7	0.6	2.4	151.6	24.4	2.6
梦玉 369	16.1	4.5	16.7	31.2	0.8	2.5	152.7	26.6	2.7

续表 4-9

品种名称	穗长（cm）	穗粗（cm）	穗行数	行粒数	秃尖（cm）	轴粗（cm）	穗粒重(g)	籽粒含水量(%)	籽粒破损率(%)
晟单 183	16.1	4.7	16.0	30.9	0.7	2.4	157.2	27.5	4.2
先玉 1867	17.7	4.7	15.9	32.7	1.2	2.5	166.3	25.3	3.5
晶玉 9 号	15.9	4.6	15.8	31.1	1.5	2.4	150.8	26.4	4.1
DF617	16.3	4.9	15.1	33.2	0.8	2.7	168.4	26.3	6.2
豫红 501	17.4	4.5	16.0	34.2	1.1	2.5	155.4	27.4	3.6
金玉 707	18.1	4.7	16.0	33.9	1.8	2.6	165.4	26.9	5.2
郑单 958（CK1）	16.7	5.0	14.8	35.0	0.6	2.7	176.8	28.9	5.8
桥玉 8 号（CK2）	18.3	4.8	13.3	39.2	0.8	2.7	177.7	26.4	4.0

品种名称	出籽率（%）	千粒重（g）	穗型	轴色	粒型	粒色	结实性
润泽 917	86.4	352.6	圆筒/柱形	红	半马齿/马齿	黄	好/中/一般
GRS7501	87.9	312.8	圆筒/柱形/中间	红/粉	半马齿/马齿	黄	好/中
顺玉 3 号	88.0	302.7	圆筒/柱形/中间	红/黄	半马齿/马齿/硬粒	黄	好/中
豫保 122	89.0	317.6	圆筒/柱形	红/粉/黄	半马齿/马齿	黄	好/中/一般
梦玉 369	88.2	317.3	圆筒/柱形	红/粉	半马齿/马齿	黄	好/中
晟单 183	87.4	333.5	圆筒/柱形/中间/圆锥	红	半马齿/马齿	黄	好/中
先玉 1867	86.9	334.4	圆筒/柱形	红	半马齿/马齿	黄	好/中
晶玉 9 号	85.9	323.4	圆筒/柱形/中间/锥	红	半马齿/马齿/硬粒	黄	好/中/一般
DF617	86.9	360.6	圆筒/柱形/中间	红	半马齿/马齿	黄	好/中
豫红 501	87.0	301.8	圆筒/柱形	红	半马齿/硬粒	黄	好/中/一般
金玉 707	85.6	326.7	圆筒/柱形/锥型	红	半马齿/硬粒	黄	中/一般
郑单 958（CK1）	86.5	342.8	圆筒/柱形/中间	白/粉	半马齿	黄	好/中
桥玉 8 号（CK2）	84.7	351.5	圆筒/柱形/中间/圆锥	红/粉	半马齿	黄白	好/中

（八）参试品种抗病虫性接种鉴定结果

河南农业大学植物保护学院对各参试品种病虫害接种鉴定结果见表 4-10。

表 4-10　2019 年河南省玉米品种区域试验 5500 株/亩机收组品种抗病虫性接种鉴定结果

品种名称	品种编号	茎腐病		小斑病		弯孢霉叶斑病		镰孢菌穗腐病		瘤黑粉病		南方锈病	
		病株率（%）	抗性评价	病级	抗性评价	病级	抗性评价	病级	抗性评价	病株率（%）	抗性	病级	抗性评价
润泽 917	1	3.33	高抗	5	中抗	5	中抗	1.6	抗病	6.7	抗病	3	抗病
GRS7501	2	22.22	中抗	7	感病	5	中抗	1.7	抗病	6.7	抗病	3	抗病
顺玉 3 号	3	53.7	高感	3	抗病	7	感病	1.7	抗病	23.3	感病	1	高抗
豫保 122	4	3.33	高抗	1	高抗	7	感病	1.5	高抗	3.3	高抗	7	感病
梦玉 369	5	0	高抗	5	中抗	5	中抗	1.9	抗病	23.3	感病	3	抗病
晟单 183	6	0	高抗	5	中抗	7	感病	1.7	抗病	16.7	中抗	3	抗病
先玉 1867	7	16.67	中抗	7	感病	1	高抗	1.7	抗病	40.6	高感	7	感病
晶玉 9 号	8	13.33	中抗	5	中抗	5	中抗	1.3	高抗	3.3	高抗	9	高感
DF617	9	0	高抗	5	中抗	7	感病	1.9	抗病	10	抗病	5	中抗
豫红 501	10	10	抗病	5	中抗	7	感病	1.6	抗病	6.7	抗病	3	抗病
金玉 707	11	0	高抗	5	中抗	7	感病	1.8	抗病	16.7	中抗	7	感病

（九）籽粒品质性状测定结果

农业部农产品质量监督检验测试中心（郑州）对各参试品种多点套袋果穗的籽粒混合样品的品质分析检验结果见表 4-11。

表 4-11　2019 年河南省玉米品种区域试验 5500 株/亩机收组品种籽粒品质测定结果

品种名称	品种编号	容重（g/L）	水分（%）	粗脂肪（%）	粗蛋白质（%）	粗淀粉（%）	赖氨酸（%）
润泽 917	1	740	10.40	4.1	9.25	75.92	0.31
GRS7501	2	754	10.20	3.5	9.58	75.70	0.32
顺玉 3 号	3	772	9.74	3.9	11.2	73.09	0.36
豫保 122	4	774	9.66	4.3	10.3	74.74	0.30
梦玉 369	5	789	9.93	4.4	11.0	74.01	0.32
晟单 183	6	766	10.20	4.5	10.6	73.18	0.32
先玉 1867	7	776	10.40	3.9	10.2	74.35	0.31
晶玉 9 号	8	788	10.40	4.1	9.58	75.87	0.31
DF617	9	756	10.10	5.1	9.77	75.26	0.31
豫红 501	10	802	9.68	4.5	10.5	74.53	0.32
金玉 707	11	783	10.50	4.1	9.46	75.58	0.29
郑单 958（CK1）	19	754	9.58	4.3	9.94	73.53	0.31
桥玉 8 号（CK2）	20	749	9.52	3.6	11.5	73.43	0.31

本组试验品种中，润泽 917、豫保 122、梦玉 369、DF617 和豫红 501 为第二年参试，

2018~2019 年两年产量结果见表 4-12。

表 4-12　2018~2019 年河南省玉米品种 5500 株/亩机收组区域试验产量结果

品种编号	品种名称	2018 年			2019 年			两年平均	
		亩产（kg）	较 CK1（±%）	位次	亩产（kg）	较 CK1（±%）	位次	亩产（kg）	较 CK1（±%）
1	润泽 917	613.78	2.5	11	770.74	9.35	1	699.39	6.51
4	豫保 122	647.90	8.2	5	692.72	-1.71	11	672.35	2.39
5	梦玉 369	662.99	10.72	2	748.02	6.13	3	709.37	8.03
9	DF617	665.12	11.07	1	696.87	-1.13	10	682.44	3.93
10	豫红 501	658.61	9.99	3	688.07	-2.38	13	674.68	2.75
12	郑单 958	598.81	—	14	704.81	—	9	656.63	—
13	桥玉 8 号	541.41	-9.59	19	690.14	-2.08	12	622.54	-5.19

注:(1)2018 年为 10 个试点汇总,2019 年试验均为 12 个试点汇总,两年平均亩产为加权平均。
(2)表中仅列出 2018~2019 年连续两年参加该组区域试验的品种。

(十)DNA 检测比较结果

本组参试品种 DNA 检测未发现同名和疑似品种。

五、品种评述及建议

(一)第二年区域试验品种

1.润泽 917

1)产量表现

2018 年试验该品种平均亩产为 613.78 kg,比对照郑单 958 增产 2.5%,差异不显著,居本组试验第 11 位。与对照郑单 958 相比,全省 7 个试点增产,3 个点减产,增产点比率为70.0%。2019 年试验该品种平均亩产为 770.74 kg,比对照郑单 958 极显著增产 9.35%,居本组试验第 1 位。与对照郑单 958 相比,全省 12 个试点全部增产,增产点比率为 100%(表 4-4、表 4-5、表 4-7)。该品种两年试验平均亩产为 699.39 kg,比对照郑单 958 增产6.51%。与对照郑单 958 相比,全省 19 个试点增产,3 个点减产,增产点比率为 86.36%(表 4-12)。

2)特征特性

2018 年试验该品种核心点试验收获时籽粒含水量 22.3%,低于对照桥玉 8 号的 23.9%,籽粒破损率 3.6%,低于对照桥玉 8 号的 5.0%。2019 年试验该品种核心点试验收获时籽粒含水量 27.6%,高于对照桥玉 8 号的 26.4%,籽粒破损率 4.4%,略高于对照桥玉 8 号的 4.0%(表 4-9)。

2018 年试验该品种株型半紧凑,株高 271.1 cm,穗位高 100.8 cm,倒伏率 1.3%,倒折率 0.4%,倒伏倒折率之和 > 5.0%的试验点比例 20.0%,空秆率 0.6%,双穗率 0.7%。自然发病情况为:穗腐病 1~5 级,小斑病 1~5 级,茎腐病 2.3%,弯孢菌病 1~5 级,瘤黑粉病 0.2%,粗缩病 0.0%,矮花叶毒病 1~3 级,纹枯病 1~3 级,褐斑病 1~3 级,锈病 1~7 级,玉米螟 1~3 级。生育期 103 天,较对照郑单 958 和对照桥玉 8 号均早熟 2 天。叶片数 18,

雄穗分枝中/密，花药为紫/黄色，果穗茎秆角度中，花丝为紫色，苞叶长度长。穗长18.5 cm，穗粗4.5 cm，穗行数14.9，行粒数32.2，秃尖长0.7 cm，轴粗2.7 cm，出籽率85.9%，千粒重306.1g。果穗圆筒型，红轴，籽粒为半马齿，黄粒，结实性中。

2019年试验该品种株型半紧凑，果穗茎秆角度中等，平均株高273.1 cm，穗位高107.8 cm，总叶片数19，雄穗分枝密，花药黄色，花丝浅紫，倒伏率0.7%，倒折率0.4%，倒伏倒折率之和 > 5.0%的试验点比例8.3%，空秆率0.4%，双穗率1.4%，苞叶长度中。自然发病情况为：穗腐病1~3级，小斑病1~3级，弯孢菌病1~3级，瘤黑粉病0.3%，茎腐病5.2%，粗缩病0.2%，矮花叶病毒病1~3级，锈病1~5级，纹枯病1~5级，褐斑病1~5级，玉米螟1~3级。生育期102天，较对照郑单958早熟2天，比对照桥玉8号早熟1天。穗长18.7 cm，穗粗4.6 cm，穗行数15.1，行粒数32.3，秃尖长0.6 cm，轴粗2.6 cm。出籽率86.4%，千粒重352.6 g。果穗圆筒，红轴，籽粒为半马齿型，黄粒，结实性好（表4-8、表4-9）。

3）抗病性鉴定

根据2018年河南农业大学植保学院人工接种鉴定报告，该品种高抗瘤黑粉病，抗茎腐病、小斑病、锈病，中抗弯孢霉叶斑病、穗腐病。根据2019年河南农业大学植保学院人工接种鉴定报告，高抗茎腐病，抗穗腐病、瘤黑粉病、锈病，中抗小斑病、弯孢霉叶斑病（表4-10）。

综合鉴定结果：抗茎腐病、瘤黑粉病、锈病，中抗小斑病、穗腐病、弯孢霉叶斑病。

4）品质分析

根据2018年农业部农产品质量监督检验测试中心（郑州）对该品种多点套袋果穗的籽粒混合样品品质分析检验结果，该品种粗蛋白质含量9.2%，粗脂肪含量3.7%，粗淀粉含量75.29%，赖氨酸含量0.31%，容重726 g/L。根据2019年农业部农产品质量监督检验测试中心（郑州）对该品种多点套袋果穗的籽粒混合样品品质分析检验结果，该品种粗蛋白质含量9.25%，粗脂肪含量4.1%，粗淀粉含量75.92%，赖氨酸含量0.31%，容重740 g/L（表4-11）。

5）试验建议

按照晋级标准，该品种各项指标均达标，推荐进行生产试验。

2.豫保122

1）产量表现

2018年试验该品种平均亩产为647.9 kg，比对照郑单958极显著增产8.2%，居本组试验第5位。与对照郑单958相比，全省9个试点增产，1个点减产，增产点比率为90.0%。2019年试验该品种平均亩产为692.72 kg，比对照郑单958减产1.71%，差异不显著，居本组试验第11位。与对照郑单958相比，全省5个试点增产，7个点减产，增产点比率为41.67%（表4-4、表4-5、表4-7）。该品种两年试验平均亩产为672.35 kg，比对照郑单958增产2.39%。与对照郑单958相比，全省14个试点增产，8个点减产，增产点比率为63.63%（表4-12）。

2）特征特性

2018年试验该品种核心点试验收获时籽粒含水量19.3%，低于对照桥玉8号的23.9%，籽粒破损率3.9%，低于对照桥玉8号的5.0%。2019年试验该品种核心点试验收获时籽粒含水量24.4%，低于对照桥玉8号的26.4%，籽粒破损率2.6%，低于对照桥玉8号的4.0%（表4-9）。

2018 年试验该品种株型紧凑，株高 259.6 cm，穗位高 104.4 cm，倒伏率 3.4%，倒折率 1.5%，倒伏倒折率之和 > 5.0%的试验点比例 20.0%，空秆率 0.2%，双穗率 0.3%。自然发病情况为：穗腐病 1～3 级，小斑病 1～5 级，茎腐病 1.9%，弯孢菌病 1～5 级，瘤黑粉病 0.2%，粗缩病 0.0%，矮花叶病毒病 0～3 级，纹枯病 1～5 级，褐斑病 1～3 级，锈病 1～9 级，玉米螟 1～3 级。生育期 104 天，较对照郑单 958 和桥玉 8 号均早熟 1 天。雄穗分枝中，花药为紫色，果穗茎秆角度中，花丝为绿色，苞叶长。穗长 16.7 cm，穗粗 4.4 cm，穗行数 15.8，行粒数 32.2，秃尖长 0.6 cm，轴粗 2.5 cm，出籽率 89.5%，千粒重 293.8 g。果穗圆筒型，红轴，籽粒为半马齿，黄粒，结实性中上。

2019 年试验该品种株型紧凑，果穗茎秆角度中等，平均株高 261.5 cm，穗位高 108.7 cm，总叶片数 19，雄穗分枝密，花药浅紫色，花丝绿色，倒伏率 0.6%，倒折率 0.2%，倒伏倒折率之和 > 5.0%的试验点比例为 0.0%，空秆率 0.2%，双穗率 1.2%，苞叶长度中。自然发病情况为：穗腐病 1～3 级，小斑病 1～3 级，弯孢菌病 1～3 级，瘤黑粉病 0.1%，茎腐病 3.8%，粗缩病 0.1%，矮花叶病毒病 1～3 级，锈病 1～9 级，纹枯病 1～7 级，褐斑病 1～5 级，玉米螟1～3级。生育期 102 天，较对照郑单 958 早熟 2 天，较对照桥玉 8 号早熟 1 天。穗长 16.6 cm，穗粗 4.5 cm，穗行数 15.6，行粒数 33.7，秃尖长 0.6 cm，轴粗 2.4 cm。出籽率 89.0%，千粒重 317.6 g。果穗圆筒，红轴，籽粒为半马齿型，黄粒，结实性好（表 4-8、表 4-9）。

3）抗病性鉴定

根据 2018 年河南农业大学植保学院人工接种鉴定报告，该品种高抗茎腐病，抗小斑病，中抗瘤黑粉病、穗腐病，高感锈病、弯孢霉叶斑病。根据 2019 年河南农业大学植保学院人工接种鉴定报告，该品种高抗茎腐病、小斑病、穗腐病、瘤黑粉病，感弯孢霉叶斑病、锈病（表 4-10）。

综合鉴定结果：高抗茎腐病，抗小斑病，中抗瘤黑粉病、穗腐病，高感弯孢霉叶斑病、锈病。

4）品质分析

根据 2018 年农业部农产品质量监督检验测试中心（郑州）对该品种多点套袋果穗的籽粒混合样品品质分析检验结果，该品种粗蛋白质含量 10.7%，粗脂肪含量 4.0%，粗淀粉含量 73.05%，赖氨酸含量 0.34%，容重 768 g/L 。根据 2019 年农业部农产品质量监督检验测试中心（郑州）对该品种多点套袋果穗的籽粒混合样品品质分析检验结果，该品种粗蛋白质含量 10.3%，粗脂肪含量 4.3%，粗淀粉含量 74.74%，赖氨酸含量 0.3%，容重 774 g/L（表 4-11）。

5）试验建议

按照晋级标准，该品种 2019 年试验平均亩产较对照郑单 958 减产，且增产点比率不达标，建议停止试验。

3.**梦玉 369**

1）产量表现

2018 年试验该品种平均亩产为 662.99 kg，比对照郑单 958 增产 10.72%，居本组试验第二位。与对照郑单 958 相比，全省 8 个试点增产，2 个点减产，增产点比率为 80%。2019 年试验该品种平均亩产为 748.02 kg，比对照郑单 958 增产 6.13%，居本组试验第三位。与对照郑单 958 相比，全省 10 个试点增产，2 个点减产，增产点比率为 83.33%（表 4-4、表 4-5、表 4-7）。该品种两年试验平均亩产为 709.37 kg，比对照郑单 958 增产8.03%。与对照郑单

958 相比,全省 18 个试点增产,4 个点减产,增产点比率为 81.18%(表 4-12)。

2)特征特性

2018 年试验该品种核心点试验收获时籽粒含水量 20.6%,低于对照桥玉 8 号的 23.9%,籽粒破损率 3.5%,低于对照桥玉 8 号的 5.0%。2019 年试验该品种核心点试验收获时籽粒含水量 26.6%,略高于对照桥玉 8 号的 26.4%,籽粒破损率 2.7%,低于对照桥玉 8 号的 4.0%(表 4-9)。

2018 年试验该品种株型半紧凑,果穗茎秆角度中等,平均株高 252.9 cm,穗位高 92.6 cm,总叶片数 18,雄穗分枝数中/疏,花药紫,花丝紫,倒伏率 4.3%,倒折率 0.4%,倒伏倒折率之和 > 5.0%的试验点比例 20.0%,空秆率 0.3%,双穗率 0.6%,苞叶长度中。自然发病情况为:穗腐病 1~7,小斑病 1~5 级,弯孢菌病 1~5 级,瘤黑粉病 0.0%,茎腐病1.4%,粗缩病 0.0%,矮花叶病毒病 0~3 级,锈病 1~9 级,纹枯病 1~3 级,褐斑病 1~5 级,玉米螟 1~3 级。生育期 104 天,较对照郑单 958 和对照桥玉 8 号早熟 1 天。穗长 16.3 cm,穗粗 4.4 cm,穗行数 16.9,行粒数 31.5,秃尖长 0.9 cm,轴粗 2.5 cm,出籽率 87.9%,千粒重 286.7 g。果穗圆筒,红轴,籽粒为半马齿型,黄粒,结实性中。

2019 年试验该品种株型半紧凑,果穗茎秆角度中等,平均株高 257.4 cm,穗位高 93.9 cm,总叶片数 19,雄穗分枝数中等,花药浅紫,花丝绿,倒伏率 1.0%,倒折率 0.4%,倒伏倒折率之和 > 5.0%的试验点比例 8.3%,空秆率 0.6%,双穗率 0.3%,苞叶长度中。自然发病情况为:穗腐病 1~3 级,小斑病 1~5 级,弯孢菌病 1~3 级,瘤黑粉病 0.0%,茎腐病 2.5%,粗缩病 0.3%,矮花叶病毒病 1~3 级,锈病 1~5 级,纹枯病1~7 级,褐斑病 1~3 级,玉米螟1~3级。生育期 103 天,较对照郑单 958 早熟 1 天,与对照桥玉 8 号相同。穗长 16.1 cm,穗粗 4.5 cm,穗行数 16.7,行粒数 31.2,秃尖长 0.8 cm,轴粗 2.5 cm。出籽率 88.2%,千粒重317.3 g。果穗圆筒,红轴,籽粒为半马齿型,黄粒,结实性中(表 4-8、表 4-9)。

3)抗病性鉴定

根据 2018 年河南农业大学植保学院人工接种鉴定报告,该品种高抗茎腐病、瘤黑粉病,抗小斑病、穗腐病,中抗锈病、弯孢霉叶斑病。根据 2019 年河南农业大学植保学院人工接种鉴定报告,该品种高抗茎腐病,抗穗腐病、锈病,中抗小斑病、弯孢霉叶斑病,感瘤黑粉病(表 4-10)。

综合鉴定结果:高抗茎腐病,抗穗腐病,中抗小斑病、弯孢霉叶斑病、锈病,感瘤黑粉病。

4)品质分析

根据 2018 年农业部农产品质量监督检验测试中心(郑州)对该品种多点套袋果穗的籽粒混合样品品质分析检验结果,该品种粗蛋白质含量 10.4%,粗脂肪含量 3.9%,粗淀粉含量 74.41%,赖氨酸含量 0.34%,容重 775 g/L。根据 2019 年农业部农产品质量监督检验测试中心(郑州)对该品种多点套袋果穗的籽粒混合样品品质分析检验结果,该品种粗蛋白质含量 11.0%,粗脂肪含量 4.4%,粗淀粉含量 74.01%,赖氨酸含量 0.32%,容重 789 g/L(表 4-11)。

5)试验建议

按照晋级标准,该品种各项指标均达标,建议推荐进行生产试验。

4.DF617

1)产量表现

2018 年试验该品种平均亩产为 665.12 kg,比对照郑单 958 极显著增产 11.07%,居本组试验第一位。与对照郑单958相比,全省9个试点增产,1个点减产,增产点比率为90.0%。2019年试验该品种平均亩产为696.87 kg,比对照郑单958减产1.13%,居本组试验第10位。与对照郑单958相比,全省4个试点增产,8个点减产,增产点比率为33.33%(表4-4、表4-5、表4-7)。该品种两年试验平均亩产为682.44 kg,比对照郑单958增产3.93%。与对照郑单958相比,全省13个试点增产,9个点减产,增产点比率为59.09%(表4-12)。

2)特征特性

2018年试验该品种核心点试验收获时籽粒含水量21.5%,低于对照桥玉8号的23.9%,籽粒破损率4.2%,低于对照桥玉8号的5.0%。2019年试验该品种核心点试验收获时籽粒含水量26.3%,略低于对照桥玉8号的26.4%,籽粒破损率6.2%,高于对照桥玉8号的4.0%(表4-9)。

2018年试验该品种株型半紧凑,果穗茎秆角度为中,平均株高272.1 cm,穗位高111.5 cm,总叶片数18,雄穗分枝中/多,花药浅紫/黄色,花丝紫/绿色,倒伏率2.3%,倒折率0.6%,倒伏倒折率之和 > 5.0%的试验点比例20.0%,空秆率0.1%,双穗率0.7%,苞叶长度中。自然发病情况为:穗腐病1~7,小斑病1~5级,弯孢菌病1~3级,瘤黑粉病0.1%,茎腐病0.9%,粗缩病0.0%,矮花叶病毒病1~3级,锈病1~9级,纹枯病1~3级,褐斑病1~5级,玉米螟1~3级。生育期104天,较对照郑单958和对照桥玉8号均早熟1天。穗长16.1 cm,穗粗4.9 cm,穗行数15.7,行粒数32.5,秃尖长0.9 cm,出籽率86.9%,千粒重332.2g。果穗圆筒型,红轴,籽粒为半马齿粒型,黄粒,结实性中。

2019年试验该品种株型半紧凑,果穗茎秆角度为中,平均株高267.5 cm,穗位高104.7 cm,总叶片数19,雄穗分枝密,花药黄,花丝绿,倒伏率9.5%,倒折率0.0%,倒伏倒折率之和 > 5.0%的试验点比例16.7%,空秆率0.6%,双穗率0.5%,苞叶长度中。自然发病情况为:穗腐病1~3级,小斑病1~3级,茎腐病2.2 %,弯孢菌病1~3级,瘤黑粉病0.4%,粗缩病0.1%,矮花叶病毒病1~3级,纹枯病1~5级,褐斑病1~5级,锈病1~5级,玉米螟1~3级。生育期102天,较对照桥玉8号早熟1天,较对照郑单958早熟2天。穗长16.3 cm,穗粗4.9 cm,穗行数15.1,行粒数33.2,秃尖长0.8 cm,轴粗2.7cm,出籽率86.9%,千粒重360.6 g。果穗圆筒型,红轴,籽粒为半马齿粒型,黄粒,结实性好(表4-8、表4-9)。

3)抗病性鉴定

根据2018年河南农业大学植保学院人工接种鉴定报告,该品种高抗茎腐病、瘤黑粉病,中抗小斑病、锈病、穗腐病,感弯孢霉叶斑病。根据2019年河南农业大学植保学院人工接种鉴定报告,该品种高抗茎腐病,抗穗腐病、瘤黑粉病,中抗小斑病、锈病,感弯孢霉叶斑病(表4-10)。

综合鉴定结果:高抗茎腐病,抗瘤黑粉病,中抗小斑病、穗腐病、锈病,感弯孢霉叶斑病。

4)品质分析

根据2018年农业部农产品质量监督检验测试中心(郑州)对该品种多点套袋果穗的籽粒混合样品品质分析检验结果,该品种粗蛋白质含量10.3%,粗脂肪含量4.8%,粗淀粉含量74.30%,赖氨酸含量0.34%,容重752 g/L。根据2019年农业部农产品质量监督检验测试中心(郑州)对该品种多点套袋果穗的籽粒混合样品品质分析检验结果,该品种粗蛋白质含量9.77%,粗脂肪含量5.1%,粗淀粉含量75.26%,赖氨酸含量0.31%,容重756 g/L(表4-11)。

5）试验建议

按照晋级标准，该品种2019年试验平均亩产较对照郑单958减产，且增产点比率、籽粒破损率、倒伏倒折率均不达标，建议停止试验。

5.豫红501

1）产量表现

2018年试验该品种平均亩产为658.61 kg，比对照郑单958极显著增产9.99%，居本组试验第3位。与对照郑单958相比，全省10个试点增产，增产点比率100%。2019年试验该品种平均亩产为688.07 kg，比对照郑单958减产2.38%，差异不显著，居本组试验第13位。与对照郑单958相比，全省4个试点增产，8个试点减产，增产点比率为33.33%（表4-4、表4-5、表4-7）。该品种两年试验平均亩产为674.68 kg，比对照郑单958增产2.75%。与对照郑单958相比，全省14个试点增产，8个点减产，增产点比率为63.63%（表4-12）。

2）特征特性

2018年试验该品种核心点试验收获时籽粒含水量22.2%，低于对照桥玉8号的23.9%，籽粒破损率3.5%，低于对照桥玉8号的5.0%。2019年试验该品种核心点试验收获时籽粒含水量27.4%，高于对照桥玉8号的26.4%，籽粒破损率3.6%，低于对照桥玉8号的4.0%（表4-9）。

2018年试验该品种株型半紧凑，株高259.5 cm，穗位高96.5 cm，倒伏率0.9%，倒折率0.3%，倒伏倒折率之和＞5.0%的试验点比例10.0%，空秆率0.5%，双穗率0.1%。自然发病情况为：穗腐病1~3级，小斑病1~5级，茎腐病4.3%，弯孢菌病1~5级，瘤黑粉病0.1%，粗缩病0.05%，矮花叶病毒病1~3级，纹枯病1~3级，褐斑病1~3级，锈病1~5级，玉米螟1~3级。生育期104天，较对照郑单958和对照桥玉8号均早熟1天。雄穗分枝数中/密，花药为紫色，果穗茎秆角度适中，花丝为绿/浅紫，苞叶长度中。穗长17.9 cm，穗粗4.4 cm，穗行数16.1，行粒数35.0，秃尖长1.2 cm，轴粗2.6 cm，出籽率86.4%，千粒重290.6 g。果穗圆筒型，红轴，籽粒为硬粒型，黄粒，结实性中。

2019年试验该品种株型紧凑，果穗茎秆角度中等，平均株高259.0 cm，穗位高93.5 cm，总叶片数19，雄穗分枝数密，花药浅紫色，花丝绿色，倒伏率0.0%，倒折率0.2%，倒伏倒折率之和＞5.0%的试验点比例为0.0%，空秆率0.5%，双穗率1.1%，苞叶长度长。自然发病情况为：穗腐病1~3级，小斑病1~3级，弯孢菌病1~3级，瘤黑粉病0.0%，茎腐病4.6%，粗缩病0.5%，矮花叶病毒病1~3级，锈病1~9级，纹枯病1~7级，褐斑病1~3级，玉米螟1~3级。生育期102天，较对照郑单958早熟2天，比对照桥玉8号早熟1天。穗长17.4 cm，穗粗4.5 cm，穗行数16.0，行粒数34.2，秃尖长1.1 cm，轴粗2.5 cm。出籽率87.0%，千粒重301.8 g。果穗圆锥型，红轴，籽粒为硬粒型，黄粒，结实性中（表4-8、表4-9）。

3）抗病性鉴定

根据2018年河南农业大学植保学院人工接种鉴定报告，该品种抗小斑病、锈病、瘤黑粉病、穗腐病，中抗茎基腐病、弯孢霉叶斑病。根据2019年河南农业大学植保学院人工接种鉴定报告，该品种抗茎腐病、穗腐病、锈病、瘤黑粉病，中抗小斑病，感弯孢霉叶斑病（表4-10）。

综合鉴定结果：抗穗腐病、锈病、瘤黑粉病，中抗茎腐病、小斑病，感弯孢霉叶斑病。

4) 品质分析

根据2018年农业部农产品质量监督检验测试中心(郑州)对该品种多点套袋果穗的籽粒混合样品品质分析检验结果,该品种粗蛋白质含量10.1%,粗脂肪含量4.3%,粗淀粉含量73.54%,赖氨酸含量0.33%,容重780 g/L。根据2019年农业部农产品质量监督检验测试中心(郑州)对该品种多点套袋果穗的籽粒混合样品品质分析检验结果,该品种粗蛋白质含量10.5%,粗脂肪含量4.5%,粗淀粉含量74.53%,赖氨酸含量0.32%,容重802 g/L(表4-11)。

5) 试验建议

按照晋级标准,该品种产量和增产点比率均不达标,建议停止试验。

(二)第一年区域试验品种

6.GRS7501

1) 产量表现

2019年试验该品种平均亩产为736.36 kg,比对照郑单958极显著增产4.48%,居本组试验第6位。与对照郑单958相比,全省9个试点增产,3个试点减产,增产点比率为75.0%(表4-4、表4-5、表4-7)。

2) 特征特性

2019年试验该品种核心点试验收获时籽粒含水量25.2%,低于对照桥玉8号的26.4%,籽粒破损率3.9%,略低于对照桥玉8号的4.0%(表4-9)。

2019年试验该品种株型半紧凑,果穗茎秆角度中等,平均株高274.3 cm,穗位高93.2 cm,总叶片数19,雄穗分枝中,花药黄色,花丝绿色,倒伏率0.5%,倒折率0.0%,倒伏倒折率之和 > 5.0%的试验点比例为8.3%,空秆率1.0%,双穗率0.1%,苞叶长度中。自然发病情况为:穗腐病1~5级,小斑病1~5级,弯孢菌病1~3级,瘤黑粉病0.4%,茎腐病5.4%,粗缩病0.3%,矮花叶病毒病1~5级,锈病1~9级,纹枯病1~7级,褐斑病1~5级,玉米螟1~3级。生育期102天,较对照郑单958早熟2天,比对照桥玉8号早熟1天。穗长16.8 cm,穗粗4.6 cm,穗行数16.3,行粒数31.0,秃尖长1.1 cm,轴粗2.4 cm,出籽率87.9%,千粒重312.8 g。果穗圆筒型,红轴,籽粒为半马齿型,黄粒,结实性中(表4-8、表4-9)。

3) 抗病性鉴定

根据2019年河南农业大学植保学院人工接种鉴定报告,该品种抗穗腐病、瘤黑粉病、锈病,中抗茎腐病、弯孢霉叶斑病,感小斑病(表4-10)。

4) 品质分析

根据2019年农业部农产品质量监督检验测试中心(郑州)对该品种多点套袋果穗的籽粒混合样品品质分析检验结果,该品种粗蛋白质含量9.58%,粗脂肪含量3.5%,粗淀粉含量75.7%,赖氨酸含量0.32%,容重754 g/L(表4-11)。

5) 试验建议

按照晋级标准,该品种各项指标均达标,建议继续进行区域试验。

7.顺玉3号

1) 产量表现

2019年试验该品种平均亩产为734.05 kg,比对照郑单958显著增产4.15%,居本组试验第7位。与对照郑单958相比,全省11个试点增产,1个点减产,增产点比率为91.67%(表4-4、表4-5、表4-7)。

2）特征特性

2019 年试验该品种核心点试验收获时籽粒含水量 28.6%，高于对照桥玉 8 号的 26.4%，籽粒破损率 2.9%，低于对照桥玉 8 号的 4.0%（表 4-9）。

2019 年试验该品种株型紧凑，果穗茎秆角度中等，平均株高 223.4 cm，穗位高 74.8 cm，总叶片数 19，雄穗分枝数密，花药浅紫色，花丝绿色，倒伏率 0.3%，倒折率 0.2%，倒伏倒折率之和 > 5.0%的试验点比例为 0.0%，空秆率 0.4%，双穗率 1.1%，苞叶长度长。自然发病情况为：穗腐病 1~5 级，小斑病 1~3 级，弯孢菌病 1~3 级，瘤黑粉病 0.1%，茎腐病 13.7%，粗缩病 0.1%，矮花叶病 1~3 级，锈病 1~7 级，纹枯病 1~5 级，褐斑病 1~3 级，玉米螟 1~7 级。生育期 102 天，较对照郑单 958 早熟 2 天，比对照桥玉 8 号早熟 1 天。穗长 16.4 cm，穗粗 4.3 cm，穗行数 15.3，行粒数 32.9，秃尖长 0.4 cm，轴粗 2.3 cm，出籽率 88.0%，千粒重 302.7 g。果穗圆筒型，红轴，籽粒为半马齿型，黄粒，结实性好（表 4-8、表 4-9）。

3）抗病性鉴定

根据 2019 年河南农业大学植保学院人工接种鉴定报告，该品种高抗锈病，抗小斑病、穗腐病，感瘤黑粉病、弯孢霉叶斑病，高感茎腐病（表 4-10）。

4）品质分析

根据 2019 年农业部农产品质量监督检验测试中心（郑州）对该品种多点套袋果穗的籽粒混合样品品质分析检验结果，该品种粗蛋白质含量 11.2%，粗脂肪含量 3.9%，粗淀粉含量 73.09%，赖氨酸含量 0.36%，容重 772 g/L（表 4-11）。

5）试验建议

按照晋级标准，该品种高感茎腐病，且收获时籽粒含水量不达标，建议停止试验。

8.**晟单** 183

1）产量表现

2019 年试验该品种平均亩产为 747.08 kg，比对照郑单 958 极显著增产 6.00%，居本组试验第 4 位。与对照郑单 958 相比，全省 10 个试点增产，2 个点减产，增产点比率为 83.33%（表 4-4、表 4-5、表 4-7）。

2）特征特性

2019 年试验该品种核心点试验收获时籽粒含水量 27.5%，高于对照桥玉 8 号的 26.4%，籽粒破损率 4.2%，略高于对照桥玉 8 号的 4.0%（表 4-9）。

2019 年试验该品种株型紧凑，果穗茎秆角度中等，平均株高 266.9 cm，穗位高 99.6 cm，总叶片数 19，雄穗分枝中，花药紫色，花丝绿色，倒伏率 0.0%，倒折率 0.0%，倒伏倒折率之和 > 5.0%的试验点比例为 0.0%，空秆率 0.2%，双穗率 1.2%，苞叶长度长。自然发病情况为：穗腐病 1~3 级，小斑病 1~5 级，弯孢菌病 1~5 级，瘤黑粉病 0.1%，茎腐病 2.2%，粗缩病 0.1%，矮花叶病 1~3 级，锈病 1~7 级，纹枯病 1~7 级，褐斑病 1~5 级，玉米螟 1~3 级。生育期 102 天，较对照郑单 958 早熟 2 天，比对照桥玉 8 号早熟 1 天。穗长 16.1 cm，穗粗 4.7 cm，穗行数 16.0，行粒数 30.9，秃尖长 0.7 cm，轴粗 2.4 cm。出籽率 87.4%，千粒重 333.5 g。果穗圆筒型，红轴，籽粒为半马齿型，黄粒，结实性中（表 4-8、表 4-9）。

3）抗病性鉴定

根据 2019 年河南农业大学植保学院人工接种鉴定报告，该品种高抗茎腐病，抗锈病、穗腐病，中抗小斑病、瘤黑粉病，感弯孢霉叶斑病（表 4-10）。

4）品质分析

根据2019年农业部农产品质量监督检验测试中心（郑州）对该品种多点套袋果穗的籽粒混合样品品质分析检验结果，该品种粗蛋白质含量10.6%，粗脂肪含量4.5%，粗淀粉含量73.18%，赖氨酸含量0.32%，容重766 g/L。

5）试验建议

按照晋级标准，该品种各项指标均达标，且符合交叉试验品种标准，建议继续进行区域试验，同时进行生产试验（表4-11）。

9.**先玉1867**

1）产量表现

2019年试验该品种平均亩产为746.03 kg，比对照郑单958极显著增产5.85%，居本组试验第5位。与对照郑单958相比，全省10个试点增产，2个点减产，增产点比率为83.33%（表4-4、表4-5、表4-7）。

2）特征特性

2019年试验该品种核心点试验收获时籽粒含水量25.3%，低于对照桥玉8号的26.4%，籽粒破损率3.5%，低于对照桥玉8号的4.0%（表4-9）。

2019年试验该品种株型半紧凑，果穗茎秆角度中等，平均株高277.5 cm，穗位高99.2 cm，总叶片数18，雄穗分枝疏，花药黄色，花丝绿色，倒伏率5.2%，倒折率0.1%，倒伏倒折率之和＞5.0%的试验点比例为16.7%，空秆率0.7%，双穗率1.0%，苞叶长度中。自然发病情况为：穗腐病1～5级，小斑病1～5级，弯孢菌病1～3级，瘤黑粉病0.5%，茎腐病12.7%，粗缩病0.1%，矮花叶病毒病1～3级，锈病1～9级，纹枯病1～5级，褐斑病1～5级，玉米螟1～3级。生育期102天，较对照郑单958早熟2天，比对照桥玉8号早熟1天。穗长17.7 cm，穗粗4.7 cm，穗行数15.9，行粒数32.7，秃尖长1.2 cm，轴粗2.5 cm，出籽率86.9%，千粒重334.4 g。果穗圆筒型，红轴，籽粒为半马齿型，黄粒，结实性中（表4-8、表4-9）。

3）抗病性鉴定

根据2019年河南农业大学植保学院人工接种鉴定报告，该品种高抗弯孢霉叶斑病，抗穗腐病，中抗茎腐病，感小斑病、锈病，高感瘤黑粉病（表4-10）。

4）品质分析

根据2019年农业部农产品质量监督检验测试中心（郑州）对该品种多点套袋果穗的籽粒混合样品品质分析检验结果，该品种粗蛋白质含量10.2%，粗脂肪含量3.9%，粗淀粉含量74.35%，赖氨酸含量0.31%，容重776 g/L（表4-11）。

5）试验建议

按照晋级标准，该品种倒伏倒折超标，建议停止试验。

10.**晶玉9号**

1）产量表现

2019年试验该品种平均亩产为729.88 kg，比对照郑单958极显著增产3.56%，居本组试验第8位。与对照郑单958相比，全省8个试点增产，4个点减产，增产点比率为66.67%（表4-4、表4-5、表4-7）。

2）特征特性

2019年试验该品种核心点试验收获时籽粒含水量26.4%，与对照桥玉8号的相同，籽粒破损率4.1%，高于对照桥玉8号的4.0%（表4-9）。

2019 年试验该品种株型半紧凑，果穗茎秆角度中等，平均株高 278.6 cm，穗位高 100.5 cm，总叶片数 19，雄穗分枝中，花药紫色，花丝紫色，倒伏率 6.9%，倒折率 0.3%，倒伏倒折率之和 > 5.0%的试验点比例为 25.0%，空秆率 0.9%，双穗率 0.3%，苞叶长度中。自然发病情况为：穗腐病 1~3 级，小斑病 1~3 级，弯孢菌病 1~5 级，瘤黑粉病 0.5%，茎腐病 4.1%，粗缩病 0.5%，矮花叶病毒病 1~3 级，锈病 1~9 级，纹枯病 1~5 级，褐斑病 1~5 级，玉米螟 1~5 级。生育期 102 天，较对照郑单 958 早熟 2 天，比对照桥玉 8 号早熟 1 天。穗长 15.9 cm，穗粗 4.6 cm，穗行数 15.8 行粒数 31.1，秃尖长 1.5 cm，轴粗 2.4 cm，出籽率 85.9%，千粒重 323.4 g。果穗圆筒，红轴，籽粒为半马齿型，黄粒，结实性中（表 4-8、表 4-9）。

3）抗病性鉴定

根据 2019 年河南农业大学植保学院人工接种鉴定报告，该品种高抗穗腐病、瘤黑粉病，中抗茎腐病、小斑病、弯孢霉叶斑病，高感锈病（表 4-10）。

4）品质分析

根据 2019 年农业部农产品质量监督检验测试中心（郑州）对该品种多点套袋果穗的籽粒混合样品品质分析检验结果，该品种粗蛋白质含量 9.58%，粗脂肪含量 4.1%，粗淀粉含量 75.87%，赖氨酸含量 0.31%，容重 788 g/L（表 4-11）。

5）试验建议

按照晋级标准，该品种倒伏倒折率超标，建议停止试验。

11. 金玉 707

1）产量表现

2019 年试验该品种平均亩产为 758.28 kg，比对照郑单 958 极显著增产 7.59%，居本组试验第 2 位。与对照郑单 958 相比，全省 11 个试点增产，1 个点减产，增产点比率为 91.67%（表 4-4、表 4-5、表 4-7）。

2）特征特性

2019 年试验该品种核心点试验收获时籽粒含水量 26.9%，高于对照桥玉 8 号的 26.4%，籽粒破损率 5.2%，高于对照桥玉 8 号的 4.0%（表 4-9）。

2019 年试验该品种株型紧凑，果穗茎秆角度中等，平均株高 282.3 cm，穗位高 101.2 cm，总叶片数 19，雄穗分枝数中，花药紫色，花丝绿色，倒伏率 0.2%，倒折率 0.0%，倒伏倒折率之和 > 5.0%的试验点比例为 0.0%，空秆率 0.9%，双穗率 0.7%，苞叶长度中。自然发病情况为：穗腐病 1~5 级，小斑病 1~5 级，弯孢菌病 1~5 级，瘤黑粉病 1.2%，茎腐病 4.2%，粗缩病 0.1%，矮花叶病 1~3 级，锈病 1~9 级，纹枯病 1~7 级，褐斑病 1~5 级，玉米螟 1~5 级。生育期 102 天，较对照郑单 958 早熟 2 天，比对照桥玉 8 号早熟 1 天。穗长 18.1 cm，穗粗 4.7 cm，穗行数 16.0，行粒数 33.9，秃尖长 1.8 cm，轴粗 2.6 cm，出籽率 85.6%，千粒重 326.7 g。果穗圆筒型，红轴，籽粒为半马齿型，黄粒，结实性中（表 4-8、表 4-9）。

3）抗病性鉴定

根据 2019 年河南农业大学植保学院人工接种鉴定报告，该品种高抗茎腐病，抗穗腐病，中抗瘤黑粉病、小斑病，感锈病、弯孢霉叶斑病（表 4-10）。

4）品质分析

根据 2019 年农业部农产品质量监督检验测试中心（郑州）对该品种多点套袋果穗的籽粒混合样品品质分析检验结果，该品种粗蛋白质含量 9.46%，粗脂肪含量 4.1%，粗淀粉含量 75.58%，赖氨酸含量 0.29%，容重 783 g/L（表 4-11）。

5) 试验建议

按照晋级标准,该品种各项指标均达标,且符合交叉试验标准,建议继续进行区域试验,同时进行生产试验。

六、品种处理意见

根据2019年河南省主要农作物品种审定委员会玉米专业委员会确定机收组品种晋级标准为:产量≥产量对照品种CK1郑单958的产量,达标试验点比例≥60.0%;倒伏倒折率之和≤5.0%,且抗倒性达标的试验点占全部试验点比例≥70.0%;小斑病、茎腐病、穗腐病田间自然发病未达到高感,人工接种鉴定未达到高感;专家田间考察未淘汰;DNA检测40对引物扩增位点,与已知品种有1个位点差异,续试同时做DUS测定,与已知品种有0个位点差异,停试,有异议者做DUS测定;适收期水分≤28.0%或与水分对照品种CK2桥玉8号相当,籽粒破损率≤6.0%或与水分对照品种CK2桥玉8号相当;籽粒品质:容重≥710g/L,粗淀粉≥69.0%,粗蛋白≥8.0%,粗脂肪≥3.0%;生育期≤水分对照品种。

如符合晋级标准的品种区域试验增产≥0.0%,增产点率≥70.0%,倒伏倒折之和≤3.0%,籽粒含水量≤28.0%,破碎率≤6.0%,小斑病、茎基腐病和穗粒腐病人工接种或田间自然发病7级以下,进行交叉试验,即第二年区域试验的同时进行生产试验。

根据以上标准,对参试品种处理意见如下:

1.推荐生产试验品种:润泽917、梦玉369。

2.交叉试验品种:晟单183、金玉707。

3.区域试验品种:GRS7501。

4.淘汰品种:豫保122、DF617、豫红501、顺玉3号、先玉1867、晶玉9号。

河南农业大学农学院

2020年2月21日

第五章　2019年河南省玉米新品种生产试验总结

一、试验目的

在接近大田生产条件下，对河南省区域试验中表现突出的玉米新品种，在较大面积上进一步验证其丰产性、抗逆性、适应性，为河南省玉米新品种审定及推广提供科学依据。

二、参试品种及承试单位

2019年度应参加生产试验品种44个，实际参试品种25个，分为4500株/亩、5000株/亩普通组别和4500株/亩、5500株/亩机收组别。4500株/亩密度普通组参试品种15个，设A、B两组试验；5000株/亩密度普通组参试品种4个，设一组试验；4500株/亩和5000株/亩密度普通组对照品种为郑单958。4500株/亩机收组参试品种2个，设一组试验；5500株/亩机收组参试品种4个，设一组试验；4500株/亩和5500株/亩机收组产量对照为郑单958，熟期对照为桥玉8号。普通组对照品种种植密度与试验组别密度相同，机收组对照品种种植密度均为4500株/亩。参试品种编号、品种名称、选育单位、承试单位及承试组别见表5-1。DNA真实性、一致性鉴定单位为北京市农林科学院玉米中心。

三、试验概况

（一）试验设计及管理

2019年仍采用核心试验点和辅助试验点区分管理形式。核心试验点6个，分别选址于具有生态类型代表性的漯河市农业科学院漯河试验基地、鹤壁禾博士晟农科技有限公司鹤壁试验基地、河南利奇种业有限公司原阳平原新区试验基地、河南浩迪农业科技有限公司洛阳试验基地、南阳市种子管理站南阳试验基地、河南嘉华农业科技有限公司商丘试验基地。核心试点承担全套试验，玉米专业委员对核心试点进行重点监管，分别在苗期进行种植质量检查、收获前进行管理质量和品种考察，辅助试点分布在不同生态区，分别承担1~2组试验。本年度河南省玉米品种生产试验采用实名参试，全生育期对社会实名开放。

普通组试验完全随机设计，2次重复，小区长方形，小区面积150 m^2，等行距种植。4500株/亩密度组行距0.67 m，株距0.22 m或行距0.60 m，株距0.244 m；5000株/亩密度组行距0.67 m，株距0.20 m或行距0.60 m，株距0.220 m。播种时每穴点种2~3粒种子，定苗时留苗一株，重复间留走道不小于1.50 m，试验区周围种植不少于4行的玉米保护区，成熟时全区收获计产，两重复小区产量求平均数折成亩产，并求出各参试品种比对照增减产百分比，排列各组参试品种位次。

机收组试验随机区组设计，两次重复，小区长方形，小区面积180 m^2，0.60 m等行距种植，种12行，行长25 m，4500株/亩密度组株距0.25 m，5500株/亩密度组株距0.20 m。小区两端种植10 m的保护行，保护行与小区间、重复间均留走道1.5 m，保护行在机收品种收获前收获，作为田间粒收机械转弯区。成熟时全区机械粒收计产，两重复小区产量求平均数折成亩产，并求出各参试品种与对照增减产百分比，排列参试品种位次。

（二）田间管理

驻马店市农业科学院试验基地因7月31日的暴雨大风影响，倒伏严重，申请试验报废。其他各承试单位均按照试验方案要求完成试验。各试验点均有专人负责试验工作，并认真选择试验地块，科学设计，前茬收获后及时抢墒播种，在6月5日至6月16日各试点相继完成播种。试验田间管理基本能按照方案进行，在6月中下旬进行间定苗，7月份进行了1~2次追肥。间定苗、中耕锄草、追肥、浇水、治虫等田间管理均及时认真，9月27日至10月12日各试点相继完成收获。试验点完成田间试验后，及时整理试验结果、上交试验报告。

（三）气候特点及其影响

根据2019年27家河南省玉米品种生产试验承试单位提供的气象台（站）的气象资料分析，在玉米生育期的6~9月，日平均气温较常年偏高1.4 ℃，总降雨量较常年减少26.3 mm，日照时数比常年增加7.1小时。6月份日平均温度比常年高1.6 ℃，上、中、下旬均高于常年；降雨量较常年多17.7 mm，降雨分布不均匀，上、中旬多于常年，下旬少于常年；日照时数比常年减少8.4小时，上旬晴天多，日照时数增加，中、下旬阴天多，日照时数少于常年。7月份日平均温度较常年偏高1.6 ℃，主要是中、下旬温度较高；7月份较常年干旱，降雨量较常年减少101.8 mm，上、中、下旬均干旱少雨；日照时数比常年增加25.4小时，主要是全月降雨较少，晴朗天多。8月份日平均温度较常年偏高1.1 ℃，主要是中、下旬温度高；降雨量比常年增加9.5 mm，但分布极不均匀，上旬比常年明显增加，中、下旬降雨比常年减少；日照时数比常年增加4.3小时，主要是中、下旬日照时数增加。9月份日平均温度比常年偏高1.4 ℃，表现为上、下旬温度高，中旬温度低；而降雨量较常年减少30.5 mm，主要是上、下旬干旱少雨；日照时数比常年增加6.9小时，主要是上、下旬降雨较少，晴朗天多（详见表5-2）。

2019年，河南玉米生长季节气候整体看对玉米生长有利有弊。有利因素：麦收前后雨水充足，光温条件好，玉米苗齐苗壮；二是7月上中旬干旱天气，客观上起到了蹲苗作用；三是8月中旬到9月底，晴朗天气多，日照充足，对水浇地玉米籽粒灌浆有利。受高温干旱影响，玉米病害发生普遍偏晚、偏轻。不利因素：一是7月至8月份，遭遇了高温热害天气，7月份和8月中下旬干旱，正处于幼穗发育和授粉期的品种遭受了不同程度的高温和干旱胁迫，一些品种表现出空秆、畸形穗、授粉不良、缺粒、秃尖等现象；二是8月8日前后全省遭遇“利奇马”台风，部分玉米品种倒伏倒折严重；三是8月下旬到9月上旬高温干旱，没有灌溉条件的玉米籽粒灌浆受到影响。

2019年的气候，有利于检验参试品种的耐热性、抗旱性和抗倒性，但不利于鉴定品种的抗病性。

（四）试点质量分析

核心试点：漯河市农业科学院漯河试验基地、鹤壁禾博士晟农科技有限公司鹤壁试验基地、河南利奇种业有限公司原阳平原新区试验基地、河南浩迪农业科技有限公司洛阳试验基地、南阳市种子管理站南阳试验基地、河南嘉华农业科技有限公司商丘试验基地共6个试点生产试验均能按照试验方案要求，落实地块，安排专人负责试验，试验质量普遍较好，记载认真，试验总结撰写规范，并及时上报，试验数据参与汇总。

辅助试点：4500株/亩密度A组试验驻马店市农业科学院试点因强风暴雨灾害严重，

申请试验报废,其余试点均能按照试验方案要求,落实地块,安排专人负责试验,认真观察记载,撰写试验总结,并及时上报,试验数据参与汇总。

四、试验结果与分析

参试品种各试点汇总产量、室内考种、农艺性状结果见表 5-3~表 5-19。

(一)4500 株/亩密度组

A 组:本组试验参试品种 9 个(含对照);6 个核心试点和 6 个辅助试点试验数据参加合并汇总。

该试验组参试品种株型 6 个为半紧凑型、3 个紧凑型;品种生育期为 101~102 天,豫单 9966、航星 12 号、玉湘 99、三北 72、农华 212 和 XSH165 品种的生育期比对照短 1 天,年年丰 1 号和豫单 921 品种的生育期与对照相同;参试品种平均株高为 245.1~303.9 cm,平均穗位高为 93.4~123.8 cm;平均穗长为 17.0~20.1 cm,平均穗粗为 4.8~5.1 cm;穗轴 2 个品种为白色,7 个品种为红色;穗行数变幅为 12~20,行粒数为 32.2~38.5;品种秃尖 0.3~2.5 cm;6 个品种籽粒为半马齿型、3 个品种为马齿型;粒色均为黄色;出籽率为 83.9%~87.8%,2 个品种高于对照,1 个品种与对照相同,其余均低于对照;千粒重为 317.2~358.7g,4 个品种千粒重高于对照,4 个品种千粒重低于对照(见表 5-4、表 5-5)。

核心试点和辅助试点合并汇总,参试品种平均产量变幅为 662.5~714.2 kg/亩;对照郑单 958 亩产 664.3 kg,处于汇总品种第 7 位;6 个参试品种比对照增产,增产幅度为 1.8%~7.5%(见表 5-3)。

B 组:本组试验参试品种 8 个(含对照);6 个核心试点和 7 个辅助试点试验数据参加合并汇总。

该试验组参试品种株型均为半紧凑型;品种生育期为 103~104 天,除郑单 5179 生育期与对照相同外,其余参试品种生育期均比对照短 1 天;平均株高为 256.7~303.5m,平均穗位高为 100.0~121.3 cm;平均穗长为 17.0~19.2 cm,平均穗粗为 4.7~5.0 cm;穗轴除对照为白色外,7 个参试品种均为红色;穗行数变幅为 12~20,行粒数为 33.5~36.7;品种秃尖 0.5~1.7 cm;粒型除北青 680(BQ680)籽粒为马齿型外,其余参试品种籽粒均为半马齿型;粒色均为黄色;出籽率为 85.7%~88.0%,5 个品种高于对照,2 个品种低于对照;千粒重为 325.2~365.1 g,参试品种千粒重均高于对照(见表 5-7、表 5-8)。

核心试点和辅助试点合并汇总,参试品种平均产量变幅为 664.4~722.1 kg/亩;对照郑单 958 亩产 664.4 kg,处于汇总品种第 8 位;7 个参试品种均比对照增产,增产幅度为 0.8%~8.7%(见表 5-6)。

(二)5000 株/亩密度组

本组试验参试品种 5 个(含对照);6 个核心试点和 7 个辅助试点试验数据参加合并汇总。

该试验组参试品种株型均为紧凑型;品种生育期为 102~103 天,安丰 137 和沃优 117 生育期与对照相同,豫农丰 2 号和中玉 303 生育期比对照短 1 天;平均株高为 255.9~280.7 cm;平均穗位高为 88.7~113.4 cm;平均穗长为 17.2~18.4 cm,平均穗粗为 4.6~5.1 cm;穗轴 3 个品种为白色,2 个品种为红色;穗行数变幅为 12~22,行粒数为 35.1~38.6;品种秃尖 0.4~1.3 cm;籽粒除豫农丰 2 号为马齿型外,其余均为半马齿型;粒色均为黄色;出籽率为 85.4%~87.4%,3 个参试品种高于对照,1 个参试品种低于对照;千粒重为 316.7~

341.2 g,1 个参试品种高于对照,3 个参试品种低于对照(见表 5-10、表 5-11)。

核心试点和辅助试点合并汇总,参试品种平均产量变幅为 672.0~721.3 kg/亩;对照郑单 958 亩产 672.0 kg,处于汇总品种第 5 位;4 个参试品种均比对照增产,增产幅度为 5.5%~7.3%(见表 5-9)。

(三)4500 株/亩密度机收组

本组试验参试品种 4 个(含 2 个对照);6 个核心试点和 7 个辅助试点试验数据参加合并汇总。

该试验组参试品种株型 2 个为紧凑型,2 个为半紧凑型;品种生育期为 101~102 天,2 个参试品种与熟期对照相同;平均株高为 252.8~299.1 cm,平均穗位高为 89.3~121.0 cm;平均穗长为 17.5~19.4 cm,平均穗粗为 4.9~5.1 cm;穗轴除郑单 958 为白色,其余 3 个品种均为红色;穗行数变幅为 12~20,行粒数为 33.2~40.1;品种秃尖 0.4~1.4 cm;籽粒均为半马齿型;籽粒颜色除桥玉 8 号为黄白色,其余 3 个品种均为黄色;出籽率为 85.8%~86.7%,1 个参试品种与产量对照相同,1 个参试品种低于产量对照;千粒重为 337.6~357.1 g,2 个参试品种均高于产量对照。收获时籽粒平均含水量 24.46%~28.33%,熟期对照为 25.74%,2 个参试品种均低于熟期对照;籽粒平均破损率为 3.29%~5.91%,熟期对照为 4.10%,1 个参试品种高于熟期对照,1 个参试品种低于熟期对照(见表 5-12、表 5-13、表 5-14、表 5-15)。

核心试点和辅助试点合并汇总,参试品种平均产量变幅为 669.5~737.5kg/亩;产量对照郑单 958 亩产 690.4 kg,处于汇总品种第 3 位;2 个参试品种均比对照增产,增产幅度为 4.6~6.8%(见表 5-21)。

(四)5500 株/亩密度机收组

本组试验参试品种 6 个(含 2 个对照);6 个核心试点和 7 个辅助试点试验数据参加合并汇总。

该试验组参试品种株型 3 个为紧凑型,3 个为半紧凑型;品种生育期为 100~102 天,除产量对照外,参试品种均不长于熟期对照;平均株高为 257.6~303.3 cm,平均穗位高为 98.2~125.4 cm;平均穗长为 16.7~18.7 cm,平均穗粗为 4.6~5.0 cm;穗轴除郑单 958 外,其余参试品种均为红色;穗行数变幅为 12~20,行粒数为 33.0~40.0;品种秃尖 0.3~1.2 cm;籽粒均为半马齿型;籽粒颜色除桥玉 8 号为黄白色外,其余参试品种均为黄色;出籽率为 85.9%~89.4%,4 个参试品种均高于产量对照;千粒重为 306.4~335.3 g,2 个参试品种高于产量对照,2 个参试品种低于产量对照。收获时籽粒平均含水量 24.12%~28.73%,熟期对照为 25.84%,4 个参试品种均低于熟期对照;籽粒平均破损率为 2.62%~5.18%,熟期对照为 3.55%,4 个参试品种均低于熟期对照(见表 5-16、表 5-17、表 5-18、表 5-19)。

核心试点和辅助试点合并汇总,参试品种平均产量变幅为 671.0~741.3 kg/亩;产量对照郑单 958 亩产 684.3 kg,处于汇总品种第 5 位;4 个参试品种均比对照增产,增产幅度为 5.0%~8.3%。

五、审定标准与品种处理意见

(一)审定标准

1.基本条件

1)抗病性:鉴定病害 6 种,即小斑病、茎腐病、穗腐病、弯孢菌叶斑病、瘤黑粉病、南方锈病。小斑病、茎腐病、穗腐病田间自然发病未达到高感,人工接种鉴定未达到高感。

2)生育期:每年区域试验生育期平均比对照品种长≤1.0天。

3)抗倒性:每年区域试验、生产试验平均倒伏倒折率之和≤12.0%,且倒伏倒折率之和≥15.0%的试验点比例≤25%。

4)品质:容重≥710 g/L,粗淀粉≥69.0%,粗蛋白≥8.0%,粗脂肪≥3.0%。

5)专家田间鉴评:没有严重缺陷。

6)真实性:DNA、DUS测定与已知品种有明显差异,同名品种年际间一致。

7)产量:区域试验和生产试验产量(kg/亩)(见分类条件要求)。

2.分类条件

1)高产品种

产量每年区域试验产量比对照品种平均增产>1.0%或四舍五入达到1.0%,且两年平均≥3.0%,生产试验比对照品种增产>1.0%或四舍五入达到1.0%。每年区域试验、生产试验增产的试验点比例≥60.0%。

2)绿色品种(具备下列条件之一)

①抗病性突出:田间自然发病和人工接种鉴定所有病害均达到中抗以上。

②抗倒性突出:每年区域试验、生产试验倒伏倒折率之和≤3.0%。

③丰产性、稳产性:每年区域试验和生产试验与对照产量相当,且每年区域试验、生产试验产量达标试验点比例≥60.0%。

3)适宜机械化收获籽粒品种

①籽粒含水量:每年适收期区域试验、生产试验籽粒含水量≤28.0%或与水分对照品种相当,且达标的试验点占全部试验点比例≥60.0%。

②籽粒破损率:每年适收期区域试验、生产试验籽粒破损率≤6.0%或与水分对照品种相当。

③抗倒性:每年区域试验、生产试验倒伏倒折率之和≤5.0%,且抗倒性达标的试验点占全部试验点比例≥70.0%。

④丰产性、稳产性:区域试验和生产试验与对照产量相当,且每年区域试验、生产试验产量达标的试验点占全部试验点比例≥60.0%。

⑤生育期:生育期≤水分对照品种。

根据2019年河南省玉米区试年会暨2020年试验工作会议研究意见,试验点填报小斑病、茎腐病、穗腐病达到高感,但没有经过病害专家确认的,不作为淘汰品种的依据。

(二)品种处理意见

1.生产试验达标品种21个

4500株/亩密度组:豫单9966、航星12号、三北72、年年丰1号、中航611、怀玉68、郑单5179、金良516、北青680(BQ680)、技丰336、豫丰107,共计11个品种。

5000株/亩密度组:安丰137、沃优117、豫农丰2号、中玉303,共计4个品种。

4500株/亩机收组:伟育168、浚单1668,共计2个品种。

5500株/亩机收组:鼎优163、郑品玉495、怀川82、豫红501,共计4个品种。

2.生产试验未达标品种4个

玉湘99:增产点率不符合审定标准,专业委员会考察高感茎腐病。

农华212:增产率和增产点比率均未达到生产试验标准。

XSH165:增产率和增产点比率均未达到生产试验标准。

豫单 921:2019 年生试与 2017 年区试 DNA 相差 10 个位点。

3.结合区试结果,经河南省玉米区试年会专业委员会审核推荐审定品种 17 个

4500 株/亩密度组:豫单 9966、航星 12 号、年年丰 1 号、中航 611、怀玉 68、郑单 5179、北青 680(BQ680)、技丰 336、豫丰 107,共计 9 个品种。

5000 株/亩密度组:安丰 137、沃优 117、中玉 303,共计 3 个品种。

4500 株/亩机收组:伟育 168、浚单 1668,共计 2 个品种。

5500 株/亩机收组:鼎优 163、郑品玉 495、怀川 82,共计 3 个品种。

4.遗留问题

金良 516 因与农业部征集审定品种秋乐 218 品种 DNA 只有 1 个位点差异,申请延迟审定,进行 DUS 测定,解决疑似性问题。

六、品种评述

(一)4500 株/亩密度组

1.年年丰 1 号

由河南年年丰种业有限公司提供。2019 年参加河南省生产试验 4500 株/亩密度组 A 组试验,平均生育期 102 天,与对照郑单 958 熟期相当;株型紧凑,平均株高 286.7 cm,平均穗位高 103.6 cm;平均穗长 20.1 cm,平均穗粗 5.1 cm;穗行数 14~20 行,平均行粒数 37.5粒;秃尖长 0.9 cm;平均出籽率 85.9%,平均千粒重 340.8 g;穗轴红色;籽粒黄色、马齿型;平均田间倒折率 0.0%,倒伏率 0.8%,倒伏倒折率大于 15%的试点率 0.0%。田间自然发病,抗茎腐病、小斑病、穗腐病、瘤黑粉病,中抗弯孢菌叶斑病,感锈病。

2019 年省生产试验 12 个试点合并汇总,12 点增产,增产点比率 100.0%;平均亩产 714.2 kg,比对照郑单 958 增产 7.5%,居本组参试品种第 1 位。

该品种完成试验程序,经年会审议达到河南省玉米品种审定标准,推荐审定。

2.航星 12 号

由河南省天中种子有限责任公司提供。2019 年参加河南省生产试验 4500 株/亩密度组 A 组试验,平均生育期 101 天,比对照郑单 958 早熟 1 天;株型半紧凑,平均株高 291.0 cm,平均穗位高 112.4 cm;平均穗长 18.7 cm,平均穗粗 5.1 cm;穗行数 14~20 行,平均行粒数 36.2 粒;秃尖长 0.9 cm;平均出籽率 85.6%,平均千粒重 352.7 g;穗轴白色;籽粒黄色、硬粒型;平均田间倒折率 0.3%,倒伏率 4.0%,倒伏倒折率大于 15%的试点率 8.3%。田间自然发病,抗小斑病、瘤黑粉病、锈病,中抗茎腐病、穗腐病、弯孢菌叶斑病。

2019 年省生产试验 12 个试点合并汇总,12 点增产,增产点比率 100.0%;平均亩产 706.9 kg,比对照郑单 958 增产 6.4%,居本组参试品种第 2 位。

该品种完成试验程序,经年会审议达到河南省玉米品种审定标准,推荐审定。

3.豫单 9966

由河南农业大学提供。2019 年 4500 株/亩密度组区试与生试同步进行,参加 A 组生产试验,平均生育期 101 天,比对照郑单 958 早熟 1 天;株型半紧凑,平均株高 277.9 cm,平均穗位高 102.8 cm;平均穗长 17.0 cm,平均穗粗 5.1 cm;穗行数 14~20 行,平均行粒数 34.2 粒;秃尖长 0.6 cm;平均出籽率 86.8%,平均千粒重 342.2 g;穗轴红色;籽粒黄色、马齿型;平均田间倒折率 0.0%,倒伏率 0.0%,倒伏倒折率大于 15%的试点率 0.0%。田间自然发病,抗小斑病、锈病、瘤黑粉病、弯孢菌叶斑病,中抗茎腐病、穗腐病。

2019 年省生产试验 12 个试点合并汇总,11 点增产,增产点比率 91.7%;平均亩产 703.9kg,比对照郑单 958 增产 6.0%,居本组参试品种第 3 位。

该品种完成试验程序,经年会审议达到河南省玉米品种审定标准,推荐审定。

4.**豫单** 921

由河南农业大学提供。2019 年参加河南省生产试验 4500 株/亩密度组 A 组试验,平均生育期 102 天,与对照郑单 958 熟期相当;株型紧凑,平均株高 291.7 cm,平均穗位高 123.8 cm;平均穗长 19.2 cm,平均穗粗 4.9 cm;穗行数 14~18 行,平均行粒数 38.5 粒;秃尖长 2.5 cm;平均出籽率 86.0%,平均千粒重 337.5 g;穗轴红色;籽粒黄色、半马齿型;平均田间倒折率 0.3%,倒伏率 3.1%,倒伏倒折率大于 15%的试点率 8.3%。田间自然发病,高抗茎腐病,抗小斑病、弯孢菌叶斑病,中抗穗腐病,感瘤黑粉病、锈病。

2019 年省生产试验 12 个试点合并汇总,11 点增产,增产点比率 91.7%;平均亩产 695.3 kg,比对照郑单 958 增产 4.7%,居本组参试品种第 4 位。

该品种完成试验程序,2019 年生试与 2017 年区试品种间 DNA 相差 10 个位点,经年会审议未达到河南省玉米品种生产试验标准,淘汰。

5.**三北** 72

由三北种业有限公司提供。2019 年 4500 株/亩密度组区试与生试同步进行,参加 A 组生产试验,平均生育期 101 天,比对照郑单 958 早熟 1 天;株型半紧凑,平均株高 245.1 cm,平均穗位高 93.4 cm;平均穗长 17.5 cm,平均穗粗 5.1 cm;穗行数 14-20 行,平均行粒数 36.1 粒;秃尖长 0.6 cm;平均出籽率 87.8%,平均千粒重 317.2 g;穗轴红色;籽粒黄色、半马齿型;平均田间倒折率 0.0%,倒伏率 1.3%,倒伏倒折率大于 15%的试点率 8.3%。田间自然发病,高抗茎腐病、瘤黑粉病,抗小斑病、穗腐病、弯孢菌叶斑病,中抗锈病。

2019 年省生产试验 12 个试点合并汇总,9 点增产,增产点比率 75.0%;平均亩产 688.5 kg,比对照郑单 958 增产 3.6%,居本组参试品种第 5 位。

该品种完成试验程序,经年会审议达到河南省玉米品种生产试验标准,但 2019 年区试不达标,淘汰。

6.**玉湘** 99

由刘渠提供。2019 年 4500 株/亩密度组区试与生试同步进行,参加 A 组生产试验,平均生育期 101 天,比对照郑单 958 早熟 1 天;株型半紧凑,平均株高 301.6 cm,平均穗位高 116.8 cm;平均穗长 19.5 cm,平均穗粗 5.0 cm;穗行数 14~18 行,平均行粒数 36.5 粒;秃尖长 1.7 cm;平均出籽率 84.6%,平均千粒重 358.7 g;穗轴红色;籽粒黄色、马齿型;平均田间倒折率 1.4%,倒伏率 2.2%,倒伏倒折率大于 15%的试点率 8.3%。田间自然发病,抗小斑病、瘤黑粉病、锈病,中抗穗腐病、弯孢菌叶斑病,高感茎腐病。

2019 年省生产试验 12 个试点合并汇总,7 点增产,增产点比率 58.3%;平均亩产 676.5 kg,比对照郑单 958 增产 1.8%,居本组参试品种第 6 位。

该品种完成试验程序,经年会审议增产点比率未达到河南省玉米品种生产试验标准,专业委员会考察高感茎腐病,淘汰。

7.**农华** 212

由北京金色农华种业科技股份有限公司提供。2019 年参加河南省生产试验4500 株/亩密度组 A 组试验,平均生育期 101 天,比对照郑单 958 早熟 1 天;株型半紧凑,平均株高284.8

cm，平均穗位高 112.4 cm；平均穗长 19.0 cm，平均穗粗 4.9 cm；穗行数 14～18 行，平均行粒数 32.2 粒；秃尖长 1.2 cm；平均出籽率 85.1%，平均千粒重 358.7 g；穗轴红色；籽粒黄色、半马齿型；平均田间倒折率 0.0%，倒伏率 1.3%，倒伏倒折率大于 15%的试点率 0.0%。田间自然发病，高抗茎腐病，抗小斑病、瘤黑粉病、弯孢菌叶斑病，中抗穗腐病、锈病。

2019 年省生产试验 12 个试点合并汇总，7 点增产，增产点比率 58.3%；平均亩产662.6 kg，比对照郑单 958 减产 0.3%，居本组参试品种第 8 位。

该品种完成试验程序，经年会审议增产率和增产点比率未达到河南省玉米品种生产试验标准，淘汰。

8.XSH165

由山东先圣禾种业有限公司提供。2019 年 4500 株/亩密度组区试与生试同步进行，参加 A 组生产试验，平均生育期 101 天，比对照郑单 958 早熟 1 天；株型半紧凑，平均株高 303.9 cm，平均穗位高 108.9 cm；平均穗长 19.4 cm，平均穗粗 4.8 cm；穗行数 14～18 行，平均行粒数 34.6 粒；秃尖长 1.1 cm；平均出籽率 83.9%，平均千粒重 355.8 g；穗轴红色；籽粒黄色、半马齿型；平均田间倒折率 3.2%，倒伏率 2.7%，倒伏倒折率大于 15%的试点率 16.7%。田间自然发病，抗小斑病、穗腐病、瘤黑粉病，中抗弯孢菌叶斑病，感茎腐病、锈病。

2019 年省生产试验 12 个试点合并汇总，3 点增产，增产点比率 25.0%；平均亩产 662.5 kg，比对照郑单 958 减产 0.3%，居本组参试品种第 9 位。

该品种完成试验程序，经年会审议增产率和增产点比率未达到河南省玉米品种生产试验标准，淘汰。

9.中航 611

由北京华奥农科玉育种开发有限责任公司提供。2019 年 4500 株/亩密度组区试与生试同步进行，参加 B 组生产试验，平均生育期 103 天，比对照郑单 958 早熟 1 天；株型半紧凑，平均株高 297.2 cm，平均穗位高 121.3 cm；平均穗长 18.8 cm，平均穗粗 4.9 cm；穗行数 14～18 行，平均行粒数 35.7 粒；秃尖长 0.5 cm；平均出籽率 87.5%，平均千粒重 350.1 g；穗轴红色；籽粒黄色、半马齿型；平均田间倒折率 0.3%，倒伏率 2.5%，倒伏倒折率大于 15%的试点率 7.7%。田间自然发病，高抗瘤黑粉病，抗小斑病、穗腐病、弯孢菌叶斑病、锈病，中抗茎腐病。

2019 年省生产试验 13 个试点合并汇总，13 点增产，增产点比率 100.0%；平均亩产 722.1 kg，比对照郑单 958 增产 8.7%，居本组参试品种第 1 位。

该品种完成试验程序，经年会审议达到河南省玉米品种审定标准，推荐审定。

10.郑单 5179

由河南省农业科学院粮食作物研究所、河南生物育种中心有限公司提供。2019 年参加河南省生产试验 4500 株/亩密度组 B 组试验，平均生育期 104 天，与对照郑单 958 熟期相当；株型半紧凑，平均株高 294.6 cm，平均穗位高 114.6 cm；平均穗长 17.3 cm，平均穗粗 4.9 cm；穗行数 14～18 行，平均行粒数 35.6 粒；秃尖长 1.5 cm；平均出籽率 86.4%，平均千粒重 358.5 g；穗轴红色；籽粒黄色、半马齿型；平均田间倒折率 0.2%，倒伏率 1.1%，倒伏倒折率大于 15%的试点率 0.0%。田间自然发病，抗小斑病、穗腐病、弯孢菌叶斑病、瘤黑粉病，中抗茎腐病、锈病。

2019 年省生产试验 13 个试点合并汇总，12 点增产，增产点比率 92.3%；平均亩产

708.1 kg,比对照郑单 958 增产 6.6%,居本组参试品种第 2 位。

该品种完成试验程序,经年会审议达到河南省玉米品种审定标准,推荐审定。

11.北青 680(BQ680)

由郑州北青种业有限公司提供。2019 年参加河南省生产试验 4500 株/亩密度组 B 组试验,平均生育期 103 天,比对照郑单 958 早熟 1 天;株型半紧凑,平均株高 256.7 cm,平均穗位高 100.0 cm;平均穗长 17.8 cm,平均穗粗 4.8 cm;穗行数 14~20 行,平均行粒数 34.5 粒;秃尖长 1.3 cm;平均出籽率 88.0%,平均千粒重 325.4 g;穗轴红色;籽粒黄色、马齿型;平均田间倒折率 0.1%,倒伏率 0.1%,倒伏倒折率大于 15%的试点率 0.0%。田间自然发病,抗小斑病、穗腐病、弯孢菌叶斑病、瘤黑粉病,中抗锈病,高感茎腐病。

2019 年省生产试验 13 个试点合并汇总,12 点增产,增产点比率 92.3%;平均亩产 701.5 kg,比对照郑单 958 增产 5.6%,居本组参试品种第 3 位。

该品种完成试验程序,经年会审议达到河南省玉米品种审定标准。

12.技丰 336

由河南技丰种业集团有限公司提供。2019 年河南省 4500 株/亩密度组区试与生试同步进行,参加 B 组生产试验,平均生育期 103 天,比对照郑单 958 早熟 1 天;株型半紧凑,平均株高 303.5 cm,平均穗位高 113.4 cm;平均穗长 18.4 cm,平均穗粗 5.0 cm;穗行数 14~20 行,平均行粒数 35.7 粒;秃尖长 1.1 cm;平均出籽率 85.7%,平均千粒重 365.1 g;穗轴红色;籽粒黄色、半马齿型;平均田间倒折率 0.7%,倒伏率 2.0%,倒伏倒折率大于 15%的试点率 0.0%。田间自然发病,抗小斑病、穗腐病、弯孢菌叶斑病、瘤黑粉病、锈病,高感茎腐病。

2019 年省生产试验 13 个试点合并汇总,13 点增产,增产点比率 100.0%;平均亩产 700.8 kg,比对照郑单 958 增产 5.5%,居本组参试品种第 4 位。

该品种完成试验程序,经年会审议达到河南省玉米品种审定标准,推荐审定。

13.豫丰 107

由河南省豫丰种业有限公司提供。2019 年参加河南省生产试验 4500 株/亩密度组 B 组试验,平均生育期 103 天,比对照郑单 958 早熟 1 天;株型半紧凑,平均株高 293.4 cm,平均穗位高 101.2 cm;平均穗长 19.2 cm,平均穗粗 4.7 cm;穗行数 14~20 行,平均行粒数 33.7 粒;秃尖长 1.7 cm;平均出籽率 87.3%,平均千粒重 333.4g;穗轴红色;籽粒黄色、半马齿型;平均田间倒折率 0.0%,倒伏率 0.3%,倒伏倒折率大于 15%的试点率 0.0%。田间自然发病,抗茎腐病、小斑病、穗腐病、弯孢菌叶斑病,中抗瘤黑粉病、锈病。

2019 年省生产试验 13 个试点合并汇总,11 点增产,增产点比率 84.6%;平均亩产 686.5 kg,比对照郑单 958 增产 3.3%,居本组参试品种第 5 位。

该品种完成试验程序,经年会审议达到河南省玉米品种审定标准,推荐审定。

14.金良 516

由河南金良农业科技有限公司提供。2019 年参加河南省生产试验 4500 株/亩密度组 B 组试验,平均生育期 103 天,比对照郑单 958 早熟 1 天;株型半紧凑,平均株高297.5 cm,平均穗位高 118.3 cm;平均穗长 19.0 cm,平均穗粗 4.8 cm;穗行数 14~18 行,平均行粒数 36.7 粒;秃尖长 1.5 cm;平均出籽率 86.2%,平均千粒重 345.8 g;穗轴红色;籽粒黄色、半马齿型;平均田间倒折率 1.3%,倒伏率 7.2%,倒伏倒折率大于 15%的试点率7.7%。田间自然发病,抗小斑病、穗腐病、弯孢菌叶斑病、瘤黑粉病,中抗锈病,高感茎腐病。

2019 年省生产试验 13 个试点合并汇总,11 点增产,增产点比率 84.6%;平均亩产

679.3 kg，比对照郑单 958 增产 2.2%，居本组参试品种第 6 位。

该品种完成试验程序，符合生试标准，但北京市农林科学院检测与秋乐 218 品种 DNA 相似，建议解决相似性问题。申请延审。

15.**怀玉** 68

由河南怀川种业有限责任公司提供。2019 年 4500 株/亩密度组区试与生试同步进行，参加 B 组生产试验，平均生育期 103 天，比对照郑单 958 早熟 1 天；株型半紧凑，平均株高 282.8 cm，平均穗位高 109.2 cm；平均穗长 17.9 cm，平均穗粗 4.9 cm；穗行数 14-18 行，平均行粒数 33.5 粒；秃尖长 1.3 cm；平均出籽率 85.8%，平均千粒重 351.5g；穗轴红色；籽粒黄色、半马齿型；平均田间倒折率 1.3%，倒伏率 4.9%，倒伏倒折率大于 15%的试点率 7.7%。田间自然发病，抗小斑病、穗腐病、弯孢菌叶斑病、瘤黑粉病，中抗锈病，感茎腐病。

2019 年省生产试验 13 个试点合并汇总，8 点增产，增产点比率 61.5%；平均亩产669.6 kg，比对照郑单 958 增产 0.8%，居本组参试品种第 7 位。

该品种完成试验程序，经年会审议达到河南省玉米品种审定标准，推荐审定。

（二）5000 株/亩密度组

16.**中玉** 303

由中国农业科学院作物科学研究所提供。2019 年河南省 5000 株/亩密度组区试与生试同步进行，平均生育期 102 天，比对照郑单 958 早熟 1 天；株型紧凑，平均株高 264.7 cm，平均穗位高 113.4 cm；平均穗长 17.5 cm，平均穗粗 5.1 cm；穗行数 14~22 行，平均行粒数 35.1 粒；秃尖长 0.6 cm；平均出籽率 86.7%，平均千粒重 323.0 g；穗轴白色；籽粒黄色、半马齿型；平均田间倒折率 0.0%，倒伏率 1.1%，倒伏倒折率大于 15%的试点率 0.0%。抗小斑病、穗腐病、弯孢菌叶斑病、瘤黑粉病，中抗锈病，高感茎腐病。

2019 年省生产试验 13 个试点合并汇总，11 点增产，增产点比率 84.6%；平均亩产 721.3 kg，比对照郑单 958 增产 7.3%，居本组参试品种第 1 位。

该品种完成试验程序，经年会审议达到河南省玉米品种审定标准，推荐审定。

17. **豫农丰 2 号**

由新乡市粒丰农科有限公司提供。2019 年河南省 5000 株/亩密度组区试与生试同步进行，平均生育期 102 天，比对照郑单 958 早熟 1 天；株型紧凑，平均株高 255.9 cm，平均穗位高 88.7 cm；平均穗长 18.2 cm，平均穗粗 4.6 cm；穗行数 14~18 行，平均行粒数 36.7 粒；秃尖长 0.4 cm；平均出籽率 87.4%，平均千粒重 319.6 g；穗轴红色；籽粒黄色、马齿型；平均田间倒折率 0.3%，倒伏率 0.1%，倒伏倒折率大于 15%的试点率 0.0%。田间自然发病，抗小斑病、穗腐病、弯孢菌叶斑病、瘤黑粉病，感锈病，高感茎腐病。

2019 年省生产试验 13 个试点合并汇总，12 点增产，增产点比率 92.3%；平均亩产 716.6 kg，比对照郑单 958 增产 6.6%，居本组参试品种第 2 位。

该品种完成试验程序，经年会审议达到河南省玉米品种生产试验标准，但 2019 年区试不达标，淘汰。

18.**安丰** 137

由胡学安提供。2019 年河南省 5000 株/亩密度组区试与生试同步进行，平均生育期 103 天，与对照郑单 958 熟期相当；株型紧凑，平均株高 266.1 cm，平均穗位高 111.7 cm；平均穗长 18.4 cm，平均穗粗 4.9 cm；穗行数 12~18 行，平均行粒数 37.3 粒；秃尖长 0.7 cm；平均出籽率 86.6%，平均千粒重 341.2 g；穗轴白色；籽粒黄色、半马齿型；平均田间倒折率

0.1%,倒伏率0.1%,倒伏倒折率大于15%的试点率0.0%。田间自然发病,抗小斑病、穗腐病、弯孢菌叶斑病、瘤黑粉病,中抗锈病,感茎腐病。

2019年省生产试验13个试点合并汇总,12点增产,增产点比率92.3%;平均亩产715.6 kg,比对照郑单958增产6.5%,居本组参试品种第3位。

该品种完成试验程序,经年会审议达到河南省玉米品种审定标准,推荐审定。

19.沃优117

由长葛鼎研泽田农业科技开发有限公司提供。2019年河南省5000株/亩密度组区试与生试同步进行,平均生育期103天,与对照郑单958熟期相当;株型紧凑,平均株高280.7 cm,平均穗位高108.3 cm;平均穗长17.9 cm,平均穗粗4.9 cm;穗行数14-18行,平均行粒数38.6粒;秃尖长1.3 cm;平均出籽率85.4%,平均千粒重316.7 g;穗轴红色;籽粒黄色、半马齿型;平均田间倒折率0.2%,倒伏率0.7%,倒伏倒折率大于15%的试点率0.0%。田间自然发病,抗小斑病、穗腐病、弯孢菌叶斑病,中抗瘤黑粉病、锈病,感茎腐病。

2019年省生产试验13个试点合并汇总,12点增产,增产点比率92.3%;平均亩产708.7 kg,比对照郑单958增产5.5%,居本组参试品种第4位。

该品种完成试验程序,经年会审议达到河南省玉米品种审定标准,推荐审定。

(三)4500株/亩密度机收组

20.伟育168

由河南宝景农业科技有限公司提供。2019年河南省4500株/亩密度机收组生产试验,平均生育期101天,比对照郑单958早熟1天,与熟期对照桥玉8号熟期相当;株型紧凑,平均株高255.5 cm,平均穗位高89.3 cm;平均田间倒折率0.4%,倒伏率2.9%。平均穗长19.4 cm,平均穗粗5.0 cm;平均穗行数14~20行,平均行粒数35.7粒;秃尖长1.4 cm;平均出籽率86.7%,平均千粒重357.1 g;穗轴红色;籽粒黄色、半马齿型。田间自然发病,高抗瘤黑粉病,抗茎腐病、小斑病、弯孢菌叶斑病,中抗穗腐病、锈病。

田间机械粒收时试点平均籽粒水分含量25.66%,平均籽粒破损率4.24%,平均籽粒杂质含量1.05%。

2019年省生产试验13个试点合并汇总,13点增产,增产点比率100.0%;平均亩产737.5 kg,比对照郑单958增产6.8%,居本组参试品种第1位。

该品种完成试验程序,经年会审议达到河南省玉米品种审定标准,推荐审定。

21.浚单1668

由鹤壁市农业科学院、山东九玉禾种业有限公司提供。2019年河南省4500株/亩密度机收组生产试验,平均生育期101天,比对照郑单958早熟1天,与熟期对照桥玉8号相当;株型半紧凑,平均株高293.6 cm,平均穗位高96.5 cm;平均田间倒折率0.5%,倒伏率0.1%。平均穗长18.2 cm,平均穗粗4.9 cm;平均穗行数14-20行,平均行粒数33.2粒;秃尖长1.2 cm;平均出籽率86.3%,平均千粒重354.9g;穗轴红色;籽粒黄色、半马齿型。田间自然发病,高抗瘤黑粉病,抗茎腐病、小斑病、弯孢菌叶斑病,中抗穗腐病、锈病。

田间机械粒收时试点平均籽粒水分含量24.46%,平均籽粒破损率3.29%,平均籽粒杂质含量0.96%。

2019年省生产试验13个试点合并汇总,12点增产,增产点比率92.3%;平均亩产722.3 kg,比对照郑单958增产4.6%,居本组参试品种第2位。

该品种完成试验程序,经年会审议达到河南省玉米品种审定标准,推荐审定。

(四)5500 株/亩密度机收组

22.鼎优 163

由河南鼎优农业科技有限公司、河南省农业科学院植物保护研究所提供。2019 年河南省 5500 株/亩密度机收组生产试验,平均生育期 101 天,比对照郑单 958 早熟 1 天,与熟期对照桥玉 8 号相当;株型半紧凑,平均株高 261.2 cm,平均穗位高 98.5 cm;平均田间倒折率 0.2%,倒伏率 1.5%。平均穗长 16.7 cm,平均穗粗 4.7 cm;平均穗行数 14~20 行,平均行粒数 33.0 粒;秃尖长 0.3 cm;平均出籽率 89.4%,平均千粒重 322.4 g;穗轴红色;籽粒黄色、半马齿型。田间自然发病,抗小斑病、穗腐病、瘤黑粉病、弯孢菌叶斑病,中抗茎腐病、锈病。

田间机械粒收时试点平均籽粒水分含量 24.12%,平均籽粒破损率 2.72%,平均籽粒杂质含量 0.96%。

2019 年省生产试验 13 个试点合并汇总,13 点增产,增产点比率 100.0%;平均亩产 741.3 kg,比对照郑单 958 增产 8.3%,居本组参试品种第 1 位。

该品种完成试验程序,经年会审议达到河南省玉米品种审定标准,推荐审定。

23.郑品玉 495

由河南金苑种业股份有限公司提供。2019 年河南省 5500 株/亩密度机收组生产试验,平均生育期 100 天,比对照郑单 958 早熟 2 天,比对照桥玉 8 号早熟 1 天;株型紧凑,平均株高 264.7 cm,平均穗位高 98.2 cm;平均田间倒折率 0.4%,倒伏率 0.0%。平均穗长 18.0 cm,平均穗粗 4.7 cm;平均穗行数 14~18 行,平均行粒数 35.1 粒;秃尖长 0.7 cm;平均出籽率 88.1%,平均千粒重 328.1 g;穗轴红色;籽粒黄色、半马齿型。田间自然发病,抗小斑病、穗腐病、瘤黑粉病、弯孢菌叶斑病、锈病,中抗茎腐病。

田间机械粒收时试点平均籽粒水分含量 25.00%,平均籽粒破损率 2.75%,平均籽粒杂质含量 0.99%。

2019 年省生产试验 13 个试点合并汇总,13 点增产,增产点比率 100.0%;平均亩产 740.0 kg,比对照郑单 958 增产 8.1%,居本组参试品种第 2 位。

该品种完成试验程序,经年会审议达到河南省玉米品种审定标准,推荐审定。

24.豫红 501

由商水县豫红农业科学研究所提供。2019 年 5500 株/亩密度机收组区试和生试同步进行,平均生育期 101 天,比对照郑单 958 早熟 1 天,与熟期对照桥玉 8 号相当;株型紧凑,平均株高 264.0 cm,平均穗位高 99.3 cm;平均田间倒折率 0.4%,倒伏率 0.1%。平均穗长 17.7 cm,平均穗粗 4.6 cm;平均穗行数 14~18 行,平均行粒数 37.0 粒;秃尖长 1.0 cm;平均出籽率 87.4%,平均千粒重 306.4 g;穗轴红色;籽粒黄色、半马齿型。田间自然发病,高抗瘤黑粉病,抗小斑病、穗腐病、弯孢菌叶斑病、锈病,中抗茎腐病。

田间机械粒收时试点平均籽粒水分含量 25.00%,平均籽粒破损率 2.62%,平均籽粒杂质含量 0.93%。

2019 年省生产试验 13 个试点合并汇总,12 点增产,增产点比率 92.3%;平均亩产 725.4 kg,比对照郑单 958 增产 6.0%,居本组参试品种第 3 位。

该品种完成试验程序,经年会审议达到河南省玉米品种生产试验标准,但 2019 年区试不达标,淘汰。

25.怀川 82

由河南怀川种业有限责任公司提供。2019 年河南省 5500 株/亩密度机收组生产试验,平均生育期 101 天,比对照郑单 958 早熟 1 天,与熟期对照桥玉 8 号相当;株型半紧凑,平均株高 267.1 cm,平均穗位高 104.4 cm;平均田间倒折率 0.4%,倒伏率 1.1%。平均穗长 16.8 cm,平均穗粗 4.8 cm;平均穗行数 14~20 行,平均行粒数 33.4 粒;秃尖长 0.4 cm;平均出籽率 87.5%,平均千粒重 312.9 g;穗轴红色;籽粒黄色、半马齿型。田间自然发病,抗小斑病、穗腐病、瘤黑粉病、弯孢菌叶斑病,中抗茎腐病,感锈病。

田间机械粒收时试点平均籽粒水分含量 25.33%,平均籽粒破损率 3.40%,平均籽粒杂质含量 1.03%。

2019 年省生产试验 13 个试点合并汇总,11 点增产,增产点比率 84.6%;平均亩产 718.8 kg,比对照郑单 958 增产 5.0%,居本组参试品种第 4 位。

该品种完成试验程序,经年会审议达到河南省玉米品种审定标准,推荐审定。

表 5-1　2019 年河南省玉米品种生产试验

参试品种、亲本组合、供种单位及承试单位信息

试验组别	序号	品种名称	亲本组合	供种单位	承试单位与试验地点	
4500 株/亩 A 组	1	豫单 9966*	豫 3212×豫 809	河南农业大学	鹤壁禾博士晟农科技有限公司(鹤壁) 洛阳市嘉创农业开发有限公司(洛阳) 河南省华慧种业有限公司（商丘) 漯河市农业科学院(漯河) 河南省利奇种子有限公司(新乡) 南阳市种子管理站(南阳)	河南正新农业科技有限公司(濮阳) 孟州市农丰种子科技公司(焦作) 驻马店市农业科学院(驻马店市) 河南豫玉种业(荥阳) 商丘市种子管理站(商丘原种场) 开封富瑞种业有限公司(开封) 嵩县农科所(嵩县)
	2	航星 12 号	HX925×HX613	河南省天中种子有限责任公司		
	3	玉湘 99*	D155×F09	刘渠		
	4	三北 72*	L110431×WY972	三北种业有限公司		
	5	农华 212	JH0056×NS0452	北京金色农华种业科技股份有限公司		
	6	年年丰 1 号	D312×D939	河南年年丰种业有限公司		
	7	XSH165*	XYA6586×XYB4561	山东先圣禾种业有限公司		
	8	豫单 921	HL96-1×HL96-2			
4500 株/亩 B 组	1	中航 611*	H3549×H217	北京华奥农科玉育种开发有限责任公司	鹤壁禾博士晟农科技有限公司(鹤壁) 洛阳市嘉创农业开发有限公司(洛阳) 河南省华慧种业有限公司（商丘) 漯河市农业科学院(漯河) 河南省利奇种子有限公司(新乡) 南阳市种子管理站(南阳)	内黄原种场(安阳) 河南平安种业有限公司(温县) 新郑轩农农作物研究所(新郑) 豫丰种业有限公司(驻马店) 郑州圣瑞元农业科技开发有限公司(镇平) 河南德圣种业公司(汝阳) 河南福旺种业(尉氏)
	2	怀玉 68*	HC2211×HC14	河南怀川种业有限责任公司		
	3	郑单 5179	郑 A808×郑 U404	河南省农业科学院粮食作物研究所 河南生物育种中心有限公司		
	4	金良 516	J7657×J28	河南金良农业科技有限公司		
	5	北青 680 （BQ680）	H5×Q26733	郑州北青种业有限公司		
	6	技丰 336*	J033×J2006	河南技丰种业集团有限公司		
	7	豫丰 107	M105×F10	河南省豫丰种业有限公司		
5000 株/亩	1	安丰 137*	郑 588×H004	胡学安	鹤壁禾博士晟农科技有限公司(鹤壁) 洛阳市嘉创农业开发有限公司(洛阳) 河南省华慧种业有限公司（商丘) 漯河市农业科学院(漯河) 河南省利奇种子有限公司(新乡) 南阳市种子管理站(南阳)	新乡粒丰农科(新乡凤泉) 河南鲲玉种业公司(济源) 平顶山市农科院(平顶山) 河南豫玉种业(荥阳) 漯河金桥农科所(漯河郾城) 虞城县农科所(虞城) 鹿邑县前李原种场(鹿邑)
	2	沃优 117*	M668×F988	长葛鼎研泽田农业科技开发有限公司		
	3	豫农丰 2 号*	LN960 ×LN1124	新乡市粒丰农科有限公司		
	4	中玉 303*	CN3373×CNH3323	中国农业科学院作物科学研究所		

续表 5-1

试验组别	序号	品种名称	亲本组合	供种单位	承试单位与试验地点	
4500株/亩	1	伟育 168	伟程 902×伟程 203	河南宝景农业科技有限公司	鹤壁禾博士晟农科技有限公司(鹤壁) 洛阳市嘉创农业开发有限公司(洛阳) 河南省华慧种业有限公司 (商丘) 漯河市农业科学院(漯河) 河南省利奇种子有限公司(新乡) 南阳市种子管理站(南阳)	鹿邑县前李原种场(鹿邑) 河南正新农业科技有限公司(濮阳) 温县农业科学研究所(温县) 济源市农业科学院(济源) 河南金科种业有限公司(荥阳) 河南金囤种业(郾城) 郑州圣瑞元农业科技开发有限公司(镇平) 商丘市种子管理站(商丘原种场)
	2	浚单 1668	浚 658×浚 1543	鹤壁市农业科学院 山东九玉禾种业有限公司		
4500株/亩	1	鼎优 163	517F×鼎 307	河南鼎优农业科技有限公司 河南省农业科学院植物保护研究所	鹤壁禾博士晟农科技有限公司(鹤壁) 洛阳市嘉创农业开发有限公司(洛阳) 河南省华慧种业有限公司 (商丘) 漯河市农业科学院(漯河) 河南省利奇种子有限公司(新乡) 南阳市种子管理站(南阳)	河南滑丰种业科技有限公司(滑县) 温县农业科学研究所(温县) 济源市农业科学院(济源) 河南金科种业有限公司(荥阳) 河南金囤种业(郾城) 郑州圣瑞元农业科技开发有限公司(镇平) 河南福旺种业(尉氏)
	2	郑品玉 495	JC1007×JC19326	河南金苑种业股份有限公司		
	3	怀川 82	H752× HGM1	河南怀川种业有限责任公司		
	4	豫红 501 *	577×566	商水县豫红农业科学研究所		

注：* 为区域试验与生产试验同步进行的品种。

表 5-2　2019 年玉米品种试验期间河南省气象资料统计

时间	平均气温(℃)			降雨量(mm)			日照时数(小时)		
	当年	历年	相差	当年	历年	相差	当年	历年	相差
6 月上旬	27.2	24.8	2.4	40.7	24.4	16.3	79.9	72.2	7.7
6 月中旬	27.5	26.0	1.5	33.0	21.1	11.9	64.5	71.6	-7.2
6 月下旬	27.4	26.5	0.9	26.2	36.6	-10.5	58.6	67.5	-8.9
月计	27.4	25.8	1.6	99.8	82.1	17.7	203.0	211.4	-8.4
7 月上旬	27.7	26.7	0.9	9.5	54.7	-45.2	75.3	60.8	14.5
7 月中旬	28.0	26.9	1.1	24.0	57.5	-33.5	68.3	59.4	8.9
7 月下旬	30.4	27.7	2.7	34.2	57.3	-23.1	72.4	70.3	2.1
月计	28.7	27.1	1.6	67.7	169.5	-101.8	216.0	190.6	25.4
8 月上旬	27.5	27.2	0.3	90.6	52.2	38.3	45.8	62.6	-16.8
8 月中旬	27.3	25.8	1.5	25.1	40.9	-15.9	79.1	61.3	17.8
8 月下旬	26.0	24.6	1.4	25.9	38.8	-12.9	66.9	63.6	3.3
月计	26.9	25.8	1.1	141.5	131.9	9.5	191.7	187.4	4.3
9 月上旬	24.6	22.9	1.7	6.5	31.2	-24.7	70.6	56.4	14.2
9 月中旬	20.7	21.1	-0.4	32.8	23.9	8.9	21.3	52.0	-30.7
9 月下旬	22.3	19.4	2.9	7.0	21.8	-14.8	83.5	60.2	23.4
月计	22.5	21.1	1.4	46.4	76.8	-30.5	175.5	168.6	6.9
6~9 月合计	316.5	299.6	17.0	355.4	460.4	-105.0	786.2	758.0	28.3
6~9 月合计平均	26.4	25.0	1.4	88.8	115.1	-26.3	196.6	189.5	7.1

注:本结果来源于全省 27 个试验点气象数据汇总。

表 5-3　2019 年河南省玉米品种生产试验产量结果汇总表(4500 株/亩 A 组)

试点	豫单 9966(1)			航星 12 号(2)			玉湘 99(3)			三北 72(4)		
	产量（kg/亩）	比 CK（±%）	位次	产量（kg/亩）	比 CK（±%）	位次	产量（kg/亩）	比 CK（±%）	位次	产量（kg/亩）	比 CK（±%）	位次
商丘	800.8	1.7	5	832.2	5.7	1	752.3	−4.4	9	826.5	5.0	3
漯河	850.0	12.9	1	807.1	7.2	3	723.1	−4.0	9	761.7	1.2	5
新乡	773.5	7.2	3	752.8	4.4	5	739.4	2.5	6	726.4	0.7	7
南阳	606.7	20.2	2	579.7	14.8	3	491.3	−2.7	8	556.8	10.3	4
鹤壁	748.2	5.9	1	742.7	5.1	2	724.0	2.5	5	688.3	−2.6	8
洛阳	678.7	11.2	3	615.6	0.8	6	584.7	−4.2	9	691.2	13.2	2
孟州	688.4	5.7	2	685.0	5.1	3	667.1	2.4	5	636.4	−2.3	8
荥阳	535.1	9.9	4	554.5	13.9	3	574.6	18.0	1	562.2	15.4	2
嵩县	781.2	4.8	3	781.8	4.9	2	776.3	4.2	5	783.7	5.1	1
开封	662.1	6.4	1	637.5	2.4	5	610.5	−1.9	7	605.1	−2.8	8
商丘原种场	713.8	−8.3	8	831.6	6.8	1	814.5	4.6	3	807.3	3.7	4
濮阳	608.6	0.8	8	662.6	9.7	2	660.4	9.4	3	616.7	2.2	7
平均	703.9	5.96	3	706.9	6.41	2	676.5	1.84	6	688.5	3.64	5

试点	农华 212(5)			年年丰 1 号(6)			XSH165(7)			豫单 921(4)		
	产量（kg/亩）	比 CK（±%）	位次	产量（kg/亩）	比 CK（±%）	位次	产量（kg/亩）	比 CK（±%）	位次	产量（kg/亩）	比 CK（±%）	位次
商丘	798.4	1.4	6	830.2	5.5	2	759.5	−3.5	8	802.4	1.9	4
漯河	726.0	−3.6	8	792.2	5.2	4	740.3	−1.7	7	839.8	11.5	2
新乡	695.9	−3.5	9	765.4	6.1	4	793.8	10.1	1	789.7	9.5	2
南阳	529.9	4.9	6	617.5	22.3	1	486.8	−3.6	9	547.3	8.4	5
鹤壁	676.5	−4.3	9	729.4	3.2	3	706.3	0.0	7	729.0	3.2	4
洛阳	635.3	4.1	5	694.5	13.8	1	608.9	−0.3	8	668.8	9.6	4
孟州	660.2	1.3	6	711.3	9.2	1	632.7	−2.9	9	684.4	5.1	4
荥阳	497.6	2.2	7	529.5	8.7	5	480.9	−1.3	9	514.4	5.6	6
嵩县	770.9	3.4	6	764.4	2.5	7	741.2	−0.6	9	777.9	4.4	4

续表 5-3

试点	农华 212(5)			年年丰 1 号(6)			XSH165(7)			豫单 921(4)		
	产量（kg/亩）	比 CK（±%）	位次	产量（kg/亩）	比 CK（±%）	位次	产量（kg/亩）	比 CK（±%）	位次	产量（kg/亩）	比 CK（±%）	位次
开封	595.5	−4.3	9	650.6	4.5	3	645.4	3.7	4	653.3	5.2	2
商丘原种场	747.9	−3.9	6	816.2	4.9	2	713.8	−8.3	8	717.2	−7.9	7
濮阳	617.7	2.3	6	669.8	10.9	1	640.8	6.1	4	620.0	2.7	5
平均	662.6	−0.25	8	714.2	7.51	1	662.5	−0.27	9	695.3	4.67	4

试点	郑单 958(9)		
	产量（kg/亩）	比 CK（±%）	位次
商丘	787.2	0.0	7
漯河	753.0	0.0	6
新乡	721.3	0.0	8
南阳	504.9	0.0	7
鹤壁	706.5	0.0	6
洛阳	610.5	0.0	7
孟州	651.5	0.0	7
荥阳	487.0	0.0	8
嵩县	745.4	0.0	8
开封	622.5	0.0	6
商丘原种场	778.4	0.0	5
濮阳	603.7	0.0	9
平均	664.3	0.00	7

表 5-4　2019 年河南省玉米品种生产试验田间性状汇总表(4500 株/亩 A 组)

编号	品种	试点	株型	株高（cm）	穗位高（cm）	倒折率（%）	倒伏率（%）	茎腐病（级）	小斑病（级）	穗腐病（级）	瘤黑粉病（级）	弯孢菌（级）	锈病（级）	粗缩病（级）	生育期（天）
1	豫单 9966	商丘	紧凑	292.0	118.0	0.0	0.0	0.0	1	3.0	2.2	3	1	0.0	103
		漯河	紧凑	280.0	109.0	0.0	0.0	0.0	1	1.0	0.0	1	1	0.0	105
		新乡	紧凑	270.0	95.0	0.0	0.0	0.0	1	2.1	0.0	1	1	0.0	102
		南阳	半紧凑	270.0	102.0	0.0	0.0	0.0	1	1.0	0.0	1	1	0.0	109
		鹤壁	紧凑	275.0	96.0	0.0	0.0	20.0	1	1.0	0.0	1	1	0.0	96
		洛阳	半紧凑	294.0	119.0	0.0	0.0	0.0	1	1.0	0.0	1	1	0.0	96
		孟州	半紧凑	283.0	98.0	0.0	0.0	8.0	1	1.0	0.0	1	1	0.0	96
		荥阳	半紧凑	277.0	115.0	0.0	0.0	0.0	1	1.0	0.0	1	1	0.0	105
		嵩县	半紧凑	290.3	107.9	0.0	0.0	1.1	3	1.0	0.0	1	3	0.0	94

续表 5-4

编号	品种	试点	株型	株高(cm)	穗位高(cm)	倒折率(%)	倒伏率(%)	茎腐病(级)	小斑病(级)	穗腐病(级)	瘤黑粉病(级)	弯孢菌(级)	锈病(级)	粗缩病(级)	生育期(天)
1	豫单 9966	开封	半紧凑	273.0	95.0	0.0	0.0	0.0	1	1.0	0.0	1	1	0.0	104
		商丘原种场	半紧凑	270.0	95.0	0.0	0.0	0.0	3	5.0	0.0	3	3	0.0	108
		濮阳	半紧凑	260.0	84.0	0.0	0.0	0.0	1	1.0	0.2	1	1	0.0	98
		平均	半紧凑	277.9	102.8	0.0	0.0	20.0	3	5.0	0~2.2	3	3	0.0	101
2	航星 12 号	商丘	半紧凑	295.0	124.0	0.0	1.2	3.1	1	3.0	2.2	3	1	0.0	104
		漯河	紧凑	283.0	114.0	0.0	0.0	0.0	1	1.0	0.0	1	1	0.0	105
		新乡	紧凑	288.0	106.0	0.0	5.0	4.3	1	1.8	0.7	1	1	0.0	102
		南阳	半紧凑	307.0	122.0	3.0	40.0	0.0	1	1.0	0.0	1	1	0.0	107
		鹤壁	紧凑	292.0	109.0	0.0	0.0	10.2	1	1.0	0.0	1	1	0.0	98
		洛阳	半紧凑	311.0	129.0	0.0	2.0	0.0	1	1.0	0.0	1	1	0.0	96
		孟州	紧凑	286.0	101.0	0.0	0.0	9.0	1	1.0	1.0	1	1	0.0	98
		荥阳	半紧凑	274.0	115.0	0.0	0.0	0.0	3	1.0	0.0	1	1	0.0	105
		嵩县	紧凑	300.6	115.5	0.0	0.0	1.5	3	1.0	0.0	1	3	0.0	94
		开封	半紧凑	291.0	107.0	0.0	0.0	0.0	1	1.0	0.0	1	1	0.0	103
		商丘原种场	半紧凑	290.0	110.0	0.0	0.0	0.0	3	5.0	0.0	5	3	0.0	107
		濮阳	半紧凑	274.0	96.0	0.0	0.0	0.0	1	1.0	0.0	1	1	0.0	98
		平均	半紧凑	291.0	112.4	0.3	4.0	10.2	3	5.0	0~2.2	5	3	0.0	101
3	玉湘 99	商丘	半紧凑	314.0	132.0	0.0	0.0	46.3	1	1.0	1.2	3	1	0.0	103
		漯河	紧凑	307.0	127.0	0.0	5.2	0.0	1	1.0	0.0	1	3	0.0	105
		新乡	半紧凑	283.0	118.0	0.0	8.7	12.6	1	2.6	0.7	1	1	0.0	103
		南阳	平展	313.0	139.0	0.0	10.0	0.0	3	1.0	0.0	1	1	0.0	107
		鹤壁	紧凑	305.0	110.0	0.0	0.0	0.0	1	1.0	0.0	1	1	0.0	94
		洛阳	半紧凑	312.0	120.0	14.7	3.0	13.2	1	1.0	0.0	1	1	0.0	95
		孟州	半紧凑	305.0	120.0	0.0	0.0	0.0	1	1.0	0.0	1	1	0.0	95
		荥阳	半紧凑	284.0	105.0	2.0	0.0	0.0	3	1.0	0.0	1	1	0.0	105
		嵩县	半紧凑	332.7	121.0	0.0	0.0	2.9	3	1.0	0.0	1	3	0.0	95
		开封	紧凑	295.0	113.0	0.0	0.0	0.0	1	1.0	0.0	1	1	0.0	100
		商丘原种场	半紧凑	305.0	105.0	0.0	0.0	0.0	3	5.0	3.5	5	3	0.0	107
		濮阳	半紧凑	264.0	92.0	0.0	0.0	0.0	3	1.0	0.0	1	1	0.0	99
		平均	半紧凑	301.6	116.8	1.4	2.2	23.3	3	5.0	0~3.5	5	3	0.0	101

续表 5-4

编号	品种	试点	株型	株高（cm）	穗位高（cm）	倒折率（%）	倒伏率（%）	茎腐病（级）	小斑病（级）	穗腐病（级）	瘤黑粉病（级）	弯孢菌（级）	锈病（级）	粗缩病（级）	生育期（天）
4	三北72	商丘	半紧凑	248.0	107.0	0.0	0.0	0.0	1	3.0	0.0	3	3	0.0	104
		漯河	紧凑	253.0	101.0	0.0	0.0	0.0	1	1.0	0.0	1	5	0.0	103
		新乡	紧凑	242.0	83.0	0.0	0.0	0.0	1	1.0	0.0	1	1	0.0	101
		南阳	半紧凑	254.0	95.0	0.0	16.0	0.0	3	1.0	0.0	1	1	0.0	107
		鹤壁	紧凑	242.0	93.0	0.0	0.0	0.0	1	1.0	0.0	1	1	0.0	94
		洛阳	紧凑	243.0	95.0	0.0	0.0	0.0	1	1.0	0.0	1	1	0.0	95
		孟州	紧凑	245.0	95.0	0.0	0.0	0.0	1	1.0	0.0	1	1	0.0	95
		荥阳	半紧凑	242.0	83.0	0.0	0.0	0.0	3	1.0	0.0	1	1	0.0	108
		嵩县	半紧凑	258.9	99.2	0.0	0.0	1.8	3	1.0	0.0	1	3	0.0	94
		开封	松散	241.0	95.0	0.0	0.0	0.0	1	1.0	0.0	1	1	0.0	102
		商丘原种场	半紧凑	250.0	98.0	0.0	0.0	0.0	3	3.0	0.0	3	5	0.0	107
		濮阳	半紧凑	222.0	76.0	0.0	0.0	0.0	1	1.0	0.0	1	1	0.0	98
		平均	半紧凑	245.1	93.4	0.0	1.3	1.8	3	3.0	0.0	3	5	0.0	101
5	农华212	商丘	半紧凑	302.0	128.0	0.0	0.0	1.3	3	1.0	2.2	3	5	0.0	102
		漯河	紧凑	298.0	114.0	0.0	3.1	0.0	1	1.0	0.0	1	5	0.0	104
		新乡	半紧凑	280.0	119.0	0.0	0.0	0.0	1	3.4	0.7	1	1	0.0	101
		南阳	半紧凑	315.0	122.0	3.0	7.5	0.0	3	5.0	0.0	1	5	0.0	107
		鹤壁	紧凑	282.0	106.0	0.0	0.0	0.0	1	1.0	0.0	1	1	0.0	95
		洛阳	半紧凑	290.0	120.0	0.0	0.0	0.0	1	1.0	0.0	1	1	0.0	95
		孟州	紧凑	285.0	105.0	0.0	0.0	0.0	1	1.0	0.0	1	1	0.0	95
		荥阳	半紧凑	282.0	113.0	0.0	0.0	0.0	1	3.0	0.0	1	1	0.0	105
		嵩县	半紧凑	303.8	120.7	0.0	0.0	0.2	3	1.0	0.0	1	3	0.0	95
		开封	松散	262.0	100.0	0.0	0.0	0.0	1	1.0	0.0	1	1	0.0	102
		商丘原种场	半紧凑	270.0	110.0	0.0	0.0	0.0	3	3.0	0.0	3	5	0.0	107
		濮阳	半紧凑	248.0	91.0	0.0	0.0	0.0	3	1.0	0.3	1	3	0.0	99
		平均	半紧凑	284.8	112.4	0.3	0.9	1.3	3	5.0	0~2.2	3	5	0.0	101
6	年年丰1号	商丘	紧凑	277.0	102.0	0.0	0.0	0.0	1	3.0	1.2	3	3	0.0	106
		漯河	紧凑	302.0	110.0	0.0	0.0	6.1	1	1.0	1.1	1	5	0.0	105
		新乡	紧凑	294.0	104.0	0.0	0.0	0.0	1	2.2	0.0	1	1	0.0	103
		南阳	半紧凑	303.0	119.0	0.0	10.0	0.0	1	1.0	0.0	1	3	0.0	109
		鹤壁	紧凑	295.0	102.0	0.0	0.0	0.0	1	1.0	0.0	1	1	0.0	94

续表 5-4

编号	品种	试点	株型	株高(cm)	穗位高(cm)	倒折率(%)	倒伏率(%)	茎腐病(级)	小斑病(级)	穗腐病(级)	瘤黑粉病(级)	弯孢菌(级)	锈病(级)	粗缩病(级)	生育期(天)
6	年年丰1号	洛阳	紧凑	293.0	104.0	0.0	0.0	0.0	1	1.0	0.0	1	1	0.0	96
		孟州	紧凑	306.0	110.0	0.0	0.0	1.0	1	1.0	0.0	1	1	0.0	96
		荥阳	紧凑	259.0	101.0	0.0	0.0	0.0	3	1.0	0.0	1	1	0.0	109
		嵩县	紧凑	279.9	98.4	0.0	0.0	1.6	3	1.0	0.0	1	3	0.0	97
		开封	紧凑	289.0	101.0	0.0	0.0	0.0	1	1.0	0.0	1	1	0.0	104
		商丘原种场	半紧凑	280.0	100.0	0.0	0.0	0.0	3	3.0	0.0	5	7	0.0	107
		濮阳	半紧凑	263.0	92.0	0.0	0.0	0.0	3	1.0	0.0	1	5	0.0	98
		平均	紧凑	286.7	103.6	0.0	0.8	6.1	3	3.0	0~1.2	5	7	0.0	102
7	XSH165	商丘	紧凑	311.0	120.0	0.0	0.0	1.2	3	1.0	1.1	3	7	0.0	104
		漯河	紧凑	308.0	117.0	0.0	0.0	0.0	1	3.0	1.3	1	5	0.0	104
		新乡	半紧凑	310.0	110.0	0.0	2.1	0.0	1	1.0	0.0	1	1	0.0	101
		南阳	半紧凑	312.0	124.0	3.0	20.0	0.0	1	3.0	0.0	1	5	0.0	106
		鹤壁	紧凑	300.0	112.0	0.0	0.0	0.0	1	1.0	0.0	1	1	0.0	96
		洛阳	半紧凑	313.0	103.0	35.7	10.0	30.2	1	1.0	0.0	1	1	0.0	96
		孟州	紧凑	310.0	116.0	0.0	0.0	10.0	1	1.0	0.0	1	1	0.0	96
		荥阳	半紧凑	281.0	105.0	0.0	0.0	0.0	3	1.0	0.0	1	1	0.0	106
		嵩县	半紧凑	321.2	108.7	0.0	0.0	3.3	3	1.0	0.0	1	3	0.0	93
		开封	半紧凑	285.0	91.0	0.0	0.0	0.0	1	1.0	0.0	1	1	0.0	101
		商丘原种场	半紧凑	295.0	100.0	0.0	0.0	0.0	3	3.0	0.0	5	7	0.0	105
		濮阳	半紧凑	301.0	100.0	0.0	0.0	0.0	1	1.0	0.0	1	5	0.0	99
		平均	半紧凑	303.9	108.9	3.2	2.7	30.2	3	3.0	0~1.3	5	7	0.0	101
8	豫单921	商丘	紧凑	291.0	131.0	0.0	0.0	0.9	1	1.0	3.4	3	5	0.0	102
		漯河	紧凑	292.0	121.0	0.0	0.0	0.0	1	1.0	0.0	1	1	0.0	105
		新乡	紧凑	294.0	116.0	0.0	2.1	0.0	1	1.0	0.0	1	1	0.0	102
		南阳	平展	304.0	143.0	3.5	35.0	0.0	3	1.0	0.0	1	5	0.0	107
		鹤壁	半紧凑	290.0	132.0	0.0	0.0	0.0	1	1.0	0.0	1	1	0.0	98
		洛阳	半紧凑	286.0	124.0	0.0	0.0	0.0	1	1.0	0.0	1	1	0.0	96
		孟州	紧凑	288.0	128.0	0.0	0.0	0.0	1	1.0	1.0	1	1	0.0	98
		荥阳	半紧凑	275.0	97.0	0.0	0.0	0.0	1	1.0	0.0	1	1	0.0	107
		嵩县	半紧凑	319.7	144.1	0.0	0.0	0.0	3	1.0	0.0	1	7	0.0	98
		开封	紧凑	285.0	121.0	0.0	0.0	0.0	1	1.0	0.0	1	1	0.0	105

续表 5-4

编号	品种	试点	株型	株高(cm)	穗位高(cm)	倒折率(%)	倒伏率(%)	茎腐病(级)	小斑病(级)	穗腐病(级)	瘤黑粉病(级)	弯孢菌(级)	锈病(级)	粗缩病(级)	生育期(天)
8	豫单921	商丘原种场	半紧凑	290.0	120.0	0.0	0.0	0.0	3	5.0	12.5	3	7	0.0	107
		濮阳	半紧凑	286.0	109.0	0.0	0.0	0.0	1	1.0	0.0	1	3	0.0	100
		平均	紧凑	291.7	123.8	0.3	3.1	0.9	3	5.0	0~12.5	3	7	0.0	102
9	郑单958	商丘	紧凑	258.0	114.0	0.8	0.0	0.0	3	3.0	3.5	3	5	0.0	105
		漯河	紧凑	270.0	119.0	0.0	0.0	2.2	1	1.0	0.7	1	5	0.0	105
		新乡	紧凑	262.0	113.0	0.0	0.0	0.0	1	4.4	0.0	1	1	0.0	102
		南阳	半紧凑	250.0	106.0	0.0	5.0	0.0	3	3.0	1.0	1	5	0.0	107
		鹤壁	紧凑	254.0	120.0	0.0	0.0	0.0	1	1.0	0.0	1	1	0.0	96
		洛阳	紧凑	258.0	99.0	10.0	3.0	0.0	1	1.0	0.0	1	1	0.0	97
		孟州	半紧凑	255.0	105.0	0.0	0.0	6.5	1	1.0	0.0	1	1	0.0	96
		荥阳	紧凑	246.0	105.0	5.0	0.0	0.0	1	1.0	0.0	1	1	0.0	110
		嵩县	紧凑	254.7	105.0	0.0	0.0	1.2	5	1.0	0.0	1	3	0.0	95
		开封	松散	253.0	95.0	0.0	0.0	0.0	1	1.0	0.0	1	1	0.0	102
		商丘原种场	半紧凑	250.0	97.0	0.0	0.0	0.0	3	3.0	0.0	3	5	0.0	107
		濮阳	半紧凑	243.0	97.0	0.0	0.0	0.0	1	1.0	0.0	1	3	0.0	99
		平均	紧凑	254.5	106.3	1.3	0.7	6.5	5	4.4	0~3.5	3	5	0.0	102

表 5-5 2019 年河南省玉米品种生产试验室内考种汇总表(4500 株/亩 A 组)

编号	品种	试点	穗长(cm)	穗粗(cm)	轴色	秃尖(cm)	穗行数	行粒数	粒型	粒色	出籽率(%)	千粒重(g)
1	豫单9966	商丘	17.0	5.4	红	0.5	18.0	34.0	马齿	黄	89.8	324.9
		漯河	18.8	5.1	红	0.0	18.0	37.6	马齿	黄橙	87.4	349.2
		新乡	15.6	5.1	红	1.8	16.0	29.7	马齿	黄	86.7	318.0
		南阳	16.1	4.9	粉红	0.2	18.0	32.2	马齿	黄	82.1	311.3
		鹤壁	17.4	5.4	粉	0.0	18.0	38.2	马齿	黄	87.8	374.2
		洛阳	16.4	5.3	粉	0.3	17.2	35.4	马齿	黄	88.2	345.0
		孟州	16.6	5.0	红	0.0	18.4	34.6	马齿	黄	87.7	371.8
		荥阳	16.7	4.9	红	1.0	17.3	28.5	马齿	黄	86.1	348.0
		嵩县	16.8	5.2	红	0.9	17.1	34.9	马齿	黄	86.9	317.1
		开封	15.9	4.9	红	0.5	18.0	35.0	马齿	黄	87.0	320.6
		商丘原种场	18.4	5.2	红	1.0	17.6	33.4	马齿	黄	88.0	371.5

续表 5-5

编号	品种	试点	穗长（cm）	穗粗（cm）	轴色	秃尖（cm）	穗行数	行粒数	粒型	粒色	出籽率（%）	千粒重（g）
1	豫单 9966	濮阳	18.8	5.2	红	1.2	19.2	37.0	马齿	黄	83.8	354.5
		平均	17.0	5.1	红	0.6	14~20	34.2	马齿	黄	86.8	342.2
2	航星 12 号	商丘	19.0	5.4	白	1.2	17.6	36.8	硬粒	橙红	89.8	337.5
		漯河	19.4	5.2	白	0.3	16.6	36.7	硬粒	黄橙	85.5	356.3
		新乡	18.7	5.4	白	1.2	14.2	35.8	硬粒	黄	87.3	346.4
		南阳	17.9	4.8	白	0.4	15.3	35.5	硬粒	黄	75.4	357.7
		鹤壁	17.9	5.0	白	1.5	18.0	41.5	半马齿	黄	88.6	365.2
		洛阳	16.0	5.1	白	0.7	16.4	29.7	半马齿	黄	84.6	321.0
		孟州	18.3	5.0	白	0.0	16.8	37.2	半马齿	黄	87.2	362.3
		荥阳	17.6	4.9	白	2.0	14.7	35.5	硬粒	黄	86.1	330.7
		嵩县	17.0	5.0	白	2.2	15.4	33.5	硬粒	黄	85.0	355.2
		开封	17.8	4.8	白	1.5	16.0	37.5	半马齿	黄	85.6	345.8
		商丘原种场	24.0	5.0	白	0.0	16.8	35.0	半马齿	黄	88.8	347.4
		濮阳	21.2	5.0	白	0.0	14.8	39.6	半马齿	黄	83.6	406.5
		平均	18.7	5.1	白	0.9	14~20	36.2	半马齿	黄	85.6	352.7
3	玉湘 99	商丘	18.2	5.0	红	2.0	16.4	34.4	马齿	黄	87.6	342.3
		漯河	17.7	4.9	红	0.9	15.6	33.9	半马齿	黄	84.2	353.2
		新乡	18.9	5.2	红	2.8	13.8	34.3	马齿	黄	86.3	353.6
		南阳	18.9	4.8	红	1.2	15.5	34.1	半马齿	黄	67.6	387.2
		鹤壁	19.7	5.1	红	2.5	17.5	42.5	马齿	黄	88.4	336.6
		洛阳	18.8	5.1	红	1.4	15.2	32.1	马齿	黄	85.1	346.0
		孟州	20.0	4.9	红	0.5	16.0	40.1	马齿	黄	85.7	328.7
		荥阳	19.2	5.1	红	2.5	16.0	35.0	半马齿	黄	87.8	357.4
		嵩县	17.2	5.0	红	1.4	14.5	34.2	半马齿	黄	85.6	379.8
		开封	18.6	4.7	红	2.0	16.0	38.5	马齿	黄	85.7	342.0
		商丘原种场	26.0	5.4	红	2.3	17.2	38.0	马齿	黄	87.8	373.1
		濮阳	20.4	5.2	红	1.1	16.0	41.2	半马齿	黄	82.9	404.5
		平均	19.5	5.0	红	1.7	14~18	36.5	马齿	黄	84.6	358.7
4	三北 72	商丘	18.4	5.2	红	0.0	18.0	36.0	半马齿	黄	90.7	300.2
		漯河	18.1	5.2	红	0.3	19.2	37.9	半马齿	黄	87.0	292.9
		新乡	15.2	5.1	红	2.2	16.4	31.6	硬粒	黄	89.2	301.7
		南阳	17.1	4.8	红	0.1	18.6	36.4	半马齿	浅黄	78.4	281.0
		鹤壁	17.8	5.0	红	1.5	17.3	39.3	马齿	黄	88.3	346.0
		洛阳	18.3	5.3	红	0.1	17.8	33.4	半马齿	黄	88.7	353.0

续表 5-5

编号	品种	试点	穗长（cm）	穗粗（cm）	轴色	秃尖（cm）	穗行数	行粒数	粒型	粒色	出籽率（%）	千粒重（g）
4	三北72	孟州	17.3	5.0	红	0.0	17.8	39.2	马齿	黄	90.1	342.1
		荥阳	16.6	5.0	红	1.0	19.3	32.0	硬粒	黄	86.8	333.8
		嵩县	17.7	5.1	红	0.5	16.8	36.4	半马齿	黄	90.0	302.7
		开封	17.0	4.9	红	0.5	16.0	38.0	半马齿	黄	89.9	288.8
		商丘原种场	18.0	5.2	红	0.8	17.6	36.0	半马齿	黄	89.9	322.2
		濮阳	18.4	5.1	红	0.0	18.4	37.2	半马齿	黄	84.7	342.5
		平均	17.5	5.1	红	0.6	14～20	36.1	半马齿	黄	87.8	317.2
5	农华212	商丘	18.5	5.0	红	1.5	15.6	29.6	半马齿	黄	88.7	389.4
		漯河	19.2	4.8	红	0.6	15.4	32.1	马齿	黄	82.7	381.7
		新乡	17.6	5.0	红	2.8	15.2	28.3	半马齿	黄	88.8	321.9
		南阳	19.2	4.6	红	2.2	15.4	31.6	马齿	黄	70.2	337.2
		鹤壁	17.9	4.9	粉	0.0	17.3	36.9	半马齿	黄	90.1	342.5
		洛阳	18.8	4.8	红	0.4	15.8	30.0	马齿	黄	90.2	359.0
		孟州	17.9	4.9	红	0.0	16.2	31.9	半马齿	黄	86.7	341.8
		荥阳	20.5	4.8	红	2.0	16.0	31.5	半马齿	黄	85.2	304.4
		嵩县	17.7	5.1	红	1.2	15.2	32.3	半马齿	黄	85.1	386.6
		开封	20.0	4.7	红	1.5	16.0	35.5	马齿	黄	85.4	380.0
		商丘原种场	21.0	5.0	红	1.2	16.4	33.0	半马齿	黄	87.8	371.5
		濮阳	20.0	4.8	红	1.0	16.0	34.0	半马齿	黄	80.8	388.5
		平均	19.0	4.9	红	1.2	14～18	32.2	半马齿	黄	85.1	358.7
6	年年丰1号	商丘	19.6	5.0	红	1.5	16.0	36.0	马齿	黄	90.5	327.6
		漯河	20.2	5.0	红	1.3	15.8	37.4	马齿	黄	83.9	310.3
		新乡	20.9	5.4	红	1.3	16.2	39.3	马齿	黄	86.7	326.8
		南阳	19.4	4.9	红	0.3	17.2	35.2	马齿	黄	84.9	331.4
		鹤壁	17.7	4.9	红	0.0	15.5	38.0	马齿	黄	89.6	354.0
		洛阳	18.6	5.2	红	0.7	18.0	34.4	马齿	黄	86.8	323.0
		孟州	20.7	5.2	红	0.0	16.6	41.8	半马齿	黄	86.1	356.2
		荥阳	20.3	5.1	红	1.5	16.7	36.5	马齿	黄	87.0	339.2
		嵩县	17.4	5.1	红	1.6	15.0	33.9	马齿	黄	84.1	363.2
		开封	19.1	5.1	红	1.5	16.0	40.0	马齿	黄	84.2	314.8
		商丘原种场	26.0	5.2	红	0.3	17.2	37.0	马齿	黄	86.0	339.9
		濮阳	21.6	5.0	红	1.0	15.6	40.0	马齿	黄	80.6	403.5
		平均	20.1	5.1	红	0.9	14～20	37.5	马齿	黄	85.9	340.8

续表 5-5

编号	品种	试点	穗长（cm）	穗粗（cm）	轴色	秃尖（cm）	穗行数	行粒数	粒型	粒色	出籽率（%）	千粒重（g）
7	XSH165	商丘	18.7	4.8	红	2.0	15.2	30.0	硬粒	橙红	87.5	351.6
		漯河	19.1	4.7	红	0.9	16.0	35.2	半马齿	橙	81.8	357.8
		新乡	20.3	5.0	红	1.0	15.4	36.1	半马齿	黄	88.4	345.6
		南阳	18.8	4.5	红	1.6	15.2	32.1	半马齿	红黄	67.7	369.7
		鹤壁	20.5	5.1	红	0.5	17.2	41.0	马齿	黄	88.5	426.1
		洛阳	18.9	4.6	红	1.2	15.2	32.8	半马齿	黄	85.5	313.0
		孟州	18.4	4.7	红	0.5	16.0	33.6	半马齿	黄	85.2	415.9
		荥阳	20.5	5.0	红	1.5	16.7	32.5	半马齿	黄	83.5	250.3
		嵩县	17.3	4.8	红	2.1	14.9	33.4	半马齿	黄	84.0	355.3
		开封	20.0	4.7	红	0.5	16.0	37.0	半马齿	黄	84.8	358.8
		商丘原种场	20.2	5.0	红	1.1	17.2	34.6	半马齿	黄红	87.1	353.9
		濮阳	20.4	4.8	红	0.5	15.2	37.2	半硬粒	黄	82.4	371.0
		平均	19.4	4.8	红	1.1	14~18	34.6	半马齿	黄	83.9	355.8
8	豫单 921	商丘	19.4	4.9	红	2.0	15.2	37.8	马齿	黄	89.2	311.8
		漯河	18.7	5.1	红	0.0	16.0	37.4	半马齿	黄	86.6	346.0
		新乡	19.4	4.9	红	0.6	14.0	38.0	半马齿	黄	87.9	341.1
		南阳	19.3	4.6	红	2.1	14.2	40.6	半马齿	黄	76.2	327.6
		鹤壁	19.1	4.7	红	2.5	15.5	43.1	半马齿	黄	89.2	359.5
		洛阳	18.5	4.9	红	2.7	15.4	34.4	半马齿	黄	87.2	340.0
		孟州	20.2	4.8	红	1.0	14.2	43.0	半马齿	黄	88.9	354.6
		荥阳	19.1	4.8	红	1.5	16.0	36.5	硬粒	黄	85.7	320.7
		嵩县	18.4	4.8	红	1.7	14.2	39.1	硬粒	黄	85.3	320.6
		开封	18.9	4.8	红	3.0	16.0	38.5	半马齿	黄	86.6	324.4
		商丘原种场	20.0	5.0	红	2.4	16.8	36.3	半马齿	黄红	87.8	337.4
		濮阳	19.6	5.2	红	10.9	16.4	37.2	半马齿	黄	81.0	366.0
		平均	19.2	4.9	红	2.5	14~18	38.5	半马齿	黄	86.0	337.5
9	郑单 958	商丘	18.0	5.4	白	0.0	15.2	36.6	马齿	黄	89.9	348.0
		漯河	18.2	5.0	白	0.0	15.8	38.7	硬粒	黄	83.2	318.5
		新乡	17.5	5.2	白	1.0	14.6	33.1	马齿	黄	87.6	358.4
		南阳	17.3	4.7	白	0.3	14.2	34.9	半马齿	黄	74.5	311.8
		鹤壁	17.7	5.1	白	0.0	15.5	41.3	半马齿	黄	88.3	383.3
		洛阳	17.6	5.0	白	0.1	15.2	35.2	半马齿	黄	88.9	342.0
		孟州	17.4	4.9	白	0.0	15.8	37.7	半马齿	黄	88.6	375.6
		荥阳	17.2	5.1	白	0.5	15.3	27.7	半马齿	黄	86.2	357.2

续表 5-5

编号	品种	试点	穗长(cm)	穗粗(cm)	轴色	秃尖(cm)	穗行数	行粒数	粒型	粒色	出籽率(%)	千粒重(g)
9	郑单958	嵩县	16.6	5.1	白	0.6	14.1	35.8	半马齿	黄	87.7	356.2
		开封	16.9	4.8	白	0.0	16.0	35.0	半马齿	黄	86.9	345.2
		商丘原种场	18.6	5.2	白	0.5	15.6	36.0	半马齿	黄	89.3	332.2
		濮阳	19.2	5.1	白	0.4	14.4	39.2	半马齿	黄	81.4	400.5
		平均	17.7	5.1	白	0.3	14~18	35.9	半马齿	黄	86.0	352.4

表 5-6　2019 年河南省玉米品种生产试验产量结果汇总表(4500 株/亩 B 组)

试点	中航 611(1)			怀玉 68(2)			郑单 5179(3)			金良 516(4)		
	产量(kg/亩)	比 CK(±%)	位次	产量(kg/亩)	比 CK(±%)	位次	产量(kg/亩)	比 CK(±%)	位次	产量(kg/亩)	比 CK(±%)	位次
商丘	787.8	5.4	2	777.6	4.0	4	781.7	4.5	3	793.7	6.2	1
漯河	842.0	12.8	1	724.9	-2.9	7	829.0	11.0	2	681.3	-8.8	8
新乡	774.0	6.2	2	758.2	4.0	6	746.4	2.4	7	760.5	4.3	5
南阳	591.8	17.2	2	427.3	-15.4	7	574.4	13.7	3	411.9	-18.5	8
鹤壁	724.8	2.9	4	661.0	-6.2	8	758.4	7.6	1	709.4	0.7	5
洛阳	742.4	15.0	1	682.8	5.8	7	714.4	10.7	2	686.2	6.3	6
安阳	727.5	18.8	1	575.9	-5.9	8	707.3	15.6	2	647.2	5.7	4
温县	808.3	7.2	1	797.6	5.7	3	779.5	3.3	4	801.6	6.2	2
驻马店	637.6	4.1	5	652.9	6.6	3	658.9	7.6	2	625.6	2.2	7
镇平	620.6	5.7	4	622.9	6.1	3	542.9	-7.5	7	628.4	7.1	1
汝阳	722.7	8.5	1	636.9	-4.4	8	677.3	1.7	5	681.3	2.3	3
新郑	722.5	9.9	3	697.1	6.0	5	726.9	10.6	2	701.1	6.7	4
尉氏	684.8	0.8	6	689.3	1.5	5	732.39	7.8	1	702.7	3.4	4
平均	722.1	8.69	1	669.6	0.79	7	708.1	6.58	2	679.3	2.25	6

试点	北青 680(BQ680)(5)			技丰 336(6)			豫丰 107(7)			郑单 958(8)		
	产量(kg/亩)	比 CK(±%)	位次	产量(kg/亩)	比 CK(±%)	位次	产量(kg/亩)	比 CK(±%)	位次	产量(kg/亩)	比 CK(±%)	位次
商丘	767.0	2.6	6	771.2	3.1	5	749.3	0.2	7	747.8	0.0	8
漯河	768.2	2.9	5	808.8	8.3	3	806.1	8.0	4	746.7	0.0	6
新乡	768.3	5.4	3	802.6	10.1	1	765.2	5.0	4	728.8	0.0	8
南阳	616.7	22.1	1	541.1	7.1	5	565.3	11.9	4	505.2	0.0	6
鹤壁	695.3	-1.3	7	732.8	4.0	3	737.0	4.6	2	704.7	0.0	6
洛阳	688.3	6.7	5	694.3	7.6	4	701.2	9.6	3	645.4	0.0	8

续表 5-6

试点	北青 680(BQ680)(5)			技丰 336(6)			豫丰 107(7)			郑单 958(8)		
	产量（kg/亩）	比 CK（±%）	位次	产量（kg/亩）	比 CK（±%）	位次	产量（kg/亩）	比 CK（±%）	位次	产量（kg/亩）	比 CK（±%）	位次
安阳	628.3	2.6	6	649.6	6.1	3	634.8	3.7	5	612.1	0.0	7
温县	774.2	2.6	6	736.2	0.7	7	745.3	3.2	5	754.5	0.0	8
驻马店	634.3	3.6	6	640.2	4.6	4	681.5	11.3	1	612.3	0.0	8
镇平	617.7	5.3	5	626.1	6.7	2	540.5	−7.9	8	591.3	0.0	6
汝阳	706.6	6.1	2	684.1	2.7	4	669.0	0.4	6	666.2	0.0	7
新郑	735.8	11.9	1	695.1	5.7	7	696.3	5.9	6	657.4	0.0	8
尉氏	718.9	5.9	3	728.4	7.2	2	633.1	−6.7	8	679.08	0.0	7
平均	701.5	5.59	3	700.8	5.49	4	686.5	3.33	5	664.4	0.00	8

表 5-7 2019 年河南省玉米品种生产试验田间性状汇总表(4500 株/亩 B 组)

编号	品种	试点	株型	株高（cm）	穗位高（cm）	倒折率（%）	倒伏率（%）	茎腐病（级）	小斑病（级）	穗腐病（级）	瘤黑粉病（级）	弯孢菌（级）	锈病（级）	粗缩病（级）	生育期（天）
1	中航 611	商丘	紧凑	295.0	120.0	0.0	0.0	0.0	1	1.0	0.0	3	1	0.0	105
		漯河	紧凑	304.0	120.0	0.0	0.0	0.0	1	1.0	0.0	1	1	0.0	103
		新乡	紧凑	292.0	116.0	0.0	0.0	0.0	1	2.2	0.7	1	1	0.0	102
		南阳	半紧凑	308.0	140.0	0.0	20.0	0.0	3	1.0	0.0	1	3	0.0	107
		鹤壁	紧凑	302.0	126.0	0.0	0.0	5.0	1	1.0	0.0	1	1	0.0	95
		洛阳	半紧凑	315.0	135.0	0.0	0.0	0.0	1	1.0	0.0	1	1	0.0	97
		安阳	紧凑	281.0	117.3	0.0	1.0	7.0	3	1.0	0.0	1	3	1.3	111
		温县	半紧凑	309.0	131.0	0.0	0.7	1.0	1	1.0	0.0	1	1	0.0	101
		驻马店	半紧凑	290.0	120.0	3.7	2.3	0.0	3	3.0	0.0	3	3	0.0	102
		镇平	半紧凑	296.0	112.0	0.0	0.0	0.0	3	3.0	0.0	3	3	0.0	106
		汝阳	半紧凑	271.0	106.0	0.0	7.9	1.1	1	1.0	0.6	1	1	1.0	100
		新郑	半紧凑	308.0	118.0	0.0	0.0	21.2	3	3.0	0.6	3	3	0.0	105
		尉氏	半紧凑	293.0	115.0	0.0	0.0	20.0	1	1.0	0.0	1	3	0.0	108
		平均	半紧凑	297.2	121.3	0.3	2.5	21.2	3	3.0	0~0.7	3	3	0~1.3	103
2	怀玉 68	商丘	半紧凑	260.0	98.0	1.1	0.0	4.8	3	3.0	0.0	3	3	0.0	104
		漯河	紧凑	296.0	122.0	0.0	0.0	2.3	1	1.0	2.3	1	5	0.0	106
		新乡	紧凑	276.0	112.0	0.0	0.0	2.1	1	1.4	0.7	1	1	0.0	102
		南阳	半紧凑	283.0	122.0	5.0	45.0	10.0	3	1.0	1.0	1	3	0.0	106
		鹤壁	半紧凑	280.0	99.0	0.0	0.0	5.0	1	1.0	0.0	1	1	0.0	96

续表 5-7

编号	品种	试点	株型	株高（cm）	穗位高（cm）	倒折率（%）	倒伏率（%）	茎腐病（级）	小斑病（级）	穗腐病（级）	瘤黑粉病（级）	弯孢菌（级）	锈病（级）	粗缩病（级）	生育期（天）
2	怀玉 68	洛阳	紧凑	301.0	129.0	6.7	5.4	4.6	1	1.0	0.0	1	1	0.0	95
		安阳	紧凑	280.3	96.2	0.0	0.5	24.8	3	1.0	0.7	1	3	0.0	108
		温县	半紧凑	288.0	113.0	3.9	0.0	2.0	1	1.0	0.8	1	1	0.0	100
		驻马店	半紧凑	278.0	115.0	0.0	0.0	0.0	3	3.0	2.4	3	3	0.0	104
		镇平	半紧凑	281.0	102.0	0.0	0.0	0.0	3	3.0	0.0	3	5	0.0	105
		汝阳	平展	276.0	97.0	0.0	13.0	0.0	1	1.0	4.3	1	1	1.0	103
		新郑	半紧凑	293.0	114.0	0.0	0.0	4.7	3	3.0	0.0	3	3	0.0	105
		尉氏	紧凑	284.0	101.0	0.0	0.0	40.0	1	3.0	0.1	1	5	0.0	108
		平均	半紧凑	282.8	109.2	1.3	4.9	40.0	3	3.0	0~4.3	3	5	0~1.0	103
3	郑单 5179	商丘	半紧凑	302.0	115.0	0.0	0.0	0.0	3	1.0	0.0	3	5	0.0	105
		漯河	紧凑	280.0	114.0	0.0	0.0	0.0	1	1.0	3.1	1	5	0.0	106
		新乡	半紧凑	293.0	116.0	0.0	4.2	0.0	1	1.0	0.0	1	1	0.0	103
		南阳	平展	302.0	125.0	0.0	0.0	0.0	1	1.0	0.0	1	3	0.0	107
		鹤壁	半紧凑	290.0	120.0	0.0	0.0	10.0	1	1.0	0.0	1	1	0.0	95
		洛阳	松散	309.0	110.0	0.0	0.0	0.0	1	1.0	0.0	1	1	0.0	96
		安阳	半紧凑	265.2	97.3	0.0	0.5	4.6	3	1.0	0.2	1	1	0.2	114
		温县	半紧凑	302.0	123.0	0.0	0.0	2.0	1	1.0	0.0	1	1	0.0	101
		驻马店	半紧凑	290.0	120.0	2.4	3.3	0.0	3	3.0	3.2	3	3	0.0	104
		镇平	半紧凑	296.0	117.0	0.0	0.0	0.0	3	3.0	0.0	3	5	0.0	105
		汝阳	半紧凑	277.0	94.0	0.6	2.4	0.0	1	1.0	0.6	1	1	1.0	102
		新郑	半紧凑	313.0	117.0	0.0	3.4	4.6	3	3.0	0.0	3	5	0.0	105
		尉氏	半紧凑	311.0	121.0	0.0	0.0	30.0	1	1.0	0.2	3	5	0.0	109
		平均	半紧凑	294.6	114.6	0.2	1.1	30.0	3	3.0	0~3.2	3	5	0~1.0	104
4	金良 516	商丘	半紧凑	305.0	124.0	0.0	0.0	8.4	3	1.0	1.1	3	5	0.0	105
		漯河	紧凑	315.0	136.0	0.0	10.3	0.0	1	1.0	0.0	1	5	0.0	104
		新乡	半紧凑	295.0	112.0	0.0	0.0	5.6	3	2.0	0.0	1	3	0.0	103
		南阳	平展	313.0	139.0	8.5	65.0	0.0	3	1.0	0.0	1	3	0.0	105
		鹤壁	紧凑	280.0	105.0	0.0	0.0	5.0	1	1.0	0.0	1	1	0.0	93
		洛阳	半紧凑	312.0	124.0	0.0	0.0	8.2	1	1.0	0.0	1	1	0.0	95
		安阳	半紧凑	282.2	103.3	0.0	1.0	37.5	3	1.0	0.0	1	1	0.0	107
		温县	半紧凑	288.0	125.0	4.7	0.4	0.8	1	1.0	0.0	1	1	0.0	100
		驻马店	半紧凑	290.0	118.0	3.1	3.1	0.0	3	3.0	0.0	3	3	0.0	104

续表 5-7

编号	品种	试点	株型	株高（cm）	穗位高（cm）	倒折率（%）	倒伏率（%）	茎腐病（级）	小斑病（级）	穗腐病（级）	瘤黑粉病（级）	弯孢菌（级）	锈病（级）	粗缩病（级）	生育期（天）
4	金良 516	镇平	半紧凑	299.0	115.0	0.0	0.0	0.0	3	3.0	0.0	3	5	0.0	104
		汝阳	半紧凑	283.0	103.0	0.0	5.6	1.6	1	1.0	0.8	1	1	1.0	102
		新郑	半紧凑	302.0	124.0	0.0	7.9	9.0	3	3.0	0.0	3	3	0.0	105
		尉氏	紧凑	303.0	110.0	0.0	0.0	60.0	1	1.0	0.0	1	5	0.0	107
		平均	半紧凑	297.5	118.3	1.3	7.2	60.0	3	3.0	0~1.1	3	5	0~1.0	103
5	北青 680（BQ680）	商丘	半紧凑	253.0	112.0	0.0	0.0	4.3	3	3.0	2.2	3	5	0.0	102
		漯河	紧凑	282.0	119.0	0.0	0.0	4.2	1	3.0	1.2	1	5	0.0	104
		新乡	半紧凑	265.0	103.0	0.0	0.0	2.8	1	1.8	0.0	1	1	0.0	103
		南阳	半紧凑	270.0	108.0	0.0	0.0	10.0	1	1.0	0.0	1	3	0.0	107
		鹤壁	紧凑	236.0	80.0	0.0	0.0	30.0	1	1.0	0.0	1	1	0.0	95
		洛阳	半紧凑	273.0	116.0	0.0	0.0	0.0	1	1.0	0.0	1	1	0.0	95
		安阳	紧凑	255.0	92.8	0.0	0.7	35.6	3	1.0	0.5	1	1	0.3	106
		温县	半紧凑	253.0	88.0	0.0	0.0	4.2	1	1.0	0.0	1	1	0.0	99
		驻马店	半紧凑	270.0	110.0	0.0	0.0	0.0	3	3.0	0.0	3	3	0.0	104
		镇平	半紧凑	253.0	97.0	0.0	0.0	0.0	3	3.0	0.0	3	3	0.0	104
		汝阳	半紧凑	250.0	83.0	0.7	0.7	2.6	1	1.0	0.7	1	1	1.0	103
		新郑	半紧凑	215.0	98.0	0.0	0.0	20.0	3	3.0	0.0	3	3	0.0	105
		尉氏	半紧凑	262.0	93.0	0.0	0.0	65.0	3	3.0	1.0	1	3	0.0	109
		平均	半紧凑	256.7	100.0	0.1	0.1	65.0	3	3.0	0~2.2	3	5	0~1.0	103
6	技丰 336	商丘	紧凑	308.0	122.0	0.0	0.0	2.4	1	3.0	2.3	3	1	0.0	104
		漯河	紧凑	335.0	133.0	0.0	0.0	0.0	1	1.0	0.0	1	1	0.0	105
		新乡	半紧凑	305.0	115.0	0.0	0.7	0.0	1	1.6	0.7	1	3	0.0	102
		南阳	半紧凑	319.0	128.0	3.0	10.0	0.0	1	1.0	1.0	1	1	0.0	108
		鹤壁	紧凑	303.0	112.0	0.0	0.0	0.0	1	1.0	0.0	1	1	0.0	94
		洛阳	半紧凑	317.0	133.0	0.0	0.0	5.7	1	1.0	0.0	1	1	0.0	95
		安阳	紧凑	263.8	93.7	0.0	0.3	27.9	3	1.0	0.0	1	1	0.0	110
		温县	半紧凑	303.0	114.0	0.8	0.0	6.4	1	1.0	1.5	1	1	0.0	99
		驻马店	半紧凑	300.0	120.0	4.2	2.6	0.0	3	3.0	2.6	3	3	0.0	104
		镇平	半紧凑	296.0	95.0	0.0	0.0	0.0	3	3.0	0.0	3	3	0.0	104
		汝阳	半紧凑	287.0	99.0	0.8	6.3	9.5	1	1.0	1.6	1	1	1.0	103
		新郑	半紧凑	306.0	112.0	0.0	5.6	5.6	3	3.0	0.0	3	3	0.0	105
		尉氏	紧凑	303.0	97.0	0.0	0.0	45.0	1	1.0	0.1	1	1	0.0	106
		平均	半紧凑	303.5	113.4	0.7	2.0	45.0	3	3.0	0~2.6	3	3	0~1.0	103

续表 5-7

编号	品种	试点	株型	株高(cm)	穗位高(cm)	倒折率(%)	倒伏率(%)	茎腐病(级)	小斑病(级)	穗腐病(级)	瘤黑粉病(级)	弯孢菌(级)	锈病(级)	粗缩病(级)	生育期(天)
7	豫丰107	商丘	半紧凑	310.0	115.0	0.0	0.0	0.0	3	3.0	5.4	1	3	0.0	105
		漯河	紧凑	313.0	128.0	0.0	0.0	0.0	1	3.0	0.0	1	1	0.0	106
		新乡	半紧凑	296.0	92.0	0.0	0.0	0.0	1	1.0	2.1	1	5	0.0	100
		南阳	半紧凑	300.0	95.0	0.0	0.0	0.0	1	3.0	0.0	1	3	0.0	107
		鹤壁	紧凑	300.0	100.0	0.0	0.0	0.0	1	1.0	0.0	1	1	0.0	96
		洛阳	半紧凑	304.0	111.0	0.0	0.0	0.0	1	1.0	0.0	1	1	0.0	95
		安阳	紧凑	275.5	93.0	0.0	0.0	5.8	3	1.0	0.3	1	1	2.1	114
		温县	半紧凑	301.0	113.0	0.0	0.0	1.1	1	1.0	0.7	1	1	0.0	100
		驻马店	半紧凑	278.0	95.0	0.0	0.0	0.0	3	1.0	0.0	3	3	0.0	100
		镇平	半紧凑	267.0	90.0	0.0	0.0	0.0	3	3.0	0.0	3	3	0.0	105
		汝阳	半紧凑	272.0	84.0	0.0	3.7	0.0	1	1.0	1.5	1	1	1.0	104
		新郑	半紧凑	299.0	107.0	0.0	0.0	3.5	3	3.0	0.0	3	3	0.0	105
		尉氏	紧凑	299.0	92.0	0.0	0.0	10.0	1	3.0	0.4	1	3	0.0	107
		平均	半紧凑	293.4	101.2	0.0	0.3	10.0	3	3.0	0~5.4	3	5	0~2.1	103
8	郑单958	商丘	紧凑	256.0	101.0	0.0	0.0	0.0	3	1.0	3.5	3	5	0.0	105
		漯河	紧凑	269.0	118.0	0.0	0.0	0.0	1	1.0	0.0	1	3	0.0	105
		新乡	紧凑	248.0	109.0	0.0	0.0	0.0	1	2.4	1.4	1	1	0.0	102
		南阳	半紧凑	248.0	102.0	0.0	5.0	0.0	3	3.0	1.0	1	5	0.0	107
		鹤壁	紧凑	270.0	114.0	0.0	0.0	0.0	1	1.0	0.0	1	1	0.0	96
		洛阳	紧凑	263.0	116.0	30.4	5.8	0.0	1	1.0	0.0	1	1	0.0	97
		安阳	紧凑	250.0	107.5	0.0	0.8	11.1	3	1.0	0.2	1	3	0.7	108
		温县	半紧凑	272.0	123.0	1.1	0.8	0.8	1	1.0	0.0	1	1	0.0	100
		驻马店	紧凑	265.0	107.0	0.0	0.0	0.0	3	3.0	2.4	3	3	0.0	102
		镇平	紧凑	251.0	111.0	0.0	0.0	0.0	3	3.0	0.0	3	5	0.0	105
		汝阳	紧凑	238.0	87.0	0.0	7.1	0.8	1	1.0	0.8	1	1	1.0	105
		新郑	半紧凑	267.0	111.0	0.0	9.6	22.9	3	3.0	0.0	3	3	0.0	105
		尉氏	半紧凑	260.0	105.0	0.0	0.0	30.0	1	1.0	0.3	1	5	0.0	109
		平均	紧凑	258.2	108.6	2.4	2.2	30.0	3	3.0	0~3.5	3	5	0~1.0	104

表 5-8　2019 年河南省玉米品种生产试验室内考种汇总表(4500 株/亩 B 组)

编号	品种	试点	穗长(cm)	穗粗(cm)	轴色	秃尖(cm)	穗行数	行粒数	粒型	粒色	出籽率(%)	千粒重(g)
1	中航 611	商丘	20.0	5.1	红	0.0	16.8	38.4	马齿	黄	90.1	374.9
		漯河	21.0	5.0	红	0.0	15.6	38.4	半马齿	白	89.9	368.2
		新乡	17.0	5.1	红	0.7	14.4	34.8	马齿	黄	87.7	331.2
		南阳	19.0	4.8	粉红	0.2	15.8	36.2	半马齿	浅黄	85.6	340.6
		鹤壁	19.4	5.1	红	0.0	16.0	42.3	半马齿	黄	84.3	447.2
		洛阳	19.3	5.2	红	0.2	15.6	35.0	半马齿	黄	88.4	388.0
		安阳	19.6	4.5	红	1.5	15.3	32.2	半马齿	黄	90.6	313.8
		温县	19.7	4.9	红	0.0	16.6	37.6	半马齿	黄	84.0	320.7
		驻马店	17.2	5.0	红	1.0	15.1	34.9	马齿	黄	87.9	365.0
		镇平	18.4	4.8	红	0.5	16.0	32.7	半马齿	黄	88.6	341.8
		汝阳	18.4	5.0	红	1.2	16.5	34.0	半马齿	黄	85.3	346.0
		新郑	16.0	4.6	红	0.4	16.0	30.0	半马齿	黄	84.5	324.5
		尉氏	18.9	4.7	红	0.7	16.2	37.3	半马齿	黄	91.0	289.5
		平均	18.8	4.9	红	0.5	14~18	35.7	半马齿	黄	87.5	350.1
2	怀玉 68	商丘	18.0	5.1	红	2.0	15.6	32.6	马齿	黄	88.9	371.0
		漯河	18.1	4.9	红	1.2	16.4	32.2	半马齿	黄	84.7	371.2
		新乡	17.8	5.1	红	2.1	15.2	31.0	半马齿	黄	89.1	373.1
		南阳	17.8	4.4	红	1.1	15.2	34.6	半马齿	黄	76.3	307.9
		鹤壁	18.6	4.9	红	2.5	17.2	39.7	半马齿	黄	84.6	403.3
		洛阳	17.9	5.2	红	1.2	17.6	30.2	马齿	黄	87.5	343.0
		安阳	17.3	4.6	红	2.3	15.3	33.7	半马齿	黄	88.1	313.3
		温县	19.0	5.0	红	0.0	17.6	35.4	半马齿	黄	83.1	333.5
		驻马店	17.5	5.0	红	2.0	15.4	34.3	半马齿	黄	88.2	370.0
		镇平	17.8	4.7	红	0.7	15.3	32.0	半马齿	黄	86.8	331.2
		汝阳	17.1	5.2	红	0.3	16.3	31.0	半马齿	黄	86.2	332.0
		新郑	17.2	4.8	红	0.3	16.0	34.0	半马齿	黄	84.1	386.0
		尉氏	18.0	4.8	红	1.2	17.2	34.9	半马齿	黄	87.7	334.0
		平均	17.9	4.9	红	1.3	14~18	33.5	半马齿	黄	85.8	351.5
3	郑单 5179	商丘	18.0	5.2	红	2.0	15.6	33.8	马齿	黄	89.8	358.1
		漯河	18.6	5.0	红	1.4	15.6	35.7	半马齿	黄	85.7	391.2
		新乡	15.1	5.1	红	2.5	14.4	30.6	半马齿	黄	86.0	338.2
		南阳	18.6	4.7	红	0.7	15.4	39.0	马齿	黄	79.6	333.1
		鹤壁	17.7	5.1	粉	1.5	14.5	42.0	马齿	黄	86.0	448.0
		洛阳	16.6	5.1	红	1.4	15.4	32.3	半马齿	黄	88.5	369.0

续表 5-8

编号	品种	试点	穗长（cm）	穗粗（cm）	轴色	秃尖（cm）	穗行数	行粒数	粒型	粒色	出籽率（%）	千粒重（g）
3	郑单 5179	安阳	16.8	4.8	红	2.7	14.0	33.5	半马齿	黄	89.1	338.7
		温县	17.6	5.0	红	0.9	15.4	35.1	半马齿	黄	82.4	347.5
		驻马店	17.4	5.1	红	3.0	16.2	35.6	半马齿	黄	87.5	365.1
		镇平	15.6	4.7	红	1.1	14.6	39.3	半马齿	黄	85.7	335.0
		汝阳	17.8	4.8	红	0.5	15.4	32.0	马齿	黄	87.3	358.0
		新郑	17.2	4.8	红	0.4	16.0	33.0	半马齿	黄	86.0	357.6
		尉氏	18.0	4.8	红	0.9	15.8	40.6	半马齿	黄	89.2	321.5
		平均	17.3	4.9	红	1.5	14~18	35.6	半马齿	黄	86.4	358.5
4	金良 516	商丘	19.0	5.2	红	2.0	16.0	35.0	马齿	黄	88.7	372.8
		漯河	20.1	4.9	红	2.2	15.8	33.6	半马齿	黄	84.3	377.8
		新乡	19.3	5.0	红	2.6	15.2	34.8	半马齿	黄	88.7	329.8
		南阳	17.2	4.5	红	0.7	16.2	33.2	马齿	浅黄	77.4	320.4
		鹤壁	19.1	4.9	红	1.5	17.5	40.5	马齿	黄	83.3	431.8
		洛阳	20.5	5.0	红	0.6	15.6	35.6	马齿	黄	87.4	372.0
		安阳	19.6	4.4	红	1.7	15.7	41.5	半马齿	黄	88.5	279.6
		温县	19.9	5.0	红	0.8	16.2	36.4	半马齿	黄	87.8	352.4
		驻马店	18.2	5.0	红	2.5	15.4	35.5	半马齿	黄	88.4	356.1
		镇平	21.0	4.8	红	0.9	16.0	40.3	半马齿	黄	85.5	332.4
		汝阳	18.1	4.9	红	1.5	16.0	37.0	半马齿	黄	87.6	345.0
		新郑	16.8	4.8	红	0.8	14.0	38.0	半马齿	黄	84.2	333.6
		尉氏	18.4	4.5	红	1.6	16.2	36.1	半马齿	黄	88.2	291.5
		平均	19.0	4.8	红	1.5	14~18	36.7	半马齿	黄	86.2	345.8
5	北青 680（BQ680）	商丘	18.4	5.0	红	1.0	16.8	35.0	马齿	黄	90.0	342.0
		漯河	18.5	5.0	红	1.0	17.0	34.3	半马齿	黄	86.8	332.6
		新乡	16.7	5.1	红	1.4	16.8	33.0	马齿	黄	89.9	307.2
		南阳	17.6	4.6	红	0.8	16.7	34.8	马齿	浅黄	85.0	301.8
		鹤壁	17.9	4.7	红	2.0	16.0	41.1	马齿	黄	87.3	346.5
		洛阳	19.6	4.9	红	1.6	16.0	32.4	马齿	黄	87.0	367.0
		安阳	15.3	4.5	红	2.2	18.0	33.3	马齿	黄	89.2	273.5
		温县	19.2	5.0	红	1.2	18.6	35.6	马齿	黄	87.9	313.3
		驻马店	16.9	5.1	红	1.0	16.3	35.1	马齿	黄	89.1	355.3
		镇平	18.2	4.8	红	0.7	16.7	31.3	马齿	黄	88.8	312.5
		汝阳	17.2	4.8	粉	1.0	15.5	32.0	半马齿	黄	85.5	362.0
		新郑	18.6	4.8	红	1.1	16.0	35.0	半马齿	黄	87.0	325.4

续表 5-8

编号	品种	试点	穗长（cm）	穗粗（cm）	轴色	秃尖（cm）	穗行数	行粒数	粒型	粒色	出籽率（%）	千粒重（g）
		尉氏	17.1	4.7	红	1.3	17.2	35.0	半马齿	黄	89.9	295.0
		平均	17.8	4.8	红	1.3	14~20	34.5	马齿	黄	88.0	325.4
6	技丰 336	商丘	18.7	5.2	红	2.0	16.8	34.6	半马齿	黄	88.9	375.6
		漯河	18.4	5.1	红	0.5	15.6	32.9	半马齿	黄	84.9	413.1
		新乡	20.3	5.5	红	1.1	15.4	38.8	马齿	黄	89.0	390.3
		南阳	18.1	4.6	红	0.6	15.0	36.6	半马齿	黄	70.8	351.3
		鹤壁	18.4	5.1	粉	0.0	18.0	39.9	半马齿	黄	83.8	445.0
		洛阳	19.0	5.2	红	0.6	15.6	36.2	马齿	黄	88.7	363.0
		安阳	15.8	4.5	红	2.5	14.7	28.8	半马齿	黄	86.5	324.5
		温县	19.9	5.0	红	0.0	16.4	38.2	半马齿	黄	84.5	336.5
		驻马店	19.2	5.1	红	2.0	15.7	34.7	马齿	黄	89.0	378.7
		镇平	17.1	4.6	红	1.7	16.0	31.7	半马齿	黄	87.5	335.6
		汝阳	18.0	5.3	红	1.1	16.2	36.0	半马齿	黄	87.9	358.0
		新郑	18.2	4.9	红	0.2	14.0	39.0	半马齿	黄	85.1	355.0
		尉氏	18.0	4.8	红	1.5	17.0	36.2	半马齿	黄	87.7	320.0
		平均	18.4	5.0	红	1.1	14~20	35.7	半马齿	黄	85.7	365.1
7	豫丰 107	商丘	19.8	4.8	红	2.5	17.6	32.2	半马齿	黄	88.7	345.8
		漯河	19.5	4.7	红	1.0	17.6	31.9	半马齿	黄	86.1	355.0
		新乡	19.0	4.9	红	2.2	17.4	31.7	半马齿	黄	89.2	311.9
		南阳	19.2	4.5	红	2.2	17.1	33.1	半马齿	黄	86.0	294.0
		鹤壁	21.1	4.7	红	4.0	17.5	41.5	马齿	黄	87.0	371.7
		洛阳	21.0	4.9	红	1.3	16.0	35.6	半马齿	黄	87.8	340.0
		安阳	18.1	4.7	红	2.8	17.3	31.8	半马	黄	88.7	322.1
		温县	20.3	4.7	红	0.7	17.8	33.8	半马齿	黄	87.3	329.9
		驻马店	19.3	5.0	红	1.0	17.2	36.5	马齿	黄	89.3	383.6
		镇平	19.6	4.6	红	1.5	16.7	31.3	半马齿	黄	85.1	310.4
		汝阳	17.6	4.8	红	0.6	15.6	33.0	半马齿	黄	86.4	348.0
		新郑	15.8	4.6	红	0.3	16.0	32.0	半马齿	黄	85.1	323.7
		尉氏	19.0	4.6	红	2.1	18.0	34.2	半马齿	黄	88.3	298.0
		平均	19.2	4.7	红	1.7	14~20	33.7	半马齿	黄	87.3	333.4
8	郑单 958	商丘	18.0	5.0	白	0.0	14.0	37.4	半马齿	黄	89.8	317.3
		漯河	16.9	5.0	白	0.2	15.2	36.5	硬粒	黄	83.8	300.8
		新乡	16.9	5.2	白	1.0	14.0	35.5	马齿	黄	88.0	320.7
		南阳	16.7	4.7	白	0.2	14.4	33.2	半马齿	黄	75.0	307.4

续表 5-8

编号	品种	试点	穗长（cm）	穗粗（cm）	轴色	秃尖（cm）	穗行数	行粒数	粒型	粒色	出籽率（%）	千粒重（g）
8	郑单 958	鹤壁	17.6	5.0	白	0.0	16.0	39.0	马齿	黄	83.1	436.2
		洛阳	17.3	5.0	白	0.1	14.4	37.0	半马齿	黄	88.5	338.0
		安阳	14.7	4.7	白	1.1	15.3	31.2	半马齿	黄	90.1	272.5
		温县	17.7	5.0	白	1.3	15.2	37.4	半马齿	黄	84.6	329.7
		驻马店	17.2	5.0	白	1.0	14.5	35.3	马齿	黄	88.1	352.3
		镇平	16.2	4.7	白	0.0	14.3	32.7	半马齿	黄	86.5	294.7
		汝阳	17.5	5.1	白	0.5	16.2	35.0	半马齿	黄	87.4	350.0
		新郑	16.6	4.8	白	0.1	14.0	39.0	半马齿	黄	85.3	330.4
		尉氏	17.5	4.8	白	0.4	15.8	38.7	半马齿	黄	89.7	277.5
		平均	17.0	4.9	白	0.5	12~18	36.0	半马齿	黄	86.1	325.2

表 5-9　2019 年河南省玉米品种生产试验产量结果汇总表(5000 株/亩)

试点	安丰 137(1)			沃优 117(2)			豫农丰 2 号(3)			中玉 303(4)		
	产量（kg/亩）	比 CK（±%）	位次	产量（kg/亩）	比 CK（±%）	位次	产量（kg/亩）	比 CK（±%）	位次	产量（kg/亩）	比 CK（±%）	位次
商丘	826.3	3.8	2	846.5	6.4	1	816.5	2.6	4	828.7	4.1	3
漯河	849.9	8.5	2	839.1	7.1	3	821.3	4.8	4	873.9	11.5	1
新乡	723.0	3.2	4	757.6	8.1	3	771.0	10.0	2	779.0	11.2	1
南阳	605.2	14.8	2	587.2	11.4	3	630.2	19.6	1	569.7	8.1	4
鹤壁	730.5	-1.6	5	773.1	4.1	1	761.3	2.5	2	752.7	1.4	3
洛阳	683.3	10.3	2	659.3	6.4	3	641.2	3.5	4	697.7	12.6	1
新乡凤泉	700.2	7.1	2	664.9	1.7	3	843.0	28.9	1	637.4	-2.5	5
济源	641.7	7.5	2	609.2	2.1	4	629.4	5.5	3	651.6	9.2	1
平顶山	660.0	7.3	2	645.8	5.0	3	632.2	2.7	4	668.6	8.7	1
荥阳	604.8	0.7	4	628.5	4.7	3	677.3	12.8	2	705.2	17.5	1
虞城	814.3	15.8	1	761.5	8.3	3	709.7	0.9	4	808.6	15.0	2
鹿邑	650.7	1.2	1	598.8	-6.9	5	605.1	-5.9	4	624.2	-2.9	3
漯河郾城	813.5	8.0	2	841.5	11.7	1	777.7	3.2	4	779.3	3.4	3
平均	715.6	6.50	3	708.7	5.47	4	716.6	6.64	2	721.3	7.34	1

试点	郑单 958(5)		
	产量（kg/亩）	比 CK（±%）	位次
商丘	795.9	0.0	5
漯河	783.7	0.0	5
新乡	700.8	0.0	5
南阳	527.1	0.0	5

续表 5-9

试点	郑单 958(5)		
	产量(kg/亩)	比 CK(±%)	位次
鹤壁	742.4	0.0	4
洛阳	619.6	0.0	5
新乡凤泉	654.0	0.0	4
济源	596.9	0.0	5
平顶山	615.3	0.0	5
荥阳	600.4	0.0	5
虞城	703.0	0.0	5
鹿邑	643.1	0.0	2
漯河郾城	753.4	0.0	5
平均	672.0	0.00	5

表 5-10　2019 年河南省玉米品种生产试验田间性状汇总表(5000 株/亩)

编号	品种	试点	株型	株高(cm)	穗位高(cm)	倒折率(%)	倒伏率(%)	茎腐病(级)	小斑病(级)	穗腐病(级)	瘤黑粉病(级)	弯孢菌(级)	锈病(级)	粗缩病(级)	生育期(天)
1	安丰 137	商丘	紧凑	271.0	122.0	0.0	0.0	0.0	1	1.0	0.0	3	1	0.0	104
		漯河	紧凑	280.0	124.0	0.0	0.0	6.3	1	3.0	0.0	1	1	0.0	105
		新乡	紧凑	269.0	110.0	0.0	0.0	1.4	1	2.4	0.0	1	1	0.0	102
		南阳	半紧凑	263.0	118.0	0.0	0.0	0.0	3	3.0	0.0	1	1	0.0	108
		鹤壁	紧凑	268.0	112.0	0.0	0.0	0.0	1	1.0	0.0	1	1	0.0	95
		洛阳	紧凑	276.0	108.0	0.0	0.0	0.0	1	1.0	0.0	1	1	0.0	96
		新乡凤泉	紧凑	276.0	122.0	0.0	0.0	0.8	1	3.0	0.0	1	1	0.0	105
		济源	紧凑	264.0	111.0	0.3	1.5	18.7	1	1.0	1.4	1	1	0.0	107
		平顶山	紧凑	274.0	122.0	1.0	0.0	16.0	3	3.0	0.0	3	5	0.0	103
		荥阳	紧凑	250.0	108.0	0.0	0.0	0.0	1	1.0	0.0	1	1	0.0	109
		虞城	紧凑	280.0	105.0	0.0	0.0	0.0	3	1.0	0.0	1	3	0.0	97
		鹿邑	紧凑	235.0	100.0	0.3	0.0	0.0	1	1.0	0.0	1	3	0.3	103
		漯河郾城	紧凑	253.0	90.0	0.0	0.0	36.0	1	1.0	0.0	1	3	0.0	105
		平均	紧凑	266.1	111.7	0.1	0.1	36.0	3	3.0	0~1.4	3	5	0~0.3	103
2	沃优 117	商丘	紧凑	295.0	112.0	0.0	0.0	6.4	1	3.0	4.5	1	1	0.0	103
		漯河	紧凑	290.0	121.0	0.0	0.0	0.0	1	1.0	1.1	1	5	0.0	106
		新乡	紧凑	279.0	98.0	0.0	0.0	0.0	1	1.0	0.0	1	1	0.0	101
		南阳	半紧凑	288.0	120.0	2.0	3.5	0.0	1	1.0	0.0	1	1	0.0	108
		鹤壁	紧凑	280.0	112.0	0.0	0.0	0.0	1	1.2	0.0	1	1	0.0	96
		洛阳	紧凑	296.0	123.0	0.0	0.0	2.7	1	1.0	0.0	1	1	0.0	96

续表 5-10

编号	品种	试点	株型	株高（cm）	穗位高（cm）	倒折率（%）	倒伏率（%）	茎腐病（级）	小斑病（级）	穗腐病（级）	瘤黑粉病（级）	弯孢菌（级）	锈病（级）	粗缩病（级）	生育期（天）
2	沃优117	新乡凤泉	紧凑	259.0	94.0	0.0	0.0	0.0	1	1.0	0.0	1	1	0.0	105
		济源	紧凑	282.0	95.0	0.0	3.9	3.6	1	1.0	6.1	1	1	0.0	108
		平顶山	紧凑	308.0	133.0	0.0	0.0	2.0	3	1.0	2.0	3	5	0.0	103
		荥阳	紧凑	270.0	117.0	0.0	0.0	1.0	1	1.0	0.0	1	1	0.0	106
		虞城	紧凑	276.0	96.0	0.0	0.0	0.0	3	1.0	0.0	1	3	0.2	97
		鹿邑	紧凑	256.0	100.0	0.7	1.1	0.0	1	1.0	0.3	1	3	0.1	102
		漯河郾城	紧凑	270.0	87.0	0.0	0.0	38.0	1	1.0	0.0	1	3	0.0	102
		平均	紧凑	280.7	108.3	0.2	0.7	38.0	3	3.0	0～6.1	3	5	0～0.2	103
3	豫农丰2号	商丘	紧凑	245.0	80.0	0.0	0.0	8.2	3	3.0	3.8	3	3	0.0	104
		漯河	紧凑	278.0	100.0	0.0	0.0	2.3	1	1.0	0.0	1	5	0.0	105
		新乡	紧凑	251.0	78.0	0.0	0.0	0.7	1	1.0	0.0	1	1	0.0	103
		南阳	紧凑	267.0	98.0	0.0	0.0	0.0	3	1.0	0.0	1	5	0.0	107
		鹤壁	紧凑	266.0	86.0	0.0	0.0	8.3	1	1.0	0.0	1	1	0.0	94
		洛阳	半紧凑	271.0	104.0	0.0	0.0	4.5	1	1.0	0.0	1	1	0.0	95
		新乡凤泉	紧凑	252.0	85.0	0.0	0.0	0.0	1	1.0	0.0	1	1	0.0	103
		济源	紧凑	248.0	87.0	0.2	0.3	16.7	3	1.0	1.4	1	1	0.0	107
		平顶山	紧凑	268.0	85.0	3.0	0.0	57.0	3	3.0	0.0	3	7	0.0	104
		荥阳	半紧凑	257.0	86.0	0.0	0.0	0.0	1	1.0	0.0	1	1	0.0	103
		虞城	紧凑	272.0	85.0	0.0	0.0	0.0	3	1.0	0.0	1	1	0.7	95
		鹿邑	半紧凑	210.0	95.0	0.7	0.8	0.0	1	1.0	0.0	1	3	0.0	101
		漯河郾城	紧凑	242.0	84.0	0.0	0.0	33.0	1	1.0	0.0	1	3	0.0	100
		平均	紧凑	255.9	88.7	0.3	0.1	57.0	3	3.0	0～3.8	3	7	0～0.7	102
4	中玉303	商丘	半紧凑	264.0	115.0	0.0	0.0	0.0	3	3.0	1.7	3	1	0.0	105
		漯河	紧凑	287.0	130.0	0.0	0.0	0.0	1	1.0	0.0	1	1	0.0	105
		新乡	紧凑	270.0	119.0	0.0	0.0	0.0	1	2.0	0.0	1	1	0.0	103
		南阳	半紧凑	277.0	131.0	0.0	10.0	0.0	3	1.0	0.0	1	1	0.0	107
		鹤壁	紧凑	271.0	113.0	0.0	0.0	0.0	1	1.1	0.0	1	1	0.0	98
		洛阳	紧凑	256.0	99.0	0.0	0.0	0.0	1	1.0	0.0	1	1	0.0	95
		新乡凤泉	半紧凑	247.0	101.0	0.0	0.0	0.0	3	1.0	0.6	1	1	0.0	105
		济源	紧凑	271.0	109.0	0.1	3.7	19.4	3	1.0	0.6	1	1	0.0	107
		平顶山	紧凑	293.0	128.0	0.0	0.0	2.0	3	3.0	0.0	1	1	0.0	102
		荥阳	紧凑	283.0	137.0	0.0	0.0	0.0	1	1.0	0.0	1	1	0.0	103

续表 5-10

编号	品种	试点	株型	株高(cm)	穗位高(cm)	倒折率(%)	倒伏率(%)	茎腐病(级)	小斑病(级)	穗腐病(级)	瘤黑粉病(级)	弯孢菌(级)	锈病(级)	粗缩病(级)	生育期(天)
4	中玉303	虞城	紧凑	267.0	102.0	0.0	0.0	0.0	1	1.0	0.0	1	1	0.0	96
		鹿邑	松散	190.0	80.0	0.0	0.2	0.0	1	1.0	0.5	1	5	0.3	100
		漯河郾城	紧凑	265.0	110.0	0.0	0.0	52.0	1	1.0	0.0	1	3	0.0	98
		平均	紧凑	264.7	113.4	0.0	1.1	52.0	3	3.0	0~1.7	3	5	0~0.3	102
5	郑单958	商丘	紧凑	250.0	114.0	0.0	0.0	3.5	3	1.0	4.7	3	3	0.0	104
		漯河	紧凑	272.0	124.0	0.0	0.0	0.0	1	1.0	0.0	1	5	0.0	105
		新乡	紧凑	273.0	119.0	45.0	0.0	5.6	1	2.0	0.0	1	1	0.0	102
		南阳	半紧凑	245.0	101.0	0.0	0.0	0.0	3	5.0	2.0	1	5	0.0	107
		鹤壁	紧凑	265.0	105.0	0.0	0.0	0.0	1	1.0	2.3	1	1	0.0	96
		洛阳	紧凑	269.0	107.0	32.3	5.6	0.0	1	1.0	0.0	1	1	0.0	97
		新乡凤泉	紧凑	253.0	108.0	0.0	0.0	3.6	1	5.0	7.2	1	3	0.0	105
		济源	紧凑	255.0	107.0	0.8	3.5	14.6	3	1.0	0.8	1	1	0.0	109
		平顶山	紧凑	264.0	116.0	1.0	0.0	21.0	3	3.0	1.0	3	7	0.0	102
		荥阳	紧凑	258.0	101.0	2.0	0.0	0.0	1	1.0	0.0	1	1	0.0	110
		虞城	紧凑	256.0	103.0	0.2	0.0	0.0	3	1.0	0.0	1	3	0.0	97
		鹿邑	半紧凑	255.0	95.0	2.2	0.9	0.0	1	1.0	0.1	1	5	0.1	100
		漯河郾城	紧凑	258.0	114.0	0.0	0.0	32.0	1	1.0	0.0	1	5	0.0	102
		平均	紧凑	259.5	108.8	6.4	0.8	32.0	3	5.0	0~7.2	3	7	0~0.1	103

表 5-11　2019 年河南省玉米品种生产试验室内考种汇总表(5000 株/亩)

编号	品种	试点	穗长(cm)	穗粗(cm)	轴色	秃尖(cm)	穗行数	行粒数	粒型	粒色	出籽率(%)	千粒重(g)
1	安丰137	商丘	18.8	5.2	白	1.0	14.4	37.4	半马齿	黄	90.3	350.1
		漯河	17.6	5.2	白	0.0	16.8	35.2	半马齿	黄	83.6	314.9
		新乡	18.3	5.0	白	1.2	13.8	34.2	马齿	黄	86.9	335.8
		南阳	17.7	4.7	白	0.8	14.2	36.1	马齿	浅黄	83.8	341.1
		鹤壁	17.7	5.1	白	0.0	15.3	44.3	马齿	黄	89.1	379.2
		洛阳	17.6	5.1	白	0.2	13.6	33.6	半马齿	黄	88.7	377.0
		新乡凤泉	18.4	5.2	白	2.8	16.1	34.0	马齿	黄	89.6	302.6
		济源	18.2	4.8	白	1.6	14.4	36.3	马齿	黄	84.8	351.4
		平顶山	19.9	4.9	白	0.3	15.0	40.2	半马齿	黄	86.0	321.5
		荥阳	18.4	4.6	白	0.5	14.0	38.5	半马齿	黄	86.3	332.1
		虞城	17.7	4.9	白	0.1	13.3	39.0	半马齿	黄	87.2	359.0

续表 5-11

编号	品种	试点	穗长（cm）	穗粗（cm）	轴色	秃尖（cm）	穗行数	行粒数	粒型	粒色	出籽率（%）	千粒重（g）
1	安丰137	鹿邑	19.2	4.8	白	0.0	16.8	36.4	半马齿	黄	81.6	338.4
		漯河郾城	19.4	4.7	白	0.0	14.0	39.3	马齿	黄	88.5	333.0
		平均	18.4	4.9	白	0.7	12~18	37.3	半马齿	黄	86.6	341.2
2	沃优117	商丘	19	5.4	红	2.0	16.4	41.8	马齿	黄	89.3	303.3
		漯河	18.6	4.6	红	0.2	15.8	36.0	半马齿	橙黄	87.5	310.7
		新乡	18.7	5.2	红	1.0	15.6	39.0	半马齿	黄	87.9	341.4
		南阳	17.2	4.7	红	0.2	15.9	39.6	半马齿	浅黄	72.1	282.9
		鹤壁	18	5.0	红	1.5	15.5	38.5	半马齿	黄	88.2	352.3
		洛阳	17.6	5.1	粉	2.2	15.6	38.4	半马齿	黄	87.0	324.0
		新乡凤泉	19.6	5.0	红	2.1	15.9	42.0	半马齿	黄	90.1	260.1
		济源	17.3	4.8	红	1.4	14.8	35.1	半马齿	黄	84.3	325.5
		平顶山	18.7	4.9	红	0.9	16.8	41.0	硬粒	黄	85.8	341.2
		荥阳	17.5	4.9	红	2.0	17.3	37.5	硬粒	黄	85.5	306.3
		虞城	17.6	4.7	红	0.7	16.0	42.0	半马齿	黄	89.6	277.0
		鹿邑	15.4	4.6	红	3.1	14.8	32.8	半马齿	黄	83.7	325.8
		漯河郾城	18.1	4.9	红	0.0	15.6	38.2	马齿	黄	78.6	366.0
		平均	17.9	4.9	红	1.3	14~18	38.6	半马齿	黄	85.4	316.7
3	豫农丰2号	商丘	19.2	4.8	红	0.0	15.2	38.0	马齿	黄	90.2	301.3
		漯河	17.7	5.1	红	1.0	16.2	40.3	半马齿	黄	85.7	285.9
		新乡	17.4	4.9	红	0.2	15.0	33.7	马齿	黄	88.9	316.3
		南阳	18.1	4.5	红	0.4	15.6	33.3	半马齿	黄	87.3	298.3
		鹤壁	19.3	4.7	红	0.0	15.5	44.5	马齿	黄	88.6	417.0
		洛阳	17.5	4.7	红	0.6	14.0	33.6	马齿	黄	87.4	347.0
		新乡凤泉	19.9	5.0	红	0.1	15.6	38.8	半马齿	黄	91.2	310.6
		济源	16.6	4.6	红	1.1	14.2	33.2	半马齿	黄	85.7	349.9
		平顶山	18.9	4.5	红	0.4	16.0	37.2	马齿	黄	88.7	304.6
		荥阳	18.6	4.7	红	1.0	17.3	34.0	半马齿	黄	86.3	347.1
		虞城	17.2	4.3	红	0.2	15.5	36.0	硬粒	黄	90.4	247.0
		鹿邑	17.2	3.9	红	0.0	16.2	34.6	半马齿	黄	85.3	314.1
		漯河郾城	19	4.5	红	0.5	14.8	39.6	马齿	黄	80.7	316.0
		平均	18.2	4.6	红	0.4	14~18	36.7	马齿	黄	87.4	319.6

续表 5-11

编号	品种	试点	穗长（cm）	穗粗（cm）	轴色	秃尖（cm）	穗行数	行粒数	粒型	粒色	出籽率（%）	千粒重（g）
4	中玉 303	商丘	19	5.4	白	1.5	18.4	36.4	马齿	黄	89.9	313.0
		漯河	18.2	4.8	白	0.3	13.0	37.9	半马齿	黄	84.3	316.4
		新乡	16.9	5.3	白	0.3	16.4	33.2	半马齿	黄	88.3	324.2
		南阳	17.3	4.9	白	0.4	17.0	35.8	半马齿	浅黄	86.3	294.9
		鹤壁	17.3	5.3	白	0.0	20.0	39.2	半马齿	黄	86.6	425.0
		洛阳	16.8	5.2	白	0.8	16.8	32.5	半马齿	黄	88.5	335.0
		新乡凤泉	19.2	5.2	白	2.9	17.8	38.2	半马齿	黄	89.1	270.5
		济源	16.4	5.0	白	1.2	16.6	33.5	半马齿	黄	84.6	324.5
		平顶山	19	5.2	白	0.4	18.0	37.6	半马齿	黄	85.1	336.2
		荥阳	17.2	4.9	白	0.5	18.0	29.5	半马齿	黄	87.7	329.1
		虞城	16.6	5.1	白	0.0	18.8	37.0	半马齿	黄	90.8	305.0
		鹿邑	16.4	4.6	白	0.0	15.2	28.2	硬粒	黄	82.9	295.6
		漯河郾城	16.9	5.1	白	0.0	16.4	37.8	半马齿	黄	83.6	330.0
		平均	17.5	5.1	白	0.6	14~22	35.1	半马齿	黄	86.7	323.0
5	郑单 958	商丘	18.4	5.3	白	0.0	14.8	37.4	半马齿	黄	89.6	336.8
		漯河	16.7	4.9	白	0.2	15.0	34.5	硬粒	黄	84.5	300.4
		新乡	16.3	5.2	白	0.5	16.0	33.5	马齿	黄	89.9	317.3
		南阳	17.1	4.7	白	0.2	14.8	36.4	半马齿	黄	77.0	314.5
		鹤壁	17.4	5.0	白	0.0	16.0	37.3	半马齿	黄	88.5	382.5
		洛阳	15.9	5.1	白	0.1	14.8	31.4	半马齿	黄	88.9	342.0
		新乡凤泉	17.8	5.3	白	1.9	16.0	36.3	半马齿	黄	88.2	308.6
		济源	16.2	4.8	白	1.0	14.6	31.2	半马齿	黄	85.2	348.5
		平顶山	18.1	4.9	白	0.3	15.4	37.6	半马齿	黄	87.1	298.4
		荥阳	17.2	5.1	白	0.5	15.3	27.7	半马齿	黄	85.3	357.2
		虞城	17	4.8	白	0.1	14.8	42.0	半马齿	黄	90.7	320.0
		鹿邑	18.9	4.6	白	0.0	14.8	34.2	马齿型	黄	81.6	248.9
		漯河郾城	16.6	4.7	白	0.0	15.2	36.6	半马齿	黄	87.8	328.0
		平均	17.2	5.0	白	0.4	12~18	35.1	半马齿	黄	86.5	323.3

表 5-12　2019 年河南省玉米品种生产试验产量结果汇总表(4500 株/亩机收组)

试点	伟育 168(1)			浚单 1668(2)			郑单 958(3)			桥玉 8 号(4)		
	产量(kg/亩)	比 CK(±%)	位次	产量(kg/亩)	比 CK(±%)	位次	产量(kg/亩)	比 CK(±%)	位次	产量(kg/亩)	比 CK(±%)	位次
商丘	780.7	4.3	1	776.3	3.7	2	748.9	0.0	3	726.5	-3.0	4
漯河	778.0	3.8	2	778.4	3.8	1	749.7	0.0	3	749.7	0.0	4
新乡	740.4	6.7	2	747.7	7.8	1	693.8	0.0	4	710.5	2.4	3
南阳	573.4	8.5	2	595.0	12.6	1	528.3	0.0	3	342.5	-35.2	4
鹤壁	786.6	4.8	2	802.2	6.9	1	750.7	0.0	3	735.1	-2.1	4
洛阳	742.0	6.7	2	744.1	7.0	1	695.4	0.0	3	687.1	-1.2	4
濮阳	563.9	6.8	1	553.9	4.9	2	528.1	0.0	3	527.0	-0.2	4
温县	775.0	8.2	1	763.5	6.6	2	716.3	0.0	3	707.7	-1.2	4
济源	965.0	16.5	1	829.8	3.3	2	828.5	0.0	3	821.1	-0.9	4
荥阳	551.1	8.4	1	540.5	6.4	2	508.1	0.0	3	498.3	-1.9	4
镇平	691.1	3.7	2	712.1	6.9	1	666.3	0.0	3	623.4	-6.4	4
郾城	838.2	4.7	1	822.7	2.7	2	800.8	0.0	3	768.2	-4.1	4
商丘原种场	802.6	5.6	2	724.0	-4.7	4	759.9	0.0	3	806.0	6.1	1
平均	737.5	6.83	1	722.3	4.63	2	690.4	0.00	3	669.5	-3.03	4

表 5-13　2019 年河南省玉米品种生产试验田间性状汇总表(4500 株/亩机收组)

编号	品种	试点	株型	株高(cm)	穗位高(cm)	倒折率(%)	倒伏率(%)	茎腐病(级)	小斑病(级)	穗腐病(级)	瘤黑粉病(级)	弯孢菌(级)	锈病(级)	粗缩病(级)	生育期(天)
1	伟育 168	商丘	半紧凑	275.0	105.0	0.0	0.0	1.3	3	1.0	0.0	3	5	0.0	101
		漯河	紧凑	261.0	91.0	0.0	0.0	0.0	1	3.0	0.0	1	3	0.0	102
		新乡	紧凑	263.0	87.0	0.0	0.0	0.0	1	1.4	0.7	1	1	0.0	100
		南阳	平展	275.0	108.0	0.0	35.0	6.0	3	1.0	0.0	3	5	0.0	107
		鹤壁	紧凑	250.0	96.0	0.0	0.0	10.0	1	0.0	0.0	1	1	0.0	93
		洛阳	紧凑	263.0	87.0	0.0	0.0	0.0	1	1.0	0.0	1	1	0.0	95
		濮阳	半紧凑	271.0	80.0	0.0	0.0	0.0	1	1.0	0.0	1	3	0.0	101
		温县	紧凑	265.0	88.0	4.5	1.0	0.5	1	1.0	0.4	1	1	0.0	99
		济源	紧凑	237.0	83.0	0.3	1.3	1.0	3	1.0	0.8	1	3	0.0	99
		荥阳	半紧凑	227.0	78.0	0.0	0.0	0.0	1	1.0	1.0	1	1	0.0	100
		镇平	紧凑	248.0	95.0	0.0	0.0	0.0	3	3.0	0.0	3	5	0.0	103
		郾城	紧凑	253.0	83.0	0.0	0.0	1.7	1	1.0	0.0	1	5	0.0	100
		商丘原种场	半紧凑	233.0	80.0	0.0	0.0	0.0	3	5.0	0.0	3	5	0.0	107
		平均	紧凑	255.5	89.3	0.4	2.9	10.0	3	5.0	0~1.0	3	5	0.0	101

续表 5-13

编号	品种	试点	株型	株高（cm）	穗位高（cm）	倒折率（%）	倒伏率（%）	茎腐病（级）	小斑病（级）	穗腐病（级）	瘤黑粉病（级）	弯孢菌（级）	锈病（级）	粗缩病（级）	生育期（天）
2	浚单 1668	商丘	紧凑	318.0	116.0	0.0	0.0	0.0	3	3.0	1.0	1	3	0.0	101
		漯河	紧凑	288.0	97.0	0.0	0.0	0.0	1	1.0	0.0	1	1	0.0	102
		新乡	紧凑	291.0	90.0	0.0	0.0	0.0	1	1.0	0.0	1	1	0.0	100
		南阳	半紧凑	316.0	117.0	0.0	0.0	0.0	1	1.0	0.0	1	3	0.0	106
		鹤壁	紧凑	300.0	87.0	0.0	0.0	10.0	1	0.0	0.0	1	1	0.0	94
		洛阳	紧凑	323.0	109.0	0.0	0.0	0.0	1	1.0	0.0	1	1	0.0	95
		濮阳	半紧凑	287.0	75.0	0.0	0.0	0.0	1	1.0	0.0	1	1	0.0	100
		温县	紧凑	290.0	102.0	3.7	0.9	0.7	1	1.0	0.5	1	1	0.0	99
		济源	半紧凑	275.0	88.0	0.3	0.5	0.0	3	1.0	0.4	1	1	0.0	101
		荥阳	半紧凑	267.0	87.0	2.0	0.0	10.0	1	1.0	1.0	1	1	0.0	99
		镇平	半紧凑	282.0	101.0	0.0	0.0	0.0	3	3.0	0.0	3	3	0.0	104
		郾城	半紧凑	290.0	87.0	0.0	0.0	0.0	1	1.0	0.0	1	5	0.0	102
		商丘原种场	半紧凑	290.0	98.0	0.0	0.0	0.0	3	5.0	0.0	3	5	0.0	106
		平均	半紧凑	293.6	96.5	0.5	0.1	10.0	3	5.0	0~1.0	3	5	0.0	101
3	郑单 958	商丘	紧凑	256.0	106.0	0.0	0.0	0.0	5	1.0	3.2	3	5	0.0	103
		漯河	紧凑	258.0	107.0	0.0	0.0	4.1	1	1.0	2.0	1	3	0.0	105
		新乡	紧凑	268.0	109.0	0.0	0.0	4.2	1	1.8	1.3	1	1	0.0	102
		南阳	半紧凑	246.0	102.0	0.0	40.0	0.0	3	3.0	1.5	3	5	0.0	106
		鹤壁	紧凑	251.0	106.0	0.0	0.0	0.0	1	0.0	2.3	1	1	0.0	96
		洛阳	紧凑	266.0	106.0	10.3	11.4	0.0	1	1.0	0.0	1	1	0.0	97
		濮阳	半紧凑	242.0	87.0	0.0	0.0	0.0	1	1.0	0.0	1	1	0.0	103
		温县	紧凑	260.0	108.0	5.6	1.3	2.2	3	3.0	0.9	3	1	0.0	101
		济源	紧凑	237.0	102.0	0.5	0.3	0.0	1	1.0	0.3	1	1	0.0	103
		荥阳	半紧凑	244.0	103.0	5.0	0.0	8.0	1	1.0	1.0	1	1	0.0	101
		镇平	紧凑	249.0	110.0	0.0	0.0	0.0	5	3.0	0.0	3	5	0.0	105
		郾城	紧凑	261.0	110.0	0.0	0.0	6.4	1	1.0	0.0	3	5	0.0	102
		商丘原种场	半紧凑	249.0	100.0	0.0	0.0	0.0	3	3.0	0.0	3	5	0.0	107
		平均	紧凑	252.8	104.3	1.6	4.1	8.0	5	3.0	0~3.2	3	5	0.0	102
4	桥玉 8 号	商丘	半紧凑	313.0	142.0	0.0	1.1	3.2	3	1.0	1.0	1	5	0.0	99
		漯河	紧凑	288.0	125.0	0.0	0.0	3.0	1	1.0	0.0	1	3	0.0	104
		新乡	紧凑	310.0	118.0	0.0	10.2	8.0	1	1.0	0.0	1	3	0.0	101
		南阳	半紧凑	322.0	134.0	5.0	90.0	0.0	3	3.0	0.0	1	3	0.0	106

续表 5-13

编号	品种	试点	株型	株高(cm)	穗位高(cm)	倒折率(%)	倒伏率(%)	茎腐病(级)	小斑病(级)	穗腐病(级)	瘤黑粉病(级)	弯孢菌(级)	锈病(级)	粗缩病(级)	生育期(天)
4	桥玉8号	鹤壁	紧凑	305.0	116.0	0.0	0.0	15.0	1	0.2	0.0	1	1	0.0	93
		洛阳	半紧凑	317.0	118.0	15.1	15.8	0.0	1	1.0	0.0	1	1	0.0	95
		濮阳	半紧凑	295.0	111.0	0.0	0.0	0.0	3	1.0	0.0	1	5	0.0	102
		温县	半紧凑	296.0	126.0	8.8	2.5	12.1	3	1.0	0.7	3	1	0.0	99
		济源	半紧凑	277.0	106.0	1.7	11.3	3.5	1	1.0	0.3	1	1	0.0	101
		荥阳	半紧凑	299.0	128.0	30.0	10.0	30.0	1	1.0	1.0	1	1	0.0	100
		镇平	半紧凑	287.0	112.0	49.0	0.0	0.0	3	3.0	0.0	3	5	0.0	104
		郾城	半紧凑	299.0	127.0	0.0	0.0	12.1	1	1.0	0.0	1	5	0.0	103
		商丘原种场	半紧凑	280.0	110.0	0.0	0.0	0.0	3	5.0	0.0	5	7	0.0	107
		平均	半紧凑	299.1	121.0	8.4	10.8	30.0	3	5.0	0~1.0	5	7	0.0	101

表 5-14　2019 年河南省玉米品种生产试验室内考种汇总表(4500 株/亩机收组)

编号	品种	试点	穗长(cm)	穗粗(cm)	轴色	秃尖(cm)	穗行数	行粒数	粒型	粒色	出籽率(%)	千粒重(g)
1	伟玉168	商丘	21.2	5.3	红	1.2	14.8	37.2	马齿	黄	89.6	372.3
		漯河	19.0	5.1	红	1.5	16.2	35.7	半马齿	黄	83.2	378.6
		新乡	20.7	5.2	红	1.5	14.6	38.7	马齿	黄	87.4	365.9
		南阳	17.4	4.7	红	0.8	15.2	33.8	半马齿	黄	81.6	293.1
		鹤壁	18.4	5.0	紫	0.5	17.5	37.2	半马齿	黄	88.2	407.2
		洛阳	18.7	5.2	红	1.8	16.4	30.0	马齿	黄	88.7	373.0
		濮阳	20.8	5.2	红	0.9	18.0	34.4	半马齿	黄	82.6	412.0
		温县	18.1	4.9	红	2.0	15.2	39.3	半马齿	黄	91.6	338.9
		济源	21.2	5.0	红	1.3	16.8	39.4	马齿	黄	87.0	367.2
		荥阳	19.6	5.0	红	1.9	16.0	34.6	半马齿	黄	85.7	347.0
		镇平	16.2	4.5	红	2.3	16.0	32.7	半马齿	黄	86.3	315.9
		郾城	18.3	4.7	红	1.3	16.8	34.2	马齿	黄	86.0	320.8
		商丘原种场	22.3	5.2	红	1.5	15.6	36.6	半马齿	黄红	88.7	350.2
		平均	19.4	5.0	红	1.4	14~20	35.7	半马齿	黄	86.7	357.1

续表 5-14

编号	品种	试点	穗长（cm）	穗粗（cm）	轴色	秃尖（cm）	穗行	行粒数	粒型数	粒色	出籽率（%）	千粒重（g）
2	浚单 1668	商丘	18.8	5.0	红	0.8	16.6	31.8	半马齿	橙黄	87.3	366.8
		漯河	17.0	4.9	红	1.8	16.6	29.9	半马齿	橙黄	83.5	356.6
		新乡	18.6	5.1	红	0.5	16.4	33.2	半马齿	黄	87.5	352.8
		南阳	18.1	4.6	红	0.2	14.4	38.2	硬粒	红黄	79.1	293.8
		鹤壁	18.3	4.9	红	0.5	17.3	36.5	半马齿	黄	89.5	384.2
		洛阳	19.3	5.1	红	2.4	16.8	30.4	半马齿	黄	88.4	356.0
		濮阳	19.4	4.8	红	0.5	16.8	32.2	半马齿	黄	80.3	416.0
		温县	17.7	4.9	红	2.1	15.8	40.4	半马齿	黄	92.0	341.2
		济源	17.9	4.8	红	1.1	18.4	32.5	半马齿	黄	85.6	359.1
		荥阳	17.4	4.8	红	1.7	18.0	31.0	半马齿	黄	85.3	326.0
		镇平	17.1	4.7	红	1.4	18.6	33.3	硬粒	黄	86.6	323.8
		郾城	17.4	4.8	红	1.2	16.4	31.6	半马齿	黄	87.8	389.9
		商丘原种场	19.0	5.2	红	1.5	17.2	31.2	半马齿	黄	88.4	347.3
		平均	18.2	4.9	红	1.2	14~20	33.2	半马齿	黄	86.3	354.9
3	郑单 958	商丘	17.2	5.3	白	0.2	16.0	37.6	半马齿	黄	89.2	336.7
		漯河	17.7	5.1	白	0.0	15.8	36.8	硬粒	黄	83.2	310.7
		新乡	16.8	5.2	白	0.5	14.8	35.0	马齿	黄	88.5	303.6
		南阳	17.3	4.6	白	0.3	14.6	35.4	半马齿	黄	79.3	305.1
		鹤壁	17.4	5.3	白	0.0	15.5	39.0	半马齿	黄	89.0	396.9
		洛阳	17.4	5.3	白	0.0	15.2	34.2	半马齿	黄	89.2	347.0
		濮阳	18.2	5.2	白	0.0	15.2	38.4	半马齿	黄	81.5	402.5
		温县	17.6	5.0	白	2.3	16.0	35.6	半马齿	黄	90.1	323.6
		济源	19.5	5.0	白	0.2	15.8	39.2	半马齿	黄	87.3	337.1
		荥阳	16.0	4.9	白	0.5	14.5	34.0	半马齿	黄	87.4	321.0
		镇平	16.4	4.9	白	0.0	14.7	33.3	半马齿	黄	86.8	326.6
		郾城	17.1	4.7	白	0.2	14.4	37.6	半马齿	黄	86.9	316.6
		商丘原种场	18.4	5.2	白	0.5	15.2	32.2	半马齿	黄	89.0	361.2
		平均	17.5	5.1	白	0.4	14–18	36.0	半马齿	黄	86.7	337.6

续表 5-14

编号	品种	试点	穗长(cm)	穗粗(cm)	轴色	秃尖(cm)	穗行数	行粒数	粒型	粒色	出籽率(%)	千粒重(g)
4	桥玉8号	商丘	20.5	5.2	红	0.8	16.7	47.7	半马齿	黄白	89.4	381.6
		漯河	18.7	5.0	红	0.4	14.0	39.9	半马齿	黄白	83.0	335.2
		新乡	19.3	4.9	红	0.8	12.4	43.2	马齿	黄白	87.6	359.8
		南阳	17.8	4.6	粉红	2.1	14.8	37.1	半马齿	黄白	75.9	274.3
		鹤壁	18.5	5.2	红	0.0	14.0	42.3	半马齿	黄白	87.8	421.0
		洛阳	19.5	5.0	红	1.6	13.8	36.0	半马齿	黄白	85.7	355.0
		濮阳	20.2	5.0	红	0.7	13.6	43.3	半马齿	黄白	80.4	417.0
		温县	17.2	4.9	红	2.2	14.6	37.4	马齿	黄白	89.6	322.9
		济源	20.4	5.0	红	0.2	14.8	43.8	马齿	黄白	85.6	375.3
		荥阳	18.0	4.5	红	0.4	12.5	34.2	半马齿	黄	87.1	309.0
		镇平	17.3	4.7	红	0.4	14.0	39.3	半马齿	黄白	85.4	317.6
		郾城	18.1	4.7	红	0.6	12.4	31.8	半马齿	黄白	87.7	376.6
		商丘原种场	24.0	5.0	红	1.0	13.0	45.0	半马齿	黄白	89.6	359.6
		平均	19.2	4.9	红	0.9	12~18	40.1	半马齿	黄白	85.8	354.2

表 5-15　2019 年河南省玉米品种生产试验机收性状汇总表(4500 株/亩机收组)

试点	伟育 168(1)			浚单 1668(2)			郑单 958(3)			桥玉 8 号(4)		
	含水量(%)	破损率(%)	杂质率(%)	含水量(%)	破损率(%)	杂质率(%)	含水量(%)	破损率(%)	杂质率(%)	含水量(%)	破损率(%)	杂质率(%)
商丘	27.55	4.00	0.45	27.25	2.95	0.35	29.65	5.20	2.00	26.25	4.00	1.00
漯河	23.97	6.52	0.78	22.37	2.46	0.79	27.60	6.71	1.24	24.10	3.19	0.69
新乡	25.00	1.25	0.85	24.23	1.70	0.65	29.03	3.85	1.35	25.30	2.10	1.15
南阳	22.30	6.10	1.25	20.60	3.05	0.95	25.10	6.00	2.90	22.77	2.35	3.05
鹤壁	26.40	4.35	0.35	24.37	3.75	0.15	28.80	11.55	1.40	26.50	9.25	0.25
洛阳	24.77	2.24	1.24	24.63	2.34	1.91	28.90	2.63	1.70	25.07	2.76	1.55
濮阳	28.15	5.75	1.00	28.45	6.40	0.85	28.00	6.25	1.25	26.95	6.35	1.90
温县	26.17	4.80	0.90	24.70	4.45	0.70	28.67	6.15	1.05	26.60	5.00	1.25
济源	24.59	4.13	0.29	21.92	2.14	0.33	26.02	3.28	1.21	23.79	2.29	0.22
荥阳	25.90	1.20	1.05	25.27	1.05	1.05	29.75	3.80	1.45	26.23	0.90	0.95
镇平	26.20	4.15	0.45	25.67	3.20	0.60	27.37	5.40	2.00	26.63	4.55	1.05
郾城	22.75	3.02	0.46	22.65	2.76	0.38	27.20	6.01	1.24	24.10	2.69	0.58
商丘原种场	29.80	7.65	4.65	25.83	6.55	3.80	32.23	10.00	10.85	30.37	7.90	3.90
平均	25.66	4.24	1.05	24.46	3.29	0.96	28.33	5.91	2.28	25.74	4.10	1.35

表 5-16　2019 年河南省玉米品种生产试验产量结果汇总表(5500 株/亩机收组)

试点	鼎优 163(1)			郑品玉 495(2)			怀川 82(3)		
	产量（kg/亩）	比 CK（±%）	位次	产量（kg/亩）	比 CK（±%）	位次	产量（kg/亩）	比 CK（±%）	位次
商丘	815.3	3.8	3	826.1	5.2	1	818.0	4.2	2
漯河	758.4	6.2	1	740.6	3.7	3	721.2	1.0	4
新乡	777.4	8.5	3	790.9	10.4	1	751.4	4.9	4
南阳	635.0	16.6	3	647.1	18.8	1	579.7	6.5	4
鹤壁	766.5	4.2	3	770.9	4.8	2	735.2	−0.1	6
洛阳	744.5	7.4	2	743.0	7.2	3	735.9	6.2	4
滑县	673.6	14.6	1	645.3	9.7	4	664.7	13.0	2
温县	774.2	8.6	1	766.3	7.5	2	742.8	4.2	4
济源	887.5	18.1	1	861.1	14.6	4	867.7	15.4	2
荥阳	537.8	6.5	3	553.9	9.7	1	531.4	5.2	4
镇平	689.9	3.5	4	732.0	9.8	1	711.7	6.8	2
郾城	819.0	2.8	1	805.1	1.0	2	765.9	−3.9	5
尉氏	758.5	10.4	1	738.3	7.5	2	718.91	4.7	3
平均	741.3	8.33	1	740.0	8.14	2	718.8	5.04	4

试点	豫红 501(4)			郑单 958(5)			桥玉 8 号(6)		
	产量（kg/亩）	比 CK（±%）	位次	产量（kg/亩）	比 CK（±%）	位次	产量（kg/亩）	比 CK（±%）	位次
商丘	807.9	2.9	4	785.4	0.0	5	755.2	−3.9	6
漯河	740.9	3.8	2	713.9	0.0	5	689.2	−3.5	6
新乡	781.4	9.1	2	716.4	0.0	5	712.2	−0.6	6
南阳	640.4	17.6	2	544.3	0.0	5	371.4	−31.8	6
鹤壁	779.2	5.9	1	735.8	0.0	5	766.3	4.1	4
洛阳	753.6	8.7	1	693.1	0.0	5	679.1	−2.0	6
滑县	617.4	5.0	5	588.0	0.0	6	652.3	10.9	3
温县	757.8	6.3	3	712.9	0.0	5	707.1	−0.8	6
济源	827.0	10.0	5	751.6	0.0	6	864.9	15.1	3
荥阳	546.6	8.3	2	504.9	0.0	5	473.7	−6.2	6
镇平	694.6	4.2	3	666.4	0.0	5	599.9	−10.0	6
郾城	799.3	0.3	3	797.1	0.0	4	755.2	−5.3	6
尉氏	684.3	−0.4	6	686.8	0.0	5	696.0	1.3	4
平均	725.4	6.00	3	684.3	0.00	5	671.0	−1.96	6

表 5-17　2019 年河南省玉米品种生产试验田间性状汇总表(5500 株/亩机收组)

编号	品种	试点	株型	株高(cm)	穗位高(cm)	倒折率(%)	倒伏率(%)	茎腐病(级)	小斑病(级)	穗腐病(级)	瘤黑粉病(级)	弯孢菌(级)	锈病(级)	粗缩病(级)	生育期(天)
1	鼎优 163	商丘	半紧凑	275.0	108.0	0.0	0.0	0.0	1	1.0	0.0	3	3	0.0	100
		漯河	紧凑	257.0	100.0	0.0	0.0	0.0	1	1.0	0.0	1	3	0.0	102
		新乡	紧凑	268.0	100.0	0.0	0.0	0.0	1	1.4	0.0	1	1	0.0	100
		南阳	半紧凑	275.0	92.0	0.0	20.0	5.0	1	1.0	0.0	3	3	0.0	106
		鹤壁	紧凑	241.0	77.0	0.0	0.0	12.1	1	0.0	0.0	1	1	0.0	94
		洛阳	半紧凑	259.0	100.0	0.0	0.0	10.5	1	1.0	0.0	1	1	0.0	95
		滑县	半紧凑	286.0	115.0	0.0	0.0	2.2	1	3.0	3.8	1	3	0.0	101
		温县	紧凑	270.0	90.0	2.6	0.0	5.5	1	1.0	0.3	1	1	0.0	100
		济源	半紧凑	240.0	88.0	0.1	0.0	2.4	1	1.0	2.3	1	1	0.0	103
		荥阳	半紧凑	257.0	117.0	0.0	0.0	0.0	1	1.0	0.0	1	1	0.0	100
		镇平	半紧凑	254.0	106.0	0.0	0.0	0.0	3	3.0	0.0	3	3	0.0	104
		郾城	半紧凑	260.0	92.0	0.0	0.0	6.4	1	1.0	0.0	3	5	0.0	101
		尉氏	半紧凑	254.0	96.0	0.0	0.0	30.0	1	1.0	1.3	3	3	0.0	108
		平均	半紧凑	261.2	98.5	0.2	1.5	30.0	3	3.0	0~3.8	3	5	0.0	101
2	郑品玉 495	商丘	紧凑	282.0	110.0	0.0	0.0	0.0	1	1.0	0.0	3	1	0.0	100
		漯河	紧凑	263.0	100.0	0.0	0.0	0.0	1	1.0	0.0	1	3	0.0	102
		新乡	紧凑	261.0	97.0	0.0	0.0	0.0	1	1.0	0.0	1	1	0.0	99
		南阳	半紧凑	273.0	95.0	0.0	0.0	2.0	1	1.0	0.0	3	3	0.0	107
		鹤壁	紧凑	252.0	92.0	0.0	0.0	15.0	1	0.0	0.0	1	1	0.0	91
		洛阳	紧凑	277.0	102.0	0.0	0.0	0.0	1	1.0	0.0	1	1	0.0	95
		滑县	紧凑	280.0	119.0	0.0	0.0	2.6	1	1.0	1.2	1	3	0.0	100
		温县	紧凑	273.0	98.0	5.0	0.0	3.6	3	1.0	0.6	1	1	0.0	99
		济源	紧凑	249.0	82.0	0.1	0.1	1.6	3	1.0	0.3	1	1	0.0	102
		荥阳	半紧凑	258.0	99.0	0.0	0.0	0.0	1	1.0	0.0	1	1	0.0	99
		镇平	紧凑	249.0	86.0	0.0	0.0	0.0	3	3.0	0.0	3	3	0.0	103
		郾城	紧凑	260.0	95.0	0.0	0.0	4.1	1	1.0	0.0	1	3	0.0	102
		尉氏	紧凑	264.0	101.0	0.0	0.0	30.0	1	1.0	0.0	1	1	0.0	106
		平均	紧凑	264.7	98.2	0.4	0.0	30.0	3	3.0	0~1.2	3	3	0.0	100
3	怀川 82	商丘	半紧凑	274.0	115.0	0.0	0.0	0.0	3	1.0	2.8	3	5	0.0	101
		漯河	紧凑	263.0	108.0	0.0	0.0	0.0	1	1.0	0.0	1	5	0.0	103
		新乡	紧凑	284.0	108.0	0.0	0.0	0.0	1	1.2	0.7	1	1	0.0	101
		南阳	半紧凑	277.0	112.0	0.0	12.0	0.0	1	3.0	0.0	3	5	0.0	107

续表 5-17

编号	品种	试点	株型	株高(cm)	穗位高(cm)	倒折率(%)	倒伏率(%)	茎腐病(级)	小斑病(级)	穗腐病(级)	瘤黑粉病(级)	弯孢菌(级)	锈病(级)	粗缩病(级)	生育期(天)
3	怀川 82	鹤壁	紧凑	253.0	92.0	0.0	0.0	0.0	1	0.0	0.0	1	1	0.0	91
		洛阳	紧凑	276.0	101.0	0.0	0.0	0.0	1	1.0	0.0	3	1	0.0	96
		滑县	半紧凑	300.0	125.0	0.0	0.0	1.0	1	3.0	1.6	1	5	0.0	101
		温县	紧凑	275.0	103.0	3.8	1.3	4.9	1	1.0	1.2	1	1	0.0	100
		济源	半紧凑	236.0	88.0	1.3	1.1	0.8	1	1.0	3.9	1	3	0.0	101
		荥阳	半紧凑	251.0	104.0	0.0	0.0	0.0	1	1.0	0.0	1	1	0.0	100
		镇平	半紧凑	265.0	107.0	0.0	0.0	0.0	3	3.0	0.0	3	3	0.0	104
		郾城	半紧凑	261.0	101.0	0.0	0.0	3.0	1	1.0	2.2	1	7	0.0	101
		尉氏	半紧凑	257.0	93.0	0.0	0.0	20.0	1	1.0	3.7	1	5	0.0	106
		平均	半紧凑	267.1	104.4	0.4	1.1	20.0	3	3.0	0~3.9	3	7	0.0	101
4	豫红 501	商丘	紧凑	258.0	105.0	0.0	0.0	0.0	1	1.0	0.0	1	1	0.0	99
		漯河	紧凑	260.0	96.0	0.0	0.0	0.0	1	1.0	0.0	1	1	0.0	103
		新乡	紧凑	262.0	89.0	0.0	0.0	0.0	1	1.0	0.0	1	1	0.0	100
		南阳	半紧凑	272.0	99.0	0.0	0.0	3.0	3	1.0	0.0	3	3	0.0	107
		鹤壁	紧凑	249.0	97.0	0.0	0.0	11.2	1	0.0	0.0	1	1	0.0	92
		洛阳	紧凑	285.0	123.0	0.0	0.0	0.0	1	1.0	0.0	1	1	0.0	95
		滑县	半紧凑	290.0	106.0	0.0	0.0	4.5	1	3.0	0.0	1	3	0.0	101
		温县	紧凑	268.0	95.0	5.6	1.3	2.0	1	1.0	0.9	1	1	0.0	99
		济源	紧凑	245.0	84.0	0.0	0.1	3.6	1	1.0	0.4	1	1	0.0	102
		荥阳	半紧凑	253.0	92.0	0.0	0.0	0.0	1	1.0	0.0	1	1	0.0	99
		镇平	半紧凑	266.0	108.0	0.0	0.0	0.0	3	3.0	0.0	3	3	0.0	104
		郾城	紧凑	258.0	94.0	0.0	0.0	0.8	1	1.0	0.0	1	3	0.0	101
		尉氏	紧凑	266.0	103.0	0.0	0.0	20.0	1	1.0	0.0	1	1	0.0	106
		平均	紧凑	264.0	99.3	0.4	0.1	20.0	3	3.0	0~0.9	3	3	0.0	101
5	郑单 958	商丘	紧凑	280.0	138.0	0.0	0.0	0.0	3	1.0	3.4	3	5	0.0	103
		漯河	紧凑	255.0	113.0	0.0	0.0	5.0	1	1.0	0.0	1	3	0.0	105
		新乡	紧凑	268.0	109.0	0.0	0.0	6.8	1	1.8	0.0	1	1	0.0	102
		南阳	半紧凑	254.0	101.0	0.0	18.0	0.0	3	3.0	1.0	3	5	0.0	106
		鹤壁	紧凑	252.0	110.0	0.0	0.0	0.0	1	0.0	1.2	1	1	0.0	96
		洛阳	紧凑	252.0	117.0	30.8	20.3	0.0	1	1.0	0.0	3	1	0.0	97
		滑县	半紧凑	280.0	124.0	0.0	0.0	1.3	1	3.0	1.7	1	3	0.0	102
		温县	紧凑	260.0	108.0	5.6	1.3	2.2	3	3.0	0.9	3	1	0.0	101

续表 5-17

编号	品种	试点	株型	株高(cm)	穗位高(cm)	倒折率(%)	倒伏率(%)	茎腐病(级)	小斑病(级)	穗腐病(级)	瘤黑粉病(级)	弯孢菌(级)	锈病(级)	粗缩病(级)	生育期(天)
5	郑单958	济源	紧凑	245.0	101.0	1.5	0.9	0.4	3	1.0	0.5	1	1	0.0	103
		荥阳	半紧凑	248.0	110.0	6.1	0.0	0.0	1	1.0	0.0	1	1	0.0	101
		镇平	紧凑	243.0	109.0	0.0	0.0	0.0	3	3.0	0.0	3	5	0.0	105
		郾城	紧凑	257.0	108.0	0.0	0.0	3.9	1	1.0	0.0	3	7	0.3	102
		尉氏	半紧凑	255.0	101.0	0.0	0.0	30.0	1	1.0	0.0	3	1	0.0	109
		平均	紧凑	257.6	111.5	3.4	3.1	30.0	3	3.0	0~3.4	3	7	0.0	102
6	桥玉8号	商丘	半紧凑	308.0	146.0	0.7	2.4	2.7	3	1.0	1.2	3	5	0.0	99
		漯河	紧凑	299.0	133.0	0.0	2.0	3.0	1	1.0	0.0	1	3	0.0	104
		新乡	紧凑	310.0	118.0	0.0	9.6	5.1	1	1.2	0.0	1	3	0.0	101
		南阳	半紧凑	329.0	137.0	5.0	85.0	0.0	3	3.0	0.0	3	3	0.0	105
		鹤壁	紧凑	300.0	105.0	0.0	0.0	0.0	1	0.0	0.0	1	1	0.0	90
		洛阳	半紧凑	324.0	125.0	30.6	0.0	0.0	1	1.0	0.0	1	1	0.0	95
		滑县	半紧凑	325.0	135.0	0.0	0.0	1.1	1	1.0	0.4	1	5	0.0	101
		温县	半紧	296.0	126.0	8.8	2.5	12.1	3	1.0	0.7	3	1	0.0	99
		济源	半紧凑	287.0	107.0	1.4	0.5	3.2	3	1.0	0.4	1	1	0.0	101
		荥阳	半紧凑	295.0	137.0	30.3	0.0	0.0	1	1.0	0.0	1	1	0.0	100
		镇平	半紧凑	287.0	123.0	52.0	0.0	0.0	3	3.0	0.0	3	3	0.0	104
		郾城	半紧凑	285.0	122.0	0.0	4.8	8.5	1	1.0	0.0	1	7	0.0	103
		尉氏	半紧凑	298.0	116.0	0.0	10.0	50.0	1	3.0	0.0	3	3	0.0	108
		平均	半紧凑	303.3	125.4	9.9	9.0	50.0	3	3.0	0~1.2	3	7	0.0	101

表 5-18　2019 年河南省玉米品种生产试验室内考种汇总表(5500 株/亩机收组)

编号	品种	试点	穗长(cm)	穗粗(cm)	轴色	秃尖(cm)	穗行数	行粒数	粒型	粒色	出籽率(%)	千粒重(g)
1	鼎优163	商丘	17.8	4.7	红	0.0	16.6	33.2	马齿	黄	89.6	328.4
		漯河	16.5	4.6	红	0.0	17.4	32.1	半马齿	橙黄	83.6	339.5
		新乡	17.6	4.8	红	0.3	16.4	32.2	马齿	黄	90.5	314.1
		南阳	18.2	4.6	红	0.0	15.2	35.8	半马齿	黄	86.0	276.1
		鹤壁	16.8	4.5	红	0.0	17.5	37.2	半马齿	黄	89.7	398.1
		洛阳	16.3	4.8	红	0.2	18.0	30.0	半马齿	黄	88.5	355.0
		滑县	16.1	4.9	红	0.0	16.8	29.6	半马齿	黄	91.9	318.6
		温县	16.3	4.8	红	2.0	14.6	36.8	半马齿	黄	90.2	316.9

续表 5-18

编号	品种	试点	穗长(cm)	穗粗(cm)	轴色	秃尖(cm)	穗行数	行粒数	粒型	粒色	出籽率(%)	千粒重(g)
1	鼎优163	济源	17.1	4.6	红	0.1	17.0	33.8	马齿	黄	91.4	321.2
		荥阳	16.1	4.6	红	0.2	16.8	32.4	半马齿	黄	91.4	324.0
		镇平	16.0	4.6	红	0.3	17.3	30.0	半马齿	黄	88.3	313.7
		郾城	16.6	4.3	红	0.4	15.6	33.0	半马齿	黄	90.8	293.8
		尉氏	16.2	4.7	红	0.6	17.4	32.4	半马齿	黄	90.6	291.7
		平均	16.7	4.7	红	0.3	14~20	33.0	半马齿	黄	89.4	322.4
2	郑品玉495	商丘	19.7	5.0	红	1.0	14.8	36.0	半马齿	黄	88.9	336.2
		漯河	18.6	4.7	红	0.2	16.0	33.0	半马齿	橙黄	84.1	335.1
		新乡	19.3	4.9	红	1.0	14.8	35.8	半马齿	黄	88.5	336.3
		南阳	18.8	4.7	红	1.2	15.0	38.1	半马齿	黄	83.6	299.6
		鹤壁	16.7	4.5	红	0.0	17.2	33.9	半马齿	黄	89.4	376.5
		洛阳	17.5	4.9	红	0.5	16.8	30.8	半马齿	黄	85.9	343.0
		滑县	18.4	4.6	红	1.0	16.8	36.0	半马齿	黄	89.7	328.6
		温县	16.2	4.7	红	1.8	15.2	37.7	半马齿	黄	91.6	321.6
		济源	19.9	4.6	红	0.4	15.8	36.3	半马齿	黄	89.0	324.3
		荥阳	16.8	4.8	红	0.2	16.0	34.6	半马齿	黄	89.2	331.0
		镇平	17.7	4.5	红	0.5	14.6	36.0	硬粒	黄	88.6	322.4
		郾城	16.2	4.3	红	0.6	15.2	31.3	半马齿	黄	86.5	311.5
		尉氏	18.1	4.5	红	0.9	16.0	36.2	半马齿	黄	90.2	299.5
		平均	18.0	4.7	红	0.7	14~18	35.1	半马齿	黄	88.1	328.1
3	怀川82	商丘	18.0	5.1	红	0.4	17.8	35.4	马齿	黄	88.7	310.0
		漯河	16.1	4.8	红	0.1	18.0	31.7	马齿	黄	83.2	347.0
		新乡	17.6	5.0	红	0.3	18.0	34.5	马齿	黄	89.4	320.9
		南阳	16.4	4.6	粉红	0.0	14.4	33.2	半马齿	黄	83.3	274.5
		鹤壁	18.0	4.9	红	0.0	18.0	37.2	半马齿	黄	88.2	380.0
		洛阳	17.8	5.1	红	0.5	17.6	32.8	半马齿	黄	84.3	323.0
		滑县	17.4	4.9	红	0.5	17.2	33.2	半马齿	黄	89.6	300.8
		温县	16.5	4.8	红	1.9	15.8	36.5	半马齿	黄	89.7	319.7
		济源	17.5	4.7	红	0.1	17.2	32.2	半马齿	黄	89.0	312.9
		荥阳	16.0	4.4	红	0.6	17.6	33.3	半马齿	黄	89.0	319.0
		镇平	15.4	4.7	红	0.0	17.3	30.0	半马齿	黄	88.7	328.8
		郾城	15.0	4.6	红	0.5	18.4	28.8	半马齿	黄	84.0	253.1
		尉氏	16.8	4.6	红	0.6	18.4	34.9	半马齿	黄	89.8	278.3
		平均	16.8	4.8	红	0.4	14~20	33.4	半马齿	黄	87.5	312.9

续表 5-18

编号	品种	试点	穗长（cm）	穗粗（cm）	轴色	秃尖（cm）	穗行数	行粒数	粒型	粒色	出籽率（%）	千粒重（g）
4	豫红 501	商丘	18.1	4.6	红	1.5	15.4	35.1	半马齿	橙黄	88.0	298.1
		漯河	18.4	4.6	红	0.2	16.2	37.2	半马齿	橙	90.8	300.5
		新乡	17.9	4.5	红	0.8	15.2	33.9	半马齿	黄	88.2	307.2
		南阳	17.8	4.6	红	0.6	14.8	38.9	硬粒	红黄	80.9	249.5
		鹤壁	18.3	4.4	红	1.5	16.0	43.0	马齿	黄	88.9	388.5
		洛阳	17.7	4.9	红	0.3	17.2	35.2	半马齿	黄	87.5	346.0
		滑县	16.9	5.0	红	2.0	17.2	33.8	硬粒	黄	87.5	295.1
		温县	17.0	4.9	红	2.0	14.8	38.8	半马齿	黄	88.9	324.8
		济源	19.1	4.4	红	0.9	16.8	38.6	硬粒	黄	88.3	288.6
		荥阳	16.8	4.6	红	0.5	16.8	33.8	半马齿	黄	87.3	328.0
		镇平	17.7	4.3	红	0.4	15.3	38.3	硬粒	黄	87.1	327.5
		郾城	18.4	4.4	红	1.0	16.0	35.8	硬粒	橘红	83.5	267.1
		尉氏	16.6	4.5	红	1.0	16.8	39.1	半马齿	橘红	88.8	262.0
		平均	17.7	4.6	红	1.0	14~18	37.0	半马齿	黄	87.4	306.4
5	郑单 958	商丘	19.8	5.5	白	0.0	15.6	37.0	半马齿	黄	89.2	336.7
		漯河	18.5	5.2	白	0.0	15.8	38.1	硬粒	黄	84.2	273.8
		新乡	17.6	5.4	白	0.5	14.8	34.6	马齿	黄	86.8	302.3
		南阳	17.1	4.6	白	0.2	14.8	36.1	半马齿	黄	78.8	292.3
		鹤壁	17.4	5.3	白	1.5	15.3	39.2	半马齿	黄	89.9	409.0
		洛阳	18.2	5.1	白	0.1	14.6	32.0	半马齿	黄	89.1	337.0
		滑县	17.1	5.2	白	0.0	17.2	35.8	半马齿	黄	89.1	334.5
		温县	17.9	4.9	白	2.2	15.6	37.6	半马齿	黄	88.6	323.3
		济源	18.0	4.9	白	0.1	15.0	36.9	马齿	黄	87.1	341.4
		荥阳	16.2	4.6	白	0.4	14.0	31.0	半马齿	黄	87.3	315.0
		镇平	16.7	4.8	白	0.0	14.0	37.3	半马齿	黄	86.4	324.3
		郾城	16.0	4.6	白	0.5	14.4	35.3	半马齿	黄	86.5	278.3
		尉氏	16.6	4.7	白	0.7	15.0	37.0	半马齿	黄	90.3	274.0
		平均	17.5	5.0	白	0.5	12-18	36.0	半马齿	黄	87.2	318.6

续表 5-18

编号	品种	试点	穗长（cm）	穗粗（cm）	轴色	秃尖（cm）	穗行数	行粒数	粒型	粒色	出籽率（%）	千粒重（g）
6	桥玉8号	商丘	20.6	5.7	红	0.5	16.4	42.7	半马齿	黄白	88.4	360.6
		漯河	18.6	4.8	红	0.4	13.8	38.4	半马齿	黄白	87.6	270.4
		新乡	17.9	5.2	红	1.0	13.6	38.6	马齿	黄白	85.2	351.7
		南阳	17.5	4.7	粉红	2.2	15.0	37.3	半马齿	黄白	76.8	262.8
		鹤壁	18.9	5.2	红	3.5	15.5	44.5	半马齿	黄白	87.7	407.0
		洛阳	19.1	5.1	红	0.2	13.8	31.2	半马齿	黄白	85.7	350.0
		滑县	17.5	4.8	红	1.0	12.8	38.2	马齿	黄白	87.2	385.4
		温县	18.2	5.0	红	3.0	15.2	36.9	马齿	黄白	87.9	331.6
		济源	21.2	4.9	红	0.3	13.2	47.2	马齿	黄白	85.6	372.7
		荥阳	18.8	4.4	红	0.5	12.4	44.0	半马齿	黄	83.7	308.0
		镇平	19.6	4.7	红	0.7	14.0	40.2	半马齿	黄白	86.4	317.3
		郾城	17.1	4.8	红	1.4	14.0	38.2	半马齿	黄白	85.3	340.6
		尉氏	18.0	4.8	红	0.8	13.6	42.0	半马齿	黄	88.6	300.2
		平均	18.7	4.9	红	1.2	12~18	40.0	半马齿	黄白	85.9	335.3

表 5-19　2019 年河南省玉米品种生产试验机收性状汇总表(5500 株/亩机收组)

试点	鼎优 163(1)			郑品玉 495(2)			怀川 82(3)			豫红 501(4)		
	含水量（%）	破损率（%）	杂质率（%）	含水量（%）	破损率（%）	杂质率（%）	含水量（%）	破损率（%）	杂质率（%）	含水量（%）	破损率（%）	杂质率（%）
商丘	25.05	3.30	0.60	28.70	1.95	0.50	27.35	2.95	0.40	28.45	2.60	0.25
漯河	20.30	1.94	0.55	22.83	2.68	1.12	23.17	4.33	0.93	23.57	2.56	0.90
新乡	23.17	0.50	0.40	23.83	0.70	0.50	23.97	0.75	0.55	23.17	0.65	0.65
南阳	20.80	2.10	1.35	21.33	2.20	1.00	22.87	3.15	1.80	22.60	2.90	0.60
鹤壁	24.17	2.30	0.40	25.10	3.30	0.60	27.83	6.55	1.25	24.87	2.95	0.35
洛阳	24.70	2.19	1.31	24.53	2.39	1.88	24.77	2.68	1.73	23.73	2.56	1.68
滑县	31.75	6.00	4.00	33.85	5.50	3.50	34.40	4.50	2.00	34.65	5.50	4.00
温县	24.60	4.00	0.40	26.17	5.05	0.75	26.40	5.10	0.85	26.23	4.45	0.70
济源	23.34	4.02	0.53	23.91	3.22	0.36	24.30	3.76	0.73	24.20	2.07	0.34
荥阳	27.07	1.20	1.15	26.53	1.10	0.95	26.57	1.50	1.25	25.13	1.10	1.25
镇平	24.10	3.20	0.65	25.33	2.65	0.60	24.70	3.30	0.45	25.17	2.80	0.30
郾城	21.90	2.41	0.36	22.50	2.81	0.43	22.90	3.42	0.50	23.45	2.24	0.33
尉氏	22.63	2.25	0.75	20.43	2.25	0.75	20.10	2.25	1.00	19.83	1.75	0.75
平均	24.12	2.72	0.96	25.00	2.75	0.99	25.33	3.40	1.03	25.00	2.62	0.93

续表 5-19

试点	郑单 958(5)			桥玉 8 号(6)		
	含水量(%)	破损率(%)	杂质率(%)	含水量(%)	破损率(%)	杂质率(%)
商丘	30.15	5.50	2.35	26.90	4.00	1.15
漯河	27.00	4.31	1.42	24.03	3.41	0.81
新乡	28.37	3.75	0.75	24.00	0.75	0.65
南阳	25.87	6.00	2.95	22.80	2.85	3.15
鹤壁	29.13	8.15	0.95	26.73	7.50	1.05
洛阳	28.93	3.32	1.97	25.07	2.97	1.77
滑县	37.40	5.00	4.50	36.20	7.00	6.00
温县	28.57	6.15	1.05	26.57	4.80	0.90
济源	27.12	3.41	0.30	24.57	2.33	0.32
荥阳	29.87	2.15	1.65	27.23	1.40	1.15
镇平	27.30	5.70	2.35	25.57	5.05	1.15
郾城	27.45	5.62	1.33	24.25	2.64	0.58
尉氏	26.40	8.25	0.75	22.03	1.50	0.00
平均	28.73	5.18	1.72	25.84	3.55	1.44

第六章　2019 年河南省玉米新品种试验报告附件

第一节　2019 年河南省玉米新品种样品真实性检测报告

一、检测任务

对 2019 年由河南省种子站送检的河南玉米区试样品进行 DNA 指纹检测,与已知品种 SSR 指纹数据库进行比较,筛查同名及疑似品种信息。

二、送检样品与已知品种 SSR 指纹数据库信息

送检样品:共 84 份,具体样品信息见附表 1。

已知品种 SSR 指纹数据库:SSR 指纹数据库包括 6878 份农业部征集审定品种标准样品,1861 份农业部品种权保护标准样品,2018 年国家区试及国家联合体样品、2018 年各省区试及各省联合体样品,2019 年国家区试及国家联合体样品、2019 年同省区试样品,2016 年及 2017 年河南区试指定同名样品等。

三、检测方法及判定标准

DNA 指纹检测:NY/T1432—2014　玉米品种鉴定技术规程　SSR　标记法

四、DNA 指纹检测结果

同名品种检测:84 份待测样品与已知品种 SSR 指纹数据库比较,共筛查出 33 套同名品种,其中 4 套同名品种间 DNA 指纹差异位点数≥2,判定为不同品种,其余 29 套同名品种间 DNA 指纹差异位点数均≤1,判定为近似、极近似或相同品种。检测结果详见附表 2。

疑似品种检测:84 份待测样品与已知品种 SSR 指纹数据库比较,共筛查出 13 套疑似品种,且成套品种间 DNA 指纹差异位点数均≤1,判定为近似、极近似或相同品种,检测结果详见附表 3。除上述 13 套品种外,其余品种与已知品种 SSR 指纹数据库比较,品种间 DNA 指纹差异位点数均≥2,未筛查出疑似品种。

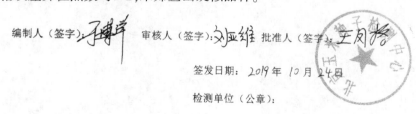

编制人(签字):于婧洋　审核人(签字):刘亚维　批准人(签字):王凤格

签发日期:2019 年 10 月 24 日

检测单位(公章):

附表 1　样品信息表

序号	样品编号	样品名称	备注
1	MHN1900001	豫豪 788	—
2	MHN1900002	伟玉 018	—
3	MHN1900003	怀玉 169	—
4	MHN1900004	豫红 191	—
5	MHN1900005	ZB1803	—
6	MHN1900006	GRS7501	—
7	MHN1900007	晟单 183	—
8	MHN1900008	先玉 1867	—
9	MHN1900009	晶玉 9 号	—
10	MHN1900010	金玉 707	—
11	MHN1900011	MC876	—
12	MHN1900012	科育 662	—
13	MHN1900013	沃优 218	—
14	MHN1900014	豫豪 777	—
15	MHN1900015	梦玉 309	—
16	MHN1900016	农华 137	—
17	MHN1900017	佳美 168	—
18	MHN1900018	伟玉 618	—
19	MHN1900019	博金 100	—
20	MHN1900020	恒丰玉 666	—
21	MHN1900021	玉兴 118	—
22	MHN1900022	LN116	—
23	MHN1900023	科弘 58	—
24	MHN1900024	百科玉 182	—
25	MHN1900025	裕隆 1 号	—
26	MHN1900026	SN288	—
27	MHN1900027	灵光 3 号	—
28	MHN1900028	ZB1801	—
29	MHN1900029	泓丰 1404	—
30	MHN1900030	渭玉 321	—

续附表 1

序号	样品编号	样品名称	备注
31	MHN1900031	金宛 668	—
32	MHN1900032	金玉 818	—
33	MHN1900033	安丰 139	—
34	MHN1900034	利合 878	—
35	MHN1900035	智单 705	—
36	MHN1900036	郑原玉 886	—
37	MHN1900037	H1867	—
38	MHN1900038	梦玉 377	—
39	MHN1900039	五谷 403	—
40	MHN1900040	晟单 182	—
41	MHN1900041	丰田 1669	—
42	MHN1900042	莲玉 88	—
43	MHN1900043	伟科 819	—
44	MHN1900044	伟玉 718	—
45	MHN1900045	丰大 611	—
46	MHN1900046	先玉 1879	—
47	MHN1900047	郑玉 7765	—
48	MHN1900048	中航 612	—
49	MHN1900049	润泉 6311	—
50	MHN1900050	隆平 115	—
51	MHN1900051	润田 188	—
52	MHN1900052	光合 799	—
53	MHN1900053	百科玉 189	—
54	MHN1900054	菊城 606	—
55	MHN1900055	邵单 979	—
56	MHN1900056	禾育 603	—
57	MHN1900057	吉祥 99	—
58	MHN1900058	顺玉 3 号	—
59	MHN1900059	沃优 228	—
60	MHN1900060	豫单 9966	2018

续附表 1

序号	样品编号	样品名称	备注
61	MHN1900061	航星 12 号	2016
62	MHN1900062	玉湘 99	2018
63	MHN1900063	三北 72	SW285,2017
64	MHN1900064	农华 212	2017
65	MHN1900065	年年丰 1 号	2016
66	MHN1900066	XSH165	2018
67	MHN1900067	豫单 921	2017
68	MHN1900068	中航 611	2018
69	MHN1900069	怀玉 68	2018
70	MHN1900070	郑单 5179	2017
71	MHN1900071	金良 516	2016
72	MHN1900072	北青 680	BQ680,2017
73	MHN1900073	技丰 336	2018
74	MHN1900074	豫丰 107	2016
75	MHN1900075	安丰 137	2018
76	MHN1900076	沃优 117	2018
77	MHN1900077	豫农丰 2 号	2017
78	MHN1900078	中玉 303	2018
79	MHN1900079	伟育 168	2017
80	MHN1900080	浚单 1668	2017
81	MHN1900081	鼎优 163	2017
82	MHN1900082	郑品玉 495	2017
83	MHN1900083	怀川 82	2017
84	MHN1900084	豫红 501	2018

附表 2　同名品种比较结果表

序号	待测样品		对照样品			比较位点数	差异位点数	结论
	样品编号	样品名称	样品编号	样品名称	来源			
1	MHN1900012	科育 662	MH1800128	科育 662	2018 年河北区试	40	35	不同
2-1	MHN1900032	金玉 818	BGG1662	金玉 818	农业部征集审定品种	40	31	不同
2-2	MHN1900032	金玉 818	MW1901355	金玉 818	2019 年国家联合体-北农联合体	40	31	不同
3	MHN1900067	豫单 921	MHN361	豫单 921	2017 年河南区试 4500 组	40	10	不同
4-1	MHN1900084	豫红 501	MG1800306	豫红 501	2018 年国家区试黄淮海夏玉米组	40	31	不同
4-2	MHN1900084	豫红 501	MHN1800061	豫红 501	2018 年河南区试	40	0	极近似或相同
5-1	MHN1900008	先玉 1867	MG1800363	先玉 1867	2018 年国家区试黄淮海夏玉米组	40	0	极近似或相同
5-2	MHN1900008	先玉 1867	MG1900358	先玉 1867	2019 年国家区试黄淮海夏玉米机收组	40	0	极近似或相同
6-1	MHN1900011	MC876	MG1800345	MC876	2018 年国家区试黄淮海夏玉米组	40	0	极近似或相同
6-2	MHN1900011	MC876	MG1900346	MC876	2019 年国家区试黄淮海夏玉米普 4500 密二组	40	0	极近似或相同
7	MHN1900016	农华 137	MH1800115	农华 137	2018 年河北区试	40	0	极近似或相同
8	MHN1900019	博金 100	MW1900710	博金 100	2019 年国家联合体-绿亿种业+黄淮海夏玉米联合体	40	0	极近似或相同
9	MHN1900034	利合 878	MW1801016	利合 878	2018 年国家联合体-京科联合体	40	0	极近似或相同
10	MHN1900049	润泉 6311	BGG5935	润泉 6311	农业部征集审定品种	40	0	极近似或相同
11	MHN1900060	豫单 9966	MHN1800004	豫单 9966	2018 年河南区试	40	1	近似
12	MHN1900061	航星 12 号	MHN202	航星 12	2016 年河南区试	40	0	极近似或相同
13	MHN1900062	玉湘 99	MHN1800019	玉湘 99	2018 年河南区试	40	0	极近似或相同
14-1	MHN1900063	三北 72	MHN1800001	三北 72	2018 年河南区试	40	0	极近似或相同
14-2	MHN1900063	三北 72	MHN405	三北 72(SW285)	2017 年河南区试机收 4500 组	40	0	极近似或相同

续附表 2

序号	待测样品		对照样品			比较位点数	差异位点数	结论
	样品编号	样品名称	样品编号	样品名称	来源			
15	MHN1900064	农华 212	MHN294	农华 212	2016 年河南区试	40	0	极近似或相同
16	MHN1900065	年年丰 1 号	MHN215	年年丰 1 号	2016 年河南区试	40	0	极近似或相同
17	MHN1900066	XSH165	MHN1800025	XSH165	2018 年河南区试	40	0	极近似或相同
18	MHN1900068	中航 611	MHN1800022	中航 611	2018 年河南区试	40	0	极近似或相同
19	MHN1900069	怀玉 68	MHN273	怀玉 68	2016 年河南区试	40	0	极近似或相同
20	MHN1900070	郑单 5179	MHN360	郑单 5179	2017 年河南区试 4500 组	40	0	极近似或相同
21	MHN1900071	金良 516	MHN232	金良 516	2016 年河南区试	40	0	极近似或相同
22	MHN1900072	北青 680	MHN342	BQ680	2017 年河南区试 4500 组	40	1	近似
23-1	MHN1900073	技丰 336	MHN1800030	技丰 336	2018 年河南区试	40	0	极近似或相同
23-2	MHN1900073	技丰 336	MW1900704	技丰 336	2019 年国家联合体-绿亿种业+黄淮海夏玉米联合体	40	0	极近似或相同
24	MHN1900074	豫丰 107	MHN290	豫丰 107	2016 年河南区试	40	0	极近似或相同
25	MHN1900075	安丰 137	MHN1800038	安丰 137	2018 年河南区试	40	0	极近似或相同
26	MHN1900076	沃优 117	MHN1800037	沃优 117	2018 年河南区试	40	1	近似
27	MHN1900077	豫农丰 2 号	MHN387	豫农丰 2 号	2017 年河南区试 5000 组	40	0	极近似或相同
28	MHN1900078	中玉 303	MHN1800047	中玉 303	2018 年河南区试	40	0	极近似或相同
29	MHN1900079	伟育 168	MHN406	伟育 168	2017 年河南区试机收 4500 组	40	0	极近似或相同
30	MHN1900080	浚单 1668	MHN402	浚单 1668	2017 年河南区试机收 4500 组	40	0	极近似或相同
31	MHN1900081	鼎优 163	MHN416	鼎优 163	2017 年河南区试机收 5500 组	40	0	极近似或相同
32	MHN1900082	郑品玉 495	MHN420	郑品玉 495	2017 年河南区试机收 5500 组	40	0	极近似或相同
33	MHN1900083	怀川 82	MHN417	怀川 82	2017 年河南区试机收 5500 组	40	0	极近似或相同

附表 3　疑似品种比较结果表

序号	待测样品		对照样品			比较位点数	差异位点数	结论
	样品编号	样品名称	样品编号	样品名称	来源			
1	MHN1900003	怀玉 169	MWHN1800064	怀川 139	2018 年河南省联合体-豫满仓玉米试验联合体	40	0	极近似或相同
2	MHN1900004	豫红 191	MWHN1900056	豫单 922	2019 年河南省联合体-河南省科企共赢玉米联合体	40	1	近似
3-1	MHN1900021	玉兴 118	MWJ1800130	福莱 116	2018 年吉林省联合体-吉科玉联合体	40	0	极近似或相同
3-2	MHN1900021	玉兴 118	MWL1800787	盛新 203	2018 年辽宁省联合体-辽宁田丰科企联合体	40	0	极近似或相同
4	MHN1900052	光合 799	MG1800196	沐玉 105	2018 年国家区试东华北中晚熟春玉米组	40	0	极近似或相同
5	MHN1900056	禾育 603	BGG6336	联创 808	农业部征集审定品种	40	0	极近似或相同
6	MHN1900057	吉祥 99	MH1800157	鑫大绿 525	2018 年河北区试	40	1	近似
7	MHN1900062	玉湘 99	BGG6507	金北 516	农业部征集审定品种	40	1	近似
8	MHN1900065	年年丰 1 号	MWH1800159	科腾 508	2018 年河北省联合体-河北玉米新品种创新联盟	40	0	极近似或相同
9	MHN1900066	XSH165	BGG5676	宁单 25 号	农业部征集审定品种	40	1	近似
10	MHN1900071	金良 516	BGG4826	秋乐 218	农业部征集审定品种	40	1	近似
11	MHN1900074	豫丰 107	MN1800003	豫丰 10 号	2018 年宁夏区试	40	0	极近似或相同
12-1	MHN1900078	中玉 303	MG1800323	ZY303	2018 年国家区试黄淮海夏玉米组	40	0	极近似或相同
12-2	MHN1900078	中玉 303	MG1900311	ZY303	2019 年国家区试黄淮海夏玉米普 5000 密三组	40	0	极近似或相同
13	MHN1900080	浚单 1668	MG1800286	先行 1538	2018 年国家区试黄淮海夏玉米组	40	1	近似

第二节　2019 年河南省玉米新品种抗性鉴定报告

受河南省种子站委托,2019 年河南农业大学植保学院对河南省玉米区试参试的 100 份品种材料进行了玉米茎腐病、小斑病、弯孢霉叶斑病、瘤黑粉病、穗腐病和南方锈病田间剂接种抗性或自然病圃鉴定,旨在为品种审定和生产上大面积推广应用提供理论依据。

一、试验材料与方法

(一)供试玉米品种

本次参试的玉米品种共 100 个,见表 6-1。

表 6-1　2019 年河南省玉米参试品种

品种名称	品种名称	品种名称	品种名称	品种名称
玉兴 118	裕隆 1 号	先玉 1770	伟科 725	润田 188
豫安 9 号	中航 611	MC876	BQ702	云台玉 35
科育 662	GX26	征玉一号	菊城 606	隆平 115
博金 100	伟玉 618	豫单 9966	禾育 603	丰大 611
LN116	SN288	豫保 122	邵单 979	伟玉 679
康瑞 108	BQ701	顺玉 3 号	金玉 818	伟玉 718
农华 137	科弘 58	金玉 707	GRS7501	伟科 819
佳美 168	百科玉 182	豫红 501	润泽 917	中玉 303
沃优 218	富瑞 6 号	五谷 403	现代 711	百科玉 189
郑原玉 435	伟玉 018	豫农丰 2 号	安丰 139	利合 878
XSH165	渭玉 321	中航 612	郑原玉 65	安丰 137
豫豪 788	金诺 6024	郑玉 7765	DF617	沃优 117
灵光 3 号	梦玉 309	先玉 1879	晶玉 9 号	沃优 228
金宛 668	先玉 1773	丰田 1669	先玉 1867	智单 705
三北 72	玉湘 99	康瑞 104	H1867	晟单 183
景玉 787	泓丰 1404	高玉 66	梦玉 377	梦玉 369
佳玉 34	豫豪 777	郑原玉 886	晟单 182	—
瑞邦 16	技丰 336	光合 799	莲玉 88	—
豫红 191	ZB1803	ZB1801	锦华 175	—
明宇 3 号	怀玉 169	吉祥 99	隆禾玉 358	—
恒丰玉 666	禾业 186	润泉 6311	J9881	—

（二）供试菌种

玉米小斑病、弯孢霉叶斑、茎腐病和穗腐病菌均采自河南田间典型病株，由实验室分离保存，鉴定到种；玉米瘤黑粉病菌采自新乡；玉米南方锈病菌为当年田间自然发病的病菌。

（三）田间设计

抗性鉴定试验分别安排在河南荥阳、原阳、商丘、洛阳等4地，其中洛阳为茎腐病辅助鉴定点。在各试验点分别对参试品种进行了镰孢菌茎腐病、小斑病、镰孢菌穗腐病、弯孢霉叶斑病、瘤黑粉病和南方锈病进行抗性鉴定及评价。各鉴定圃独立分区设置，分别进行接种。各试验点均多年种植玉米，地势平坦，肥力中等，排灌条件较好。试验点均为夏播，播种方式为穴播，每穴两粒，3叶期定苗；每品种种植2行，行长6~8 m。供试品种按编号排列，对照品种随机排列。试验田周围设2行保护行。抗性鉴定按照国家农业行业标准《玉米抗病虫性鉴定技术规范》（NY/T 1248—2006）执行。

（四）病菌接种与病害调查方法

1.玉米镰孢菌茎腐病抗性鉴定

鉴定圃设在荥阳市广武镇和商丘市梁园区，分别于6月8日和10日播种。每品种种植2行，行长6 m，行距0.6 m，株距0.25 m，种植密度为4500株/亩。茎腐病菌采用从河南省分离的强致病力禾谷镰刀菌菌株，利用麦粒沙培养基扩繁后进行接种。接种时间大喇叭口期，为采用埋根法接种，每株接种30g菌种，在收获前调查病情，记载发病率。为了保证充分发病，病圃接种后分别在抽雄期和蜡熟期分别浇水一次。另外，在洛阳点设置鉴定病圃进行辅助鉴定。

2.玉米小斑病抗性鉴定

鉴定圃设在荥阳市广武镇，于6月8日播种，种植方法同上。小斑病病菌选用自河南田间典型小斑病病样分离的菌株，分别用高粱粒培养基扩繁后，制成孢子悬浮液（孢子浓度为$3×10^5$个/mL）混合喷雾接种。于吐丝期接种，蜡熟期调查发病情况，记载各品种的群体发病级别。

3.玉米镰孢菌穗腐病抗性鉴定

鉴定圃设在荥阳市广武镇，于6月8日播种，种植方法同上。穗腐病菌选用自河南省田间病穗上采集并鉴定的禾谷镰孢菌，绿豆汤培养基培养后配置成孢子悬浮液（孢子浓度为$2×10^6$个/mL），于抽雄后3~5天用花丝通道注射法接种，每穗2 mL，收获前调查病情，调查时逐穗记载发病级别，计算该品种的平均病级。

4.玉米弯孢菌霉叶斑病抗性鉴定

鉴定圃设在河南原阳县北郊河南农业大学科教园区，于6月12日播种。每品种种植2行，行长6 m，行距0.6 m，株距0.25 m，种植密度为4500株/亩。弯孢病菌选用河南田间典型弯孢霉叶斑病病株上分离并鉴定的新月弯孢，PDA培养基上产生孢子。于抽雄后采用孢子悬浮液（孢子浓度为$5×10^5$个/mL）喷雾法接种，蜡熟期调查发病情况，记载各品种的群体发病级别。

5.玉米瘤黑粉病抗性鉴定

鉴定圃设在河南原阳县北郊河南农业大学科教园区，种植方式同上。瘤黑粉病菌选用上一年河南田间采集的玉蜀黍黑粉病菌，接种前1天配置成冬孢子悬浮液（孢子浓度为$1.0×10^6$个/mL）。于小喇叭口期注射法接种，每株2 mL。灌浆期调查病情。调查时记载每份鉴定品种的发病情况，计算发病率。

6.玉米南方锈病抗性鉴定

鉴定圃设在在商丘市梁园区，于6月10日播种。每品种种植2行，行长6 m，行距0.6 m，株距0.22 m，种植密度为5000株/亩。田间自然发病。蜡熟期调查病情，记载各品种的群体发病级别。每个鉴定对象分别设置感病对照品种（自交系）。

病害调查方法及抗性评价标准参照《中华人民共和国玉米品种抗病性鉴定规范》，具体评价标准见表6-2。

表6-2 玉米主要病虫害抗性评价标准

病虫害类别	高抗（HR）	抗（R）	中抗（MR）	感（S）	高感（HS）
小斑病（病级）	1	3	5	7	9
弯孢霉叶斑病（病级）	1	3	5	7	9
茎腐病（病株率（%））	0~5.0	5.1~10.0	10.1~30.0	30.1~40.0	40.1~100.0
瘤黑粉病（病株率（%））	0~5.0	5.1~10.0	10.1~20.0	20.1~40.0	40.1~100.0
穗腐病（平均病级）	≤1.5	1.6~3.5	3.6~5.5	5.6~7.5	7.6~9.0
南方锈病（病级）	1	3	5	7	9

二、结果与分析

（一）对照种的抗性鉴定结果

各鉴定对象感病对照品种（自交系）发生程度见表6-3。从调查结果可以看出，6个病害的感病对照品种（自交系）均达到高感或感病标准，因此本次鉴定结果有效。

表6-3 感病对照品种（自交系）抗病虫害鉴定结果

品种名称	小斑病		弯孢霉叶斑病		镰孢菌茎腐病		瘤黑粉病		镰孢菌穗腐病		南方锈病	
	病级	抗性评价	病级	抗性评价	病株率（%）	抗性评价	病株率（%）	抗性评价	病级	抗性评价	病级	抗性评价
B73	7	S							6.2	S		
Mo17	3	R										
黄早四					75.0	HS					9	HS
沈137			3	R								
掖478			9	HS	80.0	HS	65.0	HS				
X178	9	HS							1.7	R		
齐319					0	HR	0	HR				

(二)供试品种的抗性鉴定结果

2019 年参试的 100 个玉米品种对主要病虫害的抗性鉴定结果见表 6-4。

表 6-4　2019 年河南省玉米品种区试抗病虫害鉴定结果

品种名称	镰孢菌茎腐病		小斑病		弯孢霉叶斑病		镰孢菌穗腐病		瘤黑粉病		南方锈病	
	病株率(%)	抗性评价	病级	抗性评价	病级	抗性评价	平均病级	抗性评价	病株率(%)	抗性评价	病级	抗性评价
豫保 122	3.33	高抗	1	高抗	7	感病	1.5	高抗	3.3	高抗	7	感病
顺玉 3 号	53.70	高感	3	抗病	7	感病	1.7	抗病	23.3	感病	1	高抗
金玉 707	0.00	高抗	5	中抗	7	感病	1.8	抗病	16.7	中抗	7	感病
豫红 501	10.00	抗病	5	中抗	7	感病	1.6	抗病	6.7	抗病	3	抗病
五谷 403	3.33	高抗	1	高抗	3	抗病	1.2	高抗	6.7	抗病	1	高抗
豫农丰 2 号	31.48	感病	9	高感	7	感病	2.6	抗病	3.3	高抗	3	抗病
中航 612	0.00	高抗	1	高抗	5	中抗	1.3	高抗	3.3	高抗	1	高抗
郑玉 7765	60.00	高感	3	抗病	7	感病	1.6	抗病	13.3	中抗	3	抗病
先玉 1879	33.33	感病	3	抗病	7	感病	1.9	抗病	0.0	高抗	3	抗病
丰田 1669	6.67	抗病	3	抗病	5	中抗	2.4	抗病	0.0	高抗	5	中抗
康瑞 104	3.33	高抗	5	中抗	7	感病	1.8	抗病	3.3	高抗	3	抗病
高玉 66	0.00	高抗	7	感病	3	抗病	1.6	抗病	3.3	高抗	3	抗病
郑原玉 886	6.67	抗病	7	感病	7	感病	1.7	抗病	16.7	中抗	3	抗病
光合 799	0.00	高抗	5	中抗	7	感病	3.8	中抗	13.3	中抗	7	感病
ZB1801	60.00	高感	9	高感	7	感病	1.6	抗病	26.7	感病	3	抗病
吉祥 99	0.00	高抗	3	抗病	5	中抗	1.8	抗病	0.0	高抗	3	抗病
禾业 186	6.67	抗病	7	感病	7	感病	1.8	抗病	0.0	高抗	3	抗病
伟科 725	0.00	高抗	7	感病	7	感病	1.7	抗病	13.3	中抗	5	中抗
BQ702	50.00	高感	7	感病	7	感病	2.2	抗病	13.3	中抗	3	抗病
菊城 606	14.81	中抗	7	感病	7	感病	2.5	抗病	13.3	中抗	3	抗病
禾育 603	50.00	高感	7	感病	5	中抗	2.7	抗病	6.7	抗病	7	感病
邵单 979	27.78	中抗	5	中抗	7	感病	4.2	中抗	0.0	高抗	5	中抗

续表 6-4

品种名称	镰孢菌茎腐病		小斑病		弯孢霉叶斑病		镰孢菌穗腐病		瘤黑粉病		南方锈病	
	病株率(%)	抗性评价	病级	抗性评价	病级	抗性评价	平均病级	抗性评价	病株率(%)	抗性评价	病级	抗性评价
金玉 818	9.26	抗病	5	中抗	5	中抗	1.3	高抗	3.3	高抗	5	中抗
GRS7501	22.22	中抗	7	感病	5	中抗	1.7	抗病	6.7	抗病	3	抗病
润泽 917	3.33	高抗	5	中抗	5	中抗	1.6	抗病	6.7	抗病	3	抗病
现代 711	3.70	高抗	5	中抗	5	中抗	1.8	抗病	13.3	中抗	5	中抗
安丰 139	16.67	中抗	5	中抗	3	抗病	1.4	高抗	3.3	高抗	3	抗病
郑原玉 65	0.00	高抗	5	中抗	7	感病	1.8	抗病	3.3	高抗	5	中抗
DF617	0.00	高抗	5	中抗	7	感病	1.9	抗病	10.0	抗病	5	中抗
晶玉 9 号	13.33	中抗	5	中抗	5	中抗	1.3	高抗	3.3	高抗	9	高感
先玉 1867	16.67	中抗	7	感病	1	高抗	1.7	抗病	40.6	高感	7	感病
H1867	20.00	中抗	3	抗病	3	抗病	2.8	抗病	3.3	高抗	5	中抗
梦玉 377	14.81	中抗	5	中抗	7	感病	1.8	抗病	46.7	高感	5	中抗
晟单 182	11.11	中抗	3	抗病	7	感病	6.5	感病	20.0	中抗	5	中抗
莲玉 88	35.19	感病	5	中抗	3	抗病	1.9	抗病	16.7	中抗	5	中抗
锦华 175	1.85	高抗	5	中抗	5	中抗	1.5	高抗	6.7	抗病	5	中抗
隆禾玉 358	0.00	高抗	1	高抗	5	中抗	1.4	高抗	6.7	抗病	7	感病
润泉 6311	18.52	中抗	3	抗病	7	感病	1.7	抗病	10.0	抗病	3	抗病
润田 188	0.00	高抗	5	中抗	5	中抗	1.6	抗病	13.3	中抗	1	高抗
云台玉 35	9.26	抗病	7	感病	3	抗病	5.2	中抗	3.3	高抗	3	抗病
隆平 115	16.67	中抗	3	抗病	5	中抗	6.6	感病	16.7	中抗	5	中抗
丰大 611	24.07	中抗	1	高抗	7	感病	1.7	抗病	0.0	高抗	3	抗病
伟玉 679	6.67	抗病	5	中抗	3	抗病	3.7	中抗	20.0	中抗	5	中抗
伟玉 718	0.00	高抗	5	中抗	5	中抗	1.7	抗病	6.7	抗病	1	高抗
伟科 819	9.26	抗病	5	中抗	7	感病	2.0	抗病	0.0	高抗	3	抗病
中玉 303	14.81	中抗	3	抗病	5	中抗	1.4	高抗	33.3	感病	9	高感
百科玉 189	11.11	中抗	5	中抗	7	感病	4.5	中抗	10.0	抗病	7	感病
利合 878	40.00	感病	7	感病	5	中抗	3.8	中抗	36.7	感病	9	高感
安丰 137	22.22	中抗	5	中抗	7	感病	3.8	中抗	16.7	中抗	1	高抗
沃优 117	0.00	高抗	3	抗病	7	感病	1.7	抗病	50.0	高感	5	中抗

续表 6-4

品种名称	镰孢菌茎腐病		小斑病		弯孢霉叶斑病		镰孢菌穗腐病		瘤黑粉病		南方锈病	
	病株率(%)	抗性评价	病级	抗性评价	病级	抗性评价	平均病级	抗性评价	病株率(%)	抗性评价	病级	抗性评价
沃优 228	60.00	高感	5	中抗	7	感病	1.4	高抗	16.7	中抗	1	高抗
智单 705	0.00	高抗	3	抗病	5	中抗	3.0	抗病	13.3	中抗	3	抗病
晟单 183	0.00	高抗	5	中抗	7	感病	1.7	抗病	16.7	中抗	3	抗病
梦玉 369	0.00	高抗	5	中抗	5	中抗	1.9	抗病	23.3	感病	3	抗病
J9881	3.33	高抗	7	感病	3	抗病	1.5	高抗	16.7	中抗	1	高抗
玉兴 118	4.00	高抗	3	抗病	5	中抗	5.2	中抗	13.3	中抗	5	中抗
豫安 9 号	16.00	中抗	5	中抗	3	抗病	1.5	高抗	16.7	中抗	7	感病
科育 662	6.25	抗病	3	抗病	7	感病	1.8	抗病	6.7	抗病	3	抗病
博金 100	24.00	中抗	5	中抗	7	感病	3.7	中抗	3.3	高抗	9	高感
LN116	0.00	高抗	7	感病	7	感病	2.3	抗病	16.7	中抗	5	中抗
康瑞 108	0.00	高抗	1	高抗	5	中抗	3.8	中抗	30.0	感病	3	抗病
农华 137	0.00	高抗	5	中抗	5	中抗	3.0	抗病	23.3	感病	3	抗病
佳美 168	14.58	中抗	5	中抗	3	抗病	5.0	中抗	10.0	抗病	7	感病
沃优 218	8.00	抗病	3	抗病	7	感病	5.2	中抗	6.7	抗病	9	高感
郑原玉 435	16.00	中抗	3	抗病	3	抗病	5.1	中抗	6.7	抗病	9	高感
XSH165	39.58	感病	5	中抗	3	抗病	1.6	抗病	10.0	抗病	5	中抗
豫豪 788	14.58	中抗	3	抗病	5	中抗	1.4	高抗	6.7	抗病	3	抗病
灵光 3 号	35.42	感病	5	中抗	5	中抗	1.8	抗病	13.3	中抗	5	中抗
金宛 668	76.00	高感	1	高抗	7	感病	6.7	感病	23.3	感病	3	抗病
三北 72(SW285)	72.92	高感	1	高抗	7	感病	5.6	感病	0.0	高抗	3	抗病
景玉 787	12.50	中抗	5	中抗	7	感病	3.1	抗病	3.3	高抗	7	感病
佳玉 34	43.75	高感	1	高抗	7	感病	1.5	高抗	16.7	中抗	5	中抗
瑞邦 16	40.00	感病	7	感病	5	中抗	3.0	抗病	26.7	感病	5	中抗
豫红 191	6.25	抗病	5	中抗	3	抗病	2.4	抗病	3.3	高抗	1	高抗
明宇 3 号	40.00	感病	7	感病	7	感病	4.2	抗病	6.7	抗病	9	高感
恒丰玉 666	8.33	抗病	3	抗病	5	中抗	5.7	感病	0.0	高抗	7	感病
裕隆 1 号	18.75	中抗	1	高抗	1	高抗	3.1	抗病	0.0	高抗	7	感病
中航 611	22.92	中抗	1	高抗	7	感病	6.0	感病	3.3	高抗	5	中抗

续表 6-4

品种名称	镰孢菌茎腐病		小斑病		弯孢霉叶斑病		镰孢菌穗腐病		瘤黑粉病		南方锈病	
	病株率(%)	抗性评价	病级	抗性评价	病级	抗性评价	平均病级	抗性评价	病株率(%)	抗性评价	病级	抗性评价
GX26	4.17	高抗	3	抗病	7	感病	2.3	抗病	3.3	高抗	5	中抗
伟玉 618	35.42	感病	5	中抗	7	感病	1.6	抗病	3.3	高抗	3	抗病
SN288	4.00	高抗	7	感病	7	感病	1.4	高抗	3.3	高抗	3	抗病
BQ701	64.00	高感	7	感病	3	抗病	2.0	抗病	16.7	中抗	3	抗病
科弘 58	56.00	高感	3	抗病	3	抗病	2.2	抗病	3.3	高抗	3	抗病
百科玉 182	0.00	高抗	1	高抗	7	感病	1.4	高抗	3.3	高抗	7	感病
富瑞 6 号	16.67	中抗	1	高抗	5	中抗	1.6	抗病	6.7	抗病	9	高感
伟玉 018	4.00	高抗	5	中抗	5	中抗	1.7	抗病	10.0	抗病	9	高感
渭玉 321	33.33	感病	1	高抗	5	中抗	3.9	中抗	6.7	抗病	9	高感
金诺 6024	45.83	高感	3	抗病	7	感病	2.1	抗病	0.0	高抗	3	抗病
梦玉 309	24.00	中抗	5	中抗	5	中抗	3.2	抗病	6.7	抗病	9	高感
先玉 1773	29.17	中抗	5	中抗	3	抗病	2.8	抗病	13.3	中抗	7	感病
玉湘 99	80.00	高感	7	感病	5	中抗	1.5	高抗	3.3	高抗	7	感病
泓丰 1404	4.17	高抗	7	感病	7	感病	1.7	抗病	0.0	高抗	7	感病
豫豪 777	4.00	高抗	7	感病	5	中抗	3.1	抗病	0.0	高抗	7	感病
技丰 336	0.00	高抗	5	中抗	7	感病	3.0	抗病	6.7	抗病	3	抗病
ZB1803	25.00	中抗	7	感病	3	抗病	1.8	抗病	3.3	高抗	3	抗病
怀玉 169	4.17	高抗	3	抗病	7	感病	1.6	抗病	0.0	高抗	3	抗病
先玉 1770	0.00	高抗	5	中抗	5	中抗	1.3	高抗	3.3	高抗	9	高感
MC876	0.00	高抗	5	中抗	5	中抗	3.4	抗病	3.3	高抗	5	中抗
征玉一号	33.33	感病	3	抗病	3	抗病	2.5	抗病	3.3	高抗	5	中抗
豫单 9966	0.00	高抗	1	高抗	5	中抗	1.6	抗病	3.3	高抗	3	抗病

对表 6-4 鉴定结果总结如下：

1.对镰孢菌茎腐病的抗性

100 个鉴定品种中有高感品种 13 个，占参试品种的 13.0%；感病品种 11 个，占参试品种的 11.0%；中抗品种 27 个，占参试品种的 27.0%；抗病品种 12 个，占参试品种的 12.0%；高抗品种 37 个，占参试品种的 37.0%。辅助点洛阳农科院试验点由于感病对照浚单 20 茎腐病发病率达到 90%以上，供试品种茎腐病发病率十分充分，故将鉴定结果进行合并统计，并取发病最重点数据作为抗性评价依据。另一个鉴定点商丘梁园区由于感病对照发病未达到感病以上级别，结果不予采用。

2.对小斑病的抗性

100 个鉴定品种中有高感品种 2 个，占参试品种的 2.0%；感病品种 21 个，占参试品种的 21.0%；中抗品种 39 个，占参试品种的 39.0%；抗病品种 23 个，占参试品种的 23.0%；高抗品种 15 个，占参试品种的 15.0%。

3.对弯孢霉叶斑病的抗性

100 个鉴定品种中无高感品种；感病品种 46 个，占参试品种的 46.0%；中抗品种 34 个，占参试品种的 34.0%；抗病品种 18 个，占参试品种的 18.0%；高抗品种 2 个，占参试品种的 2.0%。

4.对瘤黑粉病的抗性

100 个鉴定品种中有高感品种 3 个，占参试品种的 3.0%；感病品种 9 个，占参试品种的 9.0%；中抗品种 25 个，占参试品种的 25.0%；抗病品种 23 个，占参试品种的 23.0%；高抗品种 40 个，占参试品种的 40.0%。

5.对镰孢菌穗腐病的抗性

100 个鉴定品种中无高感品种；感病品种 6 个，占 6.0%；中抗品种 14 个，占参试品种的 14.0%；抗病品种 62 个，占参试品种的 62.0%；高抗品种 18 个，占参试品种的 18.0%。

6.对南方锈病的抗性

100 个鉴定品种中有高感品种 12 个，占参试品种的 12.0%；感病品种 17 个，占参试品种的 17.0%；中抗品种 25 个，占参试品种的 25.0%；抗病品种 37 个，占参试品种的 37.0%；高抗品种 9 个，占参试品种的 9.0%。

三、问题与讨论

（一）本年度对南方锈病抗性品种比例有所上升，其原因可能与本年度玉米生长前期干旱有一定关系，也反映出目前各育种单位对抗锈育种比较重视。

（二）其它 5 种鉴定病害的发病程度及不同抗性品种所占比例与常年结果基本一致，表现正常。

第三节　2019 年河南省玉米新品种品质鉴定报告

2019 年参试玉米品种的品质鉴定结果见表 6-5。

表 6-5　2019 年河南省玉米品种品质鉴定结果

	编号	品种	容重（g/L）	水分（g/100 g）	脂肪（干基）（g/100 g）	蛋白质（干基）（g/100 g）	粗淀粉（干基）（%）	赖氨酸（干基）（g/100 g）
2019-4002	45A01	博金 100	739	10.8	3.1	10.1	75.52	0.34
2019-4003	45A02	佳美 168	794	10.4	4.0	9.93	75.97	0.28
2019-4004	45A03	豫豪 777	750	10.6	3.6	9.26	75.57	0.30
2019-4005	45A05	沃优 218	782	10.3	3.4	10.3	76.12	0.30
2019-4006	45A06	科育 662	758	10.5	2.9	9.85	76.01	0.31
2019-4007	45A07	农华 137	742	10.4	2.8	9.67	76.41	0.31
2019-4008	45A09	金诺 6024	768	10.0	3.0	11.2	74.60	0.33
2019-4009	45A10	梦玉 309	768	10.4	3.3	10.4	75.74	0.34
2019-4010	45A11	恒丰玉 666	813	10.1	3.2	10.2	74.78	0.32
2019-4011	45A12	MC876	754	10.4	3.1	9.50	75.51	0.33
2019-4012	45A13	三北 72（SW285）	772	9.96	3.5	11.3	75.96	0.33
2019-4013	45A14	伟玉 618	764	9.97	3.4	10.5	75.43	0.30
2019-4014	45A15	怀玉 68	780	9.50	3.0	11.3	75.33	0.31
2019-4015	45A16	豫单 9966	745	9.83	4.4	10.4	73.99	0.32
2019-4016	45A17	景玉 787	758	10.6	4.0	10.6	73.77	0.35
2019-4017	45A18	佳玉 34	765	10.8	3.1	9.59	76.38	0.30
2019-4018	45A19	玉湘 99	759	10.3	3.0	10.3	76.33	0.33
2019-4019	45A20	康瑞 108	766	10.1	3.6	10.8	76.26	0.32
2019-4020	45B01	裕隆 1 号	764	9.75	3.4	10.3	76.24	0.34

续表 6-5

	编号	品种	容重 (g/L)	水分 (g/100 g)	脂肪(干基) (g/100 g)	蛋白质(干基) (g/100 g)	粗淀粉(干基) (%)	赖氨酸(干基) (g/100 g)
2019-4021	45B02	金宛 668	757	9.58	3.4	10.4	75.56	0.34
2019-4022	45B03	玉兴 118	752	9.85	3.5	9.33	75.53	0.34
2019-4023	45B04	技丰 336	765	9.90	3.5	10.4	76.07	0.32
2019-4024	45B05	豫安 9 号	755	10.6	3.9	9.34	76.19	0.32
2019-4025	45B06	富瑞 6 号	773	10.3	4.1	10.1	76.00	0.31
2019-4026	45B07	瑞邦 16	744	10.2	3.8	10.7	74.63	0.35
2019-4027	45B08	灵光 3 号	768	10.3	3.1	10.7	76.66	0.34
2019-4028	45B09	XSH165	768	10.1	3.5	10.5	75.33	0.35
2019-4029	45B10	渭玉 321	771	10.0	3.3	10.2	78.03	0.32
2019-4030	45B11	百科玉 182	745	11.1	3.9	9.40	76.83	0.33
2019-4031	45B12	中航 611	755	10.9	3.7	8.81	77.13	0.31
2019-4032	45B13	LN116	772	10.5	3.7	11.0	76.74	0.35
2019-4033	45B14	泓丰 1404	766	9.92	2.9	11.0	77.39	0.32
2019-4034	45B15	科弘 58	748	10.2	3.6	10.9	73.85	0.35
2019-4035	45B16	先玉 1773	768	10.3	3.7	8.96	76.05	0.30
2019-4036	45B18	BQ701	756	10.2	3.3	10.5	77.87	0.33
2019-4037	45B19	GX26	757	10.6	3.8	8.69	76.81	0.31
2019-4038	45B20	SN288	764	10.5	3.8	9.31	76.47	0.30
2019-4039	50A01	五谷 403	776	10.9	3.6	9.43	75.51	0.31

续表 6-5

	编号	品种	容重（g/L）	水分（g/100 g）	脂肪（干基）（g/100 g）	蛋白质（干基）（g/100 g）	粗淀粉（干基）（%）	赖氨酸（干基）（g/100 g）
2019-4040	50A02	H1867	765	10.7	4.6	8.83	76.06	0.28
2019-4041	50A03	安丰 139	762	10.8	3.9	10.0	76.68	0.29
2019-4042	50A04	晟单 182	748	10.7	3.7	10.6	74.74	0.34
2019-4043	50A05	现代 711	748	10.4	3.3	9.73	75.02	0.33
2019-4044	50A06	郑原玉 886	784	10.7	3.5	10.5	75.80	0.33
2019-4045	50A07	梦玉 377	784	10.1	4.1	10.4	75.27	0.31
2019-4046	50A09	丰田 1669	740	10.7	3.4	10.1	76.65	0.32
2019-4047	50A10	智单 705	786	10.2	4.4	10.1	73.14	0.32
2019-4048	50A11	安丰 137	758	10.1	4.3	9.90	73.26	0.31
2019-4049	50A12	沃优 117	776	9.80	3.6	10.6	73.92	0.31
2019-4050	50A13	郑原玉 65	779	9.49	3.8	10.4	72.38	0.32
2019-4051	50A14	J9881	746	10.7	3.5	8.61	76.85	0.28
2019-4052	50A15	沃优 228	791	10.2	3.4	9.73	74.68	0.33
2019-4053	50A16	利合 878	761	10.3	4.0	9.43	74.48	0.30
2019-4054	50B01	豫农丰 2 号	776	10.3	4.0	9.92	74.34	0.33
2019-4055	50B02	锦华 175	752	10.5	3.9	9.45	73.59	0.32
2019-4056	50B04	郑玉 7765	782	9.91	3.4	10.0	75.98	0.32
2019-4057	50B05	先玉 1879	762	10.7	3.8	8.90	74.99	0.30
2019-4058	50B06	高玉 66	764	10.6	3.4	9.95	74.56	0.33

续表 6-5

	编号	品种	容重 (g/L)	水分 (g/100 g)	脂肪(干基) (g/100 g)	蛋白质(干基) (g/100 g)	粗淀粉(干基) (%)	赖氨酸(干基) (g/100 g)
2019-4059	50B07	康瑞 104	760	10.8	3.7	10.0	75.11	0.33
2019-4060	50B08	隆平 115	772	10.5	4.0	9.89	74.34	0.33
2019-4061	50B09	丰大 611	734	10.7	3.3	9.68	75.95	0.31
2019-4062	50B10	伟玉 718	774	10.0	3.5	10.3	75.56	0.34
2019-4063	50B11	润田 188	790	9.13	4.2	10.7	73.95	0.33
2019-4064	50B12	润泉 6311	752	10.3	4.8	9.70	73.36	0.33
2019-4065	50B13	莲玉 88	736	9.84	4.2	10.3	75.06	0.33
2019-4066	50B14	伟科 819	768	10.8	3.9	9.43	76.63	0.30
2019-4067	50B15	中航 612	757	10.6	3.9	9.62	76.40	0.32
2019-4068	50B16	隆禾玉 358	779	10.5	3.9	10.3	76.00	0.32
2019-4069	50C01	禾业 186	769	10.2	4.2	9.33	75.43	0.31
2019-4070	50C02	吉祥 99	780	9.68	4.1	10.5	72.81	0.34
2019-4071	50C03	光合 799	763	9.88	4.0	10.5	73.12	0.34
2019-4072	50C05	云台玉 35	765	10.8	3.8	10.2	73.97	0.32
2019-4073	50C06	百科玉 189	750	10.8	3.6	10.4	75.47	0.34
2019-4074	50C07	ZB1801	765	10.8	3.5	9.33	76.21	0.32
2019-4075	50C08	BQ702	748	10.7	4.7	10.1	74.89	0.32
2019-4076	50C09	邵单 979	780	10.7	4.3	10.5	74.92	0.34
2019-4077	50C10	菊城 606	748	10.8	3.8	10.2	74.96	0.31

续表 6-5

	编号	品种	容重（g/L）	水分（g/100 g）	脂肪（干基）（g/100 g）	蛋白质（干基）（g/100 g）	粗淀粉（干基）（%）	赖氨酸（干基）（g/100 g）
2019-4078	50C11	中玉 303	760	10.7	3.6	9.76	76.69	0.32
2019-4079	50C12	金玉 818	757	10.4	3.5	10.6	75.41	0.33
2019-4080	50C13	伟科 725	787	10.3	3.7	10.5	75.38	0.32
2019-4081	50C14	禾育 603	758	10.5	3.2	10.3	76.49	0.32
2019-4082	50C15	伟玉 679	784	10.1	4.2	10.5	73.48	0.33
2019-4083	45JS01	明宇 3 号	764	10.3	3.9	10.4	75.12	0.30
2019-4084	45JS02	郑原玉 435	726	10.2	3.5	10.5	73.56	0.36
2019-4085	45JS03	豫红 191	764	10.4	4.1	10.2	74.02	0.34
2019-4086	45JS05	怀玉 169	763	10.2	3.6	11.6	72.83	0.36
2019-4087	45JS06	ZB1803	774	9.99	4.9	10.4	73.66	0.32
2019-4088	45JS08	伟玉 018	757	10.2	4.5	10.1	74.64	0.33
2019-4089	45JS09	先玉 1770	779	10.3	3.7	9.93	75.93	0.31
2019-4090	45JS10	豫豪 788	780	10.4	3.5	11.7	73.30	0.35
2019-4091	55JS01	先玉 1867	776	10.4	3.9	10.2	74.35	0.31
2019-4092	55JS02	金玉 707	783	10.5	4.1	9.46	75.58	0.29
2019-4093	55JS03	晟单 183	766	10.2	4.5	10.6	73.18	0.32
2019-4094	55JS04	晶玉 9 号	788	10.4	4.1	9.58	75.87	0.31
2019-4095	55JS05	梦玉 369	789	9.93	4.4	11.0	74.01	0.32
2019-4096	55JS06	豫红 501	802	9.68	4.5	10.5	74.53	0.32

续表 6-5

	编号	品种	容重(g/L)	水分(g/100 g)	脂肪(干基)(g/100 g)	蛋白质(干基)(g/100 g)	粗淀粉(干基)(%)	赖氨酸(干基)(g/100 g)
2019-4097	55JS07	DF617	756	10.1	5.1	9.77	75.26	0.31
2019-4098	55JS08	润泽 917	740	10.4	4.1	9.25	75.92	0.31
2019-4099	55JS09	GRS7501	754	10.2	3.5	9.58	75.70	0.32
2019-4100	55JS11	豫保 122	774	9.66	4.3	10.3	74.74	0.30
2019-4101	55JS13	顺玉 3 号	772	9.74	3.9	11.2	73.09	0.36
2019-4102	对照 1	郑单 958	754	9.58	4.3	9.94	73.53	0.31
2019-4103	对照 2	桥玉 8 号	749	9.52	3.6	11.5	73.43	0.31

注:蛋白质、脂肪、赖氨酸、粗淀粉均为干基数据。容重检测依据 GB/T 5498—2013,水分检测依据 GB 5009.3—2016,脂肪(干基)检测依据 GB 5009.6—2016,蛋白质(干基)检测依据 GB 5009.5—2016,粗淀粉(干基)检测依据 NY/T 11—1985,赖氨酸(干基)检测依据 GB 5009.124—2016。

第四节　2019年河南省玉米新品种试验专家田间考察鉴定意见

2019年9月21日至24日，河南省主要农作物品种审定委员会玉米专业委员会对全省6个核心点区试和生产试验设置管理情况、各品种的田间表现进行田间现场考察（附表4）。根据2019年玉米专业组会议纪要精神，经过专家认真讨论形成如下意见：

一、各点种植情况与建议

1.2019年在玉米播种时期，土壤墒情较好，播期较往年有所提前，长势基本正常，各点种植管理普遍较好。7月上旬至9月中旬，全省遇到持续干旱天气，气温比上年同期略高，光照充足，造成品种植株普遍偏低等现象，洛阳黄泛区试点部分品种遭受热害，结实受到影响，个别品种出现了畸形穗和花粒穗。镇平、鹤壁、中牟点8月1日大风造成个别品种倒伏、倒折，对产量造成一定影响。洛阳9月中旬气温偏低，持续阴雨，茎腐病发生较重；黄泛区极个别品种青枯严重。与往年相比病虫害整体发生较轻。

2.区试点、生试点全部公开，于9月26~27日向参试单位开放2天。

二、现场考察结果中品种淘汰依据

根据2019年玉米专业委员会会议精神和本次田间考察结果，确定品种田间淘汰标准如下：

1.茎腐病取各点最高值，单点达高感（茎腐病病株率≥40.0%以上）的一票否决。

2.普通组两点分别出现各重复平均倒伏+倒折≥40.0%或单点各重复平均倒伏+倒折≥80.0%的品种淘汰；机收组两点出现各重复平均倒伏+倒折≥30.0%，单点各重复平均倒伏+倒折≥50.0%的品种淘汰。

三、品种处理意见（附表1）

1.4500株/亩区试

A组：玉湘99高感青枯（洛阳）（9级），予以淘汰。

B组：科弘58高感青枯（黄泛区）（9级），金宛668高感青枯（洛阳）（9级），BQ701高感青枯（洛阳）（9级），予以淘汰。

2.4500株/亩生试

玉湘99高感青枯（商丘）（9级），倒伏60%（南阳），予以淘汰。

3.5000株/亩区试

B组：莲玉88高感青枯（洛阳）（9级），予以淘汰。

C组：禾业186高感青枯（黄泛区）（9级），ZB1801高感青枯（黄泛区）（9级），BQ702高感青枯（黄泛区）（9级），予以淘汰。

4.5000株/亩生试

无

5.4500株/亩机收区试

无

6.4500 株/亩机收生试

无

7.5500 株/亩机收区试

无

8.5500 株/亩机收生试

无

四、品种表现优良品种

1.4500 株/亩试验

沃优 218、年年丰 1 号、豫单 9966、中航 611、伟育 618、郑单 5179、先玉 1773、百科玉 182。

2.5000 株/亩试验

中玉 303、安丰 137、沃优 117、豫农丰 2 号。

3.机收试验

郑品玉 495、豫红 191、金玉 707、DF617、晟玉 183。

玉米专业委员会委员

2019 年 9 月 24 日

附表 1　2019 年区域试验和生产试验专家现场考察结果

组别	品名	试点田间表现						评价意见
		热害	空秆	倒伏	倒折	青枯(9 级)	小斑(9 级)	
4500QA	玉湘 99					洛阳 9 级		淘汰
4500QB	科弘 58					黄泛区 9 级		淘汰
	金宛 668					洛阳 9 级		淘汰
	BQ701					洛阳 9 级		淘汰
4500S	玉湘 99			南阳严重		商丘 9 级		淘汰
5000QB	禾业 186					黄泛区 9 级		淘汰
	ZB1801					黄泛区 9 级		淘汰
	BQ702					黄泛区 9 级		淘汰